大学应用数学

（第二版）

主　编　陶向东
副主编　王锡宁　牟继承　常大全
李　霞　丁　峰

苏州大学出版社

图书在版编目(CIP)数据

大学应用数学 / 陶向东主编. -- 2版. --苏州：
苏州大学出版社，2025.8.-- ISBN 978-7-5672-5275-2

Ⅰ. O29

中国国家版本馆 CIP 数据核字第 2025RQ8928 号

大学应用数学(第二版)

陶向东　主编

责任编辑　征　慧

苏州大学出版社出版发行

(地址:苏州市十梓街1号　邮编:215006)

常熟市华顺印刷有限公司印装

(地址:常熟市梅李镇梅南路218号　邮编:215511)

开本 787 mm×1 092 mm　1/16　印张 23(共两册)　字数 532 千

2025年8月第2版　2025年8月第1次印刷

ISBN 978-7-5672-5275-2　定价:66.00元(共两册)

图书若有印装错误，本社负责调换

苏州大学出版社营销部　电话:0512-67481020

苏州大学出版社网址　http://www.sudapress.com

苏州大学出版社邮箱　sdcbs@suda.edu.cn

前言
Preface

数学课程是高职高专学生必修的重要基础课程之一，具有综合性、逻辑性和应用性强等特点. 它不仅是高职高专学生进一步学习专业基础课程和专业核心课程的基础，也是提高专业拓展能力及进一步深造的必备条件.

本书以教育部《高等职业教育专科数学课程标准(征求意见稿)》为编写依据. 编写时坚持立德树人，发挥数学课程的育人功能；注重问题导向式教学，突出职业教育特色；利用现代信息技术，创新教学方法. 同时，充分考虑高职高专院校学生的实际水平，围绕"高素质技术技能人才"的培养目标，既注重基本理论体系的建立，体现数学思想的本质，又兼顾学生运用所学知识解决实际问题的能力. 为此，本书淡化数学的严密性、系统性及计算的技巧，不过分追求定理的推导与公式的证明和难题的求解，同时客观评价学生的数学学业质量. 此外，为进一步深化产教融合，突出职业能力培养，反映行业技术发展动态，来自校企合作企业江苏赛华建设监理有限公司的我校外聘教师参与了本书编写工作. 相比第一版教材，本书新增Python应用、数学史等，并配套部分概念、定理和重难点的讲解视频，以此激发学生的学习兴趣，提升其解决实际问题的能力.

本书主要包括一元函数的极限与连续、导数与微分、微分学的应用、不定积分、定积分及其应用、常微分方程、空间解析几何初步、多元函数微分学、无穷级数、Python在高等数学中的应用，还附有可单独分拆的习题集，书末附参考答案.

本书由陶向东担任主编. 陶向东负责全书策划、结构设计、大纲制定、第一至第九章和习题集的编写及全书最终审定；王锡宁完成拓展阅读部分；牟继承完成第十章内容；牟继承、常大全、李霞完成本书的配套视频；丁峰提供部分案例.

本书可以作为高等职业技术学院、高等专科学校、成人高等学校等院校各专业的高等数学教材，也可作为工程技术人员知识更新的数学参考书.

由于编者水平有限，书中难免存在不足之处，恳请专家、同行和读者批评指正.

编者

2025年5月

目录 Contents

第一章

一元函数的极限与连续

【导读】

函数是数学中一个重要的基本概念，是高等数学的主要研究对象. 极限是微积分学的理论基础与基本推理工具，在函数研究中起着关键作用. 在本章中，将首先简要回顾函数的基本概念及相关的基本知识，帮助读者掌握研究函数的方法；随后引入极限思想；最后运用极限深入研究函数的连续性性质.

【学习要求】

(1) 理解集合与区间的概念，掌握集合的性质及其运算.

(2) 理解函数的概念，了解反函数的概念，掌握函数的性质(奇偶性、单调性、周期性和有界性).

(3) 掌握基本初等函数的性质及图形，理解复合函数的概念，了解初等函数的概念.

(4) 会建立函数模型解决实际问题.

(5) 能够运用数学软件对函数模型进行计算.

(6) 理解数列极限的概念和基本性质.

(7) 理解函数极限的概念，了解极限的性质(唯一性、有界性和保号性).

(8) 掌握极限的四则运算法则.

(9) 会运用两个重要极限计算函数的极限.

(10) 理解无穷小、无穷大的概念，掌握无穷小的比较方法，会用等价无穷小替换求极限.

(11) 理解函数在一点处连续和在区间上连续的概念.

(12) 了解连续函数的性质和初等函数的连续性，了解闭区间上连续函数的有界性、最大值和最小值定理及介值定理.

(13) 能够运用软件求解极限问题.

第一节 初等函数

一、集合、区间和邻域

1. 集合

集合是数学中的一个基本概念. 例如,某学校三年级的全体学生构成一个集合;全体实数构成一个集合等.

通常我们将具有某种特定性质的对象组成的总体称为集合,简称集. 把组成某一集合的各个对象称为这个集合的元素. 一般常用大写英文字母表示集合,用小写英文字母表示集合的元素.

例如,由元素 $a_1, a_2, a_3, \cdots, a_n$ 组成的集合,可以记成 $A=\{a_1, a_2, a_3, \cdots, a_n\}$;$yOx$ 平面上满足方程 $x^2+y^2=4$ 的点的全体组成的集合 M,可记成 $M=\{(x,y) \mid x^2+y^2=4, x, y$ 为实数$\}$.

本书用到的集合主要是数集,即元素都是数的集合. 若无特别说明,以后提到的数均为实数.

2. 区间

区间包括有限区间$[a,b]$,(a,b),$[a,b)$,$(a,b]$和无限区间$[a,+\infty)$,$(a,+\infty)$,$(-\infty,b]$,$(-\infty,b)$,其中 a,b 为任意实数. 区间也可用数集来表示,例如:

$(a,b]=\{x \mid a<x\leqslant b\}$,$(-\infty,b)=\{x \mid x<b\}$.

3. 邻域

设 x_0 是给定的实数,δ 是给定的正数,称数集$\{x \mid |x-x_0|<\delta\}$为点 x_0 的 δ 邻域(图 1-1),记作 $U(x_0,\delta)$,即 $U(x_0,\delta)=\{x \mid |x-x_0|<\delta\}$.

因为$|x-x_0|<\delta \Leftrightarrow x_0-\delta<x<x_0+\delta$,所以点 x_0 的 δ 邻域是开区间$(x_0-\delta, x_0+\delta)$,其中 x_0 确定了邻域的位置,称作邻域的中心,δ 确定了邻域的大小,称为邻域的半径.

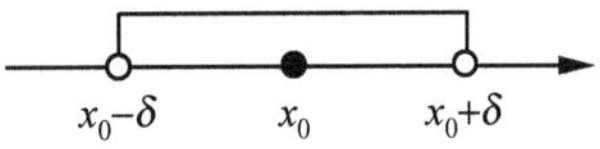

图 1-1

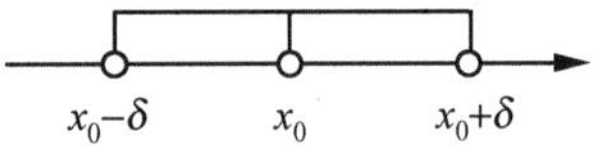

图 1-2

将 x_0 的 δ 邻域的中心 x_0 去掉后所得的数集称为点 x_0 的去心 δ 邻域(图 1-2),记作 $\mathring{U}(x_0,\delta)$,即$\mathring{U}(x_0,\delta)=\{x \mid 0<|x-x_0|<\delta\}=(x_0-\delta,x_0)\cup(x_0,x_0+\delta)$.

例 1 已知集合 $A=\{1,2,3,4,5,6\}$,$B=\{4,5,6,7,8,9\}$,求 $A\cup B$,$A\cap B$.

解 $A\cup B=\{1,2,3,4,5,6,7,8,9\}$,$A\cap B=\{4,5,6\}$.

二、函数的概念

引例　设正方形的边长为 a，面积为 S，则 S 依赖于 a 的变化而变化，两者的依赖关系可表示成 $S=a^2$.

若变量 a 在区间 $(0,+\infty)$ 内每取一个数值，变量 S 按照确定的对应法则 $S=a^2$，总有唯一确定的数值与它对应，则称 S 是 a 的函数. 抛开引例中变量的实际含义，抽象出变量之间的依赖关系这一实质，得到函数的定义.

定义 1　设 x,y 是两个变量，D 是给定的数集，若对于 D 中的每一个数值 x，按照一定的对应法则 f，总存在确定的数值 y 与之对应，则称对应法则 f 是定义在数集 D 上的一个**函数**，记作 $y=f(x)$. 其中数集 D 为函数 $f(x)$ 的定义域，x 称为自变量，y 称为因变量.

当 x 在 D 内取定某个数值 x_0 时，对应的 y 取到的数值 y_0 称为函数 $y=f(x)$ 在 x_0 处的函数值，记作 $y_0=f(x_0)$.

当 x 在定义域 D 内取遍每一个值时，对应的函数值的全体组成的数集 $W=\{y\mid y=f(x),x\in D\}$ 称为函数 $y=f(x)$ 的值域.

关于函数的概念有如下几点说明.

(1) 确定一个函数需要两个要素：对应法则 f 和定义域 D，这是判断两个函数是否为相同函数的依据. 如果两个函数的对应法则相同，定义域相同，则这两个函数就是相同的函数，而与自变量和因变量用什么符号表示无关.

例如，函数 $y=x^2$ 与 $s=a^2$，虽然表示变量的符号不同，但对应的法则和定义域相同，所以这两个函数表示同一个函数.

(2) 函数定义域的确定：如果函数用数学表达式表示，那么定义域是使函数表达式有意义的 x 所能取到的一切实数组成的数集. 如果函数有实际意义，则需要根据实际情况确定定义域.

例如，函数 $y=x^2$ 的定义域为 $D=(-\infty,+\infty)$，如果这一函数表示正方形面积 y 与边长 x 的关系，则它的定义域为 $D=(0,+\infty)$.

(3) 在函数定义中，并没有指明有几个确定的 y 值与 x 值对应. 如果对每一个 $x\in D$，总有唯一确定的 y 值与 x 对应，则称函数为单值函数；如果有两个或两个以上确定的 y 值与 x 对应，则称函数为多值函数.

例如，方程 $x^2+y^2=4$，当 x 在闭区间 $[-2,2]$ 上除端点 $x=\pm 2$ 外，每取一个数值，由对应法则 $x^2+y^2=4$，y 总有两个确定的数值与 x 对应，所以方程 $x^2+y^2=4$ 确定了 y 是 x 的多值函数. 如果限定 $y\geqslant 0$ 或 $y\leqslant 0$，就会得到两个单值函数 $y=\sqrt{1-x^2}$ 或 $y=\quad\sqrt{1-x^2}$，称为多值函数的两个单值支. 本书所讨论的函数，除特别说明外，都是指单值函数.

(4) 表示函数主要有图形法、表格法、公式法等三种方法. 例如，用图形表示某交通工具从甲地到乙地行驶的路程与时间的关系；用表格统计某地某时间段的最高气温；用公式表示圆的面积与半径的关系等. 图形法和表格法直观明了，但有时不便于进行抽象研究. 公式法的优点是适宜理论上推导、论证，但有时比较抽象，不易理解. 因此，对函数的研究往往是将公式表达与图形表达结合起来.

例 2 求函数 $y=\frac{1}{\sqrt{4-x^2}}+\arcsin(x-2)$ 的定义域.

解 x 应满足不等式方程组 $\begin{cases}4-x^2>0,\\ |x-2|\leqslant 1,\end{cases}$ 解之得 $\begin{cases}-2<x<2,\\ 1\leqslant x\leqslant 3,\end{cases}$ 即 $1\leqslant x<2$.

所以,所求函数的定义域为 $[1,2)$.

例 3 确定下列函数的表达式.

(1) 设 $f(x)=x^2+3x-\frac{1}{x^2}+\frac{2}{x}$,求 $f\left(\frac{1}{x}\right)$;

(2) 设 $f(x-1)=\frac{x+3}{(x+1)^2}$,求 $f(x)$.

解 (1) $f\left(\frac{1}{x}\right)=\left(\frac{1}{x}\right)^2+3\cdot\frac{1}{x}-x^2+2x=\frac{1}{x^2}+\frac{3}{x}-x^2+2x$.

(2) 令 $x-1=t$,则 $x=t+1$,即 $f(t)=\frac{(t+1)+3}{[(t+1)+1]^2}=\frac{t+4}{(t+2)^2}$,所以 $f(x)=\frac{x+4}{(x+2)^2}$.

例 4 设绝对值函数 $y=|x|=\begin{cases}x, & x\geqslant 0,\\ -x, & x<0,\end{cases}$ 求定义域 D 和值域 W,并画出函数的图形.

解 由已知得 $D=(-\infty,+\infty)$,$W=[0,+\infty)$. 该函数的图形如图1-3 所示.

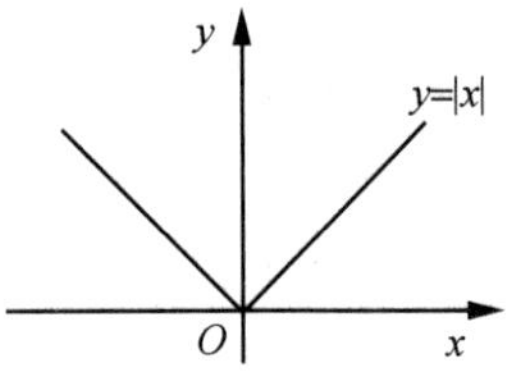

图 1-3

这一函数表达式的特点是当自变量 x 在不同的范围内取值时,对应法则也用不同的表达式表示,但它仍表示一个函数,称这样的函数为分段函数. 其中 $x=0$ 是分段函数的分段点.

函数在 $x=0$ 处可能发生某种性质上的改变. 分段函数要分段求值,分段作图,要根据 x 的具体取值范围,选取相应的表达式表示函数.

分段函数是今后研究的主要对象之一,特别要留意函数在"分段点"处性质的变化.

三、函数的性质

1. 有界性

设函数 $y=f(x)$ 在某区间 I 上有定义[I 可能是 $f(x)$ 的定义域,也可能是定义域的子集]. 如果存在某一正数 M,使得对于每一个 $x\in I$,有 $|f(x)|\leqslant M$,则称函数 $f(x)$ 在区间 I 上有界. 如果这样的 M 不存在,则称 $f(x)$ 在区间 I 上无界.

例如,函数 $y=\cos x$ 在其定义域 $D=(-\infty,+\infty)$ 内都有界,即 $|\cos x|\leqslant 1$;函数 $y=\frac{1}{x}$ 在 $(1,2)$ 内有界,即 $\left|\frac{1}{x}\right|<1$,但在 $(0,1)$ 内,$y=\frac{1}{x}$ 无界.

2. 单调性

设函数 $y=f(x)$ 在区间 I 上有定义. 如果对任意的 $x_1,x_2\in I$,当 $x_1<x_2$ 时,有 $f(x_1)<$

$f(x_2)$，则称 $f(x)$ 在 I 上单调增加，称区间 I 为单调增加区间；如果当 $x_1<x_2$ 时，有 $f(x_1)>f(x_2)$，则称 $f(x)$ 在 I 上单调减少，并称区间 I 为单调减少区间.

从几何图形上看，单调增加函数的图形随着 x 的增大呈现上升趋势，单调减少函数的图形随着 x 的增大呈现下降趋势.

例如，函数 $y=x^2$ 在区间 $[0,+\infty)$ 内单调增加，在区间 $(-\infty,0]$ 内单调减少，但在 $(-\infty,+\infty)$ 内不是单调函数.

3. 奇偶性

设函数 $y=f(x)$ 的定义域 D 关于原点对称. 若对任意的 $x\in D$，有 $f(-x)=f(x)$，则称 $f(x)$ 为偶函数；若对任意的 $x\in D$，有 $f(-x)=-f(x)$，则称 $f(x)$ 为奇函数.

从几何图形上看，偶函数的图形关于 y 轴对称，奇函数的图形关于原点对称. 例如，$y=x^2$ 是偶函数，$y=\sin x$ 是奇函数，如图 1-4 所示.

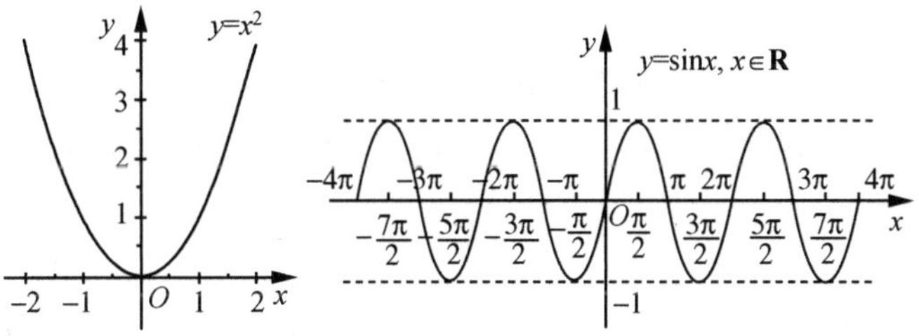

图 1-4

4. 周期性

设函数 $y=f(x)$ 的定义域为 D，如果存在非零实数 T，使得对任意 $x\in D$，有 $x+T\in D$，且 $f(x+T)=f(x)$，则称 $f(x)$ 为周期函数，T 为 $f(x)$ 的周期. 通常周期函数的周期是指它的最小正周期.

例如，$y=\sin x$，$y=\cos x$ 都是周期函数，周期都是 2π；$y=\tan x$，$y=\cot x$ 也都是周期函数，周期都是 π.

周期函数的图形具有在每一个周期 T 长度的区间内形状相同的特点，所以只要画出一个周期长度的区间内的图形，再通过图形的左、右平移而得到整体图形，并且可以通过研究一个周期长度区间内函数的性质，推及整体性质.

四、反函数与复合函数

1. 反函数

定义 2　设给定的函数 $y=f(x)$ 的定义域为 D，值域为 W. 若对任一 $y\in W$，总有确定的 $x\in D$ 与 y 对应，且满足 $f(x)=y$，这时得到以 y 为自变量、x 为因变量的新函数，称这个新函数为 $y=f(x)$ 的反函数，记作 $x=f^{-1}(y)$，并称原给定的函数 $y=f(x)$ 为直接函数.

习惯上，函数 $y=f(x)$ 的反函数记作 $y=f^{-1}(x)$，且定义域为 W，值域为 D.

反函数也有单值与多值之分，除特别指明外，本书主要研究直接函数与反函数都是单值的情况.

反函数 $y=f^{-1}(x)$与直接函数 $y=f(x)$的图形关于直线 $y=x$ 对称，从图形上可以了解它们具有十分相似的性质. 有如下定理：

定理 1 若函数 $y=f(x)$在区间 I_x 上单值、单调增加(或减少)，且对任意的 $x\in I_x$，有 $f(x)\in I_y$，则其反函数 $x=f^{-1}(y)$在区间 I_y 上也单值、单调增加(或减少).

2. 复合函数

定义 3 设函数 $y=f(u)$的定义域为 D_f，函数 $u=\varphi(x)$的定义域为 D_φ，值域为 R_φ. 如果 $R_\varphi\cap D_f\neq\varnothing$，则通过变量 u 可以确定变量 y 是变量 x 的函数，并称这一函数是由 $y=f(u)$与 $u=\varphi(x)$构成的复合函数，记作 $y=f[\varphi(x)]$. 称变量 u 为中间变量.

注 两个函数能构成复合函数的条件是 $R_\varphi\cap D_f\neq\varnothing$，这也是确定复合函数定义域的依据. 例如，$y=\arcsin u$ 与 $u=2+x^2$ 不能复合成一个函数，因为 $y=\arcsin u$ 的定义域为$D_f=[-1,1]$，$u=2+x^2$ 的值域为 $R_\varphi=[2,+\infty)$，显然 $R_\varphi\cap D_f=\varnothing$.

复合函数

例 5 设函数 $f(x)$的定义域为$[0,1]$，求 $f(\cos x)$的定义域.

解 由于 $f(x)$的定义域为$[0,1]$，所以复合函数 $f(\cos x)$必须满足 $0\leqslant\cos x\leqslant 1$，即

$$-\frac{\pi}{2}+2k\pi\leqslant x\leqslant\frac{\pi}{2}+2k\pi(k\text{ 为整数}),$$

所以 $f(\cos x)$的定义域为$\left\{x\,\middle|\,-\frac{\pi}{2}+2k\pi\leqslant x\leqslant\frac{\pi}{2}+2k\pi,k\text{ 为整数}\right\}$.

注 要弄清复合函数的复合结构，即知道复合函数是由哪几个简单函数复合而成. 这对今后研究复合函数的微积分是非常有益的.

例 6 下列复合函数是由哪几个简单函数构成的?

(1) $y=\sqrt{1+x^2}$； (2) $y=\mathrm{e}^{\cos\frac{1}{x}}$； (3) $y=\left(\operatorname{arccot}\frac{x}{2}\right)^2$.

解 (1) $y=\sqrt{1+x^2}$是由 $y=\sqrt{u}$，$u=1+x^2$ 两个函数复合而成，u 是中间变量.

(2) $y=\mathrm{e}^{\cos\frac{1}{x}}$是由 $y=\mathrm{e}^u$，$u=\cos v$，$v=\frac{1}{x}$三个函数复合而成，u，v 是两个中间变量.

(3) $y=\left(\operatorname{arccot}\frac{x}{3}\right)^2$ 是由 $y=u^2$，$u=\operatorname{arccot}v$，$v=\frac{x}{3}$三个函数复合而成，u，v 是两个中间变量.

五、初等函数

1. 基本初等函数

(1) 幂函数 $y=x^\mu$(μ 为常数)；

(2) 指数函数 $y=a^x$(a 为常数，$a>0$ 且 $a\neq 1$)；

(3) 对数函数 $y=\log_a x$(a 为常数，$a>0$ 且 $a\neq 1$)；

(4) 三角函数：正弦函数 $y=\sin x$，余弦函数 $y=\cos x$，正切函数 $y=\tan x$，余切函数 $y=\cot x$，正割函数 $y=\sec x$，余割函数 $y=\csc x$；

(5) 反三角函数：反正弦函数 $y=\arcsin x$，反余弦函数 $y=\arccos x$，反正切函数 $y=\arctan x$，反余切函数 $y=\operatorname{arccot} x$.

这五种函数统称为基本初等函数，它们的性质和图形在中学已学过，这里不再详细说明. 基本初等函数是构成初等函数的主要元素，对初等函数的研究离不开基本初等函数.

2. 初等函数

由常数和基本初等函数经过有限次四则运算和复合运算所构成的，并可用一个表达式表示的函数，称为初等函数. 例如，$y=\sqrt{1-x^2}$，$y=\dfrac{e^x+e^{-x}}{2}$，$y=\ln\dfrac{x+\cos^2 x}{\sin x}$等都是初等函数. 绝大多数的分段函数不是初等函数，如 $f(x)=\begin{cases}x-1, & x<0,\\ 0, & x=0,\\ x+1, & x>0.\end{cases}$ 初等函数是今后研究的主要对象.

第二节　函数的极限

函数 $y=f(x)$的因变量 y 依赖于自变量 x 的变化而变化. 在研究两个变量这种密切相关的变化过程中，首先要研究当变量 x 在某一变化状态下，对应的变量 y 随之变化的趋势. 这里变量 x 的变化状态主要指如下两种情况：

(1) x 越来越无限接近于有限值 x_0，记作 $x\to x_0$；

(2) x 的绝对值$|x|$无限增大，记作 $x\to\infty$.

本节先讨论特殊的函数——数列的极限，然后再讨论一般的函数的极限.

一、数列的极限

数列是指按照一定规律排列而成的一列数：$x_1,x_2,x_3,\cdots,x_n,\cdots$，简记为$\{x_n\}$. 数列中的每一个数称作数列的项，第 n 项 x_n 称作数列 x_n 的通项或一般项. 例如：

$\left\{\dfrac{n+1}{n}\right\}$：$2,\dfrac{3}{2},\dfrac{4}{3},\dfrac{5}{4},\cdots,\dfrac{n+1}{n},\cdots$；

$\left\{\dfrac{1}{2^n}\right\}$：$\dfrac{1}{2},\dfrac{1}{2^2},\dfrac{1}{2^3},\dfrac{1}{2^4},\cdots,\dfrac{1}{2^n},\cdots$；

$\{(-1)^{n-1}\}$：$1,-1,1,-1,\cdots,(-1)^{n-1},\cdots$

都是数列. 可见数列的项依赖于项数 n 的变化而变化，相当于项数 n 的函数，即 $x_n=f(n)$，其中自变量 n 取正整数，对应法则就是数列的通项 x_n. 所以数列可作为特殊的函数加以讨论.

如果用图形描绘数列，它对应于数轴上一列点. 也可理解为数轴上的一个动点 x_n，随着 n 的变化移动到数轴上相应位置形成的. 如图 1-5 所示. 数列 $x_n=f(n)$的自变量 n 取正整数 $1,2,3,\cdots$，其越来越大，记作 $n\to\infty$. 相应数列各项在数轴上将其对应点前有限项描出来，观察它们在数轴上的移动趋势.

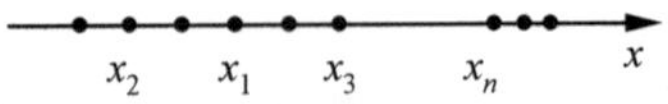

图 1-5

例如,数列 $x_n=\dfrac{n+1}{n}$:$2,\dfrac{3}{2},\dfrac{4}{3},\dfrac{5}{4},\cdots$,如图 1-6 所示.

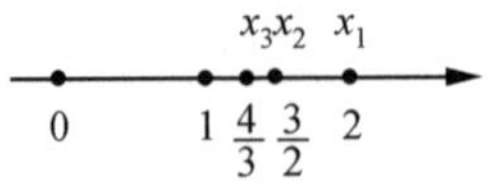

图 1-6

观察结果:随着 n 无限增大,$x_n=\dfrac{n+1}{n}$大于 1 而无限接近于常数 1. 这个常数 1 就称作数列 $x_n=\dfrac{n+1}{n}$当 $n\to\infty$时的极限.

又如,数列 $x_n=(-1)^{n-1}$:$1,-1,1,-1,\cdots$,如图 1-7 所示.

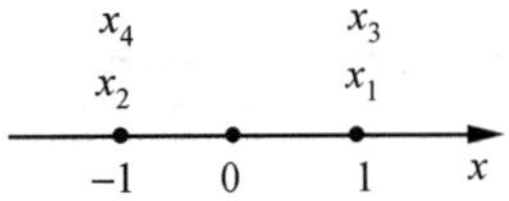

图 1-7

观察结果:随着 n 无限增大,数列 $x_n=(-1)^{n-1}$在两个常数-1,1 上交替变化,没有无限接近一个确定的常数,因此说这个数列没有极限.

由这两个具体数列的变化趋势,可抽象出数列极限的一种定性描述定义.

定义 1 设数列$\{x_n\}$,如果当 n 无限增大时,对应的数列的项 x_n 无限接近某个确定的常数 A,则称常数 A 为数列$\{x_n\}$当 $n\to\infty$时的极限,或称当 $n\to\infty$时,数列$\{x_n\}$收敛于 A,记作

$$\lim_{n\to\infty}x_n=A \quad 或 \quad x_n\to A(n\to\infty).$$

如果当 n 无限增大时,数列的项 x_n 不是无限接近一个确定的常数,则称数列$\{x_n\}$没有极限,或称数列$\{x_n\}$发散.

例如,当 $n\to\infty$时,数列$\left\{\dfrac{1}{2^n}\right\}$收敛于 0,而数列$\{2^n\}$发散. 其中数列$\left\{\dfrac{1}{2^n}\right\}$单调减少$\left(\dfrac{1}{2}>\dfrac{1}{2^2}>\dfrac{1}{2^3}>\cdots>\dfrac{1}{2^n}>\cdots\right)$且有界$\left(\left|\dfrac{1}{2^n}\right|<1\right)$,而数列$\{2^n\}$单调增加$(2<2^2<\cdots<2^n<\cdots)$但无界. 那么数列的收敛性与其有界性是否有一定联系呢? 答案是肯定的,即有下列定理.

定理 1(有界性) 若数列$\{x_n\}$收敛,则数列$\{x_n\}$必有界.

这个定理可由数列的定量描述定义证明(略).

注 数列有界只是数列收敛的必要条件,而不是充分条件.

例如,数列$\{(-1)^n\}$是有界的,即$|(-1)^n|=1$,但它却发散.

将数列收敛的必要条件加强,得到如下数列收敛的充分条件.

定理 2 若数列$\{x_n\}$有界且单调,则数列$\{x_n\}$必收敛.

注 这个定理的定性解释是:如果将单调数列各项对应的点在数轴上表示出来,这些点

在数轴上朝着数轴正向或负向移动. 移动结果有两种：一种是无限接近某一定点，另一种是沿数轴移向无穷远. 由于数列有界，所以只能存在前一种结果，即数列有极限.

例如，数列 $x_n=|q|^n$，$|q|<1$，单调减少且有界，当 $n\to\infty$ 时，$x_n=|q|^n$ 收敛且类似于数列 $x_n=\frac{1}{2^n}$，可证明 $\lim\limits_{n\to\infty}|q|^n=0$.

收敛的数列还有其他的性质，这将在一般的函数极限性质中综合阐述.

二、函数极限的概念

1. 当 $x\to x_0$ 时，函数 $f(x)$ 的极限

引例　讨论函数 $y=2x-1$ 当 $x\to\frac{1}{2}$ 时的变化趋势.

函数 $y=2x-1$ 的图形为直线，如图 1-8 所示.

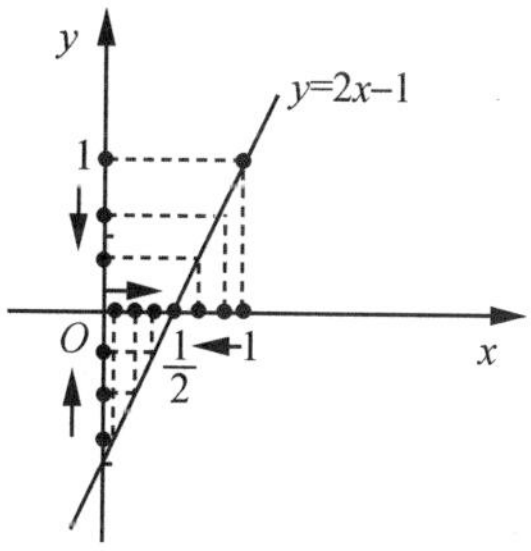

图 1-8

观察直线上的点的纵坐标 y 随着横坐标 x 从左、右两侧无限接近 $\frac{1}{2}$ 时的变化趋势. 结果表明：当 x 从右侧无限接近 $\frac{1}{2}$ 时，纵坐标 y 沿 y 轴正半轴从上至下无限接近 0；当 x 从左侧无限接近 $\frac{1}{2}$ 时，y 沿 y 轴负半轴从下至上也无限接近 0.

这一结果又可叙述为：当自变量 x 在 $\frac{1}{2}$ 左、右两侧无限接近 $\frac{1}{2}$ 时，对应的函数值 y 无限接近常数 0. 这个常数 0 就是函数 $y=2x-1$ 当 $x\to\frac{1}{2}$ 时的极限.

注　$x\to x_0$ 是指 x 无限接近 x_0 而不等于 x_0 的变化状态. 所以函数 $y=f(x)$ 在 x_0 处可以有定义，也可以无定义，此例中函数在 $x=\frac{1}{2}$ 处是有定义的. 又如，$y=\frac{x^2-4}{x-2}$ 在 $x=2$ 处无定义，但当 $x\to 2$ 时，它存在极限. 所以，一般情况下，$x\to x_0$ 是指 x 落在 x_0 的去心邻域内，即 $0<|x-x_0|<\delta$.

定义 2　设函数 $y=f(x)$ 在 x_0 的某一去心邻域内有定义，如果自变量 x 在该邻域内无限接近 x_0 时，相应的函数值 $f(x)$ 无限接近某一确定的常数 A，则常数 A 即是函数 $f(x)$ 当 $x\to x_0$ 时的极限，记作

$$\lim_{x\to x_0}f(x)=A \quad 或 \quad f(x)\to A(x\to x_0).$$

函数的极限

例如，$\lim\limits_{x\to x_0}C=C$（$C$ 为常数），$\lim\limits_{x\to x_0}x=x_0$.

$x\to x_0$：当 x 从右侧无限接近 x_0 时，记作 $x\to x_0^+$；当 x 从左侧无限接近 x_0 时，记作 $x\to x_0^-$. 但有时只能从某个单侧无限接近 x_0. 例如，$y=\sqrt{x-1}\sin\frac{1}{x-1}$，$x$ 无限接近 1，但只能从 1 的右侧接近 1，即 $x\to 1^+$. 又如，$f(x)=\begin{cases}x-1, & x<0,\\ 0, & x=0,\\ x+1, & x>0,\end{cases}$ 由于 x 在 $x=0$ 的左右两侧变化

时，$f(x)$的表达式不同，所以 $x\to0$ 要分成 $x\to0^+$ 和 $x\to0^-$ 讨论，即所谓的单侧极限.

如果 x 在 x_0 的左半邻域内，即 $x\in(x_0-\delta,x_0)$ 且无限接近 x_0 时，对应的函数值无限接近某一确定的常数 A，则称常数 A 为 $f(x)$ 当 $x\to x_0$ 时的左极限，记作

$$\lim_{x\to x_0^-}f(x)=A \quad 或 \quad f(x_0^-)=A.$$

如果 x 在 x_0 的右半邻域内，即 $x\in(x_0,x_0+\delta)$ 且无限接近 x_0 时，对应的函数值无限接近某一确定的常数 A，则称常数 A 为 $f(x)$ 当 $x\to x_0$ 时的右极限，记作

$$\lim_{x\to x_0^+}f(x)=A \quad 或 \quad f(x_0^+)=A.$$

左极限与右极限统称为单侧极限.

例 1 (1) 设函数 $f(x)=\begin{cases}x-1, & x<0,\\ 0, & x=0,\\ x+1, & x>0,\end{cases}$ 求 $\lim\limits_{x\to0^-}f(x)$，$\lim\limits_{x\to0^+}f(x)$ 及 $\lim\limits_{x\to0}f(x)$.

(2) 设函数 $f(x)=|x|=\begin{cases}-x, & x<0,\\ 0, & x=0,\\ x, & x>0,\end{cases}$ 求 $\lim\limits_{x\to0^-}f(x)$，$\lim\limits_{x\to0^+}f(x)$ 及 $\lim\limits_{x\to0}f(x)$.

解 (1) $\lim\limits_{x\to0^-}f(x)=\lim\limits_{x\to0^-}(x-1)=-1$，$\lim\limits_{x\to0^+}f(x)=\lim\limits_{x\to0^+}(x+1)=1$.

由于“$x\to0$”包含 $x\to0^-$ 和 $x\to0^+$，而 $f(x)$ 无限接近的常数不是唯一确定的，所以 $\lim\limits_{x\to0}f(x)$ 不存在.

(2) $\lim\limits_{x\to0^-}f(x)=\lim\limits_{x\to0^-}(-x)=0$，$\lim\limits_{x\to0^+}f(x)=\lim\limits_{x\to0^+}x=0$.

由于无论 $x\to0^-$，还是 $x\to0^+$，$f(x)$ 都无限接近同一个确定的常数，所以 $\lim\limits_{x\to0}f(x)=0$.

由例 1 可以理解如下定理阐述的函数极限存在与单侧极限的关系.

定理 3 设函数 $f(x)$ 在 x_0 的某一去心邻域内有定义，则 $\lim\limits_{x\to x_0}f(x)=A$ 的充分必要条件是 $\lim\limits_{x\to x_0^-}f(x)=\lim\limits_{x\to x_0^+}f(x)=A$.

2. 当 $x\to\infty$ 时，函数 $f(x)$ 的极限

引例 当 $x\to\infty$ 时，观察函数 $f(x)=\dfrac{1}{x}$ 的变化趋势. 如图 1-9 所示.

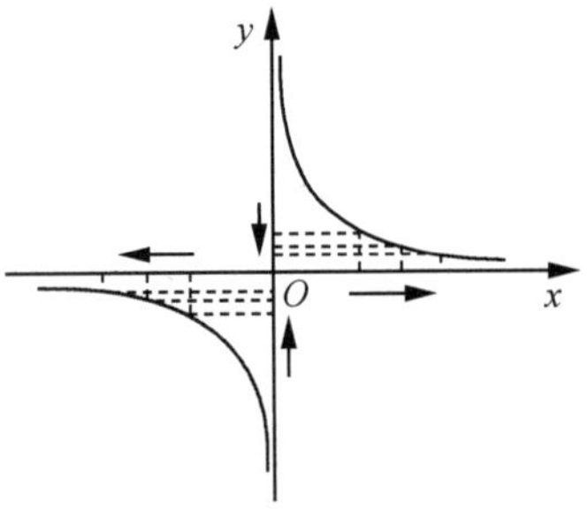

图 1-9

从图形上观察到的结果是，当 x 在 x 轴正半轴上取正实数且无限增大，即 $x\to+\infty$，对应的函数值在 y 轴的正半轴上从上至下无限接近于常数 0；当 x 在 x 轴负半轴上取负实数且无限减少，但 $|x|$ 无限增大，即 $x\to-\infty$ 时，对应的函数值在 y 轴的负半轴上从下至上无限接近于常数 0. 总之，当 $x\to\infty$ 时，对应的函数值 $f(x)$ 无限接近于常数 0，称常数 0 为 $f(x)=\dfrac{1}{x}$ 当 $x\to\infty$ 时的极限.

定义 3 设函数 $y=f(x)$ 在 $|x|>M$ 时有定义(M 为某一正数)，如果当 $|x|$ 无限增大时，

即 $x\to+\infty$ 或 $x\to-\infty$ 时，对应的函数值 $f(x)$ 无限接近某个确定的常数 A，则称常数 A 为函数 $f(x)$ 当 $x\to\infty$ 时的极限，记作

$$\lim_{x\to\infty}f(x)=A \quad 或 \quad f(x)\to A(x\to\infty).$$

注 若 $f(x)$ 在 $x>M$（M 为某一正数）时有定义，且随着 x 无限增大，即 $x\to+\infty$ 时，对应的函数值 $f(x)$ 无限接近某一确定的常数 A，则称常数 A 是 $f(x)$ 当 $x\to+\infty$ 时的极限，记作

$$\lim_{x\to+\infty}f(x)=A \quad 或 \quad f(x)\to A(x\to+\infty).$$

若 $f(x)$ 在 $x<-M$（M 为某一正数）时有定义，且随着 x 无限减小，即 $x\to-\infty$ 时，对应的函数值 $f(x)$ 无限接近某一确定的常数 A，则称常数 A 为 $f(x)$ 当 $x\to-\infty$ 时的极限，记作

$$\lim_{x\to-\infty}f(x)=A \quad 或 \quad f(x)\to A(x\to-\infty).$$

极限 $\lim\limits_{x\to+\infty}f(x)$ 与 $\lim\limits_{x\to-\infty}f(x)$ 也可称作单侧极限，且有如下定理.

定理 4 设函数 $f(x)$ 当 $|x|>M$（M 为某一正数）时有定义，则 $\lim\limits_{x\to\infty}f(x)=A$ 的充分必要条件是 $\lim\limits_{x\to-\infty}f(x)=\lim\limits_{x\to+\infty}f(x)=A$.

注 函数极限的几何意义：如果在自变量 x 的某种变化状态下（如 $x\to x_0$ 或 $x\to\infty$ 等），函数 $f(x)$ 的极限为 A，那么一定存在某一区间 I，当 $x\in I$ 时，函数 $f(x)$ 的图形无限接近直线 $y=A$. 如图 1-10 所示[设 $\lim\limits_{x\to x_0}f(x)=A$].

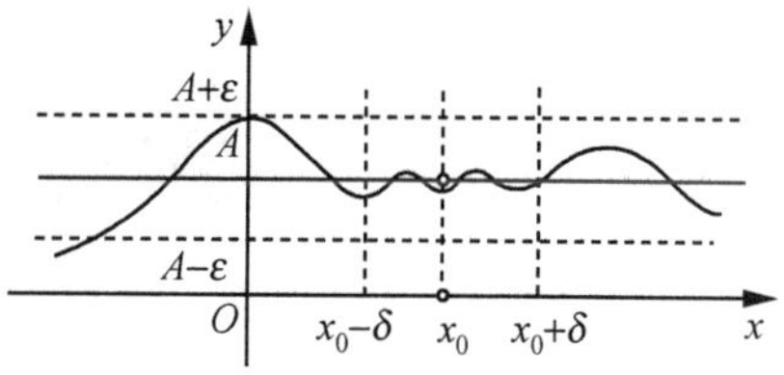

图 1-10

特别地，若 $\lim\limits_{x\to\infty}f(x)=A$，直线 $y=A$ 称为 $f(x)$ 的图形的水平渐近线.

由极限的几何意义，容易理解如下的有关函数极限的性质.

三、函数极限的性质

下面以 $\lim\limits_{x\to x_0}f(x)$ 为例阐述函数极限的性质，其他形式的极限，也有类似的结论.

定理 5（极限的唯一性） 若 $\lim\limits_{x\to x_0}f(x)=A$，且 $\lim\limits_{x\to x_0}f(x)=B$，则 $A=B$.

定理 6（函数的局部有界性） 若 $\lim\limits_{x\to x_0}f(x)=A$，则存在 x_0 的某一去心邻域 $\mathring{U}(x_0,\delta)$，当 $x\in\mathring{U}(x_0,\delta)$ 时，$f(x)$ 有界，即存在某一正数 M，对任一 $x\in\mathring{U}(x_0,\delta)$，有 $|f(x)|\leqslant M$.

定理 7（函数的局部保号性） 若 $\lim\limits_{x\to x_0}f(x)=A$，且 $A>0$（或 $A<0$），则存在 x_0 的某一去心邻域 $\mathring{U}(x_0,\delta)$，当 $x\in\mathring{U}(x_0,\delta)$ 时，有 $f(x)>0$（或 $f(x)<0$）.

推论（函数极限的保号性） 若 $\lim\limits_{x\to x_0}f(x)=A$，且在 x_0 的某一去心邻域 $\mathring{U}(x_0,\delta)$ 内，$f(x)\geqslant0$[或 $f(x)\leqslant0$]，则 $A\geqslant0$（或 $A\leqslant0$）.

定理 8（两边夹准则） 如果函数 $f(x),g(x),h(x)$ 满足如下条件：

(1) 当 $x\in$ 某一 $\mathring{U}(x_0,\delta)$ 时, $g(x)\leqslant f(x)\leqslant h(x)$;

(2) $\lim\limits_{x\to x_0}g(x)=A$, $\lim\limits_{x\to x_0}h(x)=A$,

则有 $\lim\limits_{x\to x_0}f(x)=A$.

例 2 求 $\lim\limits_{n\to\infty}q^n(|q|<1)$.

解 因为 $\lim\limits_{n\to\infty}|q|^n=0$, $\lim\limits_{n\to\infty}-|q|^n=0$, 且 $-|q|^n\leqslant q^n\leqslant|q|^n$, 所以由定理 8, $\lim\limits_{n\to\infty}q^n=0$.

例 3 证明: $\lim\limits_{x\to 0}\cos x=1$.

证 因为 $0\leqslant 1-\cos x=2\sin^2\dfrac{x}{2}\leqslant 2\cdot\left(\dfrac{x}{2}\right)^2=\dfrac{x^2}{2}$, 且 $\lim\limits_{x\to 0}0=0$, $\lim\limits_{x\to 0}\dfrac{x^2}{2}=0$, 所以由定理 8, $\lim\limits_{x\to 0}\cos x=1$.

注 关于一般函数的极限,也有类似数列极限的精确定量定义,上述有关函数极限的若干个性质,可由函数极限的精确定义给出严格证明,这里不给出其证明,只从极限的几何意义理解,有兴趣的同学可参阅其他书籍.

第三节 函数极限的运算法则

一、无穷小

1. 无穷小的定义

定义 1 若在自变量 x 的某种变化过程中(如 $x\to x_0$, $x\to x_0^-$ 或 $x\to\infty$ 等), 函数 $f(x)$ 以 0 为极限, 则称函数 $f(x)$ 在 x 的这种变化过程中为无穷小量, 简称无穷小.

例如, $\lim\limits_{x\to\frac{1}{2}}(2x-1)=0$, 所以函数 $f(x)=2x-1$ 当 $x\to\dfrac{1}{2}$ 时为无穷小量; 由于 $\lim\limits_{x\to 0^+}\sqrt{x}=0$, $\lim\limits_{x\to-\infty}e^x=0$, $\lim\limits_{x\to\infty}\dfrac{1}{x}=0$, 所以函数 $f(x)=\sqrt{x}$ 当 $x\to 0^+$ 时为无穷小量, 函数 $f(x)=e^x$ 当 $x\to-\infty$ 时为无穷小量, 函数 $f(x)=\dfrac{1}{x}$ 当 $x\to\infty$ 时为无穷小量.

注 (1) 判定一个函数 $f(x)$ 是否为无穷小, 必须针对自变量 x 的某一具体变化过程. 例如, 函数 $f(x)=2x-1$ 当 $x\to\dfrac{1}{2}$ 时是无穷小, 当 $x\to 1$ 时不是无穷小.

(2) 除常数 0 外, 无穷小不能理解为非常非常小的数. 因为这个数再小, 它的极限总等于它本身, 不等于 0. 常数中只有 0 是无穷小, 且它在 x 的任何变化过程中, 总是无穷小.

(3) 无穷小的定义也适用于数列这一特殊的函数. 例如, $\lim\limits_{n\to\infty}\dfrac{1}{2^n}=0$, 则称数列 $x_n=\dfrac{1}{2^n}$ 当 $n\to\infty$ 时为无穷小.

2. 无穷小的运算

有限个无穷小经过四则运算后，是否仍是无穷小呢？下面的定理回答了这个问题.

定理 1　有限个无穷小的和(或差)仍是无穷小.

例如，$\lim\limits_{n\to\infty}\frac{1}{2^n}=0$，$\lim\limits_{n\to\infty}\frac{1}{3^n}=0$，则$\lim\limits_{n\to\infty}\left(\frac{1}{2^n}\pm\frac{1}{3^n}\right)=0$.

定理 2　无穷小与有界函数的乘积仍是无穷小.

例如，由于 $x\to0$ 时 x 是无穷小，而 $\sin\frac{1}{x}$ 和 $\arctan x$ 都是有界函数，所以由定理 2 有 $\lim\limits_{x\to0}x\sin\frac{1}{x}=0$，$\lim\limits_{x\to0}x\arctan x=0$.

推论 1　无穷小与常数的乘积仍是无穷小.

推论 2　有限个无穷小的乘积仍是无穷小.

例如，$\lim\limits_{x\to0}2x^2=\lim\limits_{x\to0}2\cdot x\cdot x=0$(因为 $x\to0$ 时，x 是无穷小).

那么两个无穷小的商也一定是无穷小吗？

例如，当 $x\to0$ 时，x，$2x^2$，$2x$ 都是无穷小，但$\lim\limits_{x\to0}\frac{2x^2}{x}=\lim\limits_{x\to0}2x=0$，而$\lim\limits_{x\to0}\frac{2x}{x}=2$，所以两个无穷小相除不一定是无穷小，其原因将在后面关于无穷小的比较中给予解释.

3. 无穷小与函数极限的关系

无穷小可理解为以特殊常数“0”为极限的函数，它与以非零常数为极限的函数的关系如下.

为表达方便，以后将函数 $f(x)$在 x 的某一变化过程中，以 A 为极限记作$\lim f(x)=A$.

定理 3　$\lim f(x)=A$ 的充要条件是 $f(x)=A+\alpha$，其中$\lim\alpha=0$.

由于$\lim f(x)=A$，所以 $f(x)-A$ 随着 x 的变化，无限接近常数 0，即 $f(x)-A$ 是无穷小，令 $f(x)-A=\alpha$，则 $f(x)=A+\alpha$.

注　定理 3 中函数 $f(x)$与无穷小 α 的自变量变化过程必须一致. 如果 $f(x)$当 $x\to x_0^+$ 时以 A 为极限，则 α 一定是当 $x\to x_0^+$ 为的无穷小.

例如，$\lim\limits_{x\to1}\frac{x^2-1}{x-1}=\lim\limits_{x\to1}(x+1)=\lim\limits_{x\to1}[2+(x-1)]$. 由于 $x\to1$ 时，$x-1$ 为无穷小，而 $f(x)=2+(x-1)$是常数 2 与无穷小的和，所以由定理 3 知 $f(x)$以 2 为极限，即$\lim\limits_{x\to1}\frac{x^2-1}{x-1}=2$.

二、无穷大

1. 无穷大的定义

定义 2　若在自变量 x 的某种变化过程中，对应的函数值的绝对值$|f(x)|$无限增大，则称函数 $f(x)$在 x 的这种变化过程中为无穷大量，简称无穷大. 记作$\lim f(x)=\infty$.

例如，$f(x)=\frac{1}{x}$当 $x\to0$ 时，$|f(x)|=\frac{1}{|x|}$无限增大，即$\lim\limits_{x\to0}\frac{1}{x}=\infty$. 由于 $x\to0^+$ 时，$f(x)$

>0 且 $f(x)$ 无限增大,称 $f(x)$ 当 $x\to0^+$ 时为正无穷大,记作 $\lim\limits_{x\to0^+}f(x)=+\infty$;当 $x\to0^-$ 时,$f(x)<0$ 且 $-f(x)=-\dfrac{1}{x}$ 无限增大,则称 $f(x)$ 当 $x\to0^-$ 时为负无穷大,记作 $\lim\limits_{x\to0^-}f(x)=-\infty$. 从几何图形理解,当 x 无限接近 0 时,函数 $f(x)$ 的图形无限接近直线 $x=0$,如图 1-11 所示,称直线 $x=0$ 为曲线 $f(x)=\dfrac{1}{x}$ 的铅直(又叫铅垂)渐近线.

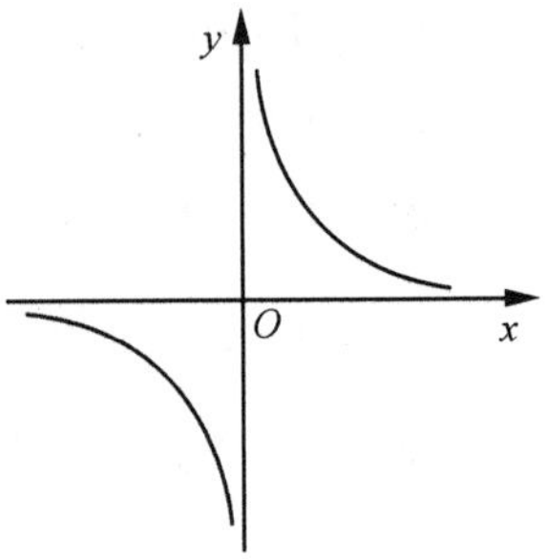

图 1-11

一般地,若 $\lim\limits_{x\to x_0}f(x)=\infty$,则称直线 $x=x_0$ 是函数 $f(x)$ 的图形的铅垂渐近线.

注 (1) 无穷大必须与自变量 x 的某一具体变化过程相关联. 例如,函数 $f(x)=\dfrac{1}{x}$,当 $x\to0$ 时,它是无穷大,但当 $x\to\infty$ 时,却是无穷小.

(2) 无穷大虽然记作 $\lim f(x)=\infty$,但这是为了以后论述方便,并不表示极限存在,因为 ∞ 不是确定的数,此时函数的极限不存在. 另外,无穷大也不能理解为很大很大的数,它是具有特定变化状态的函数.

2. 无穷大与无穷小的关系

定理 4 若 $\lim f(x)=\infty$,则 $\lim\dfrac{1}{f(x)}=0$;反之,若 $\lim f(x)=0$ 且 $f(x)\neq0$,则 $\lim\dfrac{1}{f(x)}=\infty$.

注 函数为无穷大与函数无界不能混为一谈. 若函数 $f(x)$ 在 x 的变化过程中是无穷大,则 $f(x)$ 在 x 的相应变化范围内一定无界;反之,若 $f(x)$ 在 x 的某一变化范围内无界,则在 x 的相应变化过程中,$f(x)$ 不一定为无穷大.

例如,$f(x)=x\cos x$ 在 $(-\infty,+\infty)$ 内无界,但当 $x\to\infty$ 时,若取 $x=n\pi+\dfrac{\pi}{2}\to\infty$(随着 $n\to\infty$),有 $f(x)=0$,不能使 $|f(x)|$ 无限增大,所以 $f(x)$ 不是无穷大.

三、函数极限的四则运算法则

前面提到的无穷小的运算中,已经涉及函数极限的运算,这里将给出更一般的函数极限的四则运算公式.

定理 5 如果 $\lim f(x)=A$,$\lim g(x)=B$,则

(1) $\lim[f(x)\pm g(x)]=\lim f(x)\pm\lim g(x)=A\pm B$;

(2) $\lim[f(x)\cdot g(x)]=\lim f(x)\cdot\lim g(x)=A\cdot B$;

(3) $\lim\dfrac{f(x)}{g(x)}=\dfrac{\lim f(x)}{\lim g(x)}=\dfrac{A}{B}(B\neq0)$.

我们仅证结论(2),结论(1)和(3)的证明类同.

证 因为 $\lim f(x)=A$,$\lim g(x)=B$,由定理 3,知 $f(x)=A+\alpha$,$g(x)=B+\beta$,其中 α,β 在 x 的相同变化过程中均为无穷小. 从而

$$f(x)\cdot g(x)=(A+\alpha)\cdot(B+\beta)=A\cdot B+(A\cdot\beta+B\cdot\alpha+\alpha\cdot\beta).$$

由无穷小的运算,知 $A\cdot\beta+B\cdot\alpha+\alpha\cdot\beta$ 为无穷小,而 $A\cdot B$ 为常数,故有

$$\lim[f(x)\cdot g(x)]=A\cdot B=\lim f(x)\cdot\lim g(x).$$

推论　若 $\lim f(x)=A$,C 为常数,则

(1) $\lim[Cf(x)]=C\lim f(x)=CA$;

(2) $\lim[f(x)]^n=[\lim f(x)]^n=A^n$($n$ 为正整数).

注　(1) 上述所有极限均在 x 的相同变化过程下.

(2) 函数极限的四则运算公式完全适用于数列.

例 1　求 $\lim\limits_{x\to x_0}(ax+b)$($a$,$b$ 为常数).

解　$\lim\limits_{x\to x_0}(ax+b)=\lim\limits_{x\to x_0}ax+b=a\lim\limits_{x\to x_0}x+b=ax_0+b.$

若设 $f(x)=ax+b$,它是 x 的一次函数,图形是直线,上述结果可表示为

$$\lim_{x\to x_0}f(x)=f(x_0).$$

一般地,设 $f(x)=a_0x^n+a_1x^{n-1}+\cdots+a_{n-1}x+a_n(a_0\neq0)$,是 x 的 n 次多项式,同理有 $\lim\limits_{x\to x_0}f(x)=f(x_0)$,即

$$\lim_{x\to x_0}(a_0x^n+a_1x^{n-1}+\cdots+a_{n-1}x+a_n)=a_0x_0^n+a_1x_0^{n-1}+\cdots+a_{n-1}x_0+a_n.$$

例 2　求 $\lim\limits_{x\to1}\dfrac{x^2+4x+1}{x^3+1}$.

解　因为 $\lim\limits_{x\to1}(x^3+1)=2\neq0$,所以

$$\lim_{x\to1}\frac{x^2+4x+1}{x^3+1}=\frac{\lim\limits_{x\to1}(x^2+4x+1)}{\lim\limits_{x\to1}(x^3+1)}=\frac{6}{2}=3.$$

设 $f(x)=\dfrac{x^2+4x+1}{x^3+1}=\dfrac{P(x)}{Q(x)}$,其中 $P(x)=x^2+4x+1$ 是二次多项式,$Q(x)=x^3+1$ 是三次多项式,而 $f(x)$ 是由 $P(x)$,$Q(x)$ 构成的有理分式,由于

$$\lim_{x\to1}P(x)=P(1)=6,\lim_{x\to1}Q(x)=Q(1)=2\neq0(\text{由例 2 得知}),$$

所以
$$\lim_{x\to1}f(x)=\frac{\lim\limits_{x\to1}P(x)}{\lim\limits_{x\to1}Q(x)}=\frac{P(1)}{Q(1)}=f(1).$$

一般地,设 $f(x)=\dfrac{P(x)}{Q(x)}$,其中 $P(x)$,$Q(x)$ 都是多项式,如果 $Q(x_0)\neq0$,那么

$$\lim_{x\to x_0}f(x)=\frac{P(x_0)}{Q(x_0)}=f(x_0).$$

例 1、例 2 的结果可以看作用"代入法"求极限.

例 3　求 $\lim\limits_{x\to3}\dfrac{x^2-9}{x^2+x-12}$.

解　本题也是有理函数求极限,由于分母的极限为 0,所以不能用"代入法"计算.此时分子的极限也为 0,以后这种类型的极限称作"$\dfrac{0}{0}$"型.如果分子、分母都是多项式,且在 x 的某种变化过程中都是无穷小,一般分子、分母存在无穷小的公因子,称作"零因子",将"零因子"

消去后,再求极限.

$$\lim_{x\to3}\frac{x^2-9}{x^2+x-12}=\lim_{x\to3}\frac{(x-3)(x+3)}{(x-3)(x+4)}=\lim_{x\to3}\frac{x+3}{x+4}=\frac{6}{7}.$$

注 “$x\to3$”指 x 无限接近 3 但 $x\neq3$,$x-3$ 当 $x\to3$ 时是无穷小但 $x-3\neq0$,所以可以将它消去,这种求极限方法也称“消零因子”法.

例 4 求 $\lim\limits_{x\to-1}\dfrac{2x+3}{x^2+4x+3}$.

解 当 $x\to-1$ 时,分母为无穷小,分子不是无穷小. 该有理分式的倒数的极限为

$$\lim_{x\to-1}\frac{x^2+4x+3}{2x+3}\xlongequal{\text{代入}}\frac{(-1)^2+4\times(-1)+3}{2\times(-1)+3}=\frac{0}{1}=0.$$

由定理 4,知 $x\to-1$ 时无穷小 $\dfrac{x^2+4x+3}{2x+3}$ 的倒数是无穷大,所以

$$\lim_{x\to-1}\frac{2x+3}{x^2+4x+3}=\infty.$$

例 5 求 $\lim\limits_{x\to1}\left(\dfrac{1}{1-x}-\dfrac{3}{1-x^3}\right)$.

解 当 $x\to1$ 时,$1-x$,$1-x^3$ 都是无穷小,所以 $\dfrac{1}{1-x}$,$\dfrac{3}{1-x^3}$ 都是无穷大,并将这种极限记作“$\infty-\infty$”型,由于无穷大属于没有极限,故不能直接使用极限的加法运算公式. 可先通分化简后,再求极限.

$$\begin{aligned}\lim_{x\to1}\left(\frac{1}{1-x}-\frac{3}{1-x^3}\right)&=\lim_{x\to1}\frac{(1+x+x^2)-3}{1-x^3}=\lim_{x\to1}\frac{x^2+x-2}{1-x^3}\\&=\lim_{x\to1}\frac{(x+2)(x-1)}{(1-x)(1+x+x^2)}\\&=\lim_{x\to1}\frac{x+2}{-(1+x+x^2)}=-1.\end{aligned}$$

例 6 求 $\lim\limits_{x\to\infty}\dfrac{x^2+1}{4x^2-x+1}$.

解 当 $x\to\infty$ 时,分子、分母都是无穷大,没有极限,并将这种极限记作“$\dfrac{\infty}{\infty}$”型,不能直接使用极限除法运算公式,先将有理分式恒等变形后,再求极限.

$$\lim_{x\to\infty}\frac{x^2+1}{4x^2-x+1}=\lim_{x\to\infty}\frac{1+\dfrac{1}{x^2}}{4-\dfrac{1}{x}+\dfrac{1}{x^2}}=\frac{1+0}{4-0+0}=\frac{1}{4}.$$

此题的恒等变形是分子、分母同除以它们表达式中 x 的最高次幂 x^2,再利用无穷大的倒数是无穷小求得.

例 7 求 $\lim\limits_{x\to\infty}\dfrac{x^2+x+1}{3x^3+1}$.

解 将有理分式的分子、分母同除以 x 的最高次幂 x^3,得

$$\lim_{x\to\infty}\frac{x^2+x+1}{3x^3+1}=\lim_{x\to\infty}\frac{\frac{1}{x}+\frac{1}{x^2}+\frac{1}{x^3}}{3+\frac{1}{x^3}}=\frac{0}{3}=0.$$

由例 6、例 7 可推得一般结论：

$$\lim_{x\to\infty}\frac{a_0x^m+a_1x^{m-1}+\cdots+a_m}{b_0x^n+b_1x^{n-1}+\cdots+b_n}=\begin{cases}\frac{a_0}{b_0}, & \text{当 } n=m \text{ 时},\\ 0, & \text{当 } n>m \text{ 时},\\ \infty, & \text{当 } n<m \text{ 时},\end{cases}$$

其中，$a_0\neq$，$b_0\neq 0$，m 和 n 为非负整数.

例 8　求$\lim\limits_{n\to\infty}\left(1+\frac{1}{2}+\frac{1}{2^2}+\cdots+\frac{1}{2^n}\right)$.

解　当 $n\to\infty$时，此题为无穷多项和的极限，定理 5 中极限的有限加法运算公式不适用，必须先化简再求极限.

$$\lim_{n\to\infty}\left(1+\frac{1}{2}+\frac{1}{2^2}+\cdots+\frac{1}{2^n}\right)=\lim_{n\to\infty}\frac{1-\frac{1}{2^{n-1}}}{1-\frac{1}{2}}=\frac{1-0}{\frac{1}{2}}=2.$$

四、复合函数的极限运算法则

定理 6　设 $y=f[g(x)]$是由 $y=f(u)$与 $u=g(x)$复合而成，若$\lim\limits_{x\to x_0}g(x)=u_0$，且$\lim\limits_{u=g(x)\to u_0}f(u)=A$，则

$$\lim_{x\to x_0}f[g(x)]=\lim_{u\to u_0}f(u)=A.$$

证明略.

例如，$f(x)=\sqrt{x^2+1}$是由 $f(u)=\sqrt{u}$与 $u=x^2+1$ 复合而成. 因为$\lim\limits_{x\to 0}(x^2+1)=1$，而$\lim\limits_{u=x^2+1\to 1}\sqrt{u}=1$，所以

$$\lim_{x\to 0}\sqrt{x^2+1}=\lim_{u\to 1}\sqrt{u}=1.$$

例 9　求$\lim\limits_{x\to 0}\frac{\sqrt{x^2+1}-1}{x^2}$.

解　当 $x\to 0$ 时，分子、分母均为无穷小，即极限为“$\frac{0}{0}$”型，不能直接使用极限运算公式，先将分子根式有理化，消去分子、分母的“零因子”，再求极限.

$$\lim_{x\to 0}\frac{\sqrt{x^2+1}-1}{x^2}=\lim_{x\to 0}\frac{(\sqrt{x^2+1}-1)(\sqrt{x^2+1}+1)}{x^2(\sqrt{x^2+1}+1)}$$

$$=\lim_{x\to 0}\frac{x^2}{x^2(\sqrt{x^2+1}+1)}$$

$$=\lim_{x\to 0}\frac{1}{\sqrt{x^2+1}+1}=\frac{1}{2}.$$

例 10 求 $\lim\limits_{x\to+\infty}(\sqrt{x^2+x}-\sqrt{x^2+1})$.

解 由定理 6 知,当 $x\to+\infty$ 时,复合函数 $y=\sqrt{x^2+x}$,$y=\sqrt{x^2+1}$ 均为无穷大,此极限为"$\infty-\infty$"型.由于表达式带有根式,一般先将根式有理化后再求极限.

$$\lim_{x\to+\infty}(\sqrt{x^2+x}-\sqrt{x^2+1})=\lim_{x\to+\infty}\frac{(\sqrt{x^2+x}-\sqrt{x^2+1})(\sqrt{x^2+x}+\sqrt{x^2+1})}{\sqrt{x^2+x}+\sqrt{x^2+1}}$$
$$=\lim_{x\to+\infty}\frac{x-1}{\sqrt{x^2+x}+\sqrt{x^2+1}}$$
$$=\lim_{x\to+\infty}\frac{1-\frac{1}{x}}{\sqrt{1+\frac{1}{x}}+\sqrt{1+\frac{1}{x^2}}}=\frac{1}{2}.$$

第四节 两个重要极限 无穷小的比较

一、两个重要极限

1. $\lim\limits_{x\to 0}\frac{\sin x}{x}=1$

证 先证 $\lim\limits_{x\to 0^+}\frac{\sin x}{x}=1$.由 $x\to 0^+$,不妨设 $0<x<\frac{\pi}{2}$,在单位圆内作 $\angle AOB=x$,过点 A 作圆的切线交 OB 延长线于点 D,过点 B 作 OA 的垂线,交 OA 于点 C,连结线段 AB,如图 1-12 所示.易知 $OB=OA=1$,$BC=\sin x$,$AD=\tan x$,且

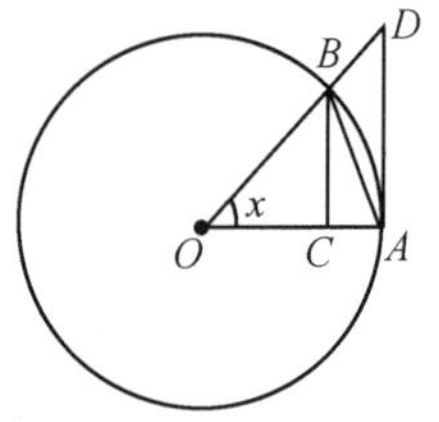

图 1-12

$$S_{\triangle OAB}<S_{扇形OAB}<S_{\triangle OAD},$$

即
$$\frac{1}{2}\sin x<\frac{1}{2}x<\frac{1}{2}\tan x,$$

故
$$\sin x<x<\tan x,$$

从而
$$\cos x<\frac{\sin x}{x}<1.$$

因为 $\lim\limits_{x\to 0^+}\cos x=1$,$\lim\limits_{x\to 0^+}1=1$,由极限的两边夹准则,知 $\lim\limits_{x\to 0^+}\frac{\sin x}{x}=1$.

再证 $\lim\limits_{x\to 0^-}\frac{\sin x}{x}=1$.

因为 $x\to 0^-$,令 $t=-x$,则 $t\to 0^+$,于是,有

$$\lim_{x\to 0^-}\frac{\sin x}{x}=\lim_{t\to 0^+}\frac{\sin(-t)}{-t}=\lim_{t\to 0^+}\frac{\sin t}{t}=1,$$

所以
$$\lim_{x\to 0}\frac{\sin x}{x}=1.$$

注　(1) 这个重要极限是"$\frac{0}{0}$"型，当所求的极限是"$\frac{0}{0}$"型且含有三角函数时，往往考虑将其适当变形后使用这个公式.

(2) 为了灵活地使用这一重要极限，需要掌握它的更一般形式：
$$\lim_{(\ )\to 0}\frac{\sin(\ )}{(\ )}=1,$$
其中( )内的变量形式相同.

重要极限

例如，$\lim\limits_{x\to 0}\dfrac{\sin\frac{x}{2}}{\frac{x}{2}}=1$，$\lim\limits_{x\to 0}\dfrac{\sin(\sin x)}{\sin x}=1$，$\lim\limits_{x\to 1}\dfrac{\sin(x-1)}{x-1}=1$.

例 1　求$\lim\limits_{x\to 0}\dfrac{\tan x}{x}$.

解　$\lim\limits_{x\to 0}\dfrac{\tan x}{x}=\lim\limits_{x\to 0}\dfrac{\sin x}{x}\cdot\dfrac{1}{\cos x}=\lim\limits_{x\to 0}\dfrac{\sin x}{x}\cdot\dfrac{1}{\lim\limits_{x\to 0}\cos x}=1.$

例 2　求$\lim\limits_{x\to 0}\dfrac{\sin 2x}{\sin 3x}$.

解　$\lim\limits_{x\to 0}\dfrac{\sin 2x}{\sin 3x}=\lim\limits_{x\to 0}\left(\dfrac{\sin 2x}{2x}\cdot\dfrac{3x}{\sin 3x}\cdot\dfrac{2}{3}\right)=\dfrac{2}{3}\lim\limits_{x\to 0}\dfrac{\sin 2x}{2x}\cdot\lim\limits_{x\to 0}\dfrac{1}{\frac{\sin 3x}{3x}}=\dfrac{2}{3}.$

例 3　求$\lim\limits_{x\to 0}\dfrac{1-\cos x}{x^2}$.

解　$\lim\limits_{x\to 0}\dfrac{1-\cos x}{x^2}=\lim\limits_{x\to 0}\dfrac{2\sin^2\frac{x}{2}}{x^2}=\lim\limits_{x\to 0}\dfrac{\sin^2\frac{x}{2}}{2\left(\frac{x}{2}\right)^2}=\dfrac{1}{2}\lim\limits_{x\to 0}\left(\dfrac{\sin\frac{x}{2}}{\frac{x}{2}}\right)^2=\dfrac{1}{2}.$

例 4　求$\lim\limits_{x\to 0}\dfrac{\arctan kx}{x}$($k\neq 0$ 为常数).

解　令 $\arctan kx=t$，则 $x=\frac{1}{k}\tan t$. 当 $x\to 0$ 时，有 $t\to 0$，由复合函数极限运算法则，知
$$\lim_{x\to 0}\frac{\arctan kx}{x}=\lim_{t\to 0}\frac{t}{\frac{1}{k}\tan t}=k\lim_{t\to 0}\frac{t}{\sin t}\cdot\cos t=k.$$

2. $\lim\limits_{x\to\infty}\left(1+\dfrac{1}{x}\right)^x=\mathrm{e}$ 或 $\lim\limits_{x\to 0}(1+x)^{\frac{1}{x}}=\mathrm{e}$

关于这个极限，此处暂不做详细证明，感兴趣的同学可以参考其他书籍. 下面利用 Excel 的计算功能列表如下：

x	$-10\ 000$	$-1\ 000$	-100	-10	1	10	100	1 000	10 000
$\left(1+\frac{1}{x}\right)^x$	2.718	2.720	2.732	2.868	2	2.594	2.705	2.717	2.718

从上表可以看到,当 $x\to\infty$ 时,函数 $f(x)=\left(1+\frac{1}{x}\right)^x$ 的值无限接近于一个确定的常数 e=2.718 281 828 459 045 …,即

$$\lim_{x\to\infty}\left(1+\frac{1}{x}\right)^x=\mathrm{e}.$$

证明略.

令 $t=\frac{1}{x}$,当 $x\to\infty$ 时,有 $t\to 0$,得 $\lim\limits_{t\to 0}(1+t)^{\frac{1}{t}}=\mathrm{e}$,即

$$\lim_{x\to 0}(1+x)^{\frac{1}{x}}=\mathrm{e}.$$

注 (1) 这个重要极限中底数部分的极限为"1",指数部分的极限为"∞",故形式上将它称作"1^∞"型.如果所求的极限经初步判断属于"1^∞"型,有可能用到这个重要极限.

(2) 为了灵活地使用这个重要极限,需要掌握它的更一般形式:

$$\lim_{(\ )\to\infty}\left[1+\frac{1}{(\ )}\right]^{(\ )}=\mathrm{e} \quad 或 \quad \lim_{(\ )\to 0}[1+(\ )]^{\frac{1}{(\ )}}=\mathrm{e},$$

其中( )内的变量的形式相同,且注意底中常数 1 后面是"+"号.

例如,$\lim\limits_{x\to\infty}\left[1+\frac{1}{(-kx)}\right]^{(-kx)}=\mathrm{e}$($k$ 为不为零的常数).

例 5 求 $\lim\limits_{x\to\infty}\left(1-\frac{1}{x}\right)^{2x}$.

解 $\lim\limits_{x\to\infty}\left(1-\frac{1}{x}\right)^{2x}=\lim\limits_{x\to\infty}\left\{\left[1+\frac{1}{(-x)}\right]^{(-x)}\right\}^{(-2)}=\mathrm{e}^{-2}$.

例 6 求 $\lim\limits_{x\to 0}(1+3x)^{\frac{1}{x}}$.

解 $\lim\limits_{x\to 0}(1+3x)^{\frac{1}{x}}=\lim\limits_{x\to 0}[(1+3x)^{\frac{1}{3x}}]^3=\mathrm{e}^3$.

例 7 求 $\lim\limits_{x\to\infty}\left(\frac{2x+3}{2x+1}\right)^x$.

解 $\lim\limits_{x\to\infty}\left(\frac{2x+3}{2x+1}\right)^x=\lim\limits_{x\to\infty}\left(1+\frac{2}{2x+1}\right)^x=\lim\limits_{x\to\infty}\left[\left(1+\frac{1}{\frac{2x+1}{2}}\right)^{\frac{2x+1}{2}}\right]^{\frac{2x}{2x+1}}=\mathrm{e}$.

注 $\lim\limits_{x\to\infty}\left(1+\frac{1}{\frac{2x+1}{2}}\right)^{\frac{2x+1}{2}}=\mathrm{e}$,$\lim\limits_{x\to\infty}\frac{2x}{2x+1}=1$.

二、无穷小的比较

在无穷小的四则运算中,两个无穷小相除不一定是无穷小,这是由于无穷小趋于零的快慢程度不同.或者说,两个无穷小趋于零的快慢程度可以用这两个无穷小之比的极限情况反映出来.例如,由于 $\lim\limits_{x\to 0}\frac{x^2}{x}=0$,即无穷小 x^2 与 x 之比仍是无穷小,这说明无穷小 x^2 比 x 趋于零的速度快;由于 $\lim\limits_{x\to 0}\frac{\sin x}{x}=1$,这说明无穷小 $\sin x$ 与 x 趋于零的速度几乎相等;由于

$\lim\limits_{x\to 0}\dfrac{1-\cos x}{x^2}=\dfrac{1}{2}$，这说明无穷小 $1-\cos x$ 与 x^2 趋于零的速度相似. 因此，两个无穷小之比的极限反映了无穷小(趋于零快慢)的比较. 一般地，有如下定义：

定义　设 $\lim\alpha=0$，$\lim\beta=0$，且 $\lim\dfrac{\beta}{\alpha}=C$($C$ 为常数).

(1) 若 $C=0$，则称 β 是比 α 高阶的无穷小，记作 $\beta=o(\alpha)$(或称 α 是比 β 低阶的无穷小)；

(2) 若 $C\neq 0$，则称 β 与 α 是同阶无穷小. 特别地，若 $C=1$，则称 β 与 α 是等价的无穷小，记作 $\beta\sim\alpha$.

无穷小的阶

等价无穷小在求"$\dfrac{0}{0}$"型极限时，有重要应用，即有如下定理：

定理　如果 $\alpha\sim\alpha'$，$\beta\sim\beta'$ 且 $\lim\dfrac{\beta'}{\alpha'}$ 存在或为 ∞，则 $\lim\dfrac{\beta}{\alpha}=\lim\dfrac{\beta'}{\alpha'}$ 存在或为 ∞.

证　若 $\lim\dfrac{\beta'}{\alpha'}$ 存在，则有

$$\lim\frac{\beta}{\alpha}=\lim\frac{\beta}{\beta'}\cdot\frac{\beta'}{\alpha'}\cdot\frac{\alpha'}{\alpha}=\lim\frac{\beta}{\beta'}\cdot\lim\frac{\beta'}{\alpha'}\cdot\lim\frac{\alpha'}{\alpha}=\lim\frac{\beta'}{\alpha'}.$$

若 $\lim\dfrac{\beta'}{\alpha'}=\infty$，则 $\lim\dfrac{\alpha'}{\beta'}=0$. 于是

$$\lim\frac{\alpha}{\beta}=\lim\frac{\alpha}{\alpha'}\cdot\frac{\alpha'}{\beta'}\cdot\frac{\beta'}{\beta}=\lim\frac{\alpha}{\alpha'}\cdot\lim\frac{\alpha'}{\beta'}\cdot\lim\frac{\beta'}{\beta}=0,$$

所以

$$\lim\frac{\beta}{\alpha}=\infty.$$

特别地，$\lim\dfrac{\beta}{\alpha}=\lim\dfrac{\beta'}{\alpha}$ 或 $\lim\dfrac{\beta}{\alpha}=\lim\dfrac{\beta}{\alpha'}$.

注　上述定理的结果称作用无穷小等价替换求极限，这种方法适合于"$\dfrac{0}{0}$"型，它可以简化极限运算，替换时，可以分子、分母分别整体替换，也可以对分子或分母的乘积因式作部分替换，但分子或分母的加、减因式一般不可以作部分替换.

为了更好地使用无穷小等价替换方法，需要记住一些常用的等价无穷小. 当 $x\to 0$ 时，$\sin kx\sim kx$，$\tan kx\sim kx$，$\arcsin kx\sim kx$，$\arctan kx\sim kx$，$1-\cos x\sim\dfrac{1}{2}x^2$，$\ln(1+x)\sim x$，$e^x-1\sim x$，$\sqrt{1+x}-1\sim\dfrac{1}{2}x$($k$ 为非零常数).

注　上述变量用其他非零的无穷小变量替换，仍成立. 例如，当 $x\to 0$ 时，有 $x^2\to 0$，则 $\ln(1+x^2)\sim x^2$.

例 8　求 $\lim\limits_{x\to 0}\dfrac{\sin 2x}{\tan 3x}$.

解　因为当 $x\to 0$ 时，$\sin 2x\sim 2x$，$\tan 3x\sim 3x$，所以

$$\lim_{x\to 0}\frac{\sin 2x}{\tan 3x}=\lim_{x\to 0}\frac{2x}{3x}=\frac{2}{3}.$$

例 9 求$\lim\limits_{x\to 0}\dfrac{1-\cos x}{x\sin x}$.

解 因为当 $x\to 0$ 时,$\sin x\sim x$,$1-\cos x\sim \dfrac{1}{2}x^2$,所以

$$\lim_{x\to 0}\frac{1-\cos x}{x\sin x}=\lim_{x\to 0}\frac{\frac{1}{2}x^2}{x\cdot x}=\frac{1}{2}.$$

例 10 求$\lim\limits_{x\to 0}\dfrac{2^x+3^x-2}{x}$.

解 因为当 $x\to 0$ 时,$2^x-1=e^{x\ln 2}-1\sim x\ln 2$,$3^x-1=e^{x\ln 3}-1\sim x\ln 3$,所以

$$\begin{aligned}\lim_{x\to 0}\frac{2^x+3^x-2}{x}&=\lim_{x\to 0}\left(\frac{2^x-1}{x}+\frac{3^x-1}{x}\right)\\&=\lim_{x\to 0}\frac{x\ln 2}{x}+\lim_{x\to 0}\frac{x\ln 3}{x}\\&=\ln 2+\ln 3=\ln 6.\end{aligned}$$

例 11 求$\lim\limits_{x\to 0}\dfrac{\tan x-\sin x}{x\tan^2 x}$.

解 因为$\dfrac{\tan x-\sin x}{x\tan^2 x}=\dfrac{\sin x(1-\cos x)}{x\tan^2 x\cos x}$,又因为当 $x\to 0$ 时,$\sin x\sim x$,$\tan x\sim x$,$1-\cos x\sim \dfrac{1}{2}x^2$,所以

$$\begin{aligned}\lim_{x\to 0}\frac{\tan x-\sin x}{x\tan^2 x}&=\lim_{x\to 0}\frac{\sin x(1-\cos x)}{x\tan^2 x\cos x}\\&=\lim_{x\to 0}\frac{x\cdot\frac{1}{2}x^2}{x\cdot x^2\cdot\cos x}=\frac{1}{2}.\end{aligned}$$

如果将原式分子中 $\tan x$,$\sin x$ 直接用 x 替换,则有

$$\lim_{x\to 0}\frac{\tan x-\sin x}{x\tan^2 x}=\lim_{x\to 0}\frac{x-x}{x\cdot x^2}=0.$$

这个结果显然是错误的,因为 $\tan x-\sin x$ 与 $x-x$ 不等价. 所以,一般情况下,无穷小的和或差不作部分替换.

第五节 函数的连续性

从本节开始将利用前面阐述的函数极限的思想、方法研究函数的性质. 首先研究函数的连续性. 所谓函数的连续性就是当自变量有很微小的变化时,对应的因变量的变化也很微小. 例如,一天的气温是随着时间变化而变化的,即气温是时间的函数,当时间改变很小时,气温的变化也很小,这说明气温是随着时间连续变化的,而不是突变;又如,路程是随着时间连续变化的;等等.

一、函数的连续性与间断点

1. 连续性的定义

设函数 $y=f(x)$，如果自变量 x 从初值 x_0 变到终值 x，则称 $x-x_0$ 为自变量 x 的增量，记作 Δx，即 $\Delta x=x-x_0$，从而 $x=x_0+\Delta x$，其中 $\Delta x>0$ 或 $\Delta x<0$. 当 $\Delta x>0$ 时，自变量 x 从点 x_0 增大到 x；当 $\Delta x<0$ 时，自变量 x 从 x_0 减小到 x. 同理，函数 y 从函数值 $f(x_0)$ 变到 $f(x_0+\Delta x)$，则称为函数的增量，记作 Δy，即 $\Delta y=f(x_0+\Delta x)-f(x_0)$，如图 1-13 所示.

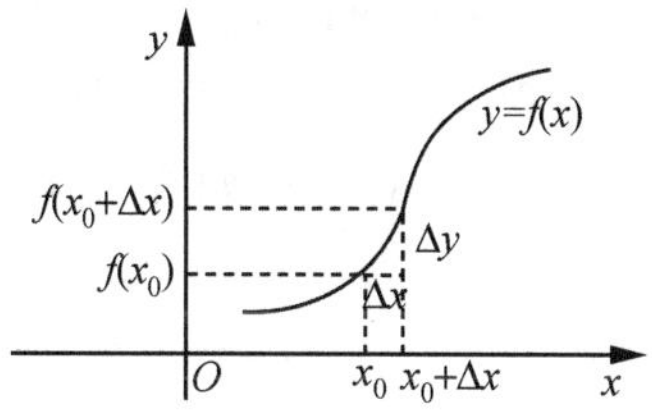

图 1-13

定义 1　设函数 $y=f(x)$ 在点 x_0 的某邻域 $U(x_0,\delta)$ 内有定义，任取 $x\in U(x_0,\delta)$，有 $\Delta x=x-x_0$. 若 $\lim\limits_{\Delta x\to 0}\Delta y=\lim\limits_{\Delta x\to 0}[f(x_0+\Delta x)-f(x_0)]=0$，则称函数 $y=f(x)$ 在点 x_0 处连续.

由于 $\lim\limits_{\Delta x\to 0}[f(x_0+\Delta x)-f(x_0)]=0$ 等价于 $\lim\limits_{x\to x_0}f(x)=f(x_0)$，于是有连续性的另一定义形式.

定义 2　设函数 $y=f(x)$ 在点 x_0 的某邻域内有定义. 如果 $\lim\limits_{x\to x_0}f(x)=f(x_0)$，则称函数 $y=f(x)$ 在点 x_0 处连续.

注　由定义 2 可知，$y=f(x)$ 在点 x_0 连续必须同时满足三个条件：(1) $f(x)$ 在点 x_0 处有定义，即 $f(x_0)$ 存在；(2) 极限 $\lim\limits_{x\to x_0}f(x)$ 存在；(3) 极限等于函数值，即 $\lim\limits_{x\to x_0}f(x)=f(x_0)$.

例 1　证明：函数 $f(x)=\begin{cases}x\sin\dfrac{1}{x}, & x\neq 0,\\ 0, & x=0\end{cases}$ 在点 $x=0$ 处连续.

函数的连续性

证　因为

$$f(0)=0,\lim_{x\to 0}x\sin\frac{1}{x}=0\left(x\to 0,\left|\sin\frac{1}{x}\right|\leqslant 1\right),$$

所以

$$\lim_{x\to 0}f(x)=f(0),$$

故 $f(x)$ 在点 $x=0$ 处连续.

如果 $\lim\limits_{x\to x_0^-}f(x)=f(x_0)$，则称函数 $f(x)$ 在点 x_0 处左连续；如果 $\lim\limits_{x\to x_0^+}f(x)=f(x_0)$，则称函数 $f(x)$ 在点 x_0 处右连续.

显然，函数 $f(x)$ 在点 x_0 处连续的充要条件是 $f(x)$ 在点 x_0 处既左连续又右连续.

如果函数 $y=f(x)$ 在区间 I 内每一点都连续，则称 $y=f(x)$ 是区间 I 内的连续函数. 如果区间 I 包括两个端点，则在右端点指的是左连续，在左端点指的是右连续. 若 $y=f(x)$ 在 I 内连续且在两端点处也连续，则称 $f(x)$ 在 I 上连续.

连续函数的图形一般是一条连续不间断的曲线.

例如，多项式 $P(x)=a_0x^n+a_1x^{n-1}+\cdots+a_{n-1}x+a_n$，有理分式函数 $f(x)=\dfrac{P(x)}{Q(x)}$，其中 $P(x)$，$Q(x)$ 都是多项式，由极限运算法则可知，它们在定义域内都是连续函数. 特别地，常数

函数 $y=C$、一次函数 $y=ax+b$ 在实数域 **R** 内都连续.

2. 间断点及类型

如果函数 $y=f(x)$在点 x_0 处不满足连续的条件,即 $f(x)$在点 x_0 处不连续,则称点 x_0 是$f(x)$的间断点.

设 x_0 是 $f(x)$的间断点,如果左极限 $f(x_0^-)$与右极限 $f(x_0^+)$都存在,则称点 x_0 是 $f(x)$的第一类间断点;如果 $f(x_0^-)$与 $f(x_0^+)$中至少有一个不存在,则称 x_0 是第二类间断点.

例 2 设 $f(x)=\begin{cases} x-1, & x<0, \\ 0, & x=0, \\ x+1, & x>0, \end{cases}$ 讨论 $f(x)$在 $x=0$ 处的连续性.

解 $f(0)=0, f(0^-)=\lim\limits_{x\to 0^-}(x-1)=-1, f(0^+)=\lim\limits_{x\to 0^+}(x+1)=1$. 但$\lim\limits_{x\to 0}f(x)$不存在,所以 $f(x)$在 $x=0$ 处不连续,且 $x=0$ 为第一类间断点.

例 3 设 $f(x)=\begin{cases} x\cos\dfrac{1}{x}, & x\neq 0, \\ 1, & x=0, \end{cases}$ 讨论 $f(x)$在 $x=0$ 处的连续性.

解 由已知得 $f(0)=1, \lim\limits_{x\to 0}x\cos\dfrac{1}{x}=0\left(x\to 0, \left|\cos\dfrac{1}{x}\right|\leqslant 1\right)$,因为$\lim\limits_{x\to 0}f(x)\neq f(0)$,所以 $f(x)$在 $x=0$ 处不连续,且 $x=0$ 是第一类间断点.

例 4 设 $f(x)=\dfrac{1}{x}$,讨论 $f(x)$在 $x=0$ 处的连续性.

解 显然 $f(x)$在 $x=0$ 处无定义,$x=0$ 是 $f(x)$的间断点,且$\lim\limits_{x\to 0}f(x)=\lim\limits_{x\to 0}\dfrac{1}{x}=\infty$,即 $f(0^-)$与 $f(0^+)$不存在,所以 $x=0$ 是 $f(x)$的第二类间断点.

二、连续函数的运算

对于连续函数的运算,不加证明地给出如下若干结论.

定理 1 若函数 $f(x), g(x)$都在点 x_0 处连续,则 $f(x)\pm g(x), f(x)\cdot g(x), \dfrac{f(x)}{g(x)}$[其中 $g(x)\neq 0$]都在点 x_0 处连续.

定理 2 若函数 $y=f(x)$在某区间 I_x 上单调增(或单调减)且连续,则它的反函数 $x=f^{-1}(y)$在相应的区间 I_y 上也单调增(或单调减)且连续.

定理 3 若函数 $u=\varphi(x)$在点 x_0 处连续,且 $u_0=\varphi(x_0)$,而 $y=f(u)$在对应的 u_0 处连续,则复合函数 $y=f[\varphi(x)]$在点 x_0 处连续.

由上述定理可得出如下两个重要结论:

(1) 基本初等函数在其定义域内都是连续函数;

(2) 一切初等函数在其定义区域内都是连续函数. 其中,定义区域是指包含在其定义域内的区域.

由函数的连续性,可以用"代入法"求极限. 若 $f(x)$在点 x_0 处连续,则$\lim\limits_{x\to x_0}f(x)=f(x_0)$.

例 5 求 $\lim\limits_{x\to 0}\dfrac{\ln(2+x^2)}{\cos x}$.

解 由于初等函数 $f(x)=\dfrac{\ln(2+x^2)}{\cos x}$ 在 $x=0$ 处连续,所以

$$\lim_{x\to 0}\frac{\ln(2+x^2)}{\cos x}=\frac{\ln(2+0)}{\cos 0}=\ln 2.$$

例 6 求 $\lim\limits_{x\to a}\dfrac{\sin x-\sin a}{x-a}$.

解
$$\begin{aligned}\lim_{x\to a}\frac{\sin x-\sin a}{x-a}&=\lim_{x\to a}\frac{2\cos\frac{x+a}{2}\sin\frac{x-a}{2}}{x-a}\\&=\lim_{x\to a}\frac{2\cos\frac{x+a}{2}\cdot\frac{x-a}{2}}{x-a}\\&=\lim_{x\to a}\cos\frac{x+a}{2}=\cos a.\end{aligned}$$

定理 4 设复合函数 $y=f[\varphi(x)]$,若 $\lim\limits_{x\to x_0}\varphi(x)=u_0$,而 $f(u)$ 在点 u_0 处连续,则

$$\lim_{x\to x_0}f[\varphi(x)]=f[\lim_{x\to x_0}\varphi(x)]=f(u_0).$$

例 7 求 $\lim\limits_{x\to 0}\dfrac{\ln(1+x)}{x}$.

解 由于 $f(x)=\lim\limits_{x\to 0}\dfrac{\ln(1+x)}{x}$ 在 $x=0$ 处不连续,所以不能用代入法. 但是 $f(x)$ 是由 $f(u)=\ln u$ 与 $u=(1+x)^{\frac{1}{x}}$ 复合而成的,其中当 $x\to 0$ 时,有 $u=(1+x)^{\frac{1}{x}}\to \mathrm{e}$. 而 $\ln u$ 在 $u=\mathrm{e}$ 处连续,所以

$$\begin{aligned}\lim_{x\to 0}\frac{\ln(1+x)}{x}&=\lim_{x\to 0}\ln(1+x)^{\frac{1}{x}}\\&=\ln[\lim_{x\to 0}(1+x)^{\frac{1}{x}}]=\ln\mathrm{e}=1.\end{aligned}$$

三、闭区间上连续函数的性质

闭区间上连续函数具有一些重要性质,但这些性质的证明需要其他知识. 因此,下面不加证明地阐述这些性质,但可以从几何上理解它们.

定理 5(有界性) 若函数 $f(x)$ 在闭区间 $[a,b]$ 上连续,则 $f(x)$ 在 $[a,b]$ 上有界.

几何解释如图 1-14 所示.

定理 6(最值性) 若函数 $f(x)$ 在闭区间 $[a,b]$ 上连续,则 $f(x)$ 在 $[a,b]$ 上一定有最大值 M 和最小值 m.

几何解释如图 1-15 所示,至少存在一点 $\xi_1\in[a,b]$,使 $f(\xi_1)=m$;至少存在一点 $\xi_2\in[a,b]$,使 $f(\xi_2)=M$. 且对任意 $x\in[a,b]$,有 $m\leqslant f(x)\leqslant M$.

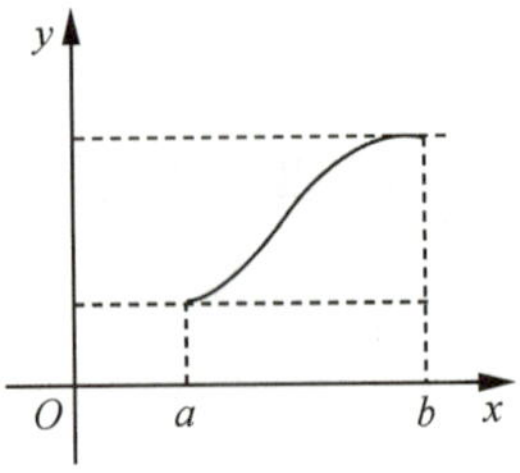

图 1-14

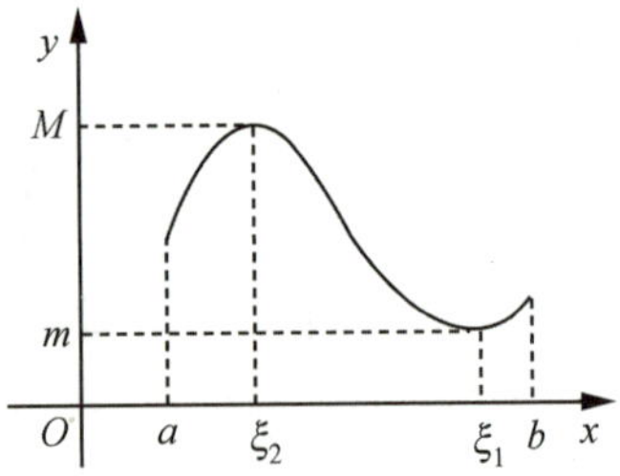

图 1-15

注 定理 5、定理 6 中条件“闭区间”和“连续”是结论成立的充分条件,若两者中至少有一个不满足,则结论不一定成立.

例如,$y=\tan x$ 在 $\left(-\frac{\pi}{2},\frac{\pi}{2}\right)$ 内连续,但区间是开的. 显然,$y=\tan x$ 在 $\left(-\frac{\pi}{2},\frac{\pi}{2}\right)$ 内无界,且无最大值和最小值.

定理 7(零点定理) 若函数 $f(x)$ 在闭区间 $[a,b]$ 上连续,且 $f(a)\cdot f(b)<0$,则在开区间 (a,b) 内至少有一点 ξ,使 $f(\xi)=0$.

如图 1-16 所示,定理 7 可以用于判断方程 $f(x)=0$ 在 (a,b) 内是否有根. 如果方程左端的函数 $f(x)$ 满足在闭区间 $[a,b]$ 上连续,在端点 a,b 处函数值异号,则方程 $f(x)=0$ 在开区间 (a,b) 内至少有一个根 ξ,即 $f(\xi)=0$.

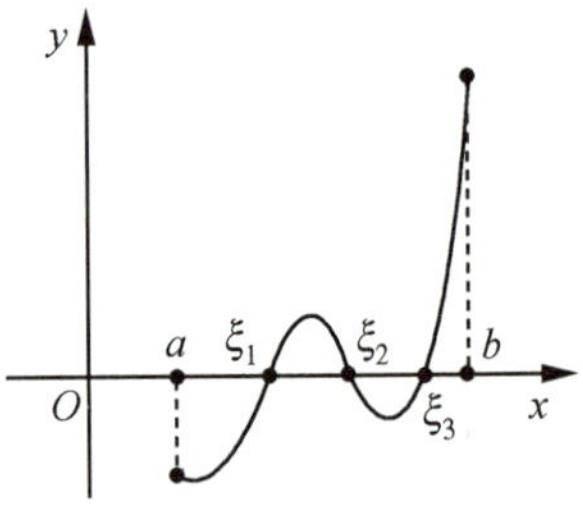

图 1-16

例 8 证明:方程 $x^3-3x=1$ 在 1 和 2 之间至少有一个根.

证 设 $f(x)=x^3-3x-1$.

由于函数 $f(x)$ 在闭区间 $[1,2]$ 上连续,且 $f(1)=-3<0$,$f(2)=1>0$,由零点定理知,在开区间 $(1,2)$ 内至少有一点 ξ,使 $f(\xi)=0$,即 $\xi^3-3\xi-1=0$. 从而 $\xi^3-3\xi=1$,所以方程 $x^3-3x=1$ 在 1 和 2 之间至少有一个根.

定理 8(介值性定理) 若函数 $f(x)$ 在闭区间 $[a,b]$ 上连续,μ 是介于 $f(x)$ 在 $[a,b]$ 上的最小值 m 和最大值 M 之间的任意实数,即 $m\leqslant\mu\leqslant M$,则在开区间 (a,b) 内至少有一点 ξ,使 $f(\xi)=\mu$.

【拓展阅读】

熊庆来——“熊氏无穷数”的开创者

在中国现代数学史上,有这样一位数学家,他以卓越的才华和坚韧的毅力,在函数论领域取得了开创性成果,为后世数学的发展奠定了坚实基础. 他就是中国函数论的主要开拓者之一,被誉为“中国现代数学先驱”的熊庆来.

熊庆来,字迪之,1893 年出生于云南省弥勒县(现弥勒市)息宰村. 他自幼勤奋好学,对数学有着浓厚的兴趣. 1913 年,他以优异的成绩考取云南教育司主持的留学比利时公费生,后因第一次世界大战爆发,转赴法国留学. 在法国期间,他先后于巴黎大学等名校攻读数学专业,并获得理科硕士学位.

在法国留学期间，熊庆来就展现出了非凡的数学才华.他用法文撰写并发表了多篇论文，以其独特、精辟且严谨的论证获得法国数学界的高度赞誉.其中，他在函数论领域的研究成果尤为突出.他定义了一个“无穷级函数”，并被载入了世界数学史册，国际上称之为“熊氏无穷数”，这奠定了他在国际数学界的地位.

“熊氏无穷数”是熊庆来在研究无穷级整函数与亚纯函数时提出的.他发现，这些函数在无穷远处的行为可以用一个特定的数来描述，这个数就是“熊氏无穷数”.这一发现不仅丰富了人们对无穷级函数的认识，还为后续的研究提供了新的工具和方法.

除定义“熊氏无穷数”外，熊庆来还在函数论领域进行了深入的研究.他卓有成效地解决了海曼教授搜集与提出的全纯和亚纯函数新正规定则方面的大部分问题，推动了函数论的发展.他的研究成果得到了国际数学界的广泛认可，奠定了他在函数论领域的地位.

熊庆来不仅在数学领域有着卓越的贡献，还在数学教育方面有着重要影响.他先后执教于东南大学、南京师范大学、西北大学、清华大学等多所名校，培养了许多杰出人才.在清华大学，熊庆来创办了算学系，并担任系主任.他重视人才培养，注重教学方法的创新.他编写的《高等数学分析》等教材，是国内首批用中文写成的数学教科书，对清华大学乃至全国高等数学教育产生了深远影响.

熊庆来还担任过云南大学校长.在任期间，他提出了一系列办学措施，如慎选师资、严格考试、整饬校纪、充实设备、培养研究风气等.这些措施为云南大学的发展奠定了坚实基础，使云南大学成为当时国内少有的规模较大的综合性大学.

熊庆来的一生是对数学无尽探索的一生.他的科研精神和学术成就激励着一代又一代的数学工作者奋勇前行.他的故事启示我们：只要对科学充满热爱和执着，勇于探索和创新，就一定能够取得突破性成果，为人类的进步和发展做出重要贡献.

第二章

导数与微分

【导读】

微分学是微积分的重要组成部分，它的基本概念是导数和微分. 其中，导数反映出函数相对于自变量的变化快慢的程度，而微分则指明当自变量有微小变化时函数大致上变化多少. 本章聚焦这两个基本概念，系统阐释其定义、关联，并给出它们的基本公式以及相应的运算法则.

【学习要求】

(1) 理解导数的概念及其几何意义，了解函数的可导性与连续性之间的关系.

(2) 了解导数作为函数变化率的实际意义，会用导数表达专业和生活问题中一些变量的变化率.

(3) 掌握基本初等函数的导数公式，掌握导数的四则运算法则和复合函数的求导法则，会求隐函数和参数式函数的导数.

(4) 理解微分的概念及其几何意义，了解微分的四则运算法则和一阶微分形式的不变性.

(5) 了解高阶导数的概念，会求简单函数的高阶导数.

(6) 会求简单应用问题的变化率，会用数学软件求解函数的导数和微分.

第一节　导数的概念

一、两个实例

导数概念是客观世界中许多自然现象在数量关系上的抽象. 比如，物体运动的瞬时速度、曲线的切线斜率、非恒稳的电流强度、国民经济发展速度等，都是导数问题.

1. 变速直线运动的瞬时速度

通常我们所说的物体运动速度是指物体在一段时间内的平均速度. 例如，一辆汽车从甲地出发到达乙地，全程 200 km，行驶 5 h，则汽车的行驶速度是 40 km/h，这仅是回答了汽车从甲地到乙地行驶的平均速度. 而事实上，汽车的行驶速度有快有慢，如下坡时快些，上坡时慢些，即汽车每时每刻的速度是变化的. 一般来说，平均速度并不能反映汽车在某一时刻的瞬间速度. 随着科学技术的发展，仅仅知道物体运动的平均速度是远远不够的. 例如，研究子弹的穿透能力，必须知道弹头接触目标时的瞬时速度. 知道了物体的运动规律，怎样计算物体运动的瞬时速度呢？

引例 1　某物体做变速直线运动，其运动规律，即物体的位移 s 与时间 t 的函数关系为 $s=s(t)$，求物体在 t_0 时刻的瞬时速度.

分析　如果物体做匀速直线运动，它在 t_0 时刻的瞬时速度等于其平均速度，即

$$v(t_0)=\overline{v}.$$

但是当物体做变速直线运动时，它在 t_0 时刻的瞬时速度 $v(t_0)$ 和它的平均速度 $\overline{v}$ 并无明显联系，而我们却可以由平均速度 $\overline{v}$ 来求瞬时速度 $v(t_0)$. 当时间从 t_0 改变到 $t_0+\Delta t$ 时，物体在 Δt 这一段时间内所经过的距离为 $\Delta s=s(t_0+\Delta t)\quad s(t_0)$，则物体的平均速度为

$$\overline{v}=\frac{\Delta s}{\Delta t}=\frac{s(t_0+\Delta t)-s(t_0)}{\Delta t}.$$

当 Δt 很小时，可以用 $\overline{v}$ 近似地表示物体在时刻 t_0 的速度. Δt 越小，近似的程度就越好. 当 $\Delta t\to 0$ 时，如果极限 $\lim\limits_{\Delta t\to 0}\frac{\Delta s}{\Delta t}$ 存在，就称此极限为物体在 t_0 时刻的瞬时速度，即

$$v(t_0)=\lim_{\Delta t\to 0}\frac{\Delta s}{\Delta t}=\lim_{\Delta t\to 0}\frac{s(t_0+\Delta t)-s(t_0)}{\Delta t}. \tag{2.1}$$

2. 曲线切线的斜率

引例 2　已知一条平面曲线，它的方程是 $y=f(x)$，求过该曲线上一点 $(x_0, f(x_0))$ 的切线斜率.

分析　切线的概念在中学已学过. 从几何上看，在某点的切线就是一条直线，它在该点和曲线相切. 准确地说，曲线在其上某点 P 的切线是割线 PQ 当点 Q 沿该曲线无限地接近于点 P 的极限位置(图 2-1).

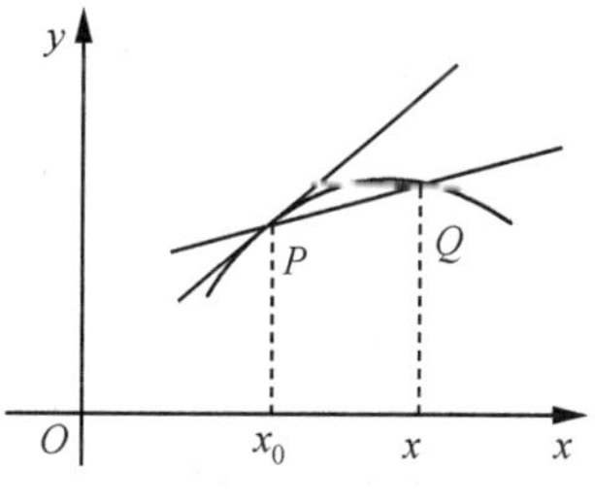

图 2-1

设曲线方程为 $y=f(x)$，P 点的坐标为 $P(x_0, f(x_0))$，动点 Q 的坐标为 $Q(x, f(x))$，其中 $x=x_0+\Delta x$. 曲线在点 P 处的切线的斜率 k 恰好为割线 PQ 的斜率的极限. 我们不难求得直线 PQ 的斜率为

$$\frac{f(x_0+\Delta x)-f(x_0)}{x-x_0}=\frac{f(x_0+\Delta x)-f(x_0)}{\Delta x}.$$

因此，当点 P 沿曲线无限趋近点 Q 时，如果极限存在，则其值就是 k，即

$$k=\lim_{\Delta x\to 0}\frac{f(x_0+\Delta x)-f(x_0)}{\Delta x}. \tag{2.2}$$

若设 α 为切线的倾斜角，则有 $k=\tan\alpha$.

二、导数的概念

上述两个问题(类似的问题还有线密度、比热、电流、边际成本等),虽然实际意义不同,但从数量关系上看,它们都有共同的解决方法和共同的数量形式,(2.1)式和(2.2)式的数学结构完全相同,都是函数的改变量 Δy 与自变量的改变量 Δx 之比的极限(当 $\Delta x\to 0$ 时),这类极限问题在其他方面也会遇到,因此我们把它们抽象成如下的导数定义.

定义 1 设函数 $y=f(x)$ 在点 x_0 的某邻域内有定义,且当自变量在点 x_0 处有一增量 Δx($x_0+\Delta x$ 仍在该邻域中)时,函数相应地有增量 $\Delta y=f(x_0+\Delta x)-f(x_0)$,若增量比极限 $\lim\limits_{\Delta x\to 0}\dfrac{f(x_0+\Delta x)-f(x_0)}{\Delta x}$ 存在,就称此极限值为函数 $y=f(x)$ 在点 x_0 处的导数(或微商),记为

$$f'(x_0),\ y'\big|_{x=x_0},\ \frac{\mathrm{d}y}{\mathrm{d}x}\bigg|_{x=x_0}\text{或}\frac{\mathrm{d}f}{\mathrm{d}x}\bigg|_{x=x_0},$$

即

$$f'(x_0)=\lim_{\Delta x\to 0}\frac{\Delta y}{\Delta x}=\lim_{\Delta x\to 0}\frac{f(x_0+\Delta x)-f(x_0)}{\Delta x}. \tag{2.3}$$

这时,称函数 $y=f(x)$ 在点 x_0 处可导(或存在导数). 如果极限(2.3)不存在,则称函数 $y=f(x)$ 在点 x_0 处不可导.

导数的常见形式还有:

$$f'(x_0)=\lim_{x\to x_0}\frac{f(x)-f(x_0)}{x-x_0},$$

$$f'(x_0)=\lim_{h\to 0}\frac{f(x_0+h)-f(x_0)}{h},$$

$$f'(x_0)=\lim_{h\to 0}\frac{f(x_0)-f(x_0-h)}{h}.$$

导数的定义

注意 定义中的 $\dfrac{\mathrm{d}y}{\mathrm{d}x}$ 是一个表示导数的符号,是一个整体. $\dfrac{\Delta y}{\Delta x}$ 是自变量从 x_0 变化到 $x_0+\Delta x$ 时,函数 $y=f(x)$ 的平均变化速度,称为函数的平均变化率,导数是平均变化率的极限,称为函数 $y=f(x)$ 在点 x_0 处的瞬时变化率.

利用导数的概念,引例 1 可表述为:做变速直线运动的物体在 t_0 时刻的瞬时速度 $v(t_0)$ 是路程函数 $s=s(t)$ 在 t_0 时刻的导数,即 $v(t_0)=\dfrac{\mathrm{d}s}{\mathrm{d}t}\bigg|_{t=t_0}$. 由此可知,导数的物理意义是做变速直线运动物体的瞬时速度.

同理,利用导数的概念,引例 2 可表述为:曲线 $y=f(x)$ 在点 $(x_0,f(x_0))$ 处的切线斜率是曲线所对应的函数 $y=f(x)$ 在点 x_0 处的导数. 由此可知,导数的几何意义是曲线的切线斜率.

导数的几何意义

例 1 求函数 $f(x)=x^2$ 在点 $x_0=2$ 处的导数.

解 (1) 计算函数增量 Δy. 给 $x_0=2$ 一个增量 Δx,则函数的增量为

$$\Delta y=f(2+\Delta x)-f(2)=(2+\Delta x)^2-2^2=4\cdot\Delta x+(\Delta x)^2.$$

(2) 计算比值$\frac{\Delta y}{\Delta x}$.

$$\frac{\Delta y}{\Delta x}=4+\Delta x.$$

(3) 对$\frac{\Delta y}{\Delta x}$取极限.

$$\lim_{\Delta x\to 0}\frac{\Delta y}{\Delta x}=\lim_{\Delta x\to 0}(4+\Delta x)=4.$$

故
$$f'(2)=4.$$

如果函数 $y=f(x)$在区间(a,b)内的每一点处都可导，则称函数 $f(x)$在区间(a,b)内可导. 这时，对于任意的 $x\in(a,b)$，有且仅有一个实数 $f'(x)$与之对应，则在区间(a,b)内定义了一个新的函数 $f'(x)$，称为函数 $f(x)$的导函数，记为 y'，$f'(x)$，$\frac{\mathrm{d}y}{\mathrm{d}x}$，$\frac{\mathrm{d}f(x)}{\mathrm{d}x}$，即

$$y'=f'(x)=\lim_{\Delta x\to 0}\frac{\Delta y}{\Delta x}=\lim_{\Delta x\to 0}\frac{f(x+\Delta x)-f(x)}{\Delta x}.$$

显然，函数 $f(x)$在点 x_0 处的导数 $f'(x_0)$就是导函数 $f'(x)$在 $x=x_0$ 处的函数值，即 $f'(x_0)=f'(x)\big|_{x=x_0}$.

在不致引起混淆的情况下，一般简称导函数为导数. 下面根据导数定义求一些简单函数的导数.

例 2　求函数 $f(x)=C$(C 为常数)的导数.

解　$(C)'=\lim\limits_{\Delta x\to 0}\frac{f(x+\Delta x)-f(x)}{\Delta x}=\lim\limits_{\Delta x\to 0}\frac{C-C}{\Delta x}=0$，

因此，常数的导数等于零.

例 3　求函数 $y=\sqrt{x}$的导数.

解　(1) 计算函数增量 Δy.

任取一点 $x\in(0,+\infty)$，给 x 一个增量 Δx，得 $\Delta y=\sqrt{x+\Delta x}-\sqrt{x}$.

(2) 计算比值$\frac{\Delta y}{\Delta x}$.

$$\frac{\Delta y}{\Delta x}=\frac{\sqrt{x+\Delta x}-\sqrt{x}}{\Delta x}=\frac{1}{\sqrt{x+\Delta x}+\sqrt{x}}.$$

(3) 对$\frac{\Delta y}{\Delta x}$取极限.

$$y'=(\sqrt{x})'=\lim_{\Delta x\to 0}\frac{\Delta y}{\Delta x}=\lim_{\Delta x\to 0}\frac{1}{\sqrt{x+\Delta x}+\sqrt{x}}=\frac{1}{2\sqrt{x}}.$$

幂函数 $y=x^{\alpha}$(α 为任意实数)的导数公式为

$$(x^{\alpha})'=\alpha x^{\alpha-1}.$$

其正确性将在本章第二节中给予证明.

例 4　已知 $y=\sin x$，求 y'，$y'\big|_{x=\frac{\pi}{6}}$.

解　因为

$$(\sin x)'=\lim_{\Delta x\to 0}\frac{\sin(x+\Delta x)-\sin x}{\Delta x}$$

$$=\lim_{\Delta x\to 0}\cos\left(x+\frac{\Delta x}{2}\right)\frac{\sin\frac{\Delta x}{2}}{\frac{\Delta x}{2}}=\cos x,$$

即 $$(\sin x)'=\cos x(-\infty<x<+\infty),$$

从而 $$y'\big|_{x=\frac{\pi}{6}}=\cos x\big|_{x=\frac{\pi}{6}}=\frac{\sqrt{3}}{2}.$$

用类似的方法可得

$$(\cos x)'=-\sin x(-\infty<x<+\infty).$$

例 5 求函数 $f(x)=a^x(a>0,a\neq 1)$的导数.

解 $(a^x)'=\lim\limits_{\Delta x\to 0}\frac{a^{x+\Delta x}-a^x}{\Delta x}=a^x\lim\limits_{\Delta x\to 0}\frac{a^{\Delta x}-1}{\Delta x}.$

令 $y=a^{\Delta x}-1$,则 $\Delta x=\frac{\ln(y+1)}{\ln a}.$

$$(a^x)'=a^x\ln a\lim_{\Delta x\to 0}\frac{y}{\ln(y+1)}=a^x\ln a\lim_{y\to 0}\frac{1}{\ln(y+1)^{\frac{1}{y}}}=a^x\ln a.$$

即 $$(a^x)'=a^x\ln a.$$

特别地,当 $a=\mathrm{e}$ 时,得 $$(\mathrm{e}^x)'=\mathrm{e}^x.$$

上式说明以 e 为底的指数函数的导数仍是它本身.这个性质使得指数函数 e^x 在微分方程中备受青睐.

例 6 求函数 $y=f(x)=\log_a x(a>0,a\neq 1)$的导数.

解 $y'=(\log_a x)'=\lim\limits_{\Delta x\to 0}\frac{\log_a(x+\Delta x)-\log_a x}{\Delta x}$

$$=\lim_{\Delta x\to 0}\frac{1}{\Delta x}\log_a\frac{x+\Delta x}{x}=\lim_{\Delta x\to 0}\frac{1}{x}\cdot\frac{x}{\Delta x}\log_a\left(1+\frac{\Delta x}{x}\right)$$

$$=\frac{1}{x}\lim_{\Delta x\to 0}\log_a\left(1+\frac{\Delta x}{x}\right)^{\frac{x}{\Delta x}}=\frac{1}{x}\log_a\mathrm{e}=\frac{1}{x\ln a},$$

即 $$(\log_a x)'=\frac{1}{x\ln a}.$$

特别地,当 $a=\mathrm{e}$ 时,$(\ln x)'=\frac{1}{x}.$

由导数的几何意义及直线点斜式方程可知,曲线 $y=f(x)$在点 $M_0(x_0,y_0)$处的切线方程为

$$y-y_0=f'(x_0)(x-x_0).$$

当 $f'(x_0)\neq 0$ 时,在点 $M_0(x_0,y_0)$处的法线方程为

$$y-y_0=-\frac{1}{f'(x_0)}(x-x_0).$$

例 7 求曲线 $y=x^2$ 在点 $M_0(3,9)$处的切线方程和法线方程.

解　因为 $(x^2)'=2x$，故曲线 $y=x^2$ 在点 $M_0(3,9)$ 处的切线斜率为

$$y'\big|_{x=3}=2\times3=6,$$

于是，所求的切线方程为 $y-9=6(x-3)$，即 $6x-y-9=0$.

法线方程为 $y-9=-\dfrac{1}{6}(x-3)$，即 $x+6y-57=0$.

三、左导数和右导数

导数是 $\Delta x\to0$ 时 $\dfrac{\Delta y}{\Delta x}$ 的极限，由左、右极限的概念，便可以得到函数在一点处的左、右导数的概念.

定义 2　设函数 $y=f(x)$ 在点 x_0 的某邻域内有定义，如果极限

$$\lim_{\Delta x\to0^-}\frac{\Delta y}{\Delta x}=\lim_{\Delta x\to0^-}\frac{f(x_0+\Delta x)-f(x_0)}{\Delta x}$$

存在，则称此极限值为函数 $y=f(x)$ 在点 x_0 处的左导数，记为 $f'_-(x_0)$. 其中 $\Delta x\to0^-$ 表示 x 从点 x_0 的左侧趋近于 x_0.

类似地，可定义右导数，即

$$f'_+(x_0)=\lim_{\Delta x\to0^+}\frac{\Delta y}{\Delta x}=\lim_{\Delta x\to0^+}\frac{f(x_0+\Delta x)-f(x_0)}{\Delta x},$$

其中 $\Delta x\to0^+$ 表示 x 从点 x_0 的右侧趋近于 x_0.

由函数极限与左、右极限的关系不难推出，函数 $y=f(x)$ 在点 x_0 处可导的充要条件是函数在该点处的左、右导数都存在而且相等，即函数 $y=f(x)$ 在点 x_0 处可导 $\Leftrightarrow f'_-(x_0)=f'_+(x_0)$. 这一关系常用于判定分段函数在分段点处是否可导.

例 8　讨论函数 $f(x)=|x|$ 在点 $x=0$ 处的可导性.

解　因为

$$f(x)=|x|=\begin{cases}x, & x\geqslant0,\\ -x, & x<0,\end{cases}$$

所以

$$\frac{\Delta y}{\Delta x}=\frac{f(0+\Delta x)-f(0)}{\Delta x}=\frac{|\Delta x|}{\Delta x}.$$

于是

$$\lim_{\Delta x\to0^-}\frac{\Delta y}{\Delta x}=\lim_{\Delta x\to0^-}\frac{f(0+\Delta x)-f(0)}{\Delta x}=\lim_{\Delta x\to0^-}\frac{-\Delta x}{\Delta x}=-1,$$

$$\lim_{\Delta x\to0^+}\frac{\Delta y}{\Delta x}=\lim_{\Delta x\to0^+}\frac{f(0+\Delta x)-f(0)}{\Delta x}=\lim_{\Delta x\to0^-}\frac{\Delta x}{\Delta x}=1.$$

可见 $\Delta x\to0$ 时，左、右极限存在，但不相等，即 $f'_-(0)\neq f'_+(0)$，故函数 $f(x)=|x|$ 在点 $x=0$ 处不可导.

四、可导与连续的关系

我们知道，初等函数在其有定义的区间上都是连续的，那么函数的连续性与可导性之间有什么关系呢？下面的定理从一个方面回答了这个问题.

定理 1 如果函数 $y=f(x)$ 在点 x_0 处可导，那么函数 $f(x)$ 在点 x_0 处连续.

证 因为函数 $y=f(x)$ 在点 x_0 处可导，所以

$$\lim_{\Delta x\to 0}\frac{\Delta y}{\Delta x}=\lim_{\Delta x\to 0}\frac{f(x_0+\Delta x)-f(x_0)}{\Delta x}=f'(x_0)$$

存在. 又因为

$$\Delta y=\frac{\Delta y}{\Delta x}\cdot\Delta x,$$

所以

$$\lim_{\Delta x\to 0}\Delta y=\lim_{\Delta x\to 0}\left(\frac{\Delta y}{\Delta x}\cdot\Delta x\right)=\lim_{\Delta x\to 0}\frac{\Delta y}{\Delta x}\cdot\lim_{\Delta x\to 0}\Delta x,$$
$$=f'(x_0)\cdot 0=0.$$

可导与连续的关系

故函数 $y=f(x)$ 在点 x_0 处连续.

注意 该定理的逆命题不成立，如例 8. 因此函数连续是可导的必要条件，但不是充分条件. 概括地说就是：可导必连续，连续不一定可导.

例 9 讨论函数 $y=f(x)=\begin{cases}x\cdot\sin\dfrac{1}{x}, & x\neq 0,\\ 0, & x=0\end{cases}$ 在点 $x=0$ 处的连续性、可导性.

解 给自变量 x 在点 $x=0$ 处以增量 $\Delta x(\Delta x\neq 0)$，则

$$\Delta y=f(0+\Delta x)-f(0)=\Delta x\cdot\sin\frac{1}{\Delta x}.$$

因为

$$\lim_{\Delta x\to 0}\Delta y=0,$$

所以，函数 $y=f(x)$ 在点 $x=0$ 处连续.

而极限 $\lim\limits_{\Delta x\to 0}\dfrac{\Delta y}{\Delta x}=\lim\limits_{\Delta x\to 0}\sin\dfrac{1}{\Delta x}$ 不存在，故函数 $y=f(x)$ 在点 $x=0$ 处不可导.

第二节 导数的基本公式和运算法则

导数运算是理论研究及实践应用中经常遇到的一个普遍问题. 但根据定义求导数往往很烦琐，有时甚至是不可行的，能否找到求导数的一般法则和常见函数的求导公式，使导数运算变得简便易行呢？下面就来讨论这个问题.

一、求导法则

1. 函数和、差、积、商的导数

定理 1(导数的四则运算法则) 如果函数 $u=u(x)$，$v=v(x)$ 在点 x 处可导，则它们的和、差、积、商(分母不等于零)在点 x 处也可导，并且

(1) $(u\pm v)'=u'\pm v'$；

(2) $(uv)'=u'v+uv'$；

(3) $\left(\dfrac{u}{v}\right)'=\dfrac{u'v-uv'}{v^2}(v\neq 0)$.

证　上述三个公式的证明思路类似，我们给出(3)的证明过程.

设 $f(x)=\dfrac{u(x)}{v(x)}$，$v(x)\neq 0$，则

$$f'(x)=\lim_{\Delta x\to 0}\frac{f(x+\Delta x)-f(x)}{\Delta x}=\lim_{\Delta x\to 0}\frac{\dfrac{u(x+\Delta x)}{v(x+\Delta x)}-\dfrac{u(x)}{v(x)}}{\Delta x}$$

$$=\lim_{\Delta x\to 0}\frac{u(x+\Delta x)v(x)-u(x)v(x+\Delta x)}{v(x+\Delta x)v(x)\Delta x}$$

$$=\lim_{\Delta x\to 0}\frac{[u(x+\Delta x)-u(x)]v(x)-u(x)[v(x+\Delta x)-v(x)]}{v(x+\Delta x)v(x)\Delta x}$$

$$=\lim_{\Delta x\to 0}\frac{\dfrac{u(x+\Delta x)-u(x)}{\Delta x}\cdot v(x)-u(x)\cdot\dfrac{v(x+\Delta x)-v(x)}{\Delta x}}{v(x+\Delta x)v(x)}$$

$$=\frac{u'(x)v(x)-u(x)v'(x)}{[v(x)]^2}.$$

定理 1 中的公式(1)可推广到有限个函数的情形，简述为：有限个可导函数代数和的导数等于其导数的代数和.

定理 1 中的公式(2)可推广到有限多个可导函数之积的情形，即

$$(u_1u_2\cdots u_n)'=u'_1u_2\cdots u_n+u_1u'_2\cdots u_n+\cdots+u_1u_2\cdots u'_n.$$

另外，在公式(2)中，特别地，当 $u=C$(C 为常量)时，有 $(C\cdot v)'=C\cdot v'$，即常数因子可提到导数符号外.

例 1　已知 $y=3^x+\sin x+\ln 3$，求 y'.

解　$y'=(3^x+\sin x+\ln 3)'$

$=(3^x)'+(\sin x)'+(\ln 3)'=3^x\ln 3+\cos x.$

例 2　已知 $y=x^2\sin x$，求 y'.

解　$y'=(x^2\sin x)'=(x^2)'\sin x+x^2(\sin x)'$

$=2x\sin x+x^2\cos x.$

例 3　已知 $y=\tan x$，求 y'.

解　$y'=(\tan x)'=\left(\dfrac{\sin x}{\cos x}\right)'$

$$=\frac{(\sin x)'\cos x-\sin x(\cos x)'}{\cos^2 x}$$

$$=\frac{\cos^2 x+\sin^2 x}{\cos^2 x}=\frac{1}{\cos^2 x}=\sec^2 x,$$

即
$$(\tan x)'=\sec^2 x.$$

类似地，可得到
$$(\cot x)'=-\csc^2 x.$$

例 4　已知 $y=\sec x$，求 y'.

解　$y'=(\sec x)'=\left(\dfrac{1}{\cos x}\right)'$

$$=\frac{1'\cdot\cos x-1\cdot(\cos x)'}{\cos^2 x}$$

$$=\frac{\sin x}{\cos^2 x}=\sec x\cdot\tan x,$$

即 $$(\sec x)'=\sec x\cdot\tan x.$$

类似地,可得到 $$(\csc x)'=-\csc x\cdot\cot x.$$

例 5 设 $y=\dfrac{x\cos x}{1+\sin x}$,求 y' 及 $y'|_{x=0}$.

解 $$y'=\frac{(x\cos x)'(1+\sin x)-x\cos x(1+\sin x)'}{(1+\sin x)^2}$$

$$=\frac{(\cos x-x\sin x)(1+\sin x)-x\cos x\cdot\cos x}{(1+\sin x)^2}$$

$$=\frac{(1+\sin x)[\cos x-x\sin x-x(1-\sin x)]}{(1+\sin x)^2}$$

$$=\frac{\cos x-x}{1+\sin x},$$

从而 $$y'|_{x=0}=\frac{\cos x-x}{1+\sin x}\bigg|_{x=0}=\frac{\cos 0-0}{1+\sin 0}=1.$$

2. 复合函数的求导法则

定理 2(复合函数求导法则) 设函数 $y=f[\varphi(x)]$是由函数 $y=f(u)$及 $u=\varphi(x)$复合而成的,如果函数 $u=\varphi(x)$在点 x 处可导,$y=f(u)$在对应点 $u=\varphi(x)$处也可导,则复合函数 $y=f[\varphi(x)]$在点 x 处可导,并且

$$y'=\{f[\varphi(x)]\}'=f'(u)\cdot\varphi'(x).$$

上式还可表示为 $y'_x=y'_u\cdot u'_x$ 或 $\dfrac{dy}{dx}=\dfrac{dy}{du}\cdot\dfrac{du}{dx}$.

复合函数的求导法则

其中 y'_x(也可表示为 y_x)表示 y 对 x 的导数,y'_u、$f'(u)$表示 y 对中间变量 u 的导数,而 u'_x、$\varphi'(x)$表示中间变量 u 对自变量 x 的导数.

复合函数的求导法则可叙述为:复合函数的导数等于函数对中间变量的导数乘以中间变量对自变量的导数.

证 给自变量 x 以增量 Δx,相应地,中间变量 u 就有增量 Δu,由于函数 $u=\varphi(x)$在点 x 处可导,所以 $\lim\limits_{\Delta x\to 0}\Delta u=0$. 因此

$$\lim_{\Delta x\to 0}\frac{\Delta y}{\Delta x}=\lim_{\Delta x\to 0}\left(\frac{\Delta y}{\Delta u}\cdot\frac{\Delta u}{\Delta x}\right)=\lim_{\Delta u\to 0}\frac{\Delta y}{\Delta u}\cdot\lim_{\Delta x\to 0}\frac{\Delta u}{\Delta x}=\frac{dy}{du}\cdot\frac{du}{dx}.$$

需要说明的是,上述推导过程中是假定 $\Delta u\neq 0$ 的. 当 $\Delta u=0$ 时,可以证明上述结论仍然成立.

例 6 设 $y=(3x+2)^5$,求 y'.

解 令 $y=u^5$,$u=3x+2$,于是

$$y'_x=y'_u\cdot u'_x=(u^5)'\cdot(3x+2)'=5u^4\cdot 3=15(3x+2)^4.$$

求复合函数的导数的关键是对复合函数进行正确分解,即分解出的每个函数应为基本初等函数或简单函数.

复合函数求导法则可推广到求多个中间变量的情形. 例如,若函数 $y=f(u)$,$u=\varphi(v)$,$v=$

$\psi(x)$均可导，则复合函数$y=f\{\varphi[\psi(x)]\}$也可导，而且$\frac{dy}{dx}=\frac{dy}{du}\cdot\frac{du}{dv}\cdot\frac{dv}{dx}$或$y'_x=y'_u\cdot u'_v\cdot v'_x$.

例 7　已知$y=\tan[\ln(1+x^2)]$，求y'.

解　设$y=\tan u, u=\ln v, v=1+x^2$，于是

$$\begin{aligned}y'_x&=y'_u\cdot u'_v\cdot v'_x=(\tan u)'_u(\ln v)'_v(1+x^2)'_x\\&=\sec^2 u\cdot\frac{1}{v}\cdot 2x\\&=\frac{2x}{1+x^2}\sec^2[\ln(1+x^2)].\end{aligned}$$

熟练使用复合函数求导方法后，中间变量可省略不写，由外向里，逐层求导.

例 8　已知$y=\ln\cos e^x$，求y'.

解　$$\begin{aligned}y'&=(\ln\cos e^x)'=\frac{1}{\cos e^x}(\cos e^x)'\\&=\frac{-\sin e^x}{\cos e^x}(e^x)'=-e^x\tan e^x.\end{aligned}$$

3. 隐函数的求导法则

如果方程$F(x,y)=0$确定了变量y是x的函数，我们就称y为由方程$F(x,y)=0$所确定的隐函数.若隐函数y关于x可导，我们可以利用复合函数的求导法则，求出隐函数y关于x的导数，下面举例说明.

例 9　求由方程$xy-e^x+e^y=0$所确定的隐函数$y=f(x)$的导数$\frac{dy}{dx}$.

解　方程两边对x求导，注意到y是x的函数，于是，有

$$y+x\cdot\frac{dy}{dx}-e^x+e^y\cdot\frac{dy}{dx}=0,$$

整理得

$$\frac{dy}{dx}=\frac{e^x-y}{x+e^y}.$$

例 10　求经过圆$x^2+y^2=4$上一点$P(-\sqrt{2},\sqrt{2})$的切线方程和法线方程.

解　方程两边对x求导，注意到y是x的函数，于是，有

$$2x+2y\cdot y'=0,$$

解得

$$y'=-\frac{x}{y},$$

从而

$$y'\big|_{(-\sqrt{2},\sqrt{2})}=-\frac{x}{y}\Big|_{(-\sqrt{2},\sqrt{2})}=-\frac{-\sqrt{2}}{\sqrt{2}}=1.$$

所以，过点$P(-\sqrt{2},\sqrt{2})$的切线方程为

$$y-\sqrt{2}=1\cdot(x+\sqrt{2}),$$

即

$$x-y+2\sqrt{2}=0.$$

过点$P(-\sqrt{2},\sqrt{2})$的法线方程为

$$y-\sqrt{2}=-1\cdot(x+\sqrt{2}),$$

即
$$x+y=0.$$

例 11 已知 $y=\arcsin x$,求证:$y'=\dfrac{1}{\sqrt{1-x^2}}$.

证 因为 $y=\arcsin x$,则 $x=\sin y$,两边对 x 求导,得
$$1=\cos y\cdot y',$$
即
$$y'=\frac{1}{\cos y}.$$

因为当 $-\dfrac{\pi}{2}<y<\dfrac{\pi}{2}$ 时,$\cos y$ 取正号,所以 $\cos y=\sqrt{1-\sin^2 y}=\sqrt{1-x^2}$.

于是,有
$$(\arcsin x)'=\frac{1}{\sqrt{1-x^2}}.$$

类似地,可以证明:
$$(\arccos x)'=-\frac{1}{\sqrt{1-x^2}},$$
$$(\arctan x)'=\frac{1}{1+x^2},$$
$$(\text{arccot}\, x)'=-\frac{1}{1+x^2}.$$

4. 取对数求导法

作为隐函数求导法的一个应用,下面介绍取对数求导法,它适合于求由多个函数的积、商构成的函数和幂指函数的导数. 其方法就是先在等式两边取自然对数,然后两边再对x 求导.

例 12 设 $y=\sqrt[3]{\dfrac{(x-1)(x-2)}{(x-3)(x-4)}}$,求 y'.

解 对等式两边取对数,有
$$\ln y=\frac{1}{3}[\ln(x-1)+\ln(x-2)-\ln(x-3)-\ln(x-4)].$$
注意到 y 是 x 的函数,上式两边对 x 求导,得
$$\frac{y'}{y}=\frac{1}{3}\left(\frac{1}{x-1}+\frac{1}{x-2}-\frac{1}{x-3}-\frac{1}{x-4}\right).$$
于是
$$y'=\frac{1}{3}\sqrt[3]{\frac{(x-1)(x-2)}{(x-3)(x-4)}}\left(\frac{1}{x-1}+\frac{1}{x-2}-\frac{1}{x-3}-\frac{1}{x-4}\right).$$

例 13 设 $y=(1+\cos x)^{\frac{1}{x}}$,求 y'.

解 对等式两边取对数,有
$$\ln y=\frac{1}{x}\ln(1+\cos x).$$

上式两边对 x 求导,得

$$\frac{y'}{y}=-\frac{1}{x^2}\ln(1+\cos x)-\frac{\sin x}{x(1+\cos x)},$$

所以

$$y'=-(1+\cos x)^{\frac{1}{x}}\left[\frac{\ln(1+\cos x)}{x^2}+\frac{\sin x}{x(1+\cos x)}\right].$$

例 14　求证:幂函数 $y=x^\alpha$(α 为任意实数)的导数公式

$$(x^\alpha)'=\alpha x^{\alpha-1}.$$

证　当 $x>0$ 时,在等式 $y=x^\alpha$ 的两边取自然对数,有 $\ln y=\alpha\cdot\ln x$.

上式两边对 x 求导,得

$$\frac{y'}{y}=\frac{\alpha}{x},$$

于是

$$y'=\frac{\alpha y}{x}=\frac{\alpha x^\alpha}{x}=\alpha x^{\alpha-1},$$

即

$$(x^\alpha)'=\alpha x^{\alpha-1}.$$

可以证明,当 $x\leqslant 0$ 时,公式 $(x^\alpha)'=\alpha x^{\alpha-1}$ 依然成立.

二、基本初等函数的求导公式

上面推导出了常数及基本初等函数的求导公式,为查阅方便,现将它们汇总如下:

① $(C)'=0$;

② $(x^\alpha)'=\alpha x^{\alpha-1}$;

③ $(a^x)'=a^x\ln a$;

④ $(\mathrm{e}^x)'=\mathrm{e}^x$;

⑤ $(\log_a x)'=\dfrac{1}{x\ln a}$;

⑥ $(\ln x)'=\dfrac{1}{x}$;

⑦ $(\sin x)'=\cos x$;

⑧ $(\cos x)'=-\sin x$;

⑨ $(\tan x)'=\sec^2 x$;

⑩ $(\cot x)'=-\csc^2 x$;

⑪ $(\sec x)'=\sec x\cdot\tan x$;

⑫ $(\csc x)'=-\csc x\cdot\cot x$;

⑬ $(\arcsin x)'=\dfrac{1}{\sqrt{1-x^2}}$;

⑭ $(\arccos x)'=-\dfrac{1}{\sqrt{1-x^2}}$;

⑮ $(\arctan x)'=\dfrac{1}{1+x^2}$;

⑯ $(\operatorname{arccot}x)'=-\dfrac{1}{1+x^2}$.

三、高阶导数

我们知道，变速直线运动的速度 $v(t)$ 是路程函数 $s(t)$ 对时间 t 的导数，即 $v(t)=s'(t)$，而加速度 $a(t)=v'(t)=[s'(t)]'$ 为 $s(t)$ 的导数 $s'(t)$ 的导数，称为 $s(t)$ 的二阶导数.

一般地，函数 $y=f(x)$ 的导数 $f'(x)$ 的导数，称为 $f(x)$ 的二阶导数，记为

$$f''(x),y'',\frac{d^2y}{dx^2},\frac{d^2f(x)}{dx^2}.$$

若函数 $y=f(x)$ 存在 $n-1$ 阶导数，并且 $n-1$ 阶导数可导，那么函数 $y=f(x)$ 的 $n-1$ 阶导数的导数，称为 $f(x)$ 的 n 阶导数，记为

$$f^{(n)}(x),y^{(n)},\frac{d^ny}{dx^n},\frac{d^nf(x)}{dx^n}.$$

二阶和二阶以上的导数，统称为高阶导数.

例 15 设 $y=3x^2-2x+\pi$，求 y'''.

解 $y'=(3x^2-2x+\pi)'=6x-2$,

$y''=(3x^2-2x+\pi)''=(6x-2)'=6$,

$y'''=(3x^2-2x+\pi)'''=(6x-2)''=(6)'=0$.

例 16 设 $y=xe^x$，求 $y^{(n)}$.

解 $y'=(xe^x)'=e^x+xe^x=(1+x)e^x$,

$y''=[(1+x)e^x]'=e^x+(1+x)e^x=(2+x)e^x$,

$y''=[(2+x)e^x]'=e^x+(2+x)e^x=(3+x)e^x$,

…,

$y^{(n)}=(n+x)e^x$.

例 17 设 $\ln(1+x)$，求 $y^{(n)}$.

解 $y'=\dfrac{1}{1+x},y''=-\dfrac{1}{(1+x)^2}$,

$y'''=\dfrac{2!}{(1+x)^3},y^{(4)}=-\dfrac{3!}{(1+x)^4}$,

…,

$y^{(n)}=[\ln(1+x)]^{(n)}=(-1)^{n-1}\dfrac{(n-1)!}{(1+x)^n}$.

第三节　微分的概念

微分与导数的概念密切相关，其基本思想是在微小的局部可以用适当的直线去近似替代曲线. 微分是微分学转向积分学的关键概念.

一、函数的微分

1. 微分的定义

我们知道，对非线性函数来说，函数增量 Δy 的计算一般比较复杂. 例如函数 $y=x^5$，当 x 取得增量 Δx 时，相应的函数增量 $\Delta y=5x^4\Delta x+10x^3(\Delta x)^2+10x^2(\Delta x)^3+5x(\Delta x)^4+(\Delta x)^5$ 就不容易计算. 但实际问题又往往只要求出 Δy 的近似值，这时我们可设法将 Δy 表示成 Δx 的线性函数，即线性化，从而把复杂问题转化为简单问题. 微分就是实现这种线性化的数学模型. 先看下面的例子.

引例　一个正方形的边长由 x 变到 $x+\Delta x$（$|\Delta x|$ 很小），求其面积 A 的改变量的近似值.

分析　正方形的面积为 $A=x^2$. 如图 2-2 所示，当边长由 x 变到 $x+\Delta x$ 时，面积 A 的改变量 $\Delta A=(x+\Delta x)^2-x^2=2x\cdot\Delta x+(\Delta x)^2$.

ΔA 由两部分构成：一部分是两个长方形面积之和，另一部分是小正方形的面积. 当 Δx 很小时，$(\Delta x)^2$ 可忽略不计，于是 ΔA 的数值主要取决于第一部分 $2x\Delta x$，显然 $2x\Delta x$ 是关于 Δx 的线性表达式，这样我们就可以舍弃更微小的部分 $(\Delta x)^2$，而把线性部分 $2x\Delta x$ 作为面积 A 的改变量 ΔA 的近似值，即 $\Delta A=(x+\Delta x)^2-x^2\approx 2x\cdot\Delta x$.

在 ΔA 的表达式中，我们把关于 Δx 的线性部分 $2x\Delta x$ 称作函数 $A=x^2$ 的微分.

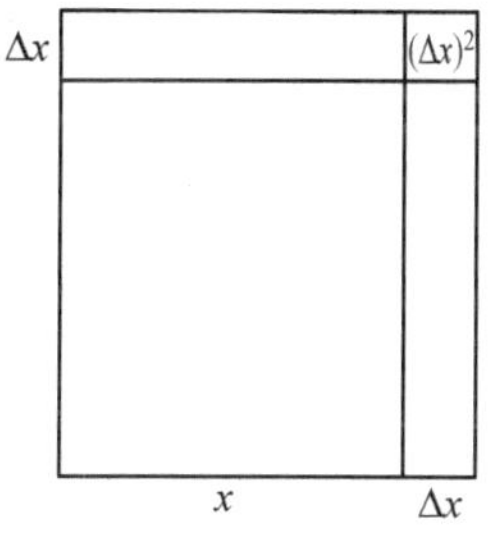

图 2-2

由上例我们可以抽象出微分的概念.

定义 1　设函数 $y=f(x)$ 在点 x 处有增量 Δx，若相应的函数增量 Δy 可表示为 $\Delta y=A\cdot\Delta x+o(\Delta x)$，其中 A 与 Δx 无关，$A\Delta x$ 称为 Δy 的线性主部，$o(\Delta x)$ 是关于 Δx 的高阶无穷小量（$\Delta x\to 0$），则称函数 $y=f(x)$ 在点 x 处可微，并称 $A\Delta x$ 为函数 $y=f(x)$ 在点 x 处的微分，记作 $\mathrm{d}y$ 或 $\mathrm{d}f(x)$，即

$$\mathrm{d}y=\mathrm{d}f(x)=A\Delta x.$$

于是，有

$$\Delta y=\mathrm{d}y+o(\Delta x).$$

在微分定义 $\mathrm{d}y=A\Delta x$ 中 A 与 Δx 无关，那么 A 是怎样的量呢？它与函数 $y=f(x)$ 有什么关系呢？我们可以证明，定义中的 A 就是函数 $y=f(x)$ 在点 x 处的导数 $f'(x)$，即 $A=f'(x)$.

事实上，由可微的定义知 $\Delta y=A\cdot\Delta x+o(\Delta x)$，则

$$\frac{\Delta y}{\Delta x}=A+\frac{o(\Delta x)}{\Delta x}.$$

微分的概念

因为 A 与 Δx 无关,$o(\Delta x)$ 是关于 $\Delta x(\Delta x\to 0)$ 的高阶无穷小量,所以当 $\Delta x\to 0$ 时,对上式两端取极限,得

$$A=\lim_{\Delta x\to 0}\frac{\Delta y}{\Delta x}=f'(x).$$

于是,有

$$\mathrm{d}y=f'(x)\Delta x.$$

现在来求自变量 x 的微分. 设 $y=x$,则 $\mathrm{d}y=\mathrm{d}x=x'\Delta x=\Delta x$. 可见,自变量 x 的增量 Δx 和其微分 $\mathrm{d}x$ 相等,即 $\Delta x=\mathrm{d}x$. 于是可将微分的定义表示为 $\mathrm{d}y=f'(x)\mathrm{d}x$,这说明求函数 $y=f(x)$ 的微分,只要求出该函数的导数,再乘以 $\mathrm{d}x$ 就可以了.

例 1 求函数 $y=\ln\cos x$ 在任一点 x 处的微分.

解 因为

$$y'=(\ln\cos x)'=\frac{(\cos x)'}{\cos x}=\frac{-\sin x}{\cos x}=-\tan x,$$

所以

$$\mathrm{d}y=-\tan x\mathrm{d}x.$$

2. 微分的几何意义

由图 2-3 可见,P_0Q 是在点 x_0 处自变量的增量 Δx,QP 是相应的函数的增量 Δy,即 $P_0Q=\Delta x$,$QP=\Delta y$. 在 $\mathrm{Rt}\triangle P_0QM$ 中,$QM=P_0Q\cdot\tan\alpha=f'(x_0)\Delta x=\mathrm{d}y$,即函数 $y=f(x)$ 在点 x_0 处相对于 Δx 的微分,表示曲线上点 $P_0(x_0,y_0)$ 处切线的纵坐标在点 x_0 处的增量.

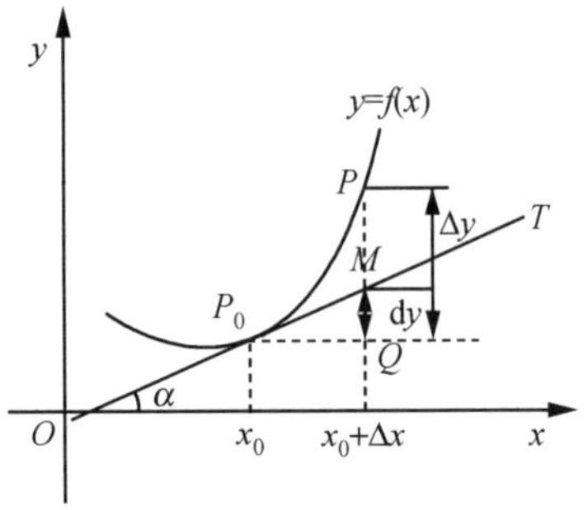

图 2-3

因为在 $f'(x)\neq 0$ 的条件下,当 $\Delta x\to 0$ 时,用 $\mathrm{d}y$ 代替 Δy,其误差 $\Delta y-\mathrm{d}y$ 不仅是比 Δx 高阶的无穷小,而且也是比 Δy 高阶的无穷小. 所以,当 $|\Delta x|$ 充分小时,有 $\Delta y\approx\mathrm{d}y$,

即
$$f(x_0+\Delta x)\approx f(x_0)+f'(x_0)\Delta x,$$

或
$$f(x)\approx f(x_0)+f'(x_0)(x-x_0).$$

上式表明,用点 x_0 处的微分 $\mathrm{d}y$ 代替 Δy,就是在点 x_0 的局部用线性函数 $f(x_0)+f'(x_0)(x-x_0)$ 代替函数 $f(x)$. 其几何意义就是在点 x_0 附近用切线段 P_0M,即 $y=f(x_0)+f'(x_0)(x-x_0)$ 近似代替曲线段 P_0P,即曲线 $y=f(x)$. 这是在科学研究中常用的非线性函数的局部线性化思想.

例 2 求函数 $y=x^3$ 在 $x=3$,$\Delta x=0.1$ 处的微分.

解 $\mathrm{d}y=y'\mathrm{d}x=3x^2\mathrm{d}x$,故

$$\mathrm{d}y\Big|_{\substack{x=3\\ \Delta x=0.1}}=3\times 3^2\times 0.1=2.7.$$

例 3 求 $\sqrt[3]{1.02}$ 的近似值.

解 求 $\sqrt[3]{1.02}$ 的近似值问题可以转化为求函数 $y=f(x)=\sqrt[3]{x}$ 在点 $x_0+\Delta x=1+0.02=1.02$ 处函数值的近似值问题. 取 $x_0=1$,$\Delta x=0.02$,则

$$\sqrt[3]{1.02}=f(x_0+\Delta x)\approx f(x_0)+f'(x_0)\Delta x=f(1)+f'(1)\cdot 0.02.$$

又因为

$$f(1)=1,f'(1)=(\sqrt[3]{x})'\big|_{x_0=1}=\left.\frac{1}{3\sqrt[3]{x^2}}\right|_{x_0=1}=\frac{1}{3},$$

所以

$$\sqrt[3]{1.02}\approx 1+\frac{0.02}{3}\approx 1.006\ 7.$$

二、微分公式和法则

由微分定义知道，只要求出函数 $y=f(x)$ 的导数 $y'=f'(x)$，再乘以自变量的微分 dx，就可得函数 $y=f(x)$ 的微分 dy，可见求微分归结于求导数，并不需要新方法.

下面把导数公式和法则与对应的微分公式和法则排列出来，以便比较和记忆.

导数法则	微分法则
① $(u\pm v)'=u'\pm v'$，	$d(u\pm v)=du\pm dv$；
② $(uv)'=u'v+uv'$，	$d(uv)=udv+vdu$；
③ $\left(\frac{u}{v}\right)'=\frac{u'v-uv'}{v^2}(v\neq 0)$，	$d\left(\frac{u}{v}\right)=\frac{vdu-udv}{v^2}(v\neq 0)$；
④ $y'_x=y'_u\cdot u'_x$，	$dy=y'_u\cdot u'_x dx$.

导数公式	微分公式
① $(C)'=0$，	$dC=0$；
② $(x^\alpha)'=\alpha x^{\alpha-1}$，	$d(x^\alpha)=\alpha x^{\alpha-1}dx$；
③ $(a^x)'=a^x\ln a$，	$d(a^x)=a^x\ln a dx$；
④ $(e^x)'=e^x$，	$d(e^x)=e^x dx$；
⑤ $(\log_a x)'=\frac{1}{x\ln a}$，	$d(\log_a x)=\frac{1}{x\ln a}dx$；
⑥ $(\ln x)'=\frac{1}{x}$，	$d(\ln x)=\frac{1}{x}dx$；
⑦ $(\sin x)'=\cos x$，	$d(\sin x)=\cos x dx$；
⑧ $(\cos x)'=-\sin x$，	$d(\cos x)=-\sin x dx$；
⑨ $(\tan x)'=\sec^2 x$，	$d(\tan x)=\sec^2 x dx$；
⑩ $(\cot x)'=-\csc^2 x$，	$d(\cot x)=-\csc^2 x dx$；
⑪ $(\sec x)'=\sec x\cdot\tan x$，	$d(\sec x)=\sec x\cdot\tan x dx$；
⑫ $(\csc x)'=-\csc x\cdot\cot x$，	$d(\csc x)=-\csc x\cdot\cot x dx$；
⑬ $(\arcsin x)'=\frac{1}{\sqrt{1-x^2}}$，	$d(\arcsin x)=\frac{1}{\sqrt{1-x^2}}dx$；
⑭ $(\arccos x)'=\frac{-1}{\sqrt{1-x^2}}$，	$d(\arccos x)=\frac{-1}{\sqrt{1-x^2}}dx$；

⑮ $(\arctan x)'=\dfrac{1}{1+x^2}$，　　　　$\mathrm{d}(\arctan x)=\dfrac{1}{1+x^2}\mathrm{d}x$；

⑯ $(\mathrm{arccot}x)'=-\dfrac{1}{1+x^2}$，　　　　$\mathrm{d}(\mathrm{arccot}x)=-\dfrac{1}{1+x^2}\mathrm{d}x$.

微分法则④$\mathrm{d}y=y'_u\cdot u'_x\mathrm{d}x$是用来求复合函数的微分的. 设$y=f(u)$，$u=\varphi(x)$都可微，则复合函数$f[\varphi(x)]$的微分$\mathrm{d}y=f'(u)\varphi'(x)\mathrm{d}x$.

又$\varphi'(x)\mathrm{d}x=\mathrm{d}u$，所以上式可写成$\mathrm{d}y=f'(u)\mathrm{d}u$.

从上式的形式看，它与函数$y=f(x)$的微分$\mathrm{d}y=f'(x)\mathrm{d}x$形式一样，这个性质称为一阶微分形式不变性. 其含义是：不管u是自变量还是中间变量，函数$y=f(u)$的微分形式总是$\mathrm{d}y=f'(u)\mathrm{d}u$.

例 4　填空：$\mathrm{d}(\sin x)=(\quad)\mathrm{d}(\cos x)$.

解　因为

$$\frac{\mathrm{d}(\sin x)}{\mathrm{d}(\cos x)}=\frac{\cos x\mathrm{d}x}{-\sin x\mathrm{d}x}=-\cot x,$$

所以

$$\mathrm{d}(\sin x)=(-\cot x)\mathrm{d}(\cos x).$$

例 5　设$y=\tan 3x^2$，求$\mathrm{d}y$.

解　$\mathrm{d}y=\mathrm{d}(\tan 3x^2)=\sec^2 3x^2\mathrm{d}(3x^2)=6x\sec^2 3x^2\mathrm{d}x$.

三、由参数方程所确定的函数的导数

如果y与x之间的关系由参数方程

$$\begin{cases}x=\varphi(t),\\ y=\psi(t)\end{cases}(a\leqslant t\leqslant b)$$

确定，而且$\varphi'(t)\neq 0$，那么

$$\mathrm{d}x=\varphi'(t)\mathrm{d}t,\mathrm{d}y=\psi'(t)\mathrm{d}t,$$

而导数可看作$\mathrm{d}y$与$\mathrm{d}x$的商，所以

$$\frac{\mathrm{d}y}{\mathrm{d}x}=\frac{\psi'(t)\mathrm{d}t}{\varphi'(t)\mathrm{d}t}=\frac{\psi'(t)}{\varphi'(t)}.$$

例 6　设椭圆的参数方程为$\begin{cases}x=a\cos t,\\ y=b\sin t,\end{cases}$求$\dfrac{\mathrm{d}y}{\mathrm{d}x}$.

解　$\mathrm{d}x=-a\sin t\mathrm{d}t$，$\mathrm{d}y=b\cos t\mathrm{d}t$，所以

$$\frac{\mathrm{d}y}{\mathrm{d}x}=\frac{b\cos t\mathrm{d}t}{-a\sin t\mathrm{d}t}=-\frac{b}{a}\cot t.$$

例 7　一门大炮以 600 m/s 的初速度射出一发炮弹，炮口的仰角为 30°，不计空气阻力，求炮弹的运动轨迹及炮弹在时刻t的运动速度.

解　建立坐标系，如图 2-4 所示.

设时刻t炮弹所在位置为$(x(t),y(t))$. 由已知可得，初始速度的水平、铅直方向的分量

分别为 $v_x=300\sqrt{3}$ m/s，$v_y=300$ m/s，因此炮弹的运动轨迹为

$$\begin{cases} x(t)=300\sqrt{3}t, \\ y(t)=300t-\dfrac{1}{2}gt^2 \end{cases} \quad (0\leqslant t\leqslant 600/g).$$

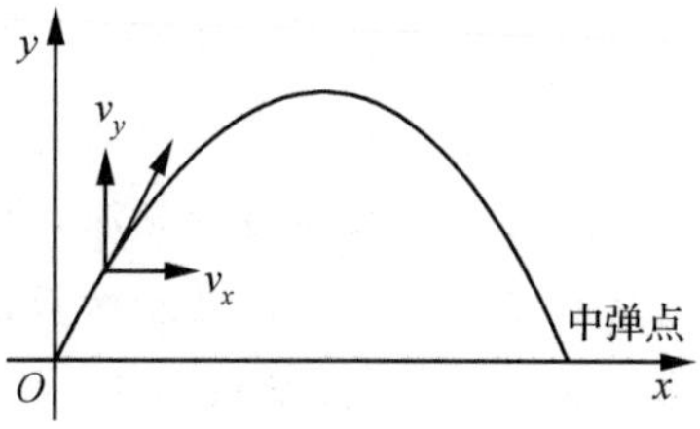

图 2-4

炮弹在时刻 t 的水平、铅直分速度分别为

$$\frac{dx}{dt}=300\sqrt{3}, \frac{dy}{dt}=300-gt.$$

从而炮弹在时刻 t 的运动速度 $v(t)$ 的大小为

$$|v(t)|=\sqrt{(300\sqrt{3})^2+(300-gt)^2}.$$

v 的方向即弹道曲线的切线方向，设切线与 x 轴的夹角为 α，则

$$\tan\alpha=\frac{dy}{dx}=\frac{dy/dt}{dx/dt}=\frac{300-gt}{300\sqrt{3}}.$$

【拓展阅读】

李善兰——数学奇才与翻译先驱

李善兰(1811—1882)，字壬叔，号秋纫，清代著名数学家、天文学家和翻译家，被誉为中国近代科学的先驱之一. 他不仅在数学领域取得了卓越成就，还通过翻译西方科学著作，将先进的科学知识引入中国，为中国近代科学的发展奠定了基础.

李善兰出身书香门第，自幼便对数学展现出了浓厚的兴趣. 十岁那年，在家塾读书的他，偶然间从书架上“偷得”了中国古代数学名著《九章算术》. 这本充满智慧与挑战的书籍仿佛为他打开了一个全新的世界. 仅凭书中的注解，李善兰竟将全书 246 道数学应用题一一解答，这一壮举不仅彰显了他的数学天赋，更点燃了他对数学无尽的热爱与探索热情.

随着年龄的增长，李善兰的数学才华日益凸显. 十五岁时，他迷上了利玛窦、徐光启合译的《几何原本》. 遗憾的是，徐、利二人并未译出该书后面更深奥的几卷，这成了李善兰心中的一大憾事，他常常幻想有朝一日能得见这部巨著的全貌.

咸丰二年(1852)，李善兰来到上海. 他结识了英国传教士伟烈亚力与艾约瑟. 两位传教士对李善兰的数学才能极为欣赏，遂邀请他到墨海书院共译西方科学著作. 在此期间，李善兰不仅系统学习了西方的数学知识，在微积分领域也取得了显著的成就.

在墨海书院，李善兰与伟烈亚力携手合作，共同翻译了《几何原本》的后九卷. 这是一项艰巨而光荣的任务，因为在此之前，即便在英国，其从希腊文译为英文的完本也因翻译和校勘的粗疏而谬误层出. 李善兰凭借自己深厚的数学功底，对译本进行了详尽的匡正与审定，使得《几何原本》的全译本终于得以在中国问世. 这部著作的完成，不仅续成了利玛窦、徐光启的未竟之业，更首次将西方近代的符号代数学、解析几何和微积分引入中国.

除《几何原本》外，李善兰还与伟烈亚力合译了《重学》《谈天》等重要科学著作.《谈天》是一本天文学著作，原名《天文学纲要》，详细叙述了太阳系的结构和行星运动，其中涉及万有

引力定律等当时先进的天文学知识,对中国天文学的近代化发展起到了推动作用.《重学》则是介绍力学等物理学知识的著作,让中国学者对西方物理学体系有了进一步的认识.

李善兰的数学造诣颇深,他对中国传统数学中的"尖锥术"进行了独立研究,并在此基础上发明了各种三角函数和对数函数的幂级数展开式,以及几个重要积分公式的雏形.他在与伟烈亚力合译《代微积拾级》时,创造了一系列微积分术语,如"函数""微分""积分"等,这些术语至今仍在中国的数学界广泛沿用.此外,李善兰还运用微积分的方法解决了诸多中国传统数学问题,如求曲线的长度、各种图形的面积和几何体体积等.他的这些工作不仅展现了微积分在中国数学领域的广阔应用前景,也为中国数学家在数学研究上开拓了新路径.

1882 年,李善兰在上海逝世,享年 71 岁.他的一生为中国近代数学的发展做出了不可磨灭的贡献.李善兰不仅是中国近代数学的先驱,也在中西科学文化交流史上扮演了重要角色.他的学术成就和科学精神至今仍激励着后人不断探索.

第三章

微分学的应用

【导读】

导数作为描述函数变化率的关键概念，是研究函数变化特性的有力工具，它在自然科学、工程技术以及社会科学等诸多领域有着广泛的应用.

本章将首先介绍中值定理，接着以中值定理为基础，以导数为工具，解决一类特殊极限的计算问题，并给出函数单调性和极值的判别方法，最后介绍函数图形的绘制方法.

【学习要求】

(1) 了解拉格朗日中值定理及其几何意义.

(2) 会用洛必达法则求未定式的极限.

(3) 理解函数极值的概念，掌握利用导数判断函数的单调性和求函数极值的方法，会求较简单应用问题的最大值与最小值.

(4) 会用导数判断函数图形的凹凸性，会求拐点，会利用分析作图法绘制简单的函数图形.

(5) 能够运用软件求解导数及其应用问题.

第一节　微分中值定理

中值定理，把函数在某区间上的整体性质与它在该区间上某一点的导数联系起来，它是用微分学知识解决实际问题的理论基础，又是解决微分学自身发展的一种理论性数学模型，因而又把它称为微分学基本定理.

我们先介绍罗尔(Rolle)定理，然后由它推导出拉格朗日(Lagrange)中值定理和柯西(Cauchy)中值定理.

一、罗尔定理

定理 1(罗尔定理)　如果函数 $f(x)$在闭区间$[a,b]$上连续，在开区间(a,b)内可导，且在区间端点处的函数值相等,即 $f(a)=f(b)$,那么至少存在一点 $\xi\in(a,b)$,使得 $f'(\xi)=0$.

在证明这个定理之前,我们先从几何图形上来考察一下它的意义.如图 3-1 所示,函数 $y=f(x)$在区间$[a,b]$上的图象是一条光滑曲线,这条曲线的两个端点 A,B 处的纵坐标相等,即 $f(a)=f(b)$.可以看到,曲线上存在着 ξ_1,ξ_2 这样的具有水平切线的点,也就是说,函数在这样的点处导数等于零.

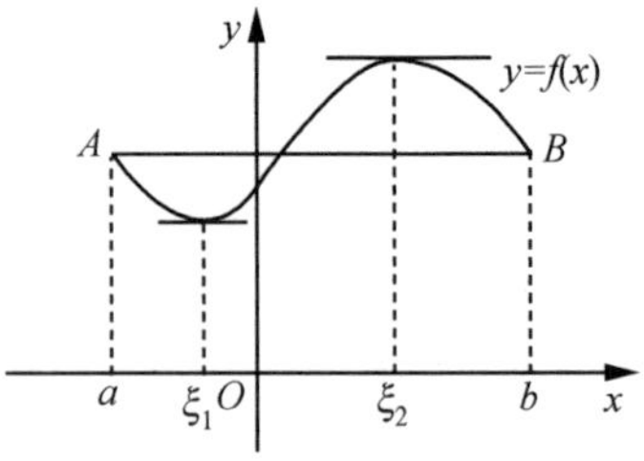

图 3-1

证 已知函数 $y=f(x)$在$[a,b]$上连续,则 $f(x)$在$[a,b]$上必取得最大值 M 和最小值 m.于是有两种可能情况:

(1) 若 $M=m$,则 $f(x)$在$[a,b]$上为常数,此时在(a,b)内处处有 $f'(x)\equiv 0$.

(2) 若 $M>m$,由于 $f(a)=f(b)$,则 m,M 中至少有一个值不等于端点的函数值,不妨设 $M\neq f(a)$,则在(a,b)内至少有一点 ξ,使 $f(\xi)=M$.我们可以证明 $f'(\xi)=0$.

因为 $f(\xi)=M$ 是函数 $f(x)$在$[a,b]$上的最大值,所以有

$$f(\xi+\Delta x)-f(\xi)\leqslant 0.$$

当 $\Delta x>0$ 时,有

$$\frac{f(\xi+\Delta x)-f(\xi)}{\Delta x}\leqslant 0,$$

又因为 $f(x)$在(a,b)内可导,而 $\xi\in(a,b)$,所以 $f'(\xi)$存在,即

$$f'(\xi)=\lim_{\Delta x\to 0^+}\frac{f(\xi+\Delta x)-f(\xi)}{\Delta x}\leqslant 0. \tag{3.1}$$

同理可得,当 $\Delta x<0$ 时,有

$$f'(\xi)=\lim_{\Delta x\to 0^-}\frac{f(\xi+\Delta x)-f(\xi)}{\Delta x}\geqslant 0. \tag{3.2}$$

综合(3.1)、(3.2)式,有 $f'(\xi)=0$.

罗尔定理的几何意义是:若连续曲线除端点外处处都有不垂直于 x 轴的切线,且两端点的纵坐标相等,那么曲线上至少有一条平行于 x 轴的切线,如图 3-1 所示.

注意 罗尔定理的条件是充分而不是必要的,若定理中的三个条件之一不能满足,结论就不一定成立.

例 1 验证罗尔定理对函数 $f(x)=x^2(x-1)$在区间$[0,1]$上的正确性.

证 显然函数 $f(x)=x^2(x-1)$在区间$[0,1]$上连续,在$(0,1)$内可导,而且由已知知 $f(0)=f(1)=0$,即第三个条件也成立,由罗尔定理,存在一点 $\xi\in(0,1)$,使 $f'(\xi)=0$.因为

$$f'(x)=[x^2(x-1)]'=3x^2-2x=x(3x-2),$$

令 $f'(x)=0$,得

$$x_1=0(\text{舍去}),\quad x_2=\frac{2}{3}\in(0,1).$$

取 $\xi=\frac{2}{3}$,有 $f'(\xi)=f'\left(\frac{2}{3}\right)=0$.

例 2 证明:方程 $5x^4-4x+1=0$ 在 0 与 1 之间至少有一个实根.

证　不难发现方程 $5x^4-4x+1=0$ 的左端是函数 $f(x)=x^5-2x^2+x$ 的导数 $f'(x)=5x^4-4x+1$. 显然，函数 $f(x)=x^5-2x^2+x$ 在 $[0,1]$ 上连续，在 $(0,1)$ 内可导，且 $f(0)=f(1)=1$. 由罗尔定理可知，在 0 与 1 之间至少有一点 ξ，使 $f'(\xi)=0$，即 $5\xi^4-4\xi+1=0$，这说明方程 $5x^4-4x+1=0$ 在 0 与 1 之间至少有一个实根.

二、拉格朗日中值定理

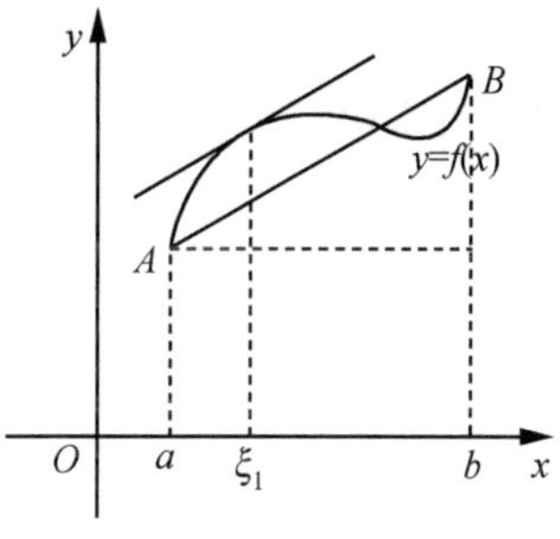

图 3-2

从图 3-2 可见，如果连续曲线 $y=f(x)$ 上 A，B 两点的纵坐标值不相等，且曲线上处处有不垂直于 x 轴的切线，连结 A，B 两点的弦的斜率为 $\dfrac{f(b)-f(a)}{b-a}$，显然在这段弧上至少有一点，曲线在该点的切线与弦 AB 平行. 假设该点的横坐标为 $\xi\in(a,b)$，则 $f'(\xi)=\dfrac{f(b)-f(a)}{b-a}$. 根据这一几何背景，便得到了拉格朗日中值定理.

定理 2（拉格朗日中值定理）　如果函数 $f(x)$ 在闭区间 $[a,b]$ 上连续，在开区间 (a,b) 内可导，那么至少存在一点 $\xi\in(a,b)$，使得

$$f'(\xi)=\frac{f(b)-f(a)}{b-a}\quad 或\quad f(b)-f(a)=f'(\xi)(b-a).$$

上式称为拉格朗日中值公式，它是微积分学中一个极其重要的公式.

分析　定理的结论可改写为 $(b-a)f'(\xi)-[f(b)-f(a)]=0$，由此可启发我们，若构造一个函数 $\varphi(x)$，它既满足罗尔定理的条件，又使 $\varphi'(\xi)=(b-a)f'(\xi)-[f(b)-f(a)]$，定理便获证.

证　设 $\varphi(x)=(b-a)f(x)-[f(b)-f(a)]x$. 显然 $\varphi(x)$ 在闭区间 $[a,b]$ 上连续，在开区间 (a,b) 内可导，且 $\varphi(a)=\varphi(b)=bf(a)-af(b)$. 因此 $\varphi(x)$ 在闭区间 $[a,b]$ 上满足罗尔定理的条件，于是，至少存在一点 $\xi\in(a,b)$，使 $\varphi'(\xi)=0$，即

$$f(b)-f(a)=f'(\xi)(b-a).$$

拉格朗日中值定理揭示了函数在一个区间上的增量与函数在该区间内某点处的导数之间的关系.

拉格朗日中值定理结论的物理解释：若把 x 看作时间变量，$f(x)$ 为物体做直线运动时的位移函数，则由时刻 a 到时刻 b 物体的平均速度等于它在某个时刻 $\xi\in(a,b)$ 的瞬时速度，即

$$\frac{f(b)-f(a)}{b-a}=\bar{v}=f'(\xi).$$

由拉格朗日中值定理可推导出下面两个重要的结论：

推论 1　如果函数 $y=f(x)$ 在区间 (a,b) 内任一点的导数都等于零，则在 (a,b) 内 $f(x)$ 是一个常数.

证　设 x_1，x_2 是区间 (a,b) 内任意两点，且 $x_1<x_2$. 显然 $f(x)$ 在区间 $[x_1,x_2]$ 上满足拉

格朗日中值定理的两个条件,因此有 $f(x_2)-f(x_1)=f'(\xi)(x_2-x_1)$,$\xi\in(x_1,x_2)$. 已知 $f'(\xi)=0$,从而 $f(x_2)=f(x_1)$,即函数 $f(x)$ 在 (a,b) 内是一个常数.

推论 2 如果函数 $f(x)$ 与 $g(x)$ 在区间 (a,b) 内的导数处处相等,即 $f'(x)=g'(x)$,则这两个函数在 (a,b) 内只相差一个常数,即 $f(x)-g(x)=C$.

证 设 $F(x)=f(x)-g(x)$. 因为 $F'(x)=f'(x)-g'(x)=0$,$x\in(a,b)$,所以由推论 1 可得 $F(x)=C$(C 为常数),即 $f(x)-g(x)=C$.

微分中值定理的应用

例 3 证明:$\arcsin x+\arccos x=\dfrac{\pi}{2}(-1\leqslant x\leqslant 1)$.

证 设 $f(x)=\arcsin x+\arccos x$,则 $f'(x)=\dfrac{1}{\sqrt{1-x^2}}+\dfrac{-1}{\sqrt{1-x^2}}=0$,由推论 1 知 $f(x)=C$.

又因为 $f(0)=\arcsin 0+\arccos 0=0+\dfrac{\pi}{2}=\dfrac{\pi}{2}$,所以 $f(x)=\dfrac{\pi}{2}$,即

$$\arcsin x+\arccos x=\frac{\pi}{2}(-1\leqslant x\leqslant 1).$$

拉格朗日中值公式可用来证明一些不等式.

例 4 证明:$\dfrac{x}{1+x}<\ln(1+x)<x(x>0)$.

证 设 $f(x)=\ln(1+x)$. 显然 $f(x)$ 在 $[0,x]$ 上满足拉格朗日中值定理的条件,所以有

$$f(x)-f(0)=f'(\xi)(x-0),0<\xi<x.$$

由于 $f(0)=0$,$f'(x)=\dfrac{1}{1+x}$,所以上式变为

$$\ln(1+x)=\frac{x}{1+\xi}.$$

又因为 $0<\xi<x$,所以

$$\frac{x}{1+x}<\frac{x}{1+\xi}<x,$$

即

$$\frac{x}{1+x}<\ln(1+x)<x.$$

三、柯西中值定理

定理 3(柯西中值定理) 设函数 $f(x)$ 与 $g(x)$ 在闭区间 $[a,b]$ 上连续,在开区间 (a,b) 内可导,且 $g'(x)$ 在 (a,b) 内恒不为零,则至少存在一点 $\xi\in(a,b)$,使得

$$\frac{f(b)-f(a)}{g(b)-g(a)}=\frac{f'(\xi)}{g'(\xi)}.$$

上式中,如果 $g(x)=x$,则为拉格朗日中值定理,所以拉格朗日中值定理是柯西中值定理的特例.

证 由假设 $g'(x)\neq 0$,可知 $g(b)-g(a)\neq 0$. 否则,若 $g(b)-g(a)=0$,则 $g(x)$ 在区间

$[a,b]$上满足罗尔定理的条件，因而至少存在一点 $\xi\in(a,b)$，使 $g'(\xi)=0$，这与 $g'(x)\neq 0$ 矛盾，从而 $g'(\xi)[g(b)-g(a)]\neq 0$.

仿照证明拉格朗日中值定理的方法，引入辅助函数

$$\varphi(x)=[f(b)-f(a)]g(x)-[g(b)-g(a)]f(x).$$

显然 $\varphi(x)$在闭区间$[a,b]$上连续，在开区间(a,b)内可导，且

$$\varphi(a)=\varphi(b)=f(b)g(a)-f(a)g(b).$$

由罗尔定理知道，至少存在一点 $\xi\in(a,b)$，使 $\varphi'(\xi)=0$，即

$$[f(b)-f(a)]g'(\xi)=[g(b)-g(a)]f'(\xi).$$

整理，得

$$\frac{f(b)-f(a)}{g(b)-g(a)}=\frac{f'(\xi)}{g'(\xi)}.$$

微分中值定理的概念

第二节　洛必达法则

前面我们已经介绍过利用极限的运算法则、函数的连续性和两个重要极限求极限的方法，本节将介绍以导数作工具，求一种特殊形式极限的计算方法，即用洛必达(L'Hospital)法则来求极限.

我们在求极限时常常会遇到这样的形式，即在自变量的同一变化过程中，分子、分母同时趋于零或同时趋于无穷大的情形，这时分式的极限可能存在也可能不存在，如$\lim\limits_{x\to 0}\frac{\sin x}{x}=1$，而$\lim\limits_{x\to 0}\frac{\sin x}{x^2}$虽也是两个无穷小量之比的极限，但此极限不存在. 一般我们称$\frac{0}{0}$型或$\frac{\infty}{\infty}$型这两类极限为未定式极限.

洛必达法则Ⅰ　若函数 $f(x)$与 $g(x)$满足：

(1) $\lim\limits_{x\to x_0}f(x)=0$，$\lim\limits_{x\to x_0}g(x)=0$；

(2) $f(x)$与 $g(x)$在点 x_0 的某个邻域内(点 x_0 可除外)可导，且 $g'(x)\neq 0$；

(3) $\lim\limits_{x\to x_0}\frac{f'(x)}{g'(x)}=A$(或$\infty$)，

则

$$\lim_{x\to x_0}\frac{f(x)}{g(x)}=\lim_{x\to x_0}\frac{f'(x)}{g'(x)}=A(\text{或}\infty).$$

洛必达法则Ⅱ　若函数 $f(x)$与 $g(x)$满足：

(1) $\lim\limits_{x\to x_0}f(x)=\infty$，$\lim\limits_{x\to x_0}g(x)=\infty$；

(2) $f(x)$与 $g(x)$在点 x_0 的某个邻域内(点 x_0 可除外)可导，且 $g'(x)\neq 0$；

(3) $\lim\limits_{x\to x_0}\frac{f'(x)}{g'(x)}=A$(或$\infty$)，

则

$$\lim_{x\to x_0}\frac{f(x)}{g(x)}=\lim_{x\to x_0}\frac{f'(x)}{g'(x)}=A(\text{或}\infty).$$

对于洛必达法则作两点说明：

(1) 如果将 $x\to x_0$ 改成自变量的任意一个变化过程，如 $x\to\infty$，$x\to x_0^+$ 等，法则的结论仍然成立.

(2) 若施行一次洛必达法则后，问题尚未解决，而函数 $f'(x)$ 与 $g'(x)$ 仍满足法则的条件，则可继续使用洛必达法则，即

$$\lim_{x\to x_0}\frac{f'(x)}{g'(x)}=\lim_{x\to x_0}\frac{f''(x)}{g''(x)}.$$

洛必达法则及其基本应用

例 1 求 $\lim\limits_{x\to 0}\dfrac{\sin 2x}{3x}$.

解 当 $x\to 0$ 时，这是 $\dfrac{0}{0}$ 型未定式. 由洛必达法则，得

$$\lim_{x\to 0}\frac{\sin 2x}{3x}=\lim_{x\to 0}\frac{(\sin 2x)'}{(3x)'}=\lim_{x\to 0}\frac{2\cos 2x}{3}=\frac{2}{3}.$$

例 2 求 $\lim\limits_{x\to 2}\dfrac{x^4-16}{x-2}$.

当 $x\to 2$ 时，这是 $\dfrac{0}{0}$ 型未定式. 由洛必达法则，得

解 $\lim\limits_{x\to 2}\dfrac{x^4-16}{x-2}=\lim\limits_{x\to 2}\dfrac{4x^3}{1}=32.$

例 3 求 $\lim\limits_{x\to 0}\dfrac{1-\cos x}{x^3}$.

解 由洛必达法则，得 $\lim\limits_{x\to 0}\dfrac{1-\cos x}{x^3}=\lim\limits_{x\to 0}\dfrac{\sin x}{3x^2}$.

当 $x\to 0$ 时，有 $\sin x\to 0$ 和 $3x^2\to 0$，仍是 $\dfrac{0}{0}$ 型未定式，再由洛必达法则，得

$$\lim_{x\to 0}\frac{\sin x}{3x^2}=\lim_{x\to 0}\frac{\cos x}{6x}=\infty.$$

例 4 求 $\lim\limits_{x\to+\infty}\dfrac{x^n}{e^x}$($n$ 为正整数).

解 当 $x\to+\infty$ 时，有 $x^n\to+\infty$ 和 $e^x\to+\infty$，这是 $\dfrac{\infty}{\infty}$ 型未定式，由洛必达法则，得

$$\lim_{x\to+\infty}\frac{x^n}{e^x}=\lim_{x\to+\infty}\frac{(x^n)'}{(e^x)'}=\lim_{x\to+\infty}\frac{nx^{n-1}}{e^x}=\lim_{x\to+\infty}\frac{n(n-1)x^{n-2}}{e^x}$$

$$=\cdots=\lim_{x\to+\infty}\frac{n!}{e^x}=0.$$

例 5 求 $\lim\limits_{x\to+\infty}\dfrac{\sqrt{1+x^2}}{x}$.

解 容易知道，这个极限是 $\dfrac{\infty}{\infty}$ 型，若反复地使用洛必达法则，则有

$$\lim_{x\to+\infty}\frac{\sqrt{1+x^2}}{x}=\lim_{x\to+\infty}\frac{(\sqrt{1+x^2})'}{(x)'}=\lim_{x\to+\infty}\frac{x}{\sqrt{1+x^2}}$$

$$=\lim_{x\to+\infty}\frac{(x)'}{(\sqrt{1+x^2})'}=\lim_{x\to+\infty}\frac{\sqrt{1+x^2}}{x}=\cdots.$$

如此循环反复，总也求不出极限，因此洛必达法则对于例 5 是失效的. 但是，不难求得

$$\lim_{x\to+\infty}\frac{\sqrt{1+x^2}}{x}=\lim_{x\to+\infty}\sqrt{1+\frac{1}{x^2}}=1.$$

例 6　求 $\lim\limits_{x\to\infty}\dfrac{x+\sin x}{1+x}$.

解　这个极限是 $\dfrac{\infty}{\infty}$ 型，但极限 $\lim\limits_{r\to\infty}\dfrac{(x+\sin x)'}{(1+x)'}=\lim\limits_{x\to\infty}\dfrac{1+\cos x}{1}$ 不存在，故本题不能用洛必达法则来计算. 事实上，可用下面的方法来计算.

$$\lim_{x\to\infty}\frac{x+\sin x}{1+x}=\lim_{x\to\infty}\frac{1+\dfrac{\sin x}{x}}{\dfrac{1}{x}+1}=1.$$

使用洛必达法则需要注意的两个问题：

(1) 运用洛必达法则计算极限时，应逐步检查是否为 $\dfrac{0}{0}$ 或 $\dfrac{\infty}{\infty}$ 型，否则不能使用，如继续使用洛必达法则，将会得到错误的结果.

(2) 洛必达法则的条件是充分的，而不是必要的，因此，洛必达法则失效时极限仍可能存在，如例 5、例 6.

洛必达法则除了可以用来求 $\dfrac{0}{0}$ 和 $\dfrac{\infty}{\infty}$ 型未定式的极限外，还可用来求 $0\cdot\infty$，$\infty-\infty$，0^0，∞^0，1^∞ 型未定式的极限. 求这些未定式极限的基本方法就是通过适当的变形把它们化为 $\dfrac{0}{0}$ 型和 $\dfrac{\infty}{\infty}$ 型后再用洛必达法则来计算. 请看下面的例题.

洛必达法则的其他应用

例 7　求 $\lim\limits_{x\to0^+}x\ln x$.

解　所求极限是 $0\cdot\infty$ 型，我们将它转化为 $\dfrac{\infty}{\infty}$ 型来计算.

$$\lim_{x\to0^+}x\ln x=\lim_{x\to0^+}\frac{\ln x}{\dfrac{1}{x}}=\lim_{x\to0^+}\frac{\dfrac{1}{x}}{-\dfrac{1}{x^2}}=\lim_{x\to0^+}(-x)=0.$$

例 8　求 $\lim\limits_{x\to1}\left(\dfrac{x}{x-1}-\dfrac{1}{\ln x}\right)$.

解　这是 $\infty-\infty$ 型，要先通分后再运用洛必达法则.

$$\lim_{x\to1}\left(\frac{x}{x-1}-\frac{1}{\ln x}\right)=\lim_{x\to1}\frac{x\ln x-x+1}{(x-1)\ln x}=\lim_{x\to1}\frac{(x\ln x-x+1)'}{[(x-1)\ln x]'}$$

$$=\lim_{x\to1}\frac{1+\ln x-1}{\frac{x-1}{x}+\ln x}=\lim_{x\to1}\frac{(x\ln x)'}{(x-1+x\ln x)'}$$

$$=\lim_{x\to1}\frac{\ln x+1}{\ln x+2}=\frac{1}{2}.$$

例 9 求$\lim\limits_{x\to1}x^{\frac{1}{1-x}}$.

解 这个极限是 1^{∞} 型,因为

$$\lim_{x\to1}x^{\frac{1}{1-x}}=\lim_{x\to1}e^{\frac{1}{1-x}\ln x}=\lim_{x\to1}e^{\frac{\ln x}{1-x}}=e^{\lim\limits_{x\to1}\frac{\ln x}{1-x}},$$

而

$$\lim_{x\to1}\frac{\ln x}{1-x}=\lim_{x\to1}\frac{\frac{1}{x}}{-1}=-1,$$

所以

$$\lim_{x\to1}x^{\frac{1}{1-x}}=e^{-1}.$$

例 10 求 $\lim\limits_{x\to0^+}x^x$.

解 这个极限是 0^0 型,因为

$$\lim_{x\to0^+}x^x=\lim_{x\to0^+}e^{x\ln x}=e^{\lim\limits_{x\to0^+}x\ln x},$$

而

$$\lim_{x\to0^+}x\ln x=\lim_{x\to0^+}\frac{\ln x}{\frac{1}{x}}=\lim_{x\to0^+}\frac{\frac{1}{x}}{-\frac{1}{x^2}}=\lim_{x\to0^+}(-x)=0,$$

所以

$$\lim_{x\to0^+}x^x=e^0=1.$$

第三节 函数的单调性与极值

用初等数学的方法可以研究一些函数的单调性和某些简单函数的极值及最大值和最小值,但是这些方法使用范围狭小,往往还需要借助一些特殊技巧,因而不具有一般性.本节将介绍以导数为工具,来解决上述几个问题的既简便又具有一般性的方法.

一、函数的单调性与极值

1. 函数的单调性

单调性是函数的重要性质之一,下面以微分中值定理为工具,给出函数单调性的判别方法.

定理 1 设函数 $y=f(x)$在区间(a,b)内可导.

(1) 如果在区间(a,b)内,$f'(x)>0$,那么函数 $f(x)$在区间(a,b)内单调递增;

(2) 如果在区间(a,b)内，$f'(x)<0$，那么函数 $f(x)$在区间(a,b)内单调递减.

证　在区间(a,b)内任意取两点 x_1 和 x_2，设 $x_1<x_2$. 由已知条件，函数 $f(x)$在区间$[x_1,x_2]$上满足拉格朗日中值定理的条件，因此有

$$f(x_2)-f(x_1)=f'(\xi)(x_2-x_1),\xi\in(x_1,x_2).$$

又因为 $x_2-x_1>0$，若 $f'(\xi)>0$，则 $f(x_2)-f(x_1)>0$，即 $f(x_2)>f(x_1)$，函数 $f(x)$在区间(a,b)内单调递增.

类似可证，如果在区间(a,b)内 $f'(x)<0$，那么函数 $f(x)$在区间(a,b)内单调递减.

定理 1 的几何意义是：如果曲线 $y=f(x)$在某区间内的切线与 x 轴正向的夹角 α 是锐角($\tan\alpha>0$)，则曲线在该区间内是上升的，如图 3-3 所示；如果夹角 α 是钝角($\tan\alpha<0$)，则曲线在该区间内是下降的，如图 3-4 所示.

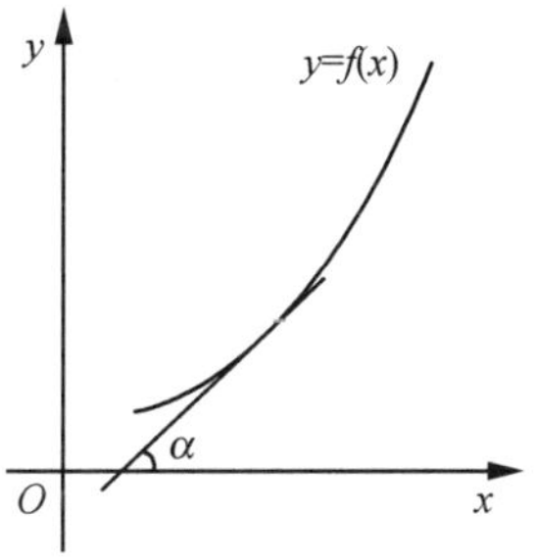

图 3-3

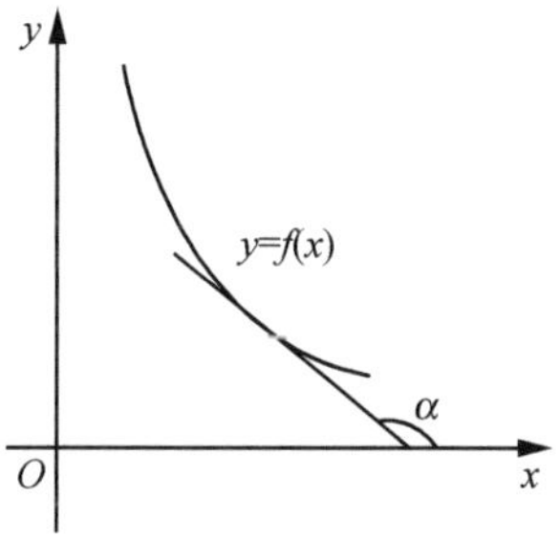

图 3-4

需要说明的是，定理 1 只是判定函数在区间(a,b)内单调性的充分条件，而不是必要条件. 例如，函数 $f(x)=x^3$ 在$(-\infty,+\infty)$内是单调递增的，但是在$(-\infty,+\infty)$内并不总有 $f'(x)>0$，其中 $f'(0)=0$.

函数的单调性

若函数在其定义域的某个区间内是单调的，则称该区间为函数的单调区间. 导数等于零的点和不可导点，可能是单调区间的分界点.

例 1　讨论函数 $f(x)=1-\sin x+x$ 在$(0,2\pi)$内的单调性.

解　在$(0,2\pi)$内，$f'(x)=1-\cos x>0$，由定理 1 可知，函数 $f(x)=1-\sin x+x$ 在$(0,2\pi)$内是单调递增的.

例 2　求函数 $f(x)=x^3-3x^2-9x+1$ 的单调区间.

解　(1) 该函数的定义域是$(-\infty,+\infty)$.

(2) $f'(x)=3x^2-6x-9=3(x+1)(x-3)$. 令 $f'(x)=0$，得 $x_1=-1$，$x_2=3$，它们将定义区间分为三个子区间：$(-\infty,-1)$，$(-1,3)$，$(3,+\infty)$.

(3) 因为当 $x\in(-\infty,-1)$及 $x\in(3,+\infty)$时，$f'(x)>0$，当 $x\in(-1,3)$时，$f'(x)<0$，所以$(-\infty,-1)$和$(3,+\infty)$是 $f(x)$的递增区间，$(-1,3)$是 $f(x)$的递减区间.

为简便直观起见，通常将上述讨论结果归纳成如下的表格：

x	$(-\infty,-1)$	-1	$(-1,3)$	3	$(3,+\infty)$
$f'(x)$	+	0	−	0	+
$f(x)$	↗		↘		↗

其中符号↗,↘分别表示曲线单调递增、单调递减.

例 3 证明:$\ln(1+x)>\dfrac{\arctan x}{1+x}$,$x>0$.

证 设 $f(x)=(1+x)\ln(1+x)-\arctan x$,则 $f'(x)=\ln(1+x)+\dfrac{x^2}{1+x^2}$.

显然 $f'(x)>0$,故 $f(x)$在$(0,+\infty)$内是单调递增的.所以当 $x>0$ 时,有 $f(x)>f(0)$,而 $f(0)=0$,即$(1+x)\ln(1+x)-\arctan x>0$,于是

$$\ln(1+x)>\frac{\arctan x}{1+x}.$$

2. 函数的极值

从例 2 中我们可以知道,自变量 x 从 -1 的左边邻近变到右边邻近时,$f(x)$由单调增加变为单调减少,即点 $x=-1$ 是函数由单调增加到单调减少的转折点,因此,在点 $x=-1$ 附近恒有$f(-1)>f(x)$,我们称 $f(-1)$为 $f(x)$的极大值;类似地,点 $x=3$ 是函数由单调减少到单调增加的转折点,因此,在点 $x=3$ 附近恒有 $f(3)<f(x)$,我们称 $f(3)$为 $f(x)$的极小值.下面给出一般定义.

定义 设函数 $f(x)$在点 x_0 的某个邻域内有定义.

(1) 若对该邻域内任意的点 $x(x\neq x_0)$,恒有 $f(x_0)>f(x)$,则称 $f(x_0)$为函数 $f(x)$的极大值,点 x_0 称为函数 $f(x)$的极大值点;

(2) 若对该邻域内任意的点 $x(x\neq x_0)$,恒有 $f(x_0)<f(x)$,则称 $f(x_0)$为函数 $f(x)$的极小值,点 x_0 称为函数 $f(x)$的极小值点.

函数的极大值与极小值统称为函数的极值,极大值点与极小值点统称为极值点.

函数的极值总是在某点左右的近旁进行讨论,它是一个局部性的概念,一个函数可能有若干个极大值和极小值,而且有时极小值可能比极大值更大,如图 3-5 所示,极大值$f(x_1)$小于极小值 $f(x_4)$.

函数极值的概念

从图 3-5 我们不难发现,极值点处如果有切线的话,一定是与 x 轴平行的,但有水平切线的点不一定是极值点,如点 x_5 处的切线是水平的,但该点不是极值点.在几何直观的基础上,我们可得到下面的定理:

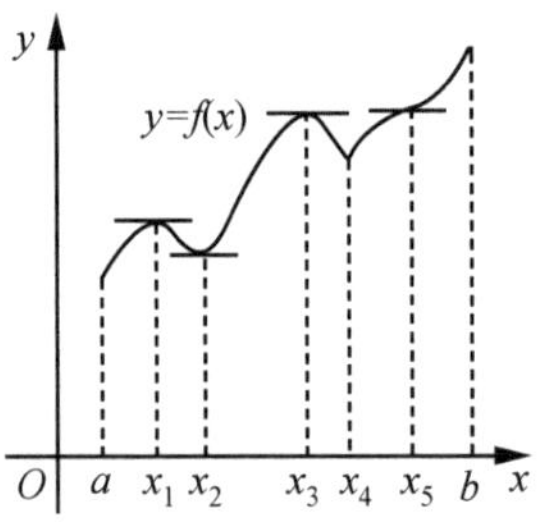

图 3-5

定理 2(极值存在的必要条件) 如果函数 $y=f(x)$在点 x_0 处可导,而且在点 x_0 处取得极值,则 $f'(x_0)=0$.

证 不妨设 x_0 是极大值点,根据定义知,必存在 x_0 的某个邻域,在此邻域内总有 $f(x_0)>f(x_0+\Delta x)$.

因此,当 $\Delta x>0$ 时,有

$$\frac{f(x_0+\Delta x)-f(x_0)}{\Delta x}<0;$$

当 $\Delta x<0$ 时,有

$$\frac{f(x_0+\Delta x)-f(x_0)}{\Delta x}>0.$$

因为 $y=f(x)$ 在点 x_0 处可导,所以 $f'_+(x_0)=f'_-(x_0)$. 又因为

$$f'(x_0)=f'_+(x_0)=\lim_{\Delta x\to 0^+}\frac{f(x_0+\Delta x)-f(x_0)}{\Delta x}\leqslant 0,$$

$$f'(x_0)=f'_-(x_0)=\lim_{\Delta x\to 0^-}\frac{f(x_0+\Delta x)-f(x_0)}{\Delta x}\geqslant 0,$$

所以 $f'(x_0)=0$.

使 $f'(x)=0$ 的点称为函数的驻点.

需要注意的是:

(1) $f'(x_0)=0$ 只是 x_0 为极值点的必要条件,而不是充分条件. 例如,对于函数 $f(x)=x^3$ 来说,虽有 $f'(0)=0$,但 $x=0$ 并不是它的极值点.

(2) 定理 2 是对函数在点 x_0 处可导而言的,在导数不存在(但连续)的点处,函数也可能取得极值. 例如,对函数 $f(x)=x^{\frac{2}{3}}$,$f'(x)=\frac{2}{3}x^{-\frac{1}{3}}$,显然 $f'(0)$不存在,但在 $x=0$ 处函数却有极小值 $f(0)=0$,如图 3-6 所示.

综上可知,函数的极值点只能在驻点和导数不存在的点中产生,但驻点和导数不存在的点又不一定是极值点. 下面给出函数极值的充分条件.

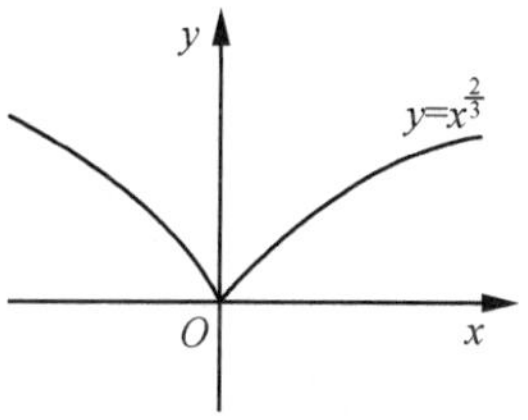

图 3-6

定理 3(极值的第一充分条件)　设函数 $y=f(x)$ 在点 x_0 处连续,在点 x_0 的某邻域$(x_0-\delta,x_0+\delta)$内可导($f'(x_0)$可以不存在). 当 x 由小变大经过点 x_0 时,

(1) 若 $f'(x)$由正变负,则 x_0 是极大值点;

(2) 若 $f'(x)$由负变正,则 x_0 是极小值点;

(3) 若 $f'(x)$不改变符号,则 x_0 不是极值点.

简言之,如果 x 经过点 r_0 时,$f'(x)$变号,则点 x_0 为极值点;$f'(x)$不变号,则点 x_0 不是极值点.

证　(1) 当 $x\in(x_0-\delta,x_0)$时,$f'(x)>0$,则 $f(x)$在$(x_0-\delta,x_0)$内单调增加,所以 $f(x_0)>f(x)$;当 $x\in(x_0,x_0+\delta)$时,若 $f'(x)<0$,则 $f(x)$在$(x_0,x_0+\delta)$内单调减少,所以 $f(x_0)>f(x)$,即 $x\in(x_0-\delta,x_0+\delta)$时,总有 $f(x_0)>f(x)$,这说明 $f(x_0)$为 $f(x)$的极大值.

(2) 同理可证 $f'(x)$由负变正的情形.

(3) 若 $f(x)$在点 x_0 的两侧同号,也就是说恒有 $f'(x)>0$ 或 $f'(x)<0$,则 $f(x)$在点 x_0 的左右两边均单调增加或单调减少,所以函数 $f(x)$不可能在 x_0 处取得极值.

定理 4(极值的第二充分条件)　设函数 $y=f(x)$ 在点 x_0 处二阶可导,且 $f'(x_0)=0$,$f''(x_0)\neq 0$,则

(1) 当 $f''(x_0)<0$ 时,函数 $f(x)$在点 x_0 处取得极大值;

(2) 当 $f''(x_0)>0$ 时,函数 $f(x)$在点 x_0 处取得极小值.

证 (1) 根据导数定义和假设条件 $f'(x_0)=0, f''(x_0)<0$,得

$$f''(x_0)=\lim_{x\to x_0}\frac{f'(x)-f'(x_0)}{x-x_0}=\lim_{x\to x_0}\frac{f'(x)}{x-x_0}<0.$$

从而存在点 x_0 的某个邻域,使在该邻域内恒有 $\dfrac{f'(x)}{x-x_0}<0(x\neq x_0)$.

所以,当 $x<x_0$ 时,$f'(x)>0$;当 $x>x_0$ 时,$f'(x)<0$. 由定理 3 知,$f(x_0)$为 $f(x)$的极大值.

类似地可证明(2).

注 若 $f'(x_0)=0, f''(x_0)=0$ 或 $f'(x_0)=0$,但 $f''(x_0)$不存在,那么定理 4 就失效了,此时可考虑用定理 3.

函数极值的计算

例 4 求函数 $f(x)=x^3+3x^2-24x-20$ 的极值.

解 $f'(x)=3x^2+6x-24=3(x+4)(x-2)$.

令 $f'(x)=0$,得 $x_1=-4, x_2=2$. 它们将定义区间$(-\infty,+\infty)$分为三个子区间:$(-\infty,-4)$,$(-4,2)$,$(2,+\infty)$,现列表考察如下:

x	$(-\infty,-4)$	-4	$(-4,2)$	2	$(2,+\infty)$
$f'(x)$	+	0	−	0	+
$f(x)$	↗	极大值 60	↘	极小值−48	↗

可见函数 $f(x)$在点 $x_1=-4$ 处取得极大值 60,在点 $x_2=2$ 处取得极小值−48.

本题也可以用定理 4 来求解:$f''(x)=6x+6$,$f''(-4)=-18<0$,故 $f(-4)=60$ 为极大值;$f''(2)=18>0$,故 $f(2)=-48$ 为极小值.

例 5 函数 $f(x)=x-\dfrac{3}{2}x^{\frac{2}{3}}$ 的极值.

解 $f'(x)=1-x^{-\frac{1}{3}}$. 令 $f'(x)=0$,得 $x=1$. 当 $x=0$ 时,$f'(x)$不存在.

驻点 $x=1$ 和导数不存在的点 $x=0$ 将函数 $f(x)$的定义域分成三个区间,现列表如下:

x	$(-\infty,0)$	0	$(0,1)$	1	$(1,+\infty)$
$f'(x)$	+	不存在	−	0	+
$f(x)$	↗	极大值 0	↘	极小值$-\dfrac{1}{2}$	↗

由此可得函数的极大值为 $f(0)=0$,极小值为 $f(1)=-\dfrac{1}{2}$.

3. 函数的最大值与最小值

在实际应用中,常讨论最优化问题,诸如在一定条件下,要求获得最大的经济效益;用一定的材料,制造容量最大的容器等. 因而求最大值、最小值问题在工程技术、国民经济以及自然科学和社会科学等领域都有着广泛应用的现实意义.

函数的最大值、最小值(统称为最值)与极大、极小值概念是不同的. 极值是局部性的概念,而最值是所讨论区间上的一个整体概念.

有界闭区间上的连续函数的最值,可通过比较驻点、不可导点、区间端点的函数值的大小得到.

在实际问题中，通常遇到的情形是连续函数 $f(x)$ 在所讨论的区间内只有唯一的极值，它往往就是函数的最大值或最小值，常常可以由问题本身的性质来确定所求得的唯一极值是最大值还是最小值.

例 6 求函数 $f(x)=x^4-4x^3-8x^2+1$ 在 $[-2,2]$ 上的最大值和最小值.

函数的最值

解 (1) $f'(x)=4x^3-12x^2-16x=4x(x+1)(x-4)$.

令 $f'(x)=0$，得到在 $[-2,2]$ 上的驻点 $x_1=-1, x_2=0$.

(2) 计算 $f(x)$ 在驻点及区间端点的函数值：

$$f(-1)=-2, f(0)=1, f(-2)=17, f(2)=-47.$$

(3) 比较这些函数值的大小. 可见，函数 $f(x)$ 在 $x=-2$ 处取得最大值 17，在 $x=2$ 处取得最小值 -47.

例 7 在半径为 R 的半圆内作一矩形，问矩形的长、宽比为多少时，其面积最大？

解 如图 3-7 所示，以圆心为原点、直径所在的直线为 x 轴建立直角坐标系，则圆的方程为 $x^2+y^2=R^2$. 设在上半圆内作矩形，矩形在第一象限的顶点（在半圆上）的坐标为 (x,y) $(x>0, y>0)$，则矩形的面积为

$$S=2xy=2x\sqrt{R^2-x^2}\,(0<x<R).$$

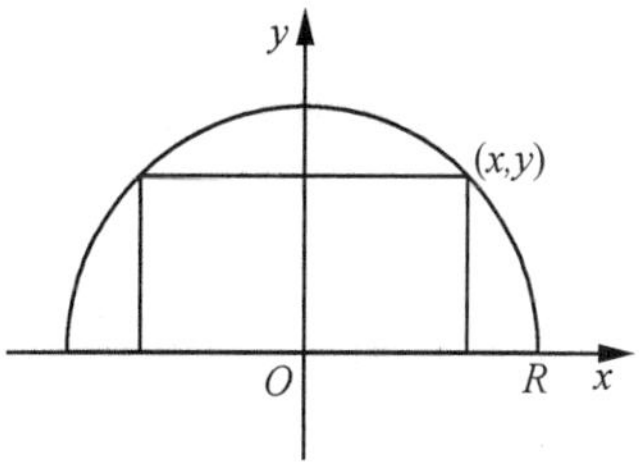

图 3-7

故

$$S'=\frac{2(R^2-2x^2)}{\sqrt{R^2-x^2}}.$$

令 $S'=0$，得 $x=\dfrac{R}{\sqrt{2}}$.

当 $0<x<\dfrac{R}{\sqrt{2}}$ 时，$S'>0$；当 $\dfrac{R}{\sqrt{2}}<x<R$ 时，$S'<0$. 因此 $S(x)$ 在 $x=\dfrac{R}{\sqrt{2}}$ 处取得极大值，也即最大值. 这时 $y=\sqrt{R^2-\left(\dfrac{R}{\sqrt{2}}\right)^2}=\dfrac{R}{\sqrt{2}}$.

通过上面的计算知道，当矩形的长为 $2x=\dfrac{2R}{\sqrt{2}}$、宽为 $y=\dfrac{R}{\sqrt{2}}$，即长、宽比为 2∶1时，其面积最大.

例 8 铁路线上 AB 段的距离为 100 km，工厂 C 距 A 处为 20 km，AC 垂直于 AB（图 3-8）. 今要在 AB 线上选定一点 D 向工厂修筑一条公路，已知铁路每千米货运的运费与公路每千米货运的费用之比为 3∶5，为了使货物从供应站 B 运到工厂 C 的运费最少，问 D 应选在何处？

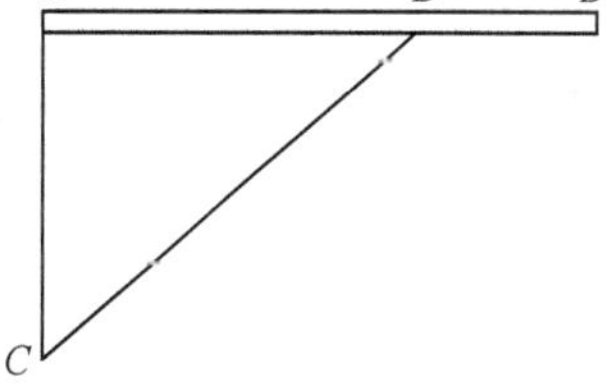

图 3-8

解 设 $AD=x$，则 $BD=100-x$，$CD=\sqrt{20^2+x^2}$.

又设铁路每千米货运的费用为 $3k(k>0)$，则公路每千米货运的费用为 $5k$，用 S 表示总运费，则

$$S=5k\sqrt{400+x^2}+3k(100-x)\ (0\leqslant x\leqslant 100),$$

故

$$S'=\frac{5kx}{\sqrt{400+x^2}}-3k.$$

令 $S'=0$,得 $x_1=15$,$x_2=-15$(舍去).

因为 $x_1=15$ 是区间$[0,100]$上唯一的极值点,所以当 D 点选在距 A 点 15 km 处时,总运费最省.

第四节　曲线的凹凸性与拐点

一、曲线的凹凸性

前面我们已经介绍了根据一阶导数的符号判定函数图形的上升和下降,但如何上升和下降呢?如图 3-9 所示的曲线弧 AB 和曲线弧 CD,虽然都上升,但弯曲方向不同.这就涉及曲线的凹向问题.

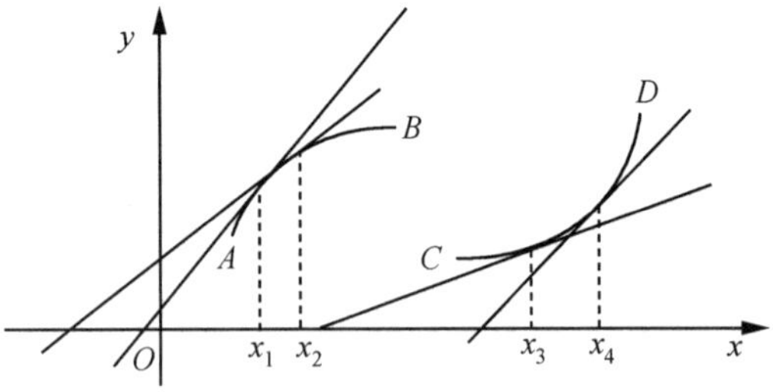

图 3-9

定义 1　如果在某区间内,曲线弧位于其上任一点的切线的上方,则称曲线在这个区间内是凹的(图 3-10);如果在某区间内,曲线弧位于其上任一点的切线的下方,则称曲线在这个区间内是凸的(图 3-11).

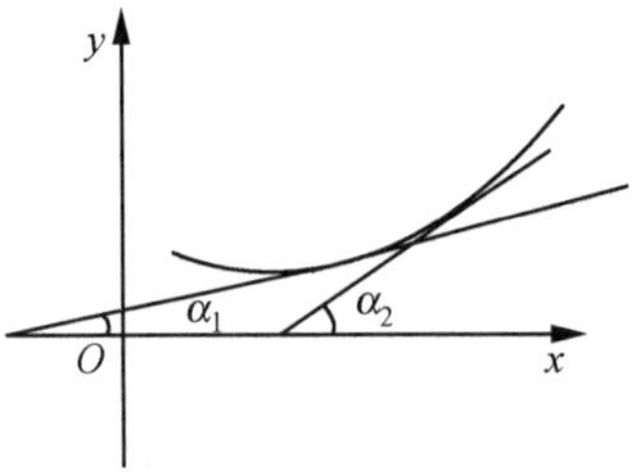

图 3-10

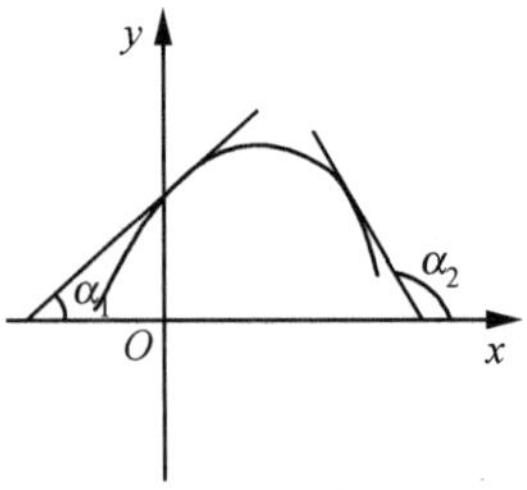

图 3-11

定理　设函数 $y=f(x)$在区间(a,b)内存在二阶导数.若

(1) $a<x<b$ 时,恒有 $f''(x)>0$,则曲线 $y=f(x)$在(a,b)内是凹的;

(2) $a<x<b$ 时,恒有 $f''(x)<0$,则曲线 $y=f(x)$在(a,b)内是凸的.

定义 2　曲线凹与凸的分界点称为曲线的拐点.

拐点既然是凹与凸的分界点，那么在拐点的左右邻近 $f''(x)$ 必然异号，因而在拐点处有 $f''(x)=0$ 或 $f''(x)$ 不存在.

与驻点的情形类似，$f''(x)=0$ 是点 $(x_0,f(x_0))$ 为拐点的必要条件，而非充分条件. 例如，$f(x)=x^4$，$f''(x)=12x^2$，$f''(0)=0$，但点 $(0,0)$ 不是曲线 $f(x)=x^4$ 的拐点，因为点 $(0,0)$ 两侧二阶导数没有变号.

曲线的凹凸性

例 1　讨论曲线 $f(x)=\ln(1+x^2)$ 的凹凸区间与拐点.

解　函数的定义域为 $(-\infty,+\infty)$.

$$f'(x)=\frac{2x}{1+x^2},f''(x)=\frac{2(1-x^2)}{(1+x^2)^2},$$

令 $f''(x)=0$，得 $x_1=-1$，$x_2=1$. 下面通过列表来讨论曲线的凹凸区间和拐点：

x	$(-\infty,-1)$	-1	$(-1,1)$	1	$(1,+\infty)$
$f''(x)$	$-$	0	$+$	0	$-$
$f(x)$	$\frown$	拐点 $(-1,\ln 2)$	$\smile$	拐点 $(1,\ln 2)$	$\frown$

其中 $\frown$，$\smile$ 分别表示曲线凸和凹.

由上面的讨论可知，曲线在 $(-\infty,-1)$ 和 $(1,+\infty)$ 两个区间凸，在 $(-1,1)$ 区间凹. $(-1,\ln 2)$ 和 $(1,\ln 2)$ 是它的两个拐点.

例 2　讨论曲线 $y=f(x)=2+(x-4)^{\frac{1}{3}}$ 的凹凸区间与拐点.

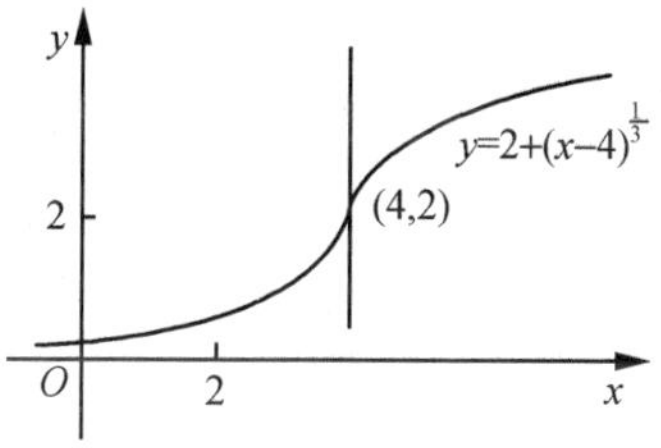

图 3-12

解　$y'=\frac{1}{3}(x-4)^{-\frac{2}{3}}$，$y''=-\frac{2}{9}(x-4)^{-\frac{5}{3}}$.

可见，y'' 在 $(-\infty,+\infty)$ 内恒不为零，但 $x=4$ 时，y'' 不存在，而 $f(x)$ 在 $x=4$ 处连续，且 $f(4)=2$，因此需要讨论点 $(4,2)$ 是否为拐点.

当 $r\in(-\infty,4)$ 时，$y''>0$；当 $x\in(4,+\infty)$ 时，$y''<0$，即 y'' 在 $x=4$ 两侧异号，故曲线在区间 $(-\infty,4)$ 内凹，在区间 $(4,+\infty)$ 内凸，所以点 $(4,2)$ 是曲线的拐点（图 3-12）.

二、函数图形的描绘

我们已经知道用描点法可以作函数的图形，但这种方法有它的局限性，如所取的点不一定刚好是具有特征的关键点，并且也不易把握某些曲线段的微妙变化. 利用函数的一阶导数研究函数的单调性和极值点，同时利用函数的二阶导数研究函数图形的弯曲方向和拐点，就能较准确地找到曲线上最具特征的点和曲线的微妙变化.

1. 曲线的渐近线

为了掌握曲线在无限变化过程中的趋势，我们先介绍曲线的渐近线.

如果曲线上动点沿着曲线无限远离原点时，它与某条直线的距离趋于零，则称该直线为曲线的渐近线.

渐近线有三种，分别是水平渐近线、垂直渐近线和斜渐近线，我们只介绍前两种渐近线的求法.

(1) 水平渐近线.

设曲线 $y=f(x)$，如果 $\lim\limits_{x\to\infty}f(x)=c$，则称直线 $y=c$ 为曲线 $y=f(x)$ 的**水平渐近线**.

例如，对于函数 $y=\arctan x$，因为 $\lim\limits_{x\to-\infty}\arctan x=-\dfrac{\pi}{2}$，$\lim\limits_{x\to+\infty}\arctan x=\dfrac{\pi}{2}$，所以直线 $y=-\dfrac{\pi}{2}$，$y=\dfrac{\pi}{2}$ 都是该曲线的水平渐近线，如图 3-13 所示.

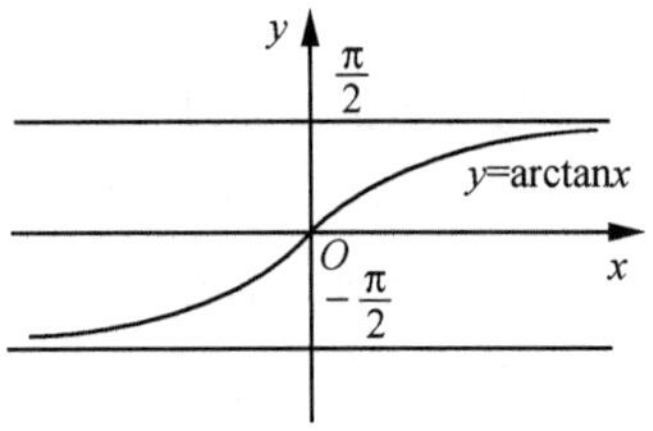

图 3-13

(2) 垂直渐近线.

设曲线 $y=f(x)$ 在点 x_0 处间断，且 $\lim\limits_{x\to x_0}f(x)=\infty$，则称直线 $x=x_0$ 为曲线 $y=f(x)$ 的**垂直渐近线**.

例如，对于函数 $y=\dfrac{1}{x-1}$，因为 $\lim\limits_{x\to1}\dfrac{1}{x-1}=\infty$，所以直线 $x=1$ 是该曲线的垂直渐近线. 又因为 $\lim\limits_{x\to\infty}\dfrac{1}{x-1}=0$，所以直线 $y=0$，即 x 轴是曲线 $y=\dfrac{1}{x-1}$ 的水平渐近线，如图 3-14 所示.

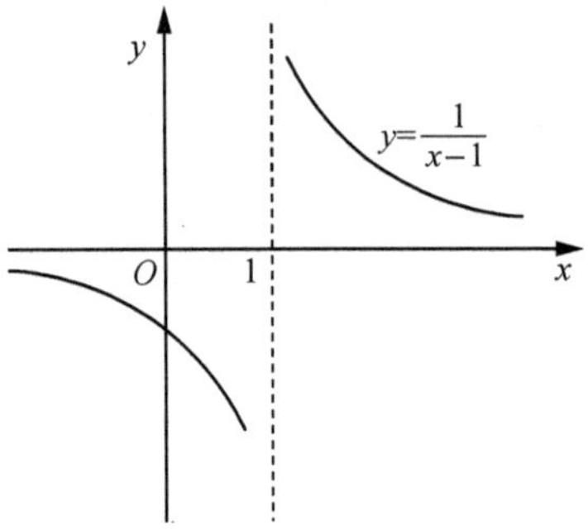

图 3-14

2. 函数图形的描绘

利用导数作函数 $y=f(x)$ 图形的一般步骤为：

(1) 确定函数 $y=f(x)$ 的定义域；

(2) 分析函数的奇偶性、周期性，利用这些性质可简化作图；

(3) 求出函数的单调区间、极值点和极值；

(4) 确定函数的凹凸区间和拐点；

(5) 求出曲线的渐近线；

(6) 求曲线上一些特殊点，如与坐标轴的交点；

(7) 绘图.

例 3 作函数 $y=f(x)=3x-x^3$ 的图形.

解 (1) 该函数的定义域为 $(-\infty,+\infty)$，且为奇函数，图形关于原点对称.

(2) 令 $y'=3-3x^2=0$，得驻点 $x=\pm1$；令 $y''=-6x=0$，得 $x=0$.

(3) 列表讨论曲线的单调性、极值、凹凸区间及拐点如下：

x	$(-\infty,-1)$	-1	$(-1,0)$	0	$(0,1)$	1	$(1,+\infty)$
$f'(x)$	$-$	0	$+$	$+$	$+$	0	$-$
$f''(x)$	$+$	$+$	$+$	0	$-$	$-$	$-$
$f(x)$	↘	极小值 $f(-1)=-2$	↗	拐点 $(0,0)$	↗	极大值 $f(1)=2$	↘

其中符号 ↘ 表示曲线单调递减且是凹的，↗ 表示曲线单调递增且是凹的，↗ 表示曲线单调递增且是凸的，↘ 表示曲线单调递减且是凸的.

(4) 求曲线与坐标轴的交点. 令 $y=0$，得 $x=\pm\sqrt{3}$.

显然曲线 $y=f(x)=3x-x^3$ 无水平渐近线和垂直渐近线. 综合上述分析，可描出函数的图形(图 3-15).

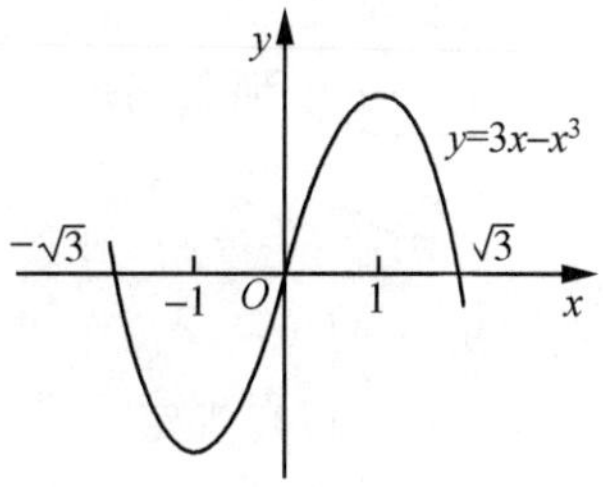

图 3-15

本题也可以仅在区间 $(0,+\infty)$ 内进行讨论，作出函数在区间 $(0,+\infty)$ 内的图象后，根据对称性得到它在区间 $(-\infty,0)$ 内的图形.

例 4　作函数 $y=f(x)=\dfrac{4(x+1)}{x^2}-2$ 的图形.

解　(1) 此函数的定义域为 $(-\infty,0)\cup(0,+\infty)$，函数不具有奇偶性，故曲线无对称性.

(2) 令 $y'=\dfrac{-4(x+2)}{x^3}=0$，得 $x=-2$；令 $y''=\dfrac{8(x+3)}{x^4}=0$，得 $x=-3$.

(3) 列表讨论曲线的单调性、极值、凹凸区间及拐点如下：

x	$(-\infty,-3)$	-3	$(-3,-2)$	-2	$(-2,0)$	0	$(0,+\infty)$
$f'(x)$	$-$	$-$	$-$	0	$+$	不存在	$-$
$f''(x)$	$-$	0	$+$	$+$	$+$	不存在	$+$
$f(x)$	↘	拐点 $\left(-3,-2\dfrac{8}{9}\right)$	↘	极小值 $f(-2)=-3$	↗	不存在	↘

(4) 因为 $\lim\limits_{x\to\infty}\left[\dfrac{4(x+1)}{x^2}-2\right]=-2$，所以 $y=-2$ 是曲线的水平渐近线.

又因为 $\lim\limits_{x\to 0}\left[\dfrac{4(x+1)}{x^2}-2\right]=\infty$，所以 $x=0$ 是曲线的垂直渐近线.

(5) 作出函数的图形(图 3-16).

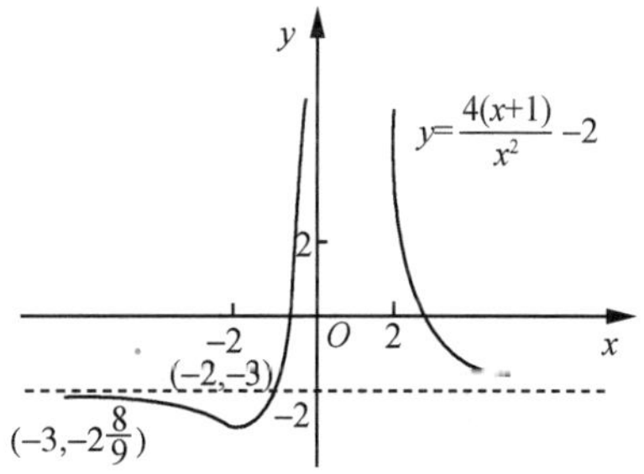

图 3-16

第五节　曲率*

许多实际问题都要求定量地研究曲线的弯曲程度. 例如，铁路转弯时轨道的弯曲程度应确保火车安全运行；梁在荷载作用下产生弯曲变形，必须有一定的限制，才会使构件不至于断裂等. 本节我们将介绍描述曲线弯曲程度的一个数量指标——曲率. 作为曲率的预备知识，先介绍弧微分的概念.

一、弧微分

设函数 $y=f(x)$ 在区间 (a,b) 内有连续导数. 在曲线 $y=f(x)$ 上取定点 $M_0(x_0,y_0)$ 作为计算弧长的基点,$M(x,y)$ 是曲线上任意一点(图 3-17),规定:

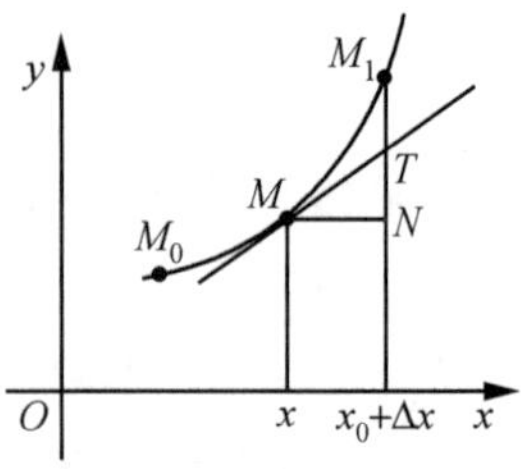

图 3-17

(1) x 增大的方向为曲线的正向.

(2) 当弧段 $\overset{\frown}{M_0M}$ 的方向与曲线正向一致时,$\overset{\frown}{M_0M}$ 的弧长 $s>0$;相反时,$s<0$.

显然,弧长 s 是 x 的增函数:$s=s(x)$. 下面我们来求函数 $s(x)$ 的微分,简称弧微分.

求弧长 $s(x)$ 的微分,在点 $M(x,y)$ 附近另取一点 $M_1(x+\Delta x,y+\Delta y)$,相应的 x 的增量为 Δx,弧长 s 的增量为 $\Delta s=\overset{\frown}{MM_1}$,而点 M 处的切线 MT 的纵坐标的增量为 dy,则

$$MT=\sqrt{(dx)^2+(dy)^2}=\sqrt{1+y'^2}\,dx.$$

可以证明 Δs 与 MT 之差是 Δx 的高阶无穷小量,由微分的定义,可得弧长 $s(x)$ 的微分为

$$ds=\sqrt{1+y'^2}\,dx \text{ 或 } ds=\sqrt{(dx)^2+(dy)^2}.$$

设曲线由参数方程 $\begin{cases}x=\varphi(t),\\ y=\psi(t)\end{cases}$ $(a\leqslant t\leqslant b)$ 表示,则 $dx=\varphi'(t)dt$,$dy=\psi'(t)dt$,从而

$$ds=\sqrt{[\varphi'(t)]^2+[\psi'(t)]^2}\,dt.$$

二、曲　率

前面已提到曲率是描述曲线弯曲程度的一个数量指标,那么如何用数量来描述曲线的弯曲程度呢? 为此,我们必须知道哪些因素影响曲线的弯曲程度.

从图 3-18 可见,曲线弧 $\overset{\frown}{AB}$ 比较平直,当动点沿这段弧从点 A 移动到点 B 时,切线转过的角度(简称转角)$\Delta\alpha_1$ 不大,而弧段 $\overset{\frown}{BC}$ 弯曲得比较厉害,转角 $\Delta\alpha_2$ 就比较大.

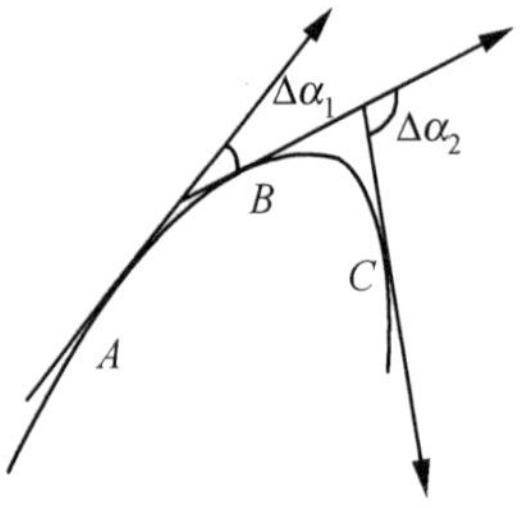

图 3-18

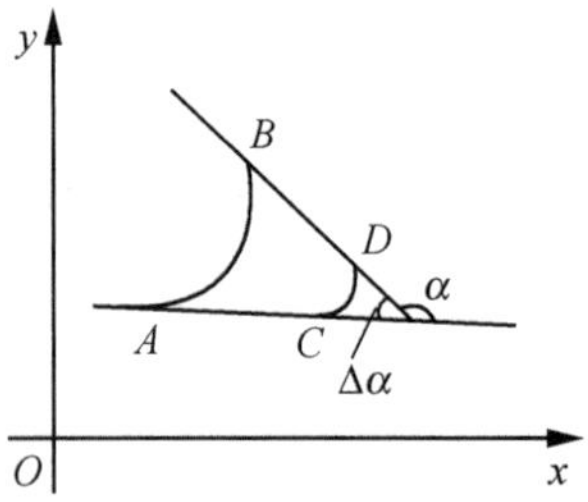

图 3-19

但是转角的大小还是不能完全反映曲线的弯曲程度. 从图 3-19 可见,弧 $\overset{\frown}{AB}$ 和 $\overset{\frown}{CD}$ 的切线转角都是 $\Delta\alpha$,但是弧长较短的弧 $\overset{\frown}{CD}$ 比弧长较长的弧 $\overset{\frown}{AB}$ 显然弯曲得厉害.

根据上面的分析，我们引入描述曲线弯曲程度的曲率概念.

1. 曲率的定义

设曲线 L 具有连续转动的切线，在 L 上取定点 A 作为度量弧长的基点. 设 L 上点 M 对应于弧长 $\overset{\frown}{AM}=s$，点 M 处切线的倾角为 α，L 上另一点 N 对应于弧长 $\overset{\frown}{AN}=s+\Delta s$，切线的倾角为 $\alpha+\Delta\alpha$（图 3-20），弧段 $\overset{\frown}{MN}$ 的长度为 $|\Delta s|$，当动点从 M 移动到 N 时，切线转过的角度为 $|\Delta\alpha|$，则 $\overline{K}=\left|\dfrac{\Delta\alpha}{\Delta s}\right|$ 称为弧段 $\overset{\frown}{MN}$ 的平均曲率.

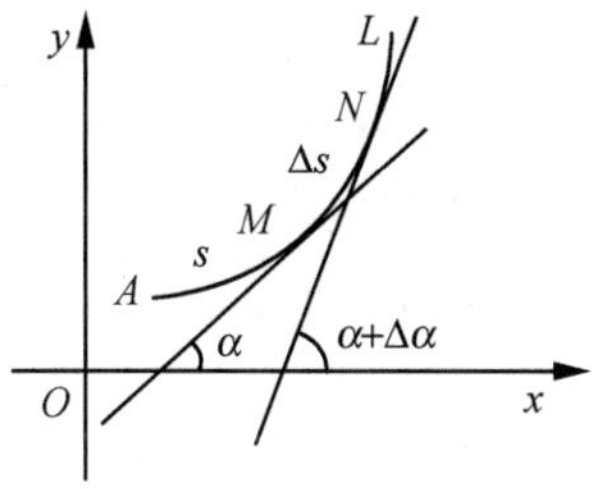

图 3-20

平均曲率只表示弧段 $\overset{\frown}{MN}$ 的平均弯曲程度，而弧段的弯曲程度是随点而异的，为了更精确地反映出弧段的弯曲程度，给出弧段在一点处的曲率定义.

定义　在曲线 L 上，当点 N 沿曲线 L 趋于点 M 时（图 3-20），如果

$$\lim_{\Delta s\to 0}\overline{K}=\lim_{\Delta s\to 0}\left|\frac{\Delta\alpha}{\Delta s}\right|$$

存在，则称此极限值为曲线 L 在点 M 处的曲率，记为 K，即

$$K=\lim_{N\to M}\left|\frac{\Delta\alpha}{\Delta s}\right| \quad 或 \quad K=\lim_{\Delta s\to 0}\left|\frac{\Delta\alpha}{\Delta s}\right|=\left|\frac{d\alpha}{ds}\right|.$$

我们可以用定义来计算直线和圆的曲率.

对于直线来说，切线与直线本身重合，转角 $\Delta\alpha=0$，所以 $K=0$. 可见，直线的曲率处处为零. 这与我们的直观感觉“直线不弯曲”是一致的.

对于圆的情形，我们不妨设其半径为 R，在其上任取弧段 $\overset{\frown}{AB}$（图 3-21）. 从 A 到 B，圆弧的切线的转角为 $\Delta\alpha$，$\overset{\frown}{AB}$ 弧长为 Δs，显然转角与 $\overset{\frown}{AB}$ 所对的圆心角相等，所以

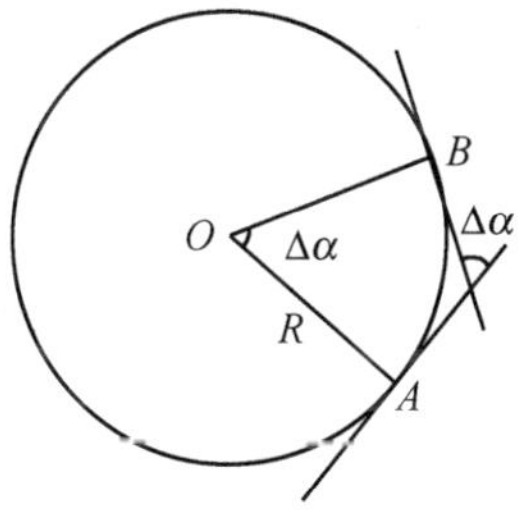

图 3-21

$$\overline{K}=\left|\frac{\Delta\alpha}{\Delta s}\right|=\left|\frac{\Delta\alpha}{R\cdot\Delta\alpha}\right|=\frac{1}{R},K=\lim_{\Delta s\to 0}\frac{1}{R}=\frac{1}{R}.$$

这表明圆周上各点的曲率都是一样的，等于半径的倒数，而且半径越小，曲率越大，弯曲得越厉害.

2. 曲率的计算公式

设函数 $y=f(x)$ 二阶可导，根据导数的几何意义，得 $y'=\tan\alpha$，则 $\alpha=\arctan y'$，故 $\dfrac{d\alpha}{dx}=\dfrac{y''}{1+y'^2}$，即 $d\alpha=\dfrac{y''}{1+y'^2}dx$，而 $ds=\sqrt{1+y'^2}dx$，$K=\left|\dfrac{d\alpha}{ds}\right|$，于是得曲率公式为

$$K=\frac{|y''|}{(1+y'^2)^{3/2}}.$$

若曲线由参数方程$\begin{cases}x=\varphi(t),\\ y=\psi(t)\end{cases}$ $(a\leqslant t\leqslant b)$表示，因为 $\mathrm{d}x=\varphi'(t)\mathrm{d}t,\mathrm{d}y=\psi'(t)\mathrm{d}t$，所以

$$\frac{\mathrm{d}y}{\mathrm{d}x}=\frac{\psi'(t)}{\varphi'(t)},\frac{\mathrm{d}^2y}{\mathrm{d}x^2}=\frac{\varphi'(t)\psi''(t)-\varphi''(t)\psi'(t)}{[\varphi'(t)]^3}.$$

从而
$$K(t)=\frac{|\varphi'(t)\psi''(t)-\varphi''(t)\psi'(t)|}{[\varphi'^2(t)+\psi'^2(t)]^{3/2}}.$$

例 1 求曲线 $y=x^3$ 在点$(0,0)$和$(-1,-1)$处的曲率.

解 由已知知 $y'=3x^2,y''=6x$，则曲线在任意点处的曲率为 $K(x)=\frac{|6x|}{(1+9x^4)^{3/2}}$.

将 $x=0$ 代入上式，得点$(0,0)$处的曲率 $K=0$. 点$(0,0)$为该曲线的拐点，不难知道，只要函数二阶可导，曲线在拐点处的曲率一定为零.

将 $x=-1$ 代入上式，可得点$(-1,-1)$处的曲率 $K=\frac{3}{5\sqrt{10}}$.

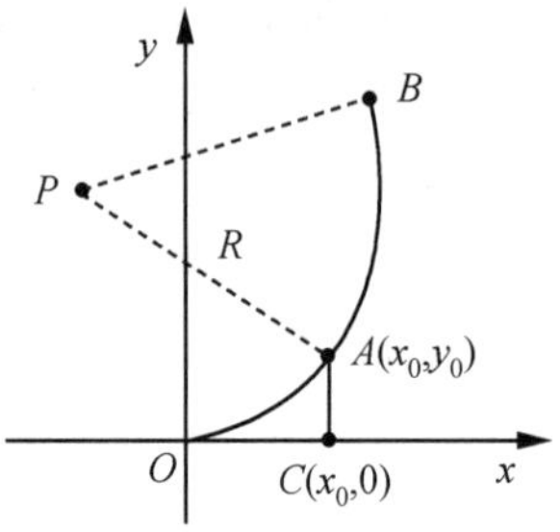

图 3-22

例 2 铁轨由直道转入圆弧弯道时，若接头处的曲率突然改变，容易发生事故. 为了行驶平稳，往往在直道和弯道之间接入一段缓冲段(图 3-22)，使曲率连续地由 0 过渡到$\frac{1}{R}$(R 为圆弧轨道的半径). 通常用三次抛物线 $y=\frac{1}{6Rl}x^3,x\in[0,x_0]$作为缓冲段 OA，其中 l 为弧 OA 的长度. 验证缓冲段 OA 在始端 O 的曲率为 0，并且当$\frac{l}{R}$很小($\frac{l}{R}<1$)时，在终端 A 的曲率近似为$\frac{1}{R}$.

证 如图 3-22 所示，x 的负半轴表示直道，OA 是缓冲段，$\overset{\frown}{AB}$是圆弧轨道. 在缓冲段上，$y'=\frac{1}{2Rl}x^2,y''=\frac{1}{Rl}x$.

在 $x=0$ 处，$y''=0$，故缓冲段始端口的曲率 $K=0$.

实际上，为使火车尽快转弯，要求缓冲段短，因此 l 与 A 点的横坐标 x_0 比较接近，即 $l\approx x_0$. 在缓冲段终端，有

$$y'|_{x=x_0}=\frac{1}{2Rl}x_0^2\approx\frac{1}{2Rl}l^2=\frac{l}{2R},$$
$$y''|_{x=x_0}=\frac{1}{Rl}x_0\approx\frac{1}{Rl}l=\frac{1}{R},$$

故在终端 A 的曲率为

$$K_A\approx\frac{\frac{1}{R}}{\left(1+\frac{l^2}{4R^2}\right)^{3/2}}.$$

因$\frac{l}{R}<1$，略去二次项$\frac{l^2}{4R^2}$，得 $K_A\approx\frac{1}{R}$.

三、曲率圆

许多力学和工程技术问题往往还涉及曲率圆、曲率半径和曲率中心的问题，下面就分别介绍这几个概念.

设曲线 $y=f(x)$ 在点 M 处的曲率为 $K(K\neq 0)$，在过 M 点的曲线的法线上，位于曲线凹向一侧取一点 C，使得 $|CM|=\frac{1}{K}=R$，以 C 为圆心、R 为半径作圆（图 3-23），此圆称为曲线在点 M 处的曲率圆，圆心 C 称为曲线在点 M 处的曲率中心，R 称为曲线在点 M 处的曲率半径.

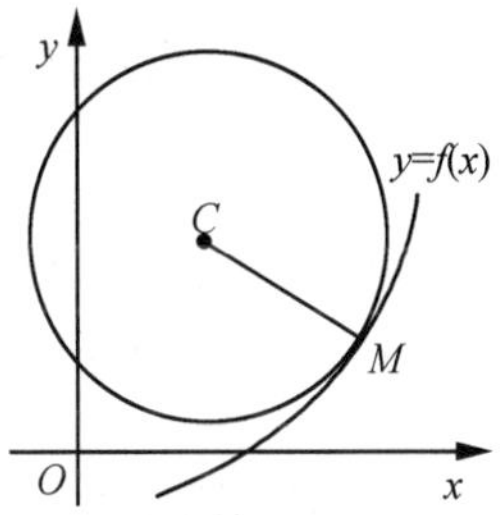

图 3-23

显然，曲线上一点的曲率半径 R 与曲率 $K(K\neq 0)$ 互为倒数关系，即 $R=\frac{1}{K}$. 因此，曲线上一点的曲率半径 R 越大，曲线在该点处的曲率 K 就越小，即曲线在该点附近越平坦；曲率半径 R 越小，曲率 K 就越大，即曲线在该点附近弯得越厉害. 另外，关系式 $R=\frac{1}{K}$ 还表明，曲线上某点处的曲率与该点曲率圆的曲率相等，因此，在研究曲线上某点附近弧段的形态时，我们可以用曲线在该点的曲率圆上相应的弧段近似代替，从而就能用我们熟悉的圆的知识来分析曲线上这段弧的形态，使讨论的问题得以简化.

例 3　设工件表面的截线为抛物线 $y=0.4x^2$（图 3-24），现在要用砂轮磨削其表面，问用直径多大的砂轮才比较合适？

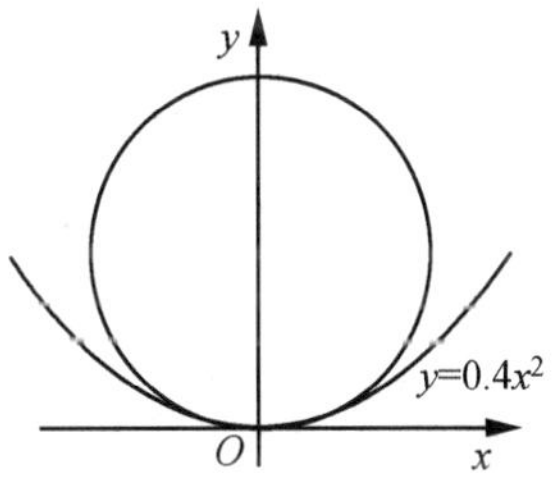

图 3-24

解　为了在磨削时不使砂轮与工件接触处附近的部分磨去太多，砂轮的半径应当小于或等于该抛物线上曲率半径的最小值. 因此，先计算曲率半径的最小值.

因为 $y'=0.8x, y''=0.8$，所以

$$K=\frac{0.8}{(1+0.64x^2)^{3/2}}.$$

显然 $x=0$ 时，曲率最大，即 $K=0.8$，于是曲率半径的最小值为 $R=\frac{1}{K}=\frac{1}{0.8}=1.25$，也就是说，应选直径不超过 2.50 单位长的砂轮.

例 4　飞机沿抛物线 $y=\frac{x^2}{4\ 000}$（单位：m）俯冲飞行，在原点 O 处速度为 $v=400$ m/s，飞行员体重 70 kg. 求俯冲到原点时，飞行员对座椅的压力.

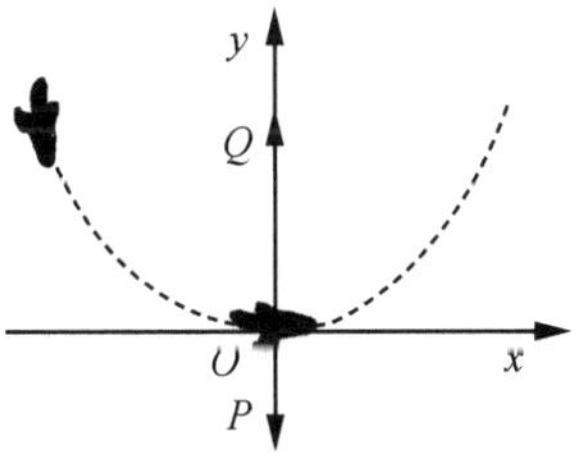

图 3-25

解　如图 3-25 所示，飞行员在原点 O 处受到重力 P 和座椅对飞行员的反作用力 Q 的作用，合力 $Q-P$ 即为飞行员随飞机俯冲到 O 点时所需的向心力 F，即 $F=Q-P$. 设飞行员在 O 点做匀速圆周运动，则其所受的向心力为

$$F=\frac{mv^2}{R},$$

其中 R 为 O 点处抛物线轨道的曲率半径.

因为 $y'|_{x=0}=\left.\frac{x}{2\ 000}\right|_{x=0}=0$, $y''|_{x=0}=\frac{1}{2\ 000}$,所以曲率为 $K|_{x=0}=\frac{1}{2\ 000}$,曲率半径为 $R=2\ 000\ \mathrm{m}$,从而得 $F=\frac{70\times(400)^2}{2\ 000}=5\ 600(\mathrm{N})$,故

$$Q\approx 70\times 9.8+5\ 600=6\ 280(\mathrm{N}).$$

因为飞行员对座椅的压力和座椅对飞行员的反作用力大小相等,方向相反,所以飞行员对座椅的压力为 6 280 N.

【拓展阅读】

苏步青——微分几何领域的璀璨明星

在 20 世纪的中国数学史上,有这样一位数学家,他以其卓越的学术成就和独特的人格魅力,在微分几何领域留下了深刻的印记.他就是被誉为“东方国度上灿烂的数学明星”以及“东方第一几何学家”的苏步青.

1902 年,苏步青出生在浙江温州平阳县的一个贫困家庭.尽管家境清贫,但他自幼勤奋好学,对数学展现出浓厚的兴趣.13 岁时,他凭借自己的智慧,用 24 种方法解决了三角形外角定理,这一惊人之举让校长惊叹不已.1919 年,在校长洪先生的资助下,17 岁的苏步青踏上了前往日本留学的征程.

初到日本,苏步青先是在东京高等工业专科学校电机系求学,随后转入东北帝国大学数学系.1924 年,他以第一名的成绩被该校录取为博士研究生.攻读博士学位期间,苏步青发表了大量论文,其中在《东北数学杂志》等国际期刊发表的系列论文,系统研究了仿射曲面的不变量理论,并提出了“苏步青度量”等重要概念,为现在微分几何学的发展开辟了新方向.

1931 年,苏步青获得博士学位后,谢绝了日本亲友的挽留和东北帝国大学的高薪聘请,毅然选择回国.当时中国战火纷飞,浙江大学数学系的教学条件十分艰苦.苏步青没有被困难击退,他与陈建功教授共同设计了一套现代化的教学计划,重视数学的基础训练,对学生要求严格.即使在抗日战争期间,学校西迁贵州,苏步青依然在防空洞里坚持教学和研究.在苏步青的带领下,浙江大学数学系培育出大量优秀的数学人才,如方德植、谷超豪、胡和生等.他的学生谷超豪后来成为中国科学院院士,在偏微分方程和微分几何领域取得了卓越成就.苏步青还创立了浙江大学微分几何学学派,该学派在国际几何学界享有崇高声誉,浙江大学数学系也被誉为“东方剑桥”.

苏步青的研究领域主要集中在仿射微分几何学和射影微分几何学.此外,在一般空间微分几何学、高维空间共轭理论、几何外形设计等方面也取得了突出成果.他的专著《射影曲面概论》《射影共轭网概论》等为微分几何学的发展做出了基础性贡献.苏步青的研究不仅具有理论价值,还具有实际应用价值.他巧妙地将几何知识用于船体放样、涡轮机叶片空间造型和汽车外形设计等实际场景中,开创了计算几何这一新的研究方向.

1952年，因全国高校院系调整，苏步青来到复旦大学数学系任教. 他先后担任复旦大学教务长、副校长和校长等职务，为复旦大学数学系的发展做出了重要贡献. 他强调本科生基础课的重要性，主持编写了多本高质量的教材，提高了复旦大学数学系的教学水平.

苏步青还非常关心青少年的成长. 他常收到青少年学生的来信，无论是求解难题、讨教学习方法，还是反映思想情绪，他都尽量予以答复. 他勉励学生“为学应须毕生力，攀高贵在少年时”，鼓励他们在数学的道路上不断攀登.

苏步青的一生，是追求卓越的一生，也是奉献的一生. 他在微分几何领域的卓越成就，不仅推动了中国数学的发展，还在国际数学界产生了深远影响. 他的教育理念和人生态度，更是激励着一代又一代的学子奋勇前行，不断探索数学的无穷奥秘.

第四章

不定积分

【导读】

在第二章中,我们讨论了如何求一个已知一元函数导数的相关问题.然而,在科学技术的实际应用场景中,往往会遇到与此相反的情形:已知一个函数的导数,求原来的函数,由此产生了积分学.一元函数积分学包括定积分和不定积分两部分.本章将介绍不定积分的概念、基本性质和基本计算方法.

【学习要求】

(1) 理解原函数与不定积分的概念,了解不定积分的性质.

(2) 掌握不定积分的基本公式,掌握换元积分法与分部积分法.

第一节 不定积分的概念与性质

一、原函数与不定积分的概念

在微分学中,我们讨论了求已知函数的导数(或微分)问题.例如,某质点做变速直线运动,已知运动规律(路程函数)为 $s=s(t)$,则质点在时刻 t 的瞬时速度为 $v(t)=s'(t)$.问题归结为从已知函数 $s=s(t)$ 求出它的导数 $v(t)=s'(t)$.

但在运动学中也常常遇到与此相反的问题,即已知做变速直线运动的质点在时刻 t 的瞬时速度为 $v=v(t)$,而要求出其运动规律(路程 s 与时间 t 的关系)$s=s(t)$,使其满足 $s'(t)=v(t)$.上述问题在自然科学及工程技术领域中是普遍存在的,即已知一个函数的导数或微分,求原来的函数.它是函数求导问题的一个逆问题.为了便于研究这类问题,我们首先引入原函数与不定积分的概念.

1. 原函数的概念

定义 1 设函数 $f(x)$ 在区间 I 上有定义,如果存在函数 $F(x)$,使对任意的 $x\in I$,都有

$$F'(x)=f(x) \quad 或 \quad \mathrm{d}F(x)=f(x)\mathrm{d}x,$$

则称 $F(x)$ 是 $f(x)$ 在区间 I 上的一个原函数.

例 1 (1) 函数 $F(x)=x^3$ 是函数 $3x^2$ 在 $(-\infty,+\infty)$ 内的一个原函数. 因为在区间 $(-\infty,+\infty)$ 上对任一 x 都有 $(x^3)'=3x^2$.

(2) $F(x)=2+\sin x$ 是函数 $\cos x$ 在 $(-\infty,+\infty)$ 内的一个原函数,因为 $(2+\sin x)'=\cos x$.

上述例子中涉及的函数 $3x^2$,$\cos x$ 都存在原函数,所以考虑两个问题:一个函数具备怎样的条件,就能保证它的原函数存在呢?如果一个已知函数 $f(x)$ 的原函数存在,那么它的原函数是否唯一?

对于第一个问题,这里不加证明地给出一个结论:

原函数存在定理 如果函数 $f(x)$ 在某区间 I 上连续,则 $f(x)$ 在区间 I 上存在原函数.

简言之,连续函数必有原函数. 由于初等函数在其定义区间上都是连续函数,所以初等函数在其定义区间上都存在原函数.

对于第二个问题,从上面的例 1(2) 来看,由于 $(2+\sin x)'=\cos x$,所以 $2+\sin x$ 是 $\cos x$ 在 $(-\infty,+\infty)$ 内的一个原函数. 但 $\sin x$,$\sin x-1$,$\sin x+C$(C 为任意常数)也都是 $\cos x$ 在 $(-\infty,+\infty)$ 内的原函数. 事实上,与 $\sin x$ 只相差一个常数项的函数都是函数 $\cos x$ 在 $(-\infty,+\infty)$ 内的原函数.

可见,如果已知函数 $f(x)$ 有原函数,那么 $f(x)$ 的原函数就不止一个,而是有无穷多个. 那么 $f(x)$ 的全体原函数之间的内在联系是什么呢?为此,介绍下面的定理.

定理 1 若函数 $f(x)$ 在区间 I 上存在原函数,则其任意两个原函数只相差一个常数项.

证 设 $F(x)$,$G(x)$ 是 $f(x)$ 在区间 I 上的任意两个原函数,所以

$$F'(x)=G'(x)=f(x),$$

于是

$$[G(x)-F(x)]'=G'(x)-F'(x)=f(x)-f(x)=0.$$

由于导数恒为零的函数必为常数(参看第三章拉格朗日中值定理的推论),所以有

$$G(x)-F(x)=C_0\,(C_0\text{ 为某常数}),$$

移项,得

$$G(x)=F(x)+C_0.$$

这个定理表明:若 $F(x)$ 是 $f(x)$ 的一个原函数,则 $f(x)$ 的全体原函数就可以表示为 $F(x)+C$(其中 C 为任意常数).

2. 不定积分的概念

定义 2 如果函数 $F(x)$ 是 $f(x)$ 在区间 I 上的一个原函数,那么 $f(x)$ 的全体原函数 $F(x)+C$(C 为任意常数)称为 $f(x)$ 在该区间上的不定积分,记作 $\int f(x)\mathrm{d}x$,即

$$\int f(x)\mathrm{d}x=F(x)+C,$$

其中记号 $\int$ 称为**积分号**,$f(x)$ 称为**被积函数**,$f(x)\mathrm{d}x$ 称为**被积表达式**,x 称为**积分变量**,C

称为**积分常数**.

不定积分的概念

由定义 2 可知,求不定积分 $\int f(x)\mathrm{d}x$ 就是求被积函数 $f(x)$ 的全体原函数,为此,只需求得 $f(x)$ 的一个原函数 $F(x)$,然后再加任意常数 C 即可.

例 2 求 $\int \frac{1}{1+x^2}\mathrm{d}x$.

解 因为 $(\arctan x)'=\frac{1}{1+x^2}$,所以 $\arctan x$ 是 $\frac{1}{1+x^2}$ 的一个原函数. 因此

$$\int \frac{1}{1+x^2}\,\mathrm{d}x=\arctan x+C.$$

例 3 求 $\int \frac{1}{x}\mathrm{d}x$.

解 当 $x>0$ 时,因为 $(\ln x)'=\frac{1}{x}$,所以 $\ln x$ 是 $\frac{1}{x}$ 在 $(0,+\infty)$ 内的一个原函数. 因此,在 $(0,+\infty)$ 内,

$$\int \frac{1}{x}\mathrm{d}x=\ln x+C.$$

当 $x<0$ 时,因为 $[\ln(-x)]'=\frac{1}{-x}\cdot(-x)'=\frac{1}{-x}\cdot(-1)=\frac{1}{x}$,所以 $\ln(-x)$ 是 $\frac{1}{x}$ 在 $(-\infty,0)$ 内的一个原函数. 因此,在 $(-\infty,0)$ 内,

$$\int \frac{1}{x}\mathrm{d}x=\ln(-x)+C.$$

综合以上两种情况,当 $x\neq 0$ 时,总有

$$\int \frac{1}{x}\mathrm{d}x=\ln|x|+C.$$

例 4 验证下式成立:

$$\int x^{\alpha}\mathrm{d}x=\frac{1}{\alpha+1}x^{\alpha+1}+C(\alpha\neq -1).$$

证 因为

$$\left(\frac{1}{\alpha+1}x^{\alpha+1}\right)'=\frac{1}{\alpha+1}(\alpha+1)x^{\alpha}=x^{\alpha}(\alpha\neq -1),$$

所以当 $\alpha\neq -1$ 时,$\frac{1}{\alpha+1}x^{\alpha+1}$ 是 x^{α} 的一个原函数. 故

$$\int x^{\alpha}\,\mathrm{d}x=\frac{1}{\alpha+1}x^{\alpha+1}+C(\alpha\neq -1).$$

二、不定积分的几何意义

若函数 $F(x)$ 是 $f(x)$ 在区间 I 上的一个原函数,则称 $y=F(x)$ 的图形为 $f(x)$ 的积分曲线. 由于函数 $f(x)$ 的不定积分是 $f(x)$ 的全体原函数 $F(x)+C$(C 为任意常数),则对于每一个给定的 C 的值,都有一条确定的积分曲线. 当 C 取不同的值时,就得到不同的积分曲线. 所

有的积分曲线组成**积分曲线族**.

积分曲线族 $y=F(x)+C$ 的特点是：

(1) 积分曲线族中任意一条曲线，可由曲线 $y=F(x)$ 沿 y 轴平行移动 $|C|$ 个单位而得到. 当 $C>0$ 时，向上移动；当 $C<0$ 时，向下移动.

(2) 由于 $[F(x)+C]'=F'(x)=f(x)$，即横坐标相同的点 x 处，每条积分曲线上相应点的切线斜率相等，都等于 $f(x)$，从而相应点的切线相互平行，如图 4-1 所示.

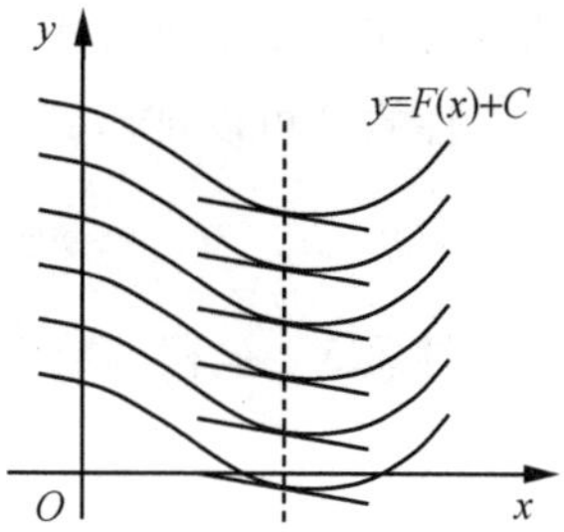

图 4-1

如果需要从积分曲线族中求出过点 (x_0, y_0) 的一条积分曲线，则只需把 x_0, y_0 代入 $y=F(x)+C$ 中解出 C 即可.

例 5　设曲线过点 $(0,1)$，且其上任一点的切线斜率等于该点处横坐标平方的 3 倍，求该曲线的方程.

解　设所求的曲线方程为 $y=f(x)$. 由题意，得

$$y'=3x^2,$$

所以

$$y=\int 3x^2\,\mathrm{d}x=x^3+C.$$

又由条件 $y|_{x=0}=1$ 得 $C=1$，于是所求曲线为 $y=x^3+1$.

三、不定积分的性质

由不定积分的定义可知，不定积分具有下面几个性质（假定下面所涉及的函数的原函数都存在）.

性质 1　微分运算与积分运算互为逆运算，即

(1) $\left[\int f(x)\mathrm{d}x\right]'=f(x)$　或　$\mathrm{d}\left[\int f(x)\mathrm{d}x\right]=f(x)\mathrm{d}x$；

(2) $\int F'(x)\mathrm{d}x=F(x)+C$　或　$\int \mathrm{d}F(x)=F(x)+C$.

该性质表明，若先积分后求导数（或微分），则两者的作用相互抵消；反之，若先求导数（或微分）后积分，则两者的作用抵消后还要加上一个任意常数 C.

性质 2　两个函数的和（或差）的不定积分等于各个函数不定积分的和（或差），即

$$\int[f(x)\pm g(x)]\mathrm{d}x=\int f(x)\mathrm{d}x\pm\int g(x)\mathrm{d}x.$$

证　只要证明上式右端的导数等于左端中的被积函数即可.

由导数运算法则以及不定积分性质 1，得

$$\left[\int f(x)\mathrm{d}x\pm\int g(x)\mathrm{d}x\right]'=\left[\int f(x)\mathrm{d}x\right]'\pm\left[\int g(x)\mathrm{d}x\right]'=f(x)\pm g(x),$$

这说明 $\int f(x)\mathrm{d}x\pm\int g(x)\mathrm{d}x$ 是函数 $f(x)\pm g(x)$ 的一个原函数，所以欲证的等式成立.

注 当一个不定积分用另外的不定积分表示时(如性质 2),任意常数可不必另外写出,意味着它含于积分号中.但一旦该端不再含积分号时,则应立即添上任意常数.

性质 2 可以推广到有限多个函数的情形,即

$$\int[f_1(x)\pm f_2(x)\pm\cdots\pm f_n(x)]\mathrm{d}x=\int f_1(x)\mathrm{d}x\pm\int f_2(x)\mathrm{d}x\pm\cdots\pm\int f_n(x)\mathrm{d}x.$$

性质 3 被积函数中的非零常数因子可以移到积分号的前面,即

$$\int kf(x)\mathrm{d}x=k\int f(x)\mathrm{d}x\ (k\text{ 是常数且 }k\neq0).$$

性质 3 的证明与性质 2 的证明相仿,读者可自行证明.

四、基本积分公式

不定积分的性质 1 指出,微分运算与积分运算互为逆运算,因此由基本导数公式或基本微分公式,可以得到相应的基本积分公式.现将常用的基本积分公式列表如下:

基本积分表

① $\int k\mathrm{d}x=kx+C$ (k 为常数).

② $\int x^{\mu}\mathrm{d}x=\frac{1}{\mu+1}x^{\mu+1}+C$ ($\mu\neq-1$).

③ $\int\frac{1}{x}\mathrm{d}x=\ln|x|+C$.

④ $\int a^x\mathrm{d}x=\frac{a^x}{\ln a}+C$.

⑤ $\int \mathrm{e}^x\mathrm{d}x=\mathrm{e}^x+C$.

⑥ $\int\cos x\mathrm{d}x=\sin x+C$.

⑦ $\int\sin x\mathrm{d}x=-\cos x+C$.

⑧ $\int\sec^2x\mathrm{d}x=\tan x+C$.

⑨ $\int\csc^2x\mathrm{d}x=-\cot x+C$.

⑩ $\int\sec x\tan x\mathrm{d}x=\sec x+C$.

⑪ $\int\csc x\cot x\mathrm{d}x=-\csc x+C$.

⑫ $\int\frac{\mathrm{d}x}{\sqrt{1-x^2}}=\arcsin x+C=-\arccos x+C$.

⑬ $\int\frac{\mathrm{d}x}{1+x^2}=\arctan x+C=-\mathrm{arccot}x+C$.

以上 13 个基本积分公式组成基本积分表,积分的结果是五类基本初等函数,基本积分

公式是计算不定积分的基础，必须牢记.

利用不定积分的性质和基本积分表，可以直接计算一些简单函数的不定积分，这种求不定积分的方法称为直接积分法.

例 6　求 $\int(2^x-2\sin x+2x\sqrt{x})\mathrm{d}x$.

解　用直接积分法.

$$\begin{aligned}\int(2^x-2\sin x+2x\sqrt{x})\mathrm{d}x&=\int 2^x\mathrm{d}x-2\int\sin x\mathrm{d}x+2\int x\sqrt{x}\mathrm{d}x\\&=\frac{2^x}{\ln 2}+C_1-2(-\cos x+C_2)+2\left(\frac{2}{5}x^{\frac{5}{2}}+C_3\right)\\&=\frac{2^x}{\ln 2}+2\cos x+\frac{4}{5}x^{\frac{5}{2}}+C,\end{aligned}$$

其中 $C=C_1-2C_2+2C_3$.

注　由于有限个任意常数的代数和仍为任意常数，所以例 6 中将积分常数进行了合并. 以后我们在计算不定积分时，只需在求出原函数后加上一个积分常数 C 即可.

有些不定积分虽然表面看起来不能使用直接积分法来算，但只要对被积函数进行适当的代数或者三角恒等变形后，就可以用直接积分法计算了.

例 7　求 $\int\sqrt{x}(x-1)^2\mathrm{d}x$.

解

$$\begin{aligned}\int\sqrt{x}(x-1)^2\mathrm{d}x&=\int(x^{\frac{5}{2}}-2x^{\frac{3}{2}}+x^{\frac{1}{2}})\mathrm{d}x\\&=\int x^{\frac{5}{2}}\mathrm{d}x-2\int x^{\frac{3}{2}}\mathrm{d}x+\int x^{\frac{1}{2}}\mathrm{d}x\\&=\frac{2}{7}x^{\frac{7}{2}}-\frac{4}{5}x^{\frac{5}{2}}+\frac{2}{3}x^{\frac{3}{2}}+C.\end{aligned}$$

例 8　求 $\int\frac{(1+\sqrt{x})(x-\sqrt{x})}{\sqrt[3]{x}}\mathrm{d}x$.

解

$$\begin{aligned}\int\frac{(1+\sqrt{x})(x-\sqrt{x})}{\sqrt[3]{x}}\mathrm{d}x&=\int\frac{x\sqrt{x}-\sqrt{x}}{\sqrt[3]{x}}\mathrm{d}x=\int(x^{\frac{7}{6}}-x^{\frac{1}{6}})\mathrm{d}x\\&=\int x^{\frac{7}{6}}\mathrm{d}x-\int x^{\frac{1}{6}}\mathrm{d}x=\frac{6}{13}x^{\frac{13}{6}}-\frac{6}{7}x^{\frac{7}{6}}+C.\end{aligned}$$

例 9　求 $\int\frac{x^4}{1+x^2}\mathrm{d}x$.

解

$$\begin{aligned}\int\frac{x^4}{1+x^2}\mathrm{d}x&=\int\frac{x^4-1+1}{1+x^2}\mathrm{d}x=\int(x^2-1)\mathrm{d}x+\int\frac{1}{x^2+1}\mathrm{d}x\\&=\frac{1}{3}x^3-x+\arctan x+C.\end{aligned}$$

例 10　求 $\int\frac{1+2x^2}{x^2(1+x^2)}\mathrm{d}x$.

解

$$\int\frac{1+2x^2}{x^2(1+x^2)}\mathrm{d}x=\int\frac{(1+x^2)+x^2}{x^2(1+x^2)}\mathrm{d}x$$

$$=\int\left(\frac{1}{x^2}+\frac{1}{1+x^2}\right)\mathrm{d}x=-\frac{1}{x}+\arctan x+C.$$

例 11 求 $\int\tan^2 x\mathrm{d}x$.

解 $\int\tan^2 x\mathrm{d}x=\int(\sec^2 x-1)\mathrm{d}x=\int\sec^2 x\mathrm{d}x-\int\mathrm{d}x=\tan x-x+C.$

类似地,有 $\int\cot^2 x\mathrm{d}x=-\cot x-x+C.$

例 12 求 $\int\sin^2\frac{x}{2}\mathrm{d}x$.

解 $\int\sin^2\frac{x}{2}\mathrm{d}x=\int\frac{1-\cos x}{2}\mathrm{d}x=\frac{1}{2}\int\mathrm{d}x-\frac{1}{2}\int\cos x\mathrm{d}x=\frac{1}{2}x-\frac{1}{2}\sin x+C.$

类似地,有 $\int\cos^2\frac{x}{2}\mathrm{d}x=\frac{1}{2}x+\frac{1}{2}\sin x+C.$

例 13 求 $\int\frac{\cos 2x}{\sin^2 x\cos^2 x}\mathrm{d}x$.

解
$$\begin{aligned}\int\frac{\cos 2x}{\sin^2 x\cos^2 x}\mathrm{d}x&=\int\frac{\cos^2 x-\sin^2 x}{\sin^2 x\cos^2 x}\mathrm{d}x\\&=\int\frac{1}{\sin^2 x}\mathrm{d}x-\int\frac{1}{\cos^2 x}\mathrm{d}x\\&=-\cot x-\tan x+C.\end{aligned}$$

第二节　换元积分法

利用直接积分法所能求出的不定积分是有限的,为了能求得更多的不定积分,还需要介绍一些其他的积分方法,本节把微分学中复合函数的微分法则反过来应用于求不定积分,通过引进新的积分变量来置换原积分变量,把原来的不定积分转化为容易计算的不定积分,这就是换元积分法.

换元积分法分为第一类换元积分法和第二类换元积分法.

一、第一类换元积分法

例 1 求 $\int\cos 2x\mathrm{d}x$.

分析 计算此不定积分,如果直接套用基本积分公式 $\int\cos x\mathrm{d}x=\sin x+C$,似乎所求答案是 $\sin 2x+C$. 显然这一结果是不正确的,因为 $(\sin 2x)'=2\cos 2x$. 也就是说,$\sin 2x$ 不是 $\cos 2x$ 的原函数. 事实上,因为 $\left(\frac{1}{2}\sin 2x\right)'=\cos 2x$,所以 $\frac{1}{2}\sin 2x$ 才是 $\cos 2x$ 的原函数. 于是,正确答案应该是

$$\int \cos 2x\mathrm{d}x = \frac{1}{2}\sin 2x + C.$$

那么计算不定积分 $\int \cos 2x\mathrm{d}x$ 时为什么不能直接套用基本积分公式呢？原因在于被积函数 $\cos 2x$ 是复合函数，它与公式 $\int \cos x\mathrm{d}x$ 中的被积函数不一样. 如果令 $u=2x$，则 $\cos 2x=\cos u$，$\mathrm{d}u=2\mathrm{d}x$，从而 $\mathrm{d}x=\frac{1}{2}\mathrm{d}u$，所以有

$$\int \cos 2x\mathrm{d}x=\int \cos u\cdot\frac{1}{2}\mathrm{d}u=\frac{1}{2}\int \cos u\mathrm{d}u=\frac{1}{2}\sin u+C.$$

再将 $u=2x$ 代回，则

$$\int \cos 2x\mathrm{d}x=\frac{1}{2}\sin 2x+C.$$

综合上述分析，此题的正确解法如下：

解　令 $u=2x$，则 $\mathrm{d}u=2\mathrm{d}x$，从而 $\mathrm{d}x=\frac{1}{2}\mathrm{d}u$. 于是，有

$$\int \cos 2x\mathrm{d}x=\frac{1}{2}\int \cos u\mathrm{d}u=\frac{1}{2}\sin u+C=\frac{1}{2}\sin 2x+C.$$

这种解法对于复合函数的积分具有普遍意义，一般地，有如下定理：

定理 1（第一换元法）　设 $\int f(u)\mathrm{d}u=F(u)+C$，且函数 $u=\varphi(x)$ 可导. 则

$$\int f[\varphi(x)]\varphi'(x)\mathrm{d}x=F[\varphi(x)]+C. \tag{4.1}$$

证　由于 $\int f(u)\mathrm{d}u=F(u)+C$，故 $\frac{\mathrm{d}}{\mathrm{d}u}F(u)=f(u)$. 又由复合函数的微分法，可得

$$\frac{\mathrm{d}}{\mathrm{d}x}F[\varphi(x)]=\frac{\mathrm{d}}{\mathrm{d}u}F(u)\cdot\frac{\mathrm{d}u}{\mathrm{d}x}=f(u)\cdot\varphi'(x)=f[\varphi(x)]\varphi'(x).$$

所以 $F[\varphi(x)]$ 是 $f[\varphi(x)]\varphi'(x)$ 的原函数，于是，由不定积分的定义，有

$$\int f[\varphi(x)]\varphi'(x)\mathrm{d}x=F[\varphi(x)]+C.$$

公式(4.1)称为不定积分的第一类换元积分公式，应用第一类换元积分公式计算不定积分的方法称为第一类换元积分法，简称第一换元法.

第一类换元积分法

例 2　求 $\int (4x+5)^{99}\mathrm{d}x$.

解　令 $u=4x+5$，则 $\mathrm{d}u=4\mathrm{d}x$，从而 $\mathrm{d}x=\frac{1}{4}\mathrm{d}u$. 于是，有

$$\int (4x+5)^{99}\mathrm{d}x=\frac{1}{4}\int u^{99}\mathrm{d}u=\frac{1}{4}\times\frac{1}{100}u^{100}+C=\frac{1}{400}(4x+5)^{100}+C.$$

例 3　求 $\int \frac{1}{\sqrt{3-2x}}\mathrm{d}x$.

解　令 $u=3-2x$，则 $\mathrm{d}u=-2\mathrm{d}x$，从而 $\mathrm{d}x=-\frac{1}{2}\mathrm{d}u$. 于是，有

$$\int \frac{1}{\sqrt{3-2x}}\mathrm{d}x = -\frac{1}{2}\int \frac{1}{\sqrt{u}}\mathrm{d}u = -\frac{1}{2}\cdot 2\sqrt{u}+C = -\sqrt{3-2x}+C.$$

由以上各例的解题过程可以看出,用第一换元法求解不定积分的步骤是:

设 $\int g(x)\mathrm{d}x$ 不能套用基本积分公式的不定积分,

$$\int g(x)\mathrm{d}x \xlongequal{\text{观察 } g(x)\text{,将其变形(凑微分)}} \int f[\varphi(x)]\varphi'(x)\mathrm{d}x = \int f[\varphi(x)]\mathrm{d}\varphi(x)$$

$$\xlongequal{\text{作换元令 } u=\varphi(x)} \int f(u)\mathrm{d}u$$

$$\xlongequal{\text{用已有的积分公式}} F(u)+C$$

$$\xlongequal{\text{回代为原变量}} F[\varphi(x)]+C.$$

读者在熟练使用第一换元法之后,可以不必写出换元和回代的过程,直接凑微分、积分即可. 在这种意义上,第一换元法又称为“凑微分法”. 使用凑微分法解题的关键是将被积表达式凑成 $f[\varphi(x)]\varphi'(x)\mathrm{d}x$,那么怎样来寻找 $\varphi'(x)\mathrm{d}x$ 呢?

1. 熟记凑微分公式

下面是常用的一些凑微分公式(下列各式中,a,b 均为常数,且 $a\neq 0$).

① $\mathrm{d}x=\frac{1}{a}\mathrm{d}(ax+b)$.

② $x\mathrm{d}x=\frac{1}{2a}\mathrm{d}(ax^2+b)$.

③ $x^{\mu}\mathrm{d}x=\frac{1}{a(\mu+1)}\mathrm{d}(ax^{\mu+1}+b)\ (\mu\neq -1)$.

④ $\frac{1}{\sqrt{x}}\mathrm{d}x=\frac{2}{a}\mathrm{d}(a\sqrt{x}+b)$.

⑤ $\frac{1}{x^2}\mathrm{d}x=-\frac{1}{a}\mathrm{d}\left(\frac{a}{x}+b\right)$.

⑥ $\frac{1}{x}\mathrm{d}x=\mathrm{d}(\ln|x|+b)$.

⑦ $\mathrm{e}^x\mathrm{d}x=\mathrm{d}(\mathrm{e}^x+b)$.

⑧ $\cos x\mathrm{d}x=\frac{1}{a}\mathrm{d}(a\sin x+b)$.

⑨ $\sin x\mathrm{d}x=-\frac{1}{a}\mathrm{d}(a\cos x+b)$.

⑩ $\frac{1}{\sqrt{1-x^2}}\mathrm{d}x=\mathrm{d}(\arcsin x)=-\mathrm{d}(\arccos x)$.

⑪ $\frac{1}{1+x^2}\mathrm{d}x=\mathrm{d}(\arctan x)=-\mathrm{d}(\mathrm{arccot}\, x)$.

例 4 求 $\int x\mathrm{e}^{x^2}\mathrm{d}x$.

解 $\int x\mathrm{e}^{x^2}\mathrm{d}x = \frac{1}{2}\int \mathrm{e}^{x^2}\mathrm{d}(x^2) = \frac{1}{2}\mathrm{e}^{x^2}+C.$

例 5 求 $\int \frac{\ln^2 x}{x}\mathrm{d}x$.

解 $\int \frac{\ln^2 x}{x}\mathrm{d}x = \int \ln^2 x\mathrm{d}(\ln x) = \frac{1}{3}\ln^3 x+C.$

例 6 求 $\int \frac{1}{x^2}\sin\frac{1}{x}\mathrm{d}x$.

解 $\int \frac{1}{x^2}\sin\frac{1}{x}\mathrm{d}x = -\int \sin\frac{1}{x}\mathrm{d}\left(\frac{1}{x}\right) = \cos\frac{1}{x} + C.$

例 7 求 $\int \frac{\mathrm{e}^{\arctan x}}{1+x^2}\mathrm{d}x$.

解 $\int \frac{\mathrm{e}^{\arctan x}}{1+x^2}\mathrm{d}x = \int \mathrm{e}^{\arctan x}\mathrm{d}(\arctan x) = \mathrm{e}^{\arctan x} + C.$

例 8 求 $\int \frac{1}{\sqrt{a^2-x^2}}\mathrm{d}x$ ($a>0$ 且为常数).

解
$$\int \frac{1}{\sqrt{a^2-x^2}}\mathrm{d}x = \int \frac{1}{a\sqrt{1-\left(\frac{x}{a}\right)^2}}\mathrm{d}x$$
$$= \int \frac{1}{\sqrt{1-\left(\frac{x}{a}\right)^2}}\mathrm{d}\left(\frac{x}{a}\right) = \arcsin\frac{x}{a} + C.$$

例 9 求 $\int \frac{1}{a^2+x^2}\mathrm{d}x$ ($a>0$ 且为常数).

解
$$\int \frac{1}{a^2+x^2}\mathrm{d}x = \int \frac{1}{a^2}\cdot\frac{1}{1+\left(\frac{x}{a}\right)^2}\mathrm{d}x$$
$$= \frac{1}{a}\int \frac{1}{1+\left(\frac{x}{a}\right)^2}\mathrm{d}\left(\frac{x}{a}\right) = \frac{1}{a}\arctan\frac{x}{a} + C.$$

2. 利用三角函数恒等式对被积函数进行变形,然后再凑微分

例 10 求 $\int \tan x\mathrm{d}x$.

解 $\int \tan x\mathrm{d}x = \int \frac{\sin x}{\cos x}\mathrm{d}x = -\int \frac{1}{\cos x}\mathrm{d}(\cos x) = -\ln|\cos x| + C.$

类似地,有 $\int \cot x\mathrm{d}x = \ln|\sin x| + C.$

例 11 求 $\int \sin^2 x\mathrm{d}x$.

解
$$\int \sin^2 x\mathrm{d}x = \int \frac{1-\cos 2x}{2}\mathrm{d}x = \frac{1}{2}\left(\int \mathrm{d}x - \int \cos 2x\mathrm{d}x\right)$$
$$= \frac{1}{2}\left[x - \frac{1}{2}\int \cos 2x\mathrm{d}(2x)\right] = \frac{1}{2}x - \frac{1}{4}\sin 2x + C.$$

例 12 求 $\int \sin^3 x\mathrm{d}x$.

解
$$\int \sin^3 x\mathrm{d}x = \int \sin^2 x\sin x\mathrm{d}x = -\int \sin^2 x\mathrm{d}(\cos x)$$
$$= -\int (1-\cos^2 x)\mathrm{d}(\cos x) = \frac{1}{3}\cos^3 x - \cos x + C.$$

例 13 求 $\int \sin 3x\cos 4x\mathrm{d}x$.

解 $\int \sin 3x \cos 4x \mathrm{d}x = \frac{1}{2}\int (\sin 7x - \sin x)\mathrm{d}x$

$$= \frac{1}{2} \cdot \frac{1}{7}\int \sin 7x \mathrm{d}(7x) - \frac{1}{2}\int \sin x \mathrm{d}x$$

$$= -\frac{1}{14}\cos 7x + \frac{1}{2}\cos x + C.$$

第一换元法还适合求一些简单的三角函数有理式的积分. 例如,计算形如

$$\int \sin^m x \cos^n x \mathrm{d}x$$

的积分,可分以下两种情形考虑:

(1) 当 m,n 中至少有一个为奇数时. 当 m 为奇数时,可将 $\sin x \mathrm{d}x$ 凑成 $-\mathrm{d}(\cos x)$,并把被积函数化为关于 $\cos x$ 的多项式函数;而当 n 为奇数时,可将 $\cos x \mathrm{d}x$ 凑成 $\mathrm{d}(\sin x)$,并把被积函数化为关于 $\sin x$ 的多项式函数,然后逐项按幂函数计算不定积分.

(2) 当 m,n 均为偶数时,可用半角公式降幂后再逐项积分.

例 14 求 $\int \sin^4 x \cos x \mathrm{d}x$.

解 $\int \sin^4 x \cos x \mathrm{d}x = \int \sin^4 x \mathrm{d}(\sin x) = \frac{1}{5}\sin^5 x + C.$

例 15 求 $\int \sin^3 x \cos^4 x \mathrm{d}x$.

解 $\int \sin^3 x \cos^4 x \mathrm{d}x = \int \sin x(\cos^4 x - \cos^6 x)\mathrm{d}x$

$$= -\int (\cos^4 x - \cos^6 x)\mathrm{d}(\cos x)$$

$$= \frac{1}{7}\cos^7 x - \frac{1}{5}\cos^5 x + C.$$

例 16 求 $\int \sin^2 x \cos^2 x \mathrm{d}x$.

解 $\int \sin^2 x \cos^2 x \mathrm{d}x = \frac{1}{4}\int (\sin 2x)^2 \mathrm{d}x = \frac{1}{8}\int (1 - \cos 4x)\mathrm{d}x$

$$= \frac{1}{8}\left[\int \mathrm{d}x - \frac{1}{4}\int \cos 4x \mathrm{d}(4x)\right]$$

$$= \frac{x}{8} - \frac{1}{32}\sin 4x + C.$$

3. 利用代数恒等式对被积函数进行变形,然后再凑微分

例 17 求 $\int \frac{x}{1+x}\mathrm{d}x$.

解 $\int \frac{x}{1+x}\mathrm{d}x = \int \frac{1+x-1}{1+x}\mathrm{d}x = \int \left(1 - \frac{1}{1+x}\right)\mathrm{d}x$

$$= x - \int \frac{1}{1+x}\mathrm{d}(1+x) = x - \ln|1+x| + C.$$

例 18　求 $\int \frac{1}{x^2-a^2}\mathrm{d}x$（$a>0$ 且为常数）.

解　$\int \frac{1}{x^2-a^2}\mathrm{d}x = \int \frac{1}{(x-a)(x+a)}\mathrm{d}x = \frac{1}{2a}\int\left(\frac{1}{x-a}-\frac{1}{x+a}\right)\mathrm{d}x$

$$= \frac{1}{2a}\left[\int \frac{1}{x-a}\mathrm{d}(x-a) - \int \frac{1}{x+a}\mathrm{d}(x+a)\right]$$

$$= \frac{1}{2a}(\ln|x-a|-\ln|x+a|)+C$$

$$= \frac{1}{2a}\ln\left|\frac{x-a}{x+a}\right|+C.$$

类似地，有 $\int \frac{1}{a^2-x^2}\mathrm{d}x = \frac{1}{2a}\ln\left|\frac{x+a}{x-a}\right|+C.$

例 19　求 $\int \frac{1}{x^2-4x+3}\mathrm{d}x.$

解　$\int \frac{1}{x^2-4x+3}\mathrm{d}x = \int \frac{1}{(x-1)(x-3)}\mathrm{d}x$

$$= \frac{1}{2}\left(\int \frac{1}{x-3}\mathrm{d}x - \int \frac{1}{x-1}\mathrm{d}x\right)$$

$$= \frac{1}{2}(\ln|x-3|-\ln|x-1|)+C$$

$$= \frac{1}{2}\ln\left|\frac{x-3}{x-1}\right|+C.$$

例 20　求 $\int \frac{1}{x^2+4x+5}\mathrm{d}x.$

解　$\int \frac{1}{x^2+4x+5}\mathrm{d}x = \int \frac{1}{(x+2)^2+1}\mathrm{d}x$

$$= \int \frac{1}{(x+2)^2+1}\mathrm{d}(x+2) = \arctan(x+2)+C.$$

例 21　求 $\int \frac{x+1}{x^2+4x+5}\mathrm{d}x.$

解　$\int \frac{x+1}{x^2+4x+5}\mathrm{d}x = \frac{1}{2}\int \frac{2x+4}{x^2+4x+5}\mathrm{d}x - \int \frac{1}{x^2+4x+5}\mathrm{d}x$

$$= \frac{1}{2}\int \frac{1}{x^2+4x+5}\mathrm{d}(x^2+4x+5) - \int \frac{1}{x^2+4x+5}\mathrm{d}x$$

$$= \frac{1}{2}\ln(x^2+4x+5)-\arctan(x+2)+C.$$

例 22　求 $\int \csc x\mathrm{d}x.$

解　$\int \csc x\mathrm{d}x = \int \frac{1}{\sin x}\mathrm{d}x = \int \frac{\sin x}{\sin^2 x}\mathrm{d}x$

$$= \int \frac{\sin x}{1-\cos^2 x}\mathrm{d}x$$

$$=\int \frac{1}{\cos^2 x-1}\mathrm{d}(\cos x)$$

$$=\frac{1}{2}\ln\frac{1-\cos x}{1+\cos x}+C\ (\text{利用例 18 的结果}),$$

而
$$\frac{1-\cos x}{1+\cos x}=\frac{(1-\cos x)^2}{1-\cos^2 x}=\frac{(1-\cos x)^2}{\sin^2 x}=(\csc x-\cot x)^2,$$

故
$$\int \csc x\mathrm{d}x=\ln|\csc x-\cot x|+C.$$

例 23 求 $\int \sec x\mathrm{d}x$.

解 $\int \sec x\mathrm{d}x=\int \frac{1}{\cos x}\mathrm{d}x=\int \frac{\cos x}{\cos^2 x}\mathrm{d}x$

$$=\int \frac{\cos x}{1-\sin^2 x}\mathrm{d}x=\int \frac{1}{1-\sin^2 x}\mathrm{d}(\sin x)$$

$$=\frac{1}{2}\ln\frac{1+\sin x}{1-\sin x}+C(\text{利用例 18 的结果})$$

$$=\ln|\sec x+\tan x|+C.$$

二、第二类换元积分法

使用第一换元法计算不定积分的范围相当广泛,但是有的积分不容易进行凑微分.

例 24 求 $\int \frac{1}{1+\sqrt[3]{x}}\mathrm{d}x$.

解 由于被积函数含有根号,不容易凑微分,为了去掉根号,作变量代换,令$\sqrt[3]{x}=t$,于是$x=t^3$,$\mathrm{d}x=3t^2\mathrm{d}t$. 故

$$\int \frac{1}{1+\sqrt[3]{x}}\mathrm{d}x=\int \frac{3t^2}{1+t}\mathrm{d}t=3\int \frac{(t^2-1)+1}{1+t}\mathrm{d}t$$

$$=3\int\left(t-1+\frac{1}{1+t}\right)\mathrm{d}t$$

$$=\frac{3}{2}t^2-3t+3\ln|1+t|+C.$$

再回代$\sqrt[3]{x}=t$,得

$$\int \frac{1}{1+\sqrt[3]{x}}\mathrm{d}x=\frac{3}{2}\sqrt[3]{x^2}-3\sqrt[3]{x}+3\ln|1+\sqrt[3]{x}|+C.$$

一般地,若积分$\int f(x)\mathrm{d}x$不易计算,可以作适当的变量代换 $x=\varphi(t)$,把原积分化为$f[\varphi(t)]\varphi'(t)\mathrm{d}t$ 的形式,尽可能使其容易积分. 当然在求出原函数后,还要将 $t=\varphi^{-1}(x)$代回,还原成 x 的函数,这就是利用第二类换元积分法(简称第二换元法)计算不定积分的基本思想.

定理 2(第二换元法) 设函数 $f(x)$连续,函数 $x=\varphi(t)$单调可微,且 $\varphi'(t)\neq 0$,则

$$\int f(x)\mathrm{d}x=\int f[\varphi(t)]\varphi'(t)\mathrm{d}t. \tag{4.2}$$

证明略.

公式(4.2)称为第二换元公式.第二换元法的关键在于选择合适的变量 $x=\varphi(t)$.下面举例说明换元公式(4.2)的应用.

1. 简单根式代换

当被积函数中含有简单根式时,可使用第二换元法进行计算,将该简单根式直接代换为一个新的变量,这样可以去掉被积函数中的根号,从而使积分计算起来比原来容易.

例 25　求 $\int\frac{x}{\sqrt{1-x}}\mathrm{d}x$.

解　为了去掉被积函数中的根号,令 $\sqrt{1-x}=t$,则 $x=1-t^2,\mathrm{d}x=-2t\mathrm{d}t$,故

$$\begin{aligned}\int\frac{x}{\sqrt{1-x}}\mathrm{d}x&=-\int\frac{1-t^2}{t}\cdot 2t\mathrm{d}t=-2\int(1-t^2)\mathrm{d}t\\&=-2\left(t-\frac{1}{3}t^3\right)+C\\&=-2\sqrt{1-x}+\frac{2}{3}(1-x)\sqrt{1-x}+C.\end{aligned}$$

例 26　求 $\int\frac{1}{\sqrt{x}+\sqrt[4]{x}}\mathrm{d}x$.

解　被积函数含有根式$\sqrt{x},\sqrt[4]{x}$,为了去掉根号,令$\sqrt[4]{x}=t,x=t^4,\mathrm{d}x=4t^3\mathrm{d}t$,故

$$\begin{aligned}\int\frac{1}{\sqrt{x}+\sqrt[4]{x}}\mathrm{d}x&=4\int\frac{t^3}{t^2+t}\mathrm{d}t=4\int\frac{t^2}{t+1}\mathrm{d}t\\&=4\int\frac{(t^2-1)+1}{t+1}\mathrm{d}t=4\int\left(t-1+\frac{1}{t+1}\right)\mathrm{d}t\\&=4\left(\frac{1}{2}t^2-t+\ln|t+1|\right)+C\\&=2\sqrt{x}-4\sqrt[4]{x}+4\ln(\sqrt[4]{x}+1)+C.\end{aligned}$$

注　被积函数含有两种或两种以上的根式,如$\sqrt[6]{x},\sqrt[4]{x},\sqrt{x}$时,可进行换元,令 $x=t^n$(其中 n 为各根式的最小公倍数).

例 27　求 $\int\frac{1}{x}\sqrt{\frac{1+x}{x}}\mathrm{d}x$.

解　令$\sqrt{\frac{1+x}{x}}=t$,则 $x=\frac{1}{t^2-1},\mathrm{d}x=-\frac{2t}{(t^2-1)^2}\mathrm{d}t$,故

$$\begin{aligned}\int\frac{1}{x}\sqrt{\frac{1+x}{x}}\mathrm{d}x&=-2\int\frac{(t^2-1)+1}{t^2-1}\mathrm{d}t\\&=-2\int\left(1+\frac{1}{t^2-1}\right)\mathrm{d}t=-2t-2\int\frac{1}{t^2-1}\mathrm{d}t\\&=-2t-\ln\left|\frac{t-1}{t+1}\right|+C\end{aligned}$$

$$=-2\sqrt{\frac{1+x}{x}}-\ln\left|\frac{\sqrt{\frac{1+x}{x}}-1}{\sqrt{\frac{1+x}{x}}+1}\right|+C.$$

2. 三角代换

例 28 求 $\int\sqrt{a^2-x^2}\mathrm{d}x\ (a>0)$.

解 被积函数含有二次根式,不能像简单根式那样代换. 结合学过的三角函数关系式 $\sin^2x+\cos^2x=1$,令 $x=a\sin t\left(-\frac{\pi}{2}\leqslant t\leqslant\frac{\pi}{2}\right)$,则$\sqrt{a^2-x^2}=a\sqrt{1-\sin^2t}=a\cos t$,这样被积函数中的根号就被去掉了. 于是,有

$$\begin{aligned}\int\sqrt{a^2-x^2}\mathrm{d}x&=a^2\int\cos^2t\mathrm{d}t=\frac{a^2}{2}\int(1+\cos2t)\mathrm{d}t\\&=\frac{a^2}{2}\left(t+\frac{1}{2}\sin2t\right)+C\\&=\frac{a^2}{2}(t+\sin t\cos t)+C.\end{aligned}$$

再把变量 t 回代为 x. 为简便起见,根据 $\sin t=\frac{x}{a}$,画一个直角三角形,称它为辅助三角形,如图 4-2 所示. 因为 $t=\arcsin\frac{x}{a}$,所以 $\cos t=\frac{\sqrt{a^2-x^2}}{a}$. 故

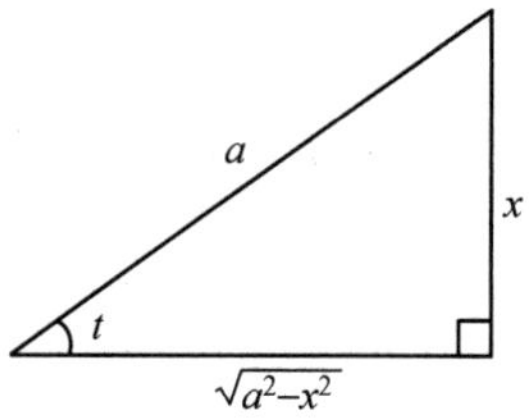

图 4-2

$$\begin{aligned}\int\sqrt{a^2-x^2}\mathrm{d}x&=\frac{a^2}{2}(t+\sin t\cos t)+C\\&=\frac{a^2}{2}\left(\arcsin\frac{x}{a}+\frac{x}{a}\cdot\frac{\sqrt{a^2-x^2}}{a}\right)+C\\&=\frac{a^2}{2}\left(\arcsin\frac{x}{a}+\frac{x}{a^2}\sqrt{a^2-x^2}\right)+C.\end{aligned}$$

例 29 求 $\int\frac{1}{\sqrt{x^2+a^2}}\mathrm{d}x\ (a>0)$.

解 为了去掉被积函数中的根号,结合三角函数关系式 $1+\tan^2x=\sec^2x$,令 $x=a\tan t$ $\left(-\frac{\pi}{2}<t<\frac{\pi}{2}\right)$,则 $\mathrm{d}x=a\sec^2t\mathrm{d}t$, $\sqrt{x^2+a^2}=a\sec t$. 于是,有

$$\begin{aligned}\int\frac{1}{\sqrt{x^2+a^2}}\mathrm{d}x&=\int\frac{a\sec^2t}{a\sec t}\mathrm{d}t=\int\sec t\mathrm{d}t\\&=\ln|\sec t+\tan t|+C_1.\end{aligned}$$

根据 $\tan t=\frac{x}{a}$,作辅助三角形,如图 4-3 所示. 于是,有

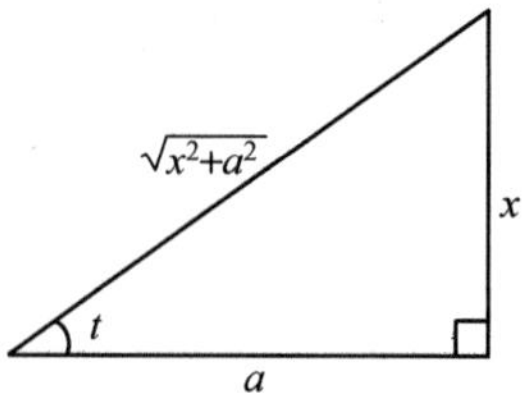

图 4-3

$$\begin{aligned}\int \frac{1}{\sqrt{x^2+a^2}}\mathrm{d}x &= \ln|\sec t+\tan t|+C_1 \\ &= \ln\left(\frac{x}{a}+\frac{\sqrt{x^2+a^2}}{a}\right)+C_1 \\ &= \ln(x+\sqrt{x^2+a^2})+C_1-\ln a \\ &= \ln(x+\sqrt{x^2+a^2})+C,\end{aligned}$$

其中 $C=C_1-\ln a$.

例 30 求 $\int \frac{1}{\sqrt{x^2-a^2}}\mathrm{d}x(a>0)$.

解 为了去掉被积函数中的根号,结合三角函数关系式 $\sec^2 x-1=\tan^2 x$,令 $x=a\sec t$,则 $\mathrm{d}x=a\sec t\tan t\mathrm{d}t$,于是

$$\begin{aligned}\int \frac{1}{\sqrt{x^2-a^2}}\mathrm{d}x &= \int \frac{a\sec t\tan t}{a\tan t}\mathrm{d}t = \int \sec t\mathrm{d}t \\ &= \ln|\sec t+\tan t|+C_1.\end{aligned}$$

根据 $\sec t=\frac{x}{a}$,作辅助三角形,如图 4-4 所示. 于是,有

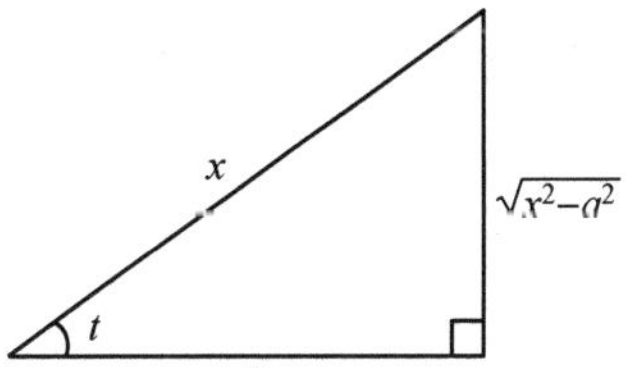

图 4-4

$$\begin{aligned}\int \frac{1}{\sqrt{x^2-a^2}}\mathrm{d}x &= \ln|\sec t+\tan t|+C_1 \\ &= \ln\left|\frac{x}{a}+\frac{\sqrt{x^2-a^2}}{a}\right|+C_1 \\ &= \ln|x+\sqrt{x^2-a^2}|+C_1-\ln a \\ &= \ln|x+\sqrt{x^2-a^2}|+C,\end{aligned}$$

其中 $C-C_1-\ln a$.

上面三例都是用三角函数进行变量代换而求得的,因此称它们为三角代换或三角换元法. 三角代换法主要适用于计算如下类型的积分:

(1) $\int R(x,\sqrt{a^2-x^2})\mathrm{d}x$,可令 $x=a\sin t$ 或 $x=a\cos t$;

(2) $\int R(x,\sqrt{a^2+x^2})\mathrm{d}x$,可令 $x=a\tan t$ 或 $x=a\cot t$;

(3) $\int R(x,\sqrt{x^2-a^2})\mathrm{d}x$,可令 $x=a\sec t$ 或 $x=a\csc t$.

其中 $R(x,\sqrt{a^2-x^2})$ 表示由 x 和 $\sqrt{a^2-x^2}$ 构成的有理函数,三角换元法的目的是去掉被积函数中的根号.

本节介绍了两类换元法,无论是第一换元法,还是第二换元法,都是为了把不容易求出的积分转化为能够直接积分或便于直接积分. 在本节的例题中,有几个积分以后会经常遇到,所以它们通常也被当作公式使用. 常用的积分公式,除了基本积分表中的几个外,再添加下面几个($a>0$ 且为常数):

⑭ $\int \tan x\mathrm{d}x = -\ln|\cos x| + C.$

⑮ $\int \cot x\mathrm{d}x = \ln|\sin x| + C.$

⑯ $\int \sec x\mathrm{d}x = \ln|\sec x + \tan x| + C.$

⑰ $\int \csc x\mathrm{d}x = \ln|\csc x - \cot x| + C.$

⑱ $\int \frac{1}{a^2 + x^2}\mathrm{d}x = \frac{1}{a}\arctan\frac{x}{a} + C.$

⑲ $\int \frac{1}{x^2 - a^2}\mathrm{d}x = \frac{1}{2a}\ln\left|\frac{x-a}{x+a}\right| + C.$

⑳ $\int \frac{1}{\sqrt{a^2 - x^2}}\mathrm{d}x = \arcsin\frac{x}{a} + C.$

㉑ $\int \frac{1}{\sqrt{x^2 + a^2}}\mathrm{d}x = \ln(x + \sqrt{x^2 + a^2}) + C.$

㉒ $\int \frac{1}{\sqrt{x^2 - a^2}}\mathrm{d}x = \ln|x + \sqrt{x^2 - a^2}| + C.$

第三节　分部积分法

下面我们从函数乘积的导数公式出发，导出计算不定积分的另一种方法——分部积分法.

设函数 $u=u(x)$，$v=v(x)$具有连续导数，由函数乘积的微分公式

$$\mathrm{d}(uv) = u\mathrm{d}v + v\mathrm{d}u$$

有

$$u\mathrm{d}v = \mathrm{d}(uv) - v\mathrm{d}u,$$

两端积分，有

$$\int u\mathrm{d}v = \int \mathrm{d}(uv) - \int v\mathrm{d}u,$$

即

$$\int u\mathrm{d}v = uv - \int v\mathrm{d}u, \tag{4.3}$$

或

$$\int uv'\mathrm{d}x = uv - \int vu'\mathrm{d}x. \tag{4.4}$$

公式(4.3)或(4.4)称为**分部积分公式**，利用分部积分公式计算不定积分的方法称为**分部积分法**.应用分部积分法的作用在于：把不容易求出的积分 $\int u\mathrm{d}v$ 或 $\int uv'\mathrm{d}x$ 转化为容易求

出的积分 $\int v\mathrm{d}u$ 或 $\int vu'\mathrm{d}x$.

分部积分法

例 1　求 $\int x\sin x\mathrm{d}x$.

解　令 $u=x$, $\mathrm{d}v=\sin x\mathrm{d}x$，则 $v=-\cos x$，利用分部积分公式，得

$$\int x\sin x\mathrm{d}x=-x\cos x-\int(-\cos x)\,\mathrm{d}x=-x\cos x+\sin x+C.$$

注　(1) 使用分部积分公式由 $\mathrm{d}v$ 求 v 时，在 v 后不必添加常数 C.

(2) 利用分部积分公式的目的在于化难为易，故用分部积分法解题的关键在于恰当地选择 u 与 $\mathrm{d}v$. 例 1 中如果令 $u=\sin x$, $\mathrm{d}v=x\mathrm{d}x$，则 $v=\frac{1}{2}x^2$，利用分部积分公式，有

$$\int x\sin x\mathrm{d}x=\frac{1}{2}x^2\sin x-\frac{1}{2}\int x^2\cos x\mathrm{d}x,$$

显而易见，不定积分 $\frac{1}{2}\int x^2\cos x\mathrm{d}x$ 比 $\int x\sin x\mathrm{d}x$ 更复杂，因此这样选择 u 与 $\mathrm{d}v$ 是错误的.

一般地，u 与 $\mathrm{d}v$ 选取的原则如下：(1) 选取 $\mathrm{d}v$ 时，要使得 v 容易求出；(2) 积分 $\int v\mathrm{d}u$ 比 $\int u\mathrm{d}v$ 要便于计算.

例 2　求 $\int x\arctan x\mathrm{d}x$.

解　令 $u=\arctan x$, $\mathrm{d}v=x\mathrm{d}x$，则 $v=\frac{1}{2}x^2$，利用分部积分公式，有

$$\begin{aligned}\int x\arctan x\mathrm{d}x&=\frac{1}{2}x^2\arctan x-\frac{1}{2}\int\frac{x^2}{1+x^2}\mathrm{d}x\\&=\frac{1}{2}x^2\arctan x-\frac{1}{2}\int\left(1-\frac{1}{1+x^2}\right)\mathrm{d}x\\&=\frac{1}{2}x^2\arctan x-\frac{x}{2}+\frac{1}{2}\arctan x+C.\end{aligned}$$

例 3　求 $\int x^3\mathrm{e}^x\mathrm{d}x$.

解　令 $u=x^3$, $\mathrm{d}v=\mathrm{e}^x\mathrm{d}x$，则 $v=\mathrm{e}^x$，利用分部积分法，有

$$\int x^3\mathrm{e}^x\mathrm{d}x=x^3\mathrm{e}^x-3\int x^2\mathrm{e}^x\mathrm{d}x.$$

显然积分 $\int x^2\mathrm{e}^x\mathrm{d}x$ 要比 $\int x^3\mathrm{e}^x\mathrm{d}x$ 容易计算，不妨继续使用分部积分公式，令 $u=x^2$, $\mathrm{d}v=\mathrm{e}^x\mathrm{d}x$，则 $v=\mathrm{e}^x$，于是

$$\int x^3\mathrm{e}^x\mathrm{d}x=x^3\mathrm{e}^x-3\left(x^2\mathrm{e}^x-2\int x\mathrm{e}^x\mathrm{d}x\right).$$

再次使用分部积分法，令 $u=x$, $\mathrm{d}v=\mathrm{e}^x\mathrm{d}x$，则 $v=\mathrm{e}^x$，于是

$$\begin{aligned}\int x^3\mathrm{e}^x\mathrm{d}x&=x^3\mathrm{e}^x-3\left[x^2\mathrm{e}^x-2\left(x\mathrm{e}^x-\int\mathrm{e}^x\mathrm{d}x\right)\right]\\&=x^3\mathrm{e}^x-3x^2\mathrm{e}^x+6x\mathrm{e}^x-6\mathrm{e}^x+C.\end{aligned}$$

例 3 是三次使用分部积分公式求不定积分,应注意的是先后三次选择 u 与 dv 的方法要保持一致,即三次都选择幂函数为 u,而 $e^x dx$ 为 dv,否则是计算不出结果的.

在熟悉了分部积分法解题的基本思路后,并且在熟练地掌握了凑微分公式的基础上,中间过程 u 与 dv 不必写出,直接利用分部积分公式计算.

例 4 求 $\int x^3 \ln x dx$.

解 $\int x^3 \ln x dx = \int \ln x d\left(\frac{x^4}{4}\right) = \frac{x^4}{4}\ln x - \frac{1}{4}\int x^3 dx = \frac{x^4}{4}\ln x - \frac{x^4}{16} + C.$

例 5 求 $\int e^x \sin x dx$.

解
$$\begin{aligned}\int e^x \sin x dx &= \int \sin x d(e^x) \\ &= e^x \sin x - \int e^x \cos x dx \\ &= e^x \sin x - \int \cos x d(e^x) \\ &= e^x \sin x - e^x \cos x - \int e^x \sin x dx,\end{aligned}$$

于是,有

$$\int e^x \sin x dx = \frac{1}{2}e^x(\sin x - \cos x) + C.$$

注 在例 5 中,使用分部积分法两次后,等式的右端出现了所求的积分,如果继续使用分部积分法计算下去的话就会出现循环,这样反而得不到结果. 例 5 也可以设 $u = e^x$,$dv = \sin x dx$,读者不妨试一试.

综合以上各例,常见的使用分部积分法计算的不定积分有以下几种,且 u 与 dv 选取的规律如下(其中 $p_n(x)$ 是 n 次多项式,k,a,b 都是实数):

(1) 形如 $\int p_n(x) e^{kx} dx$ 的不定积分. 令 $u = p_n(x)$,$dv = e^{kx} dx$,如例 3.

(2) 形如 $\int p_n(x) \sin kx dx$,$\int p_n(x) \cos kx dx$ 的不定积分. 令 $u = p_n(x)$,被积函数中余下的为 dv,即 $dv = \sin kx dx$,$dv = \cos kx dx$,如例 1.

(3) 形如 $\int p_n(x) \ln x dx$ 的不定积分,令 $u = \ln x$,$dv = p_n(x) dx$,如例 4.

(4) 被积函数是 $p_n(x)$ 与反三角函数的乘积的不定积分:$\int p_n(x) \arcsin x dx$、$\int p_n(x) \arccos x dx$,$\int p_n(x) \arctan x dx$,$\int p_n(x) \text{arccot} x dx$. 令 $dv = p_n(x) dx$,被积函数中余下的为 u,即 u 为反三角函数,如例 2.

(5) 形如 $\int e^{ax} \sin bx dx$,$\int e^{ax} \cos bx dx$ 的不定积分. 此时可以任意选择 u 和 dv,但应注意,因为要使用两次分部积分公式,所以两次选择 u 和 dv 的函数类型应保持一致,这样才能出现循环公式，然后用解方程的方法求出积分，如例 5.

例 6 求 $\int \ln x\mathrm{d}x$.

解 利用分部积分公式，被积函数 $\ln x$ 可看作 u，而 $\mathrm{d}x$ 可看作 $\mathrm{d}v$，即有

$$\int \ln x\mathrm{d}x = x\ln x - \int x\mathrm{d}\ln x = x\ln x - \int \mathrm{d}x = x\ln x - x + C.$$

例 7 求 $\int \arcsin x\mathrm{d}x$.

解 与例 6 相仿，被积函数 $\arcsin x$ 可看作 u，而 $\mathrm{d}x$ 可看作 $\mathrm{d}v$，即有

$$\begin{aligned}\int \arcsin x\mathrm{d}x &= x\arcsin x - \int x\mathrm{d}(\arcsin x)\\ &= x\arcsin x - \int \frac{x}{\sqrt{1-x^2}}\mathrm{d}x\\ &= x\arcsin x + \frac{1}{2}\int \frac{1}{\sqrt{1-x^2}}\mathrm{d}(1-x^2)\\ &= x\arcsin x + \sqrt{1-x^2} + C.\end{aligned}$$

例 8 求 $\int \sec^3 x\mathrm{d}x$.

解

$$\begin{aligned}\int \sec^3 x\mathrm{d}x &= \int \sec x \cdot \sec^2 x\mathrm{d}x = \int \sec x\mathrm{d}(\tan x)\\ &= \sec x\tan x - \int \sec x\tan^2 x\mathrm{d}x\\ &= \sec x\tan x - \int \sec x(\sec^2 x - 1)\mathrm{d}x\\ &= \sec x\tan x - \int \sec^3 x\mathrm{d}x + \int \sec x\mathrm{d}x\\ &= \sec x\tan x - \int \sec^3 x\mathrm{d}x + \ln|\sec x + \tan x|,\end{aligned}$$

等式右端出现所求积分，故移项可得

$$\int \sec^3 x\mathrm{d}x = \frac{1}{2}\sec x\tan x + \frac{1}{2}\ln|\sec x + \tan x| + C.$$

有些积分需要综合运用所学的计算不定积分的方法来求解，请看下面的例子.

例 9 求 $\int \mathrm{e}^{\sqrt{x}}\mathrm{d}x$.

解 先用第二换元法，再用分部积分法.

令 $\sqrt{x} = t$，则 $x = t^2$，$\mathrm{d}x = 2t\mathrm{d}t$，于是，有

$$\begin{aligned}\int \mathrm{e}^{\sqrt{x}}\mathrm{d}x &= 2\int t\mathrm{e}^t\mathrm{d}t = 2\left(t\mathrm{e}^t - \int \mathrm{e}^t\mathrm{d}t\right)\\ &= 2t\mathrm{e}^t - 2\mathrm{e}^t + C = 2\sqrt{x}\mathrm{e}^{\sqrt{x}} - 2\mathrm{e}^{\sqrt{x}} + C.\end{aligned}$$

例 10 求 $\int \frac{x\arctan x}{\sqrt{1+x^2}}\mathrm{d}x$.

解 方法一 先用换元法,再用分部积分法.

令 $\arctan x=t$,则 $x=\tan t$,$\mathrm{d}x=\sec^2 t\mathrm{d}t$,于是,有

$$\begin{aligned}\int\frac{x\arctan x}{\sqrt{1+x^2}}\mathrm{d}x&=\int\frac{t\cdot\tan t}{\sqrt{1+\tan^2 t}}\sec^2 t\mathrm{d}t\\&=\int t\cdot\tan t\cdot\sec t\mathrm{d}t\\&=\int t\mathrm{d}(\sec t)=t\sec t-\int\sec t\mathrm{d}t\\&=t\sec t-\ln|\sec t+\tan t|+C\\&=\sqrt{1+x^2}\cdot\arctan x-\ln|x+\sqrt{1+x^2}|+C.\end{aligned}$$

方法二 先用分部积分法,再用换元法.

$$\begin{aligned}\int\frac{x\arctan x}{\sqrt{1+x^2}}\mathrm{d}x&=\int\arctan x\mathrm{d}(\sqrt{1+x^2})\\&=\sqrt{1+x^2}\arctan x-\int\sqrt{1+x^2}\mathrm{d}(\arctan x)\\&=\sqrt{1+x^2}\arctan x-\int\frac{1}{\sqrt{1+x^2}}\mathrm{d}x\\&=\sqrt{1+x^2}\arctan x-\ln|x+\sqrt{1+x^2}|+C.\end{aligned}$$

总之,求不定积分的基本思路是:先将被积函数变形为基本积分表中的被积函数的类型或它们的线性组合,然后用不定积分的性质和基本积分公式求出不定积分.基本积分公式和不定积分的线性性质是求不定积分的基础,而换元法和分部积分法是被积表达式转化的手段.但是,还有很多积分是积不出来的,如 $\int e^{-x^2}\mathrm{d}x$,$\int\frac{\sin x}{x}\mathrm{d}x$,$\int\frac{1}{\ln x}\mathrm{d}x$ 等,它们的被积函数都是简单的初等函数,因此它们的原函数一定存在.但它们的原函数却不能用初等函数表示出来.通常我们把原函数能用初等函数表示出来的积分叫作"积得出来",否则称它为"积不出来"的.哪些积分积得出来,哪些积分积不出来,这是个很复杂的问题,还没有一般的判别方法.

注 今后如果在实际的科学或工程计算中遇到积分问题的计算,可采用换元法、分部积分法相结合的方法来求解.但需要指出的是,实际中遇到积分问题时如果一一计算的话,那将是一件艰苦繁杂的事情,为了方便实用及减轻负担,把常用的一些函数的积分汇集成表,这种表称为积分表.本书附录列出一个积分表,以供查阅.该表是按被积函数的类型加以分类编排的.求积分时,可根据被积函数的类型,在积分表内查其结果,有时还要经过简单变形才能在积分表中查到.

【拓展阅读】

黄际遇——不定积分领域的全能数学大师

在中国近代数学史上,有这样一位数学家,他不仅在不定积分领域有着卓越的成就,还在文学、书法、教育等多个领域展现出非凡的才华,他就是被誉为"世界科海一青灯"的黄际遇.

1885 年，黄际遇出生在广东澄海县(今汕头市澄海区)澄城镇城北的一个书香门第. 自幼聪慧的他，14 岁便考中秀才，展现出过人的学识. 17 岁时，他远赴日本留学，就读于东京高等师范学校数学科，兼治文字声韵之学. 在日本期间，他接受了系统的数学训练，尤其对微积分学产生了浓厚的兴趣. 黄际遇在不定积分领域取得了显著成就. 他的著作《定积分一定理及一种不定积分的研究》，不仅深化了对不定积分的理解，还提出了一些新的运算方法和技巧，对后世数学研究产生了深远影响.

除了不定积分，黄际遇在编译数学著作方面也做出了重要贡献. 他通晓日文、英文，编译了《高等微积分》《近世代数学》等著作，填补了我国高等数学教材的空白. 这些著作不仅内容先进，还注重培养学生的实践能力和创新思维，为国内数学教学提供了重要范本.

黄际遇不仅是一位杰出的数学家，还是一位卓越的教育家. 他曾任武昌高等师范学校教授、数理系主任、教务长等职，为中国的数学教育培养了大量优秀人才. 1920 年，受国民政府教育部门委派，他赴欧美考察教育并研究教学. 在美国芝加哥大学研究数学期间，他获硕士学位，并在美国多所大学讲学，传播中国的数学文化和教育理念.

回国后，黄际遇先后担任中山大学教授、北京师范大学教务长、河南大学校长、国立青岛大学文理学院院长等职. 在国立青岛大学(今山东大学前身)筹建时期，他一人包揽数学系所有学科课程，同时，他四处奔走、广纳贤才，为该校数学学科的强大奠定了坚实基础.

黄际遇不仅在数学领域有着卓越的成就，还在文学、书法、象棋等方面展现出非凡的才华. 他常年保持写日记的习惯，以小楷写就工整日记，用文言文表达，内容丰富，包罗万象. 他的日记不仅记录了日常琐事，还包含了对数学、文学、史学等领域的深刻见解.

此外，黄际遇还是一位象棋名宿. 他与人对弈象棋不用棋盘，对弈过后还能默记全部着数. 这一独特的本领，不仅展现了他超强的记忆力，也反映了他对逻辑思维的精准把控. 他曾将得意的棋局逐步写入日记，供后人欣赏和学习.

黄际遇的一生，是追求卓越的一生，也是无私奉献的一生. 他在不定积分领域的卓越成就，推动了中国数学的发展.

第五章

定积分及其应用

【导读】

定积分是一元函数积分学的另一基本部分,是高等数学中的重要概念之一,它是从大量实际问题中抽象出来的,在工程与科学技术领域有着广泛的应用.本章将从几何和物理问题出发引入定积分的概念,并讨论其性质与计算方法.此外,作为定积分的推广,还将介绍反常积分的概念.最后,探讨定积分在简单实际问题中的应用.

【学习要求】

(1) 理解定积分的概念和几何意义,了解定积分的性质.

(2) 了解积分上限函数的定义,会用牛顿-莱布尼茨(Newton-Leibniz)公式计算定积分,掌握定积分的换元积分法与分部积分法.

(3) 了解无穷限反常积分的概念,会计算无穷限反常积分.

(4) 会用定积分表达和计算一些几何量和物理量.

(5) 能够运用软件求解定积分问题.

第一节　定积分的概念与性质

一、定积分概念的引入实例

为引入定积分的概念,先讨论下面两个典型问题——曲边梯形的面积和变速直线运动的路程.

引例 1　曲边梯形的面积

所谓曲边梯形,是指在直角坐标系下,由闭区间$[a,b]$上的连续曲线 $y=f(x)$(设$f(x)\geqslant 0$),直线 $x=a$,$x=b$ 及 x 轴所围成的平面图形,如图 5-1 所示.

怎样计算曲边梯形的面积呢?

首先,不难看出,曲边梯形的面积取决于区间$[a,b]$及定义在该区间上的函数 $f(x)$.如

果 $f(x)$ 在 $[a,b]$ 上为常数 h，即曲边梯形为矩形，则其面积等于 $h(b-a)$. 现在的问题是 $f(x)$ 在 $[a,b]$ 上不是常数，而是变化着的，因此它的面积就不能简单地用矩形面积公式来计算. 但是，由于 $f(x)$ 是区间 $[a,b]$ 上的连续函数，所以当点 x 在区间 $[a,b]$ 上某处变化很小时，$f(x)$ 的变化也很小. 基于这种想法，可以用一组平行于 y 轴的直线将曲边梯形分割成若干个小曲边梯形，只要分割得较细，每个小曲边梯形很窄，那么这些小曲边梯形就可以近似地看成一些小矩形. 所有小矩形面积的和，就是整个曲边梯形面积的近似值. 显然，分割得越细，近似程度就越好，当无限细分时，所有小矩形面积和的极限就是所求曲边梯形面积的精确值.

根据上述分析，可按下面四步计算曲边梯形的面积 A.

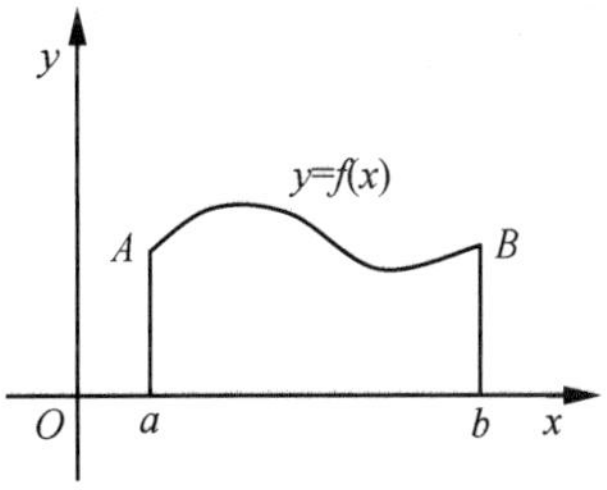

图 5-1

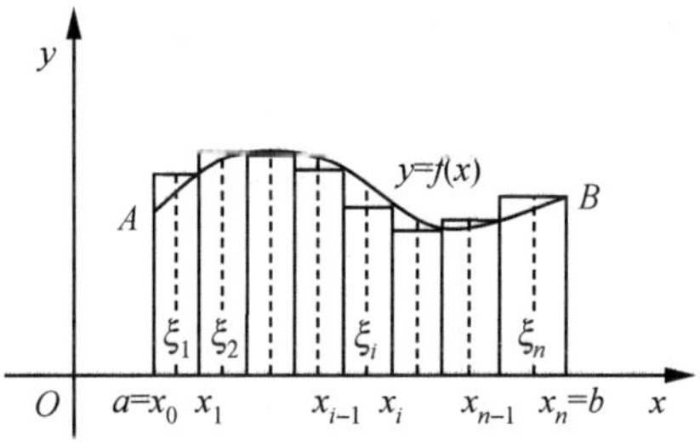

图 5-2

(1) 分割.

在区间 $[a,b]$ 中任意插入 $n-1$ 个分点：

$$a=x_0<x_1<x_2<\cdots<x_{i-1}<x_i<\cdots<x_{n-1}<x_n=b,$$

将区间 $[a,b]$ 分成 n 个小区间：

$$[x_0,x_1],[x_1,x_2],\cdots,[x_{i-1},x_i],\cdots,[x_{n-1},x_n].$$

各个小区间的长度依次为

$$\Delta x_1=x_1-x_0,\Delta x_2=x_2-x_1,\cdots,\Delta x_n=x_n-x_{n-1}.$$

过每个分点 $x_i(i=1,2,\cdots,n)$ 作平行于 y 轴的直线，将曲边梯形分割成 n 个小曲边梯形，如图 5-2 所示.

(2) 近似代替.

在每个小区间 $[x_{i-1},x_i](i=1,2,\cdots,n)$ 上任意取一点 $\xi_i(x_{i-1}\leqslant\xi_i\leqslant x_i)$，以 $f(\xi_i)$ 为高，Δx_i 为底作小矩形，用小矩形的面积 $f(\xi_i)\Delta x_i$ 近似代替相应的小曲边梯形的面积 ΔA_i，即

$$\Delta A_i\approx f(\xi_i)\Delta x_i(i=1,2,\cdots,n).$$

(3) 求和.

n 个小矩形面积之和即为所求曲边梯形面积的近似值，即

$$A=\sum_{i=1}^{n}\Delta A_i\approx\sum_{i=1}^{n}f(\xi_i)\Delta x_i.$$

(4) 取极限.

记所有小区间长度的最大值为

$$\lambda=\max\{\Delta x_1,\Delta x_2,\cdots,\Delta x_n\},$$

当分点个数无限增加，即 $\lambda\to 0$ 时，上述和式的极限就是曲边梯形面积的精确值，即

$$A=\lim_{\lambda\to 0}\sum_{i=1}^{n}f(\xi_i)\Delta x_i.$$

引例 2 变速直线运动的路程

设某物体做直线运动,已知速度 $v=v(t)$ 是时间 t 的连续函数,且 $v(t)\geqslant 0$. 求在时间间隔$[T_1,T_2]$内物体所经过的路程 s.

如果物体做的是匀速直线运动,那么在$[T_1,T_2]$内物体所经过的路程 $s=v(T_2-T_1)$. 在本问题中,物体做的是变速直线运动,所以速度是变化着的. 但是,由于速度是连续变化的,因此当时间间隔很小时,物体速度的变化也就不大,也就是说在很小的时间间隔内可近似地将物体看作做匀速直线运动. 下面用类似于求曲边梯形面积的方法来计算路程 s.

(1) 分割.

在时间间隔$[T_1,T_2]$内任意插入 $n-1$ 个分点

$$T_1=t_0<t_1<t_2<\cdots<t_{i-1}<t_i<\cdots<t_{n-1}<t_n=T_2,$$

把$[T_1,T_2]$分成 n 个小段:

$$[t_0,t_1],[t_1,t_2],\cdots,[t_{i-1},t_i],\cdots,[t_{n-1},t_n].$$

各小段时间的长度分别记作

$$\Delta t_1=t_1-t_0,\Delta t_2=t_2-t_1,\cdots,\Delta t_n=t_n-t_{n-1},$$

相应地,在各段时间内物体经过的路程依次为

$$\Delta s_1,\Delta s_2,\cdots,\Delta s_n.$$

(2) 近似代替.

在时间间隔$[t_{i-1},t_i]$上任意取一个时刻 $\tau_i(t_{i-1}\leqslant\tau_i\leqslant t_i)$,用 τ_i 时的速度 $v(\tau_i)$ 来近似代替物体在$[t_{i-1},t_i]$上各个时刻的速度,得到部分路程 Δs_i 的近似值,即

$$\Delta s_i\approx v(\tau_i)\Delta t_i(i=1,2,\cdots,n).$$

(3) 求和.

n 段部分路程 Δs_i 的近似值之和就是所求变速直线运动的路程 s 的近似值,即

$$s=\sum_{i=1}^{n}\Delta s_i\approx\sum_{i=1}^{n}v(\tau_i)\Delta t_i.$$

(4) 取极限.

记所有小时间段的最大值为

$$\lambda=\max\{\Delta t_1,\Delta t_2,\cdots,\Delta t_n\},$$

当分点个数无限增加,即 $\lambda\to 0$ 时,上述和式的极限就是所求路程的精确值,即

$$s=\lim_{\lambda\to 0}\sum_{i=1}^{n}v(\tau_i)\Delta t_i.$$

以上两个例子虽然具有不同的实际意义,但是解决问题的方法是相同的,并且最后所得到的结果都是和式的极限. 在科学技术中还有许多实际问题也可以归结为这类和式的极限. 抛开这些实际问题的具体意义,把这类和式的极限用数学语言加以概括、抽象,就可以得到定积分的概念.

二、定积分的定义

定义　设函数 $f(x)$ 在区间 $[a,b]$ 上有定义. 在 $[a,b]$ 上任意插入 $n-1$ 个分点

$$a=x_0<x_1<x_2<\cdots<x_{i-1}<x_i<\cdots<x_{n-1}<x_n=b,$$

将区间 $[a,b]$ 分成 n 个子区间：

$$[x_0,x_1],[x_1,x_2],\cdots,[x_{i-1},x_i],\cdots,[x_{n-1},x_n].$$

各小区间的长度依次为

$$\Delta x_1=x_1-x_0,\Delta x_2=x_2-x_1,\cdots,\Delta x_n=x_n-x_{n-1}.$$

在每个子区间 $[x_{i-1},x_i]$ 上任取一点 $\xi_i(x_{i-1}\leqslant\xi_i\leqslant x_i)$，作函数值 $f(\xi_i)$ 与小区间长度 Δx_i 的乘积 $f(\xi_i)\Delta x_i(i=1,2,\cdots,n)$，并作出和

$$S=\sum_{i=1}^{n}f(\xi_i)\Delta x_i.$$

记 $\lambda=\max\{\Delta x_1,\Delta x_2,\cdots,\Delta x_n\}$，如果不论对 $[a,b]$ 怎样分法，也不论在小区间 $[x_{i-1},x_i]$ 上点 ξ_i 怎样取法，只要当 $\lambda\to 0$ 时，和 S 总趋于确定的极限 I，则称函数 $f(x)$ 在区间 $[a,b]$ 上可积，并称 I 为函数 $f(x)$ 在区间 $[a,b]$ 上的定积分（简称积分），记作 $\int_a^b f(x)\mathrm{d}x$，即

$$\int_a^b f(x)\mathrm{d}x=\lim_{\lambda\to 0}\sum_{i=1}^{n}f(\xi_i)\Delta x_i,$$

其中 $f(x)$ 称为被积函数，$f(x)\mathrm{d}x$ 称为被积表达式，x 称为积分变量，$[a,b]$ 称为积分区间，a 称为积分下限，b 称为积分上限，符号 $\int_a^b f(x)\mathrm{d}x$ 读作函数 $f(x)$ 从 a 到 b 的定积分.

根据定积分的定义，前面所讨论的两个引例都可以表示为定积分：

（1）由曲线 $y=f(x)\geqslant 0$，x 轴以及两条直线 $x=a$，$x=b$ 所围成的曲边梯形的面积 A 等于函数 $f(x)$ 在区间 $[a,b]$ 上的定积分，即

$$A=\int_a^b f(x)\mathrm{d}x.$$

（2）变速直线运动的路程 s 是速度函数 $v(t)$ 在时间间隔 $[T_1,T_2]$ 上的定积分，即

$$s=\int_{T_1}^{T_2}v(t)\mathrm{d}t.$$

定积分的概念

关于定积分的定义，在理解时还应注意以下几点：

（1）定积分 $\int_a^b f(x)\mathrm{d}x$ 是和式的极限，它表示一个数值，是由函数 $f(x)$ 与积分区间 $[a,b]$ 确定的. 因此，定积分与积分变量的记号无关，即

$$\int_a^b f(x)\mathrm{d}x=\int_a^b f(t)\mathrm{d}t=\int_a^b f(u)\mathrm{d}u.$$

（2）在定积分的定义中，总假设 $a<b$，对于 $a=b$，$a>b$ 的情况，特作如下规定：

当 $a=b$ 时，$\int_a^b f(x)\mathrm{d}x=0$；当 $a>b$ 时，$\int_a^b f(x)\mathrm{d}x=-\int_b^a f(x)\mathrm{d}x$.

(3) 函数 $f(x)$ 在 $[a,b]$ 上可积的充分条件是:①若 $f(x)$ 在 $[a,b]$ 上连续,则 $f(x)$ 在 $[a,b]$ 上可积;②若 $f(x)$ 在 $[a,b]$ 上有界,且只有有限个第一类间断点,则 $f(x)$ 在 $[a,b]$ 上可积.

下面举一个用定义计算定积分的例子.

例 1 利用定义计算定积分 $\int_0^1 x^2\,dx$.

解 因为被积函数 $f(x)=x^2$ 在积分区间 $[0,1]$ 上连续,而连续函数是可积的,所以积分与区间 $[0,1]$ 的分法及点 ξ_i 的取法无关.因此,为了便于计算,不妨把区间 $[0,1]$ 分成 n 等份,分点为

$$x_0=0, x_1=\frac{1}{n}, x_2=\frac{2}{n}, \cdots, x_i=\frac{i}{n}, \cdots, x_n=1.$$

这样,每个子区间 $[x_{i-1},x_i]$ 的长度 $\Delta x_i=\frac{1}{n}(i=1,2,\cdots,n)$,并取 $\xi_i=x_i(i=1,2,\cdots,n)$.

于是得和式

$$\begin{aligned}\sum_{i=1}^{n} f(\xi_i)\Delta x_i &= \sum_{i=1}^{n}\xi_i^2\Delta x_i=\sum_{i=1}^{n}x_i^2\Delta x_i\\ &=\sum_{i=1}^{n}\left(\frac{i}{n}\right)^2\cdot\frac{1}{n}=\frac{1}{n^3}\sum_{i=1}^{n}i^2\\ &=\frac{1}{n^3}\cdot\frac{1}{6}n(n+1)(2n+1)\\ &=\frac{1}{6}\left(1+\frac{1}{n}\right)\left(2+\frac{1}{n}\right).\end{aligned}$$

当 $\lambda\to 0$ 即 $n\to+\infty$ 时,取上式右端的极限.由定积分的定义,即得所求的积分为

$$\int_0^1 x^2\,dx=\lim_{\lambda\to 0}\sum_{i=1}^{n}\xi_i^2\Delta x_i=\lim_{n\to+\infty}\frac{1}{6}\left(1+\frac{1}{n}\right)\left(2+\frac{1}{n}\right)=\frac{1}{3}.$$

可以看出,利用定义直接计算定积分是很麻烦的.

三、定积分的几何意义

由前面的引例可知,如果在区间 $[a,b]$ 上 $f(x)\geqslant 0$,则定积分 $\int_a^b f(x)\,dx$ 在几何上表示由曲线 $y=f(x)$,直线 $x=a$,$x=b$ 及 x 轴所围成的曲边梯形的面积 A.

如果在区间 $[a,b]$ 上 $f(x)\leqslant 0$,则此时由曲线 $y=f(x)$,直线 $x=a$,$x=b$ 及 x 轴所围成的曲边梯形位于 x 轴的下方,定积分 $\int_a^b f(x)\,dx$ 表示曲边梯形的面积 A 的相反数,即 $A=-\int_a^b f(x)\,dx$. 如图 5-3 所示.

如果在区间 $[a,b]$ 上 $f(x)$ 既可取正值又可取负值,则定积分 $\int_a^b f(x)\,dx$ 在几何上表示介于曲线 $y=f(x)$,直线 $x=a$,$x=b$ 及 x 轴之间的各部分面积的代数和,其中位于 x 轴上方的面积前加正号,位于 x 轴下方的面积前加负号,如图 5-4 所示.

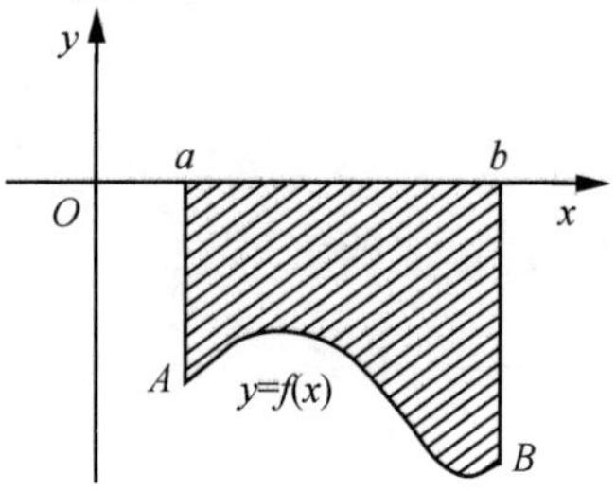

图 5-3

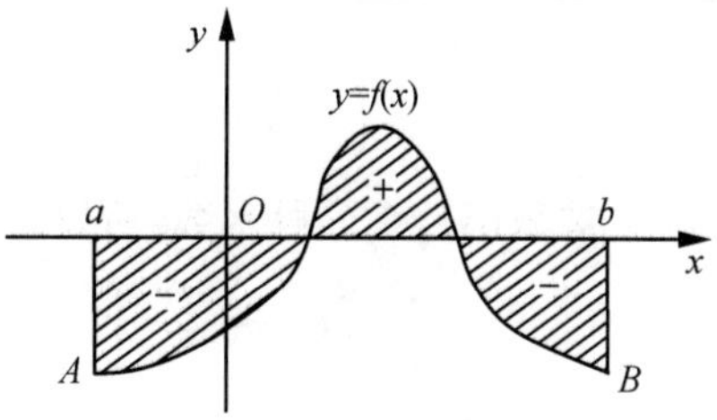

图 5-4

四、定积分的性质

由定积分的定义及极限的运算法则，可以推出定积分具有以下性质. 为叙述方便，假设下面各性质中所涉及的函数都是可积的.

性质 1　两个函数的和(或差)的定积分等于它们定积分的和(或差)，即

$$\int_a^b [f(x) \pm g(x)]\mathrm{d}x = \int_a^b f(x)\mathrm{d}x \pm \int_a^b g(x)\mathrm{d}x.$$

证　$$\int_a^b [f(x) \pm g(x)]\mathrm{d}x = \lim_{\lambda\to 0}\sum_{i=1}^{n}[f(\xi_i) \pm g(\xi_i)]\Delta x_i$$

$$= \lim_{\lambda\to 0}\sum_{i=1}^{n} f(\xi_i)\Delta x_i \pm \lim_{\lambda\to 0}\sum_{i=1}^{n} g(\xi_i)\Delta x_i$$

$$= \int_a^b f(x)\mathrm{d}x \pm \int_a^b g(x)\mathrm{d}x.$$

性质 1 可以推广到有限多个函数代数和的情形，即

$$\int_a^b [f_1(x) \pm f_2(x) \pm \cdots \pm f_n(x)]\mathrm{d}x = \int_a^b f_1(x)\mathrm{d}x \pm \int_a^b f_2(x)\mathrm{d}x \pm \cdots \pm \int_a^b f_n(x)\mathrm{d}x.$$

类似地，可以证明如下性质.

性质 2　被积函数中的常数因子可以提到积分号的前面，即

$$\int_a^b kf(x)\mathrm{d}x = k\int_a^b f(x)\mathrm{d}x\,(k\text{ 是常数}).$$

性质 3　如果在区间$[a,b]$上 $f(x)\equiv 1$，则

$$\int_a^b 1\mathrm{d}x = \int_a^b \mathrm{d}x = b-a.$$

根据定积分的几何意义，不难看出性质 3 是成立的.

性质 4(定积分对积分区间的可加性)　如果积分区间$[a,b]$被分点 c 分成区间$[a,c]$和$[c,b]$，则

$$\int_a^b f(x)\mathrm{d}x = \int_a^c f(x)\mathrm{d}x + \int_c^b f(x)\mathrm{d}x.$$

证明从略.

值得注意的是，无论点 c 是否介于 a 与 b 之间，即对 $c<a<b$ 或 $a<b<c$，性质 4 仍然成立. 性质 4 可以用于求分段函数的定积分.

例 2 已知 $f(x)=\begin{cases}1+x, & x<0,\\ 1-\dfrac{x}{2}, & x\geqslant 0,\end{cases}$ 求 $\int_{-1}^{2} f(x)\mathrm{d}x$.

解 由于被积函数是分段函数,所以定积分应分段积分.根据性质 4,有

$$\int_{-1}^{2} f(x)\mathrm{d}x = \int_{-1}^{0}(1+x)\mathrm{d}x + \int_{0}^{2}\left(1-\frac{x}{2}\right)\mathrm{d}x,$$

利用定积分的几何意义,可分别求出

$$\int_{-1}^{0}(1+x)\mathrm{d}x = \frac{1}{2}, \int_{0}^{2}\left(1-\frac{x}{2}\right)\mathrm{d}x = 1,$$

所以有

$$\int_{-1}^{2} f(x)\mathrm{d}x = \frac{1}{2}+1=\frac{3}{2}.$$

性质 5(定积分的保序性) 如果在区间$[a,b]$上,$f(x)\geqslant 0$,则

$$\int_{a}^{b} f(x)\mathrm{d}x \geqslant 0.$$

由性质 5 可以得到以下两个推论:

推论 1 如果在区间$[a,b]$上,$f(x)\leqslant g(x)$,则

$$\int_{a}^{b} f(x)\mathrm{d}x \leqslant \int_{a}^{b} g(x)\mathrm{d}x.$$

推论 2 $\left|\int_{a}^{b} f(x)\mathrm{d}x\right| \leqslant \int_{a}^{b} |f(x)|\mathrm{d}x \ (a<b)$.

证 因为

$$-|f(x)|\leqslant f(x)\leqslant |f(x)|,$$

所以由推论 1 及性质 2 可得

$$-\int_{a}^{b} |f(x)|\mathrm{d}x \leqslant \int_{a}^{b} f(x)\mathrm{d}x \leqslant \int_{a}^{b} |f(x)|\mathrm{d}x,$$

即

$$\left|\int_{a}^{b} f(x)\mathrm{d}x\right| \leqslant \int_{a}^{b} |f(x)|\mathrm{d}x.$$

推论 1 说明,当两个定积分比较大小时,可以由它们的被积函数在积分区间上的大小而确定.

例 3 比较下面各对积分值的大小.

(1) $\int_{0}^{1}\sqrt[3]{x}\mathrm{d}x$ 与 $\int_{0}^{1}x^3\mathrm{d}x$; (2) $\int_{0}^{1}x\mathrm{d}x$ 与 $\int_{0}^{1}\ln(1+x)\mathrm{d}x$.

解 (1) 根据幂函数的性质,在$[0,1]$上,有

$$\sqrt[3]{x}\geqslant x^3,$$

再由推论 1,有

$$\int_{0}^{1}\sqrt[3]{x}\mathrm{d}x \geqslant \int_{0}^{1}x^3\mathrm{d}x.$$

(2) 令 $f(x)=x-\ln(1+x)$. 当 $x\in[0,1]$时,

$$f'(x)=1-\frac{1}{1+x}=\frac{x}{1+x}\geqslant 0,$$

所以 $f(x)$ 在区间 $[0,1]$ 上单调增加，因此当 $x\geqslant 0$ 时，有

$$f(x)\geqslant f(0)=[x-\ln(1+x)]|_{x=0}=0,$$

从而有 $x\geqslant\ln(1+x)$. 由推论 1，知

$$\int_0^1 x\mathrm{d}x\geqslant\int_0^1\ln(1+x)\mathrm{d}x.$$

性质 6(定积分的估值定理)　设 M 和 m 分别是函数 $f(x)$ 在区间 $[a,b]$ 上的最大值和最小值，则

$$m(b-a)\leqslant\int_a^b f(x)\mathrm{d}x\leqslant M(b-a).$$

证　因为 $m\leqslant f(x)\leqslant M(a\leqslant x\leqslant b)$，由性质 5 的推论 1，可知

$$\int_a^b m\mathrm{d}x\leqslant\int_a^b f(x)\mathrm{d}x\leqslant\int_a^b M\mathrm{d}x,$$

再由性质 2 和性质 3，可知

$$m(b-a)\leqslant\int_a^b f(x)\mathrm{d}x\leqslant M(b-a).$$

性质 6 的几何解释是：曲线 $y=f(x)$ 在 $[a,b]$ 上的曲边梯形面积介于以区间 $[a,b]$ 长度为底，分别以 m 和 M 为高的两个矩形面积之间，如图 5-5 所示.

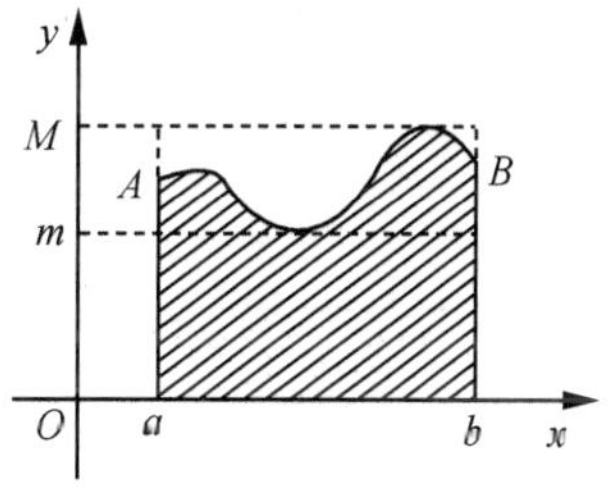

图 5-5

例 4　试估计定积分 $\int_{-1}^1 \mathrm{e}^{-x^2}\mathrm{d}x$ 的值.

解　先求函数 $f(x)=\mathrm{e}^{-x^2}$ 在区间 $[-1,1]$ 上的最大值和最小值. $f'(x)=-2x\mathrm{e}^{-x^2}$，令 $f'(x)=0$，则驻点为 $x=0$. 比较 $f(x)$ 在驻点 $x=0$ 及区间端点 $x=\pm1$ 处的函数值，

$$f(0)=1,f(1)=f(-1)=\mathrm{e}^{-1},$$

所以 $f(x)$ 在区间 $[-1,1]$ 上的最大值 $M=1$，最小值 $m=\mathrm{e}^{-1}$. 由定积分的估值定理，可知

$$2\mathrm{e}^{-1}\leqslant\int_{-1}^1 \mathrm{e}^{-x^2}\mathrm{d}x\leqslant 2.$$

性质 7(定积分中值定理)　若函数 $f(x)$ 在区间 $[a,b]$ 上连续，则在 $[a,b]$ 上至少存在一点 ξ，使下式成立

$$\int_a^b f(x)\mathrm{d}x=f(\xi)(b-a).$$

证　因为 $f(x)$ 在区间 $[a,b]$ 上连续，根据闭区间上连续函数的最大值和最小值定理，$f(x)$ 在 $[a,b]$ 上一定有最大值 M 和最小值 m. 由定积分的性质 6，有

$$m(b-a)\leqslant\int_a^b f(x)\mathrm{d}x\leqslant M(b-a),$$

即

$$m\leqslant\frac{1}{b-a}\int_a^b f(x)\mathrm{d}x\leqslant M,$$

由闭区间上连续函数的介值定理,在$[a,b]$上至少存在一点ξ,使得

$$f(\xi)=\frac{1}{b-a}\int_a^b f(x)\mathrm{d}x,$$

于是,有

$$\int_a^b f(x)\mathrm{d}x=f(\xi)(b-a)(a\leqslant\xi\leqslant b).\tag{5.1}$$

当$b<a$时,上式仍成立.式(5.1)称为积分中值公式.

性质7的几何意义是:连续曲线$y=f(x)$在$[a,b]$上的曲边梯形的面积等于以区间长$b-a$为底、$[a,b]$中一点ξ的函数值为高的矩形面积.如图5-6所示.

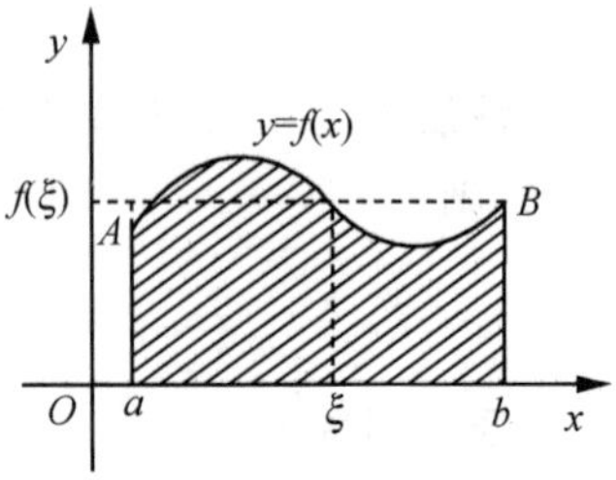

图 5-6

性质8(对称区间上奇偶函数的性质) 设函数$f(x)$在$[-l,l]$上连续.

(1) 若$f(x)$在$[-l,l]$上是偶函数,则

$$\int_{-l}^{l} f(x)\mathrm{d}x=2\int_0^l f(x)\mathrm{d}x.$$

(2) 若$f(x)$在$[-l,l]$上是奇函数,则

$$\int_{-l}^{l} f(x)\mathrm{d}x=0.$$

该性质的几何意义:如图5-7所示,$f(x)$为奇函数;如图5-8所示,$f(x)$为偶函数.

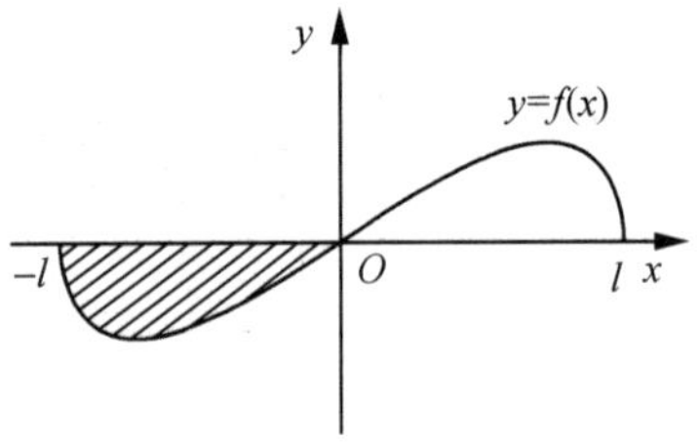

图 5-7

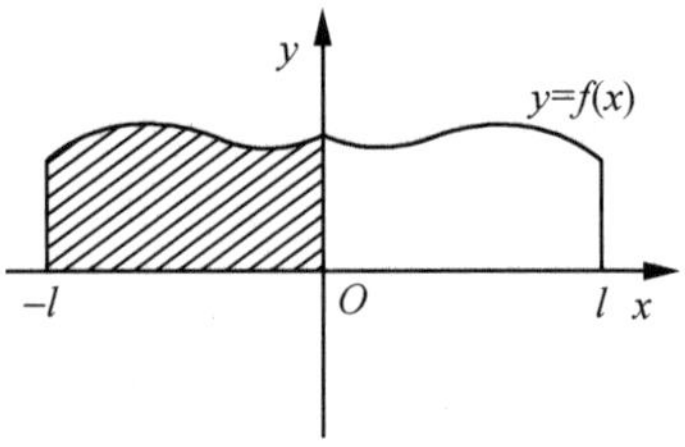

图 5-8

第二节 微积分基本公式

在上一节中,我们举过利用定积分的定义计算定积分的例子.从这个例子可以看出,即使被积函数很简单,计算起来也会很复杂,且难度较大.所以,必须寻找一种简便有效的计算定积分的新方法.

下面我们先从实际问题中寻找解决问题的数学模型.由上一节中的引例2可知,如果速度函数$v=v(t)$已知,那么物体在时间间隔$[T_1,T_2]$内所经过的路程s就可以用定积分表示为$s=\int_{T_1}^{T_2} v(t)\mathrm{d}t$.另外,如果路程函数$s=s(t)$,那么物体在时间间隔$[T_1,T_2]$内所经过的路程$s=s(T_2)-s(T_1)$.所以又有

$$\int_{T_1}^{T_2} v(t)\mathrm{d}t=s(T_2)-s(T_1).$$

由于 $s'(t)=v(t)$，即 $s(t)$是 $v(t)$的原函数. 这就是说，定积分 $\int_{T_1}^{T_2} v(t)\mathrm{d}t$ 等于被积函数 $v(t)$的原函数 $s(t)$在时间区间$[T_1,T_2]$上的增量 $s(T_2)-s(T_1)$.

上述从变速直线运动的路程这个特殊问题中得出来的关系，在一定条件下具有普遍性，这不但说明了定积分与不定积分（原函数）之间有密切的关系，更重要的是提供了由原函数计算定积分的方法. 下面先介绍积分上限函数，然后揭示不定积分与定积分之间的内在联系，证明微积分基本公式——牛顿-莱布尼茨（Newton-Leibniz）公式.

一、积分上限的函数及其导数

设函数 $f(x)$在区间$[a,b]$上连续，并且设 x 是$[a,b]$上的一点，下面我们考察积分

$$\int_a^x f(x)\mathrm{d}x.$$

由于 $f(x)$在$[a,x]$上仍然连续，因此这个定积分是存在的. 这时，x 既表示定积分的上限，又表示积分变量. 由于定积分与积分变量的记法无关，所以，为了明确起见，可将积分变量改用其他符号，不妨用 t 表示积分变量，则上面的定积分可表示为

$$\int_a^x f(t)\mathrm{d}t.$$

如果上限 x 在区间$[a,b]$上任意变动，则对于每一个取定的 x 值，都有一个积分值与之相对应，这样在$[a,b]$上就定义了一个函数，称为积分上限的函数，记作 $\Phi(x)$，即

$$\Phi(x)=\int_a^x f(t)\mathrm{d}t\ (a\leqslant x\leqslant b).$$

函数 $\Phi(x)$具有如下重要性质

定理 1　如果函数 $f(x)$在区间$[a,b]$上连续，则积分上限的函数

$$\Phi(x)=\int_a^x f(t)\mathrm{d}t$$

在区间$[a,b]$上可导，且

$$\Phi'(x)=\frac{\mathrm{d}}{\mathrm{d}x}\int_a^x f(t)\mathrm{d}t=f(x).$$

证　由导数定义，只须证$\lim\limits_{\Delta x\to 0}\dfrac{\Delta\Phi(x)}{\Delta x}=f(x)$即可. 不妨设 $\Delta x>0$，因为

$$\begin{aligned}\Delta\Phi&=\Phi(x+\Delta x)-\Phi(x)\\&=\int_a^{x+\Delta x}f(t)\mathrm{d}t-\int_a^x f(t)\mathrm{d}t\\&=\int_a^{x+\Delta x}f(t)\mathrm{d}t+\int_x^a f(t)\mathrm{d}t\\&=\int_x^{x+\Delta x}f(t)\mathrm{d}t.\end{aligned}$$

由定积分中值定理，知

$$\int_{x}^{x+\Delta x} f(t)\mathrm{d}t=f(\xi)\Delta x,\ \xi\in[x,x+\Delta x],$$

即

$$\frac{\Delta\Phi}{\Delta x}=\frac{f(\xi)\Delta x}{\Delta x}=f(\xi).$$

当 $\Delta x\to 0$ 时，有 $x+\Delta x\to x$，从而 $\xi\to x$. 根据导数的定义以及函数的连续性，有

$$\Phi'(x)=\lim_{\Delta x\to 0}\frac{\Delta\Phi}{\Delta x}=\lim_{\xi\to x}f(\xi)=f(x),$$

故

$$\Phi'(x)=\frac{\mathrm{d}}{\mathrm{d}x}\int_a^x f(t)\mathrm{d}t=f(x).$$

定理 1 表明：积分上限的函数 $\Phi(x)=\int_a^x f(t)\mathrm{d}t$ 是函数 $f(x)$ 在区间 $[a,b]$ 上的一个原函数. 这就肯定了连续函数的原函数是存在的，所以定理 1 也称为原函数存在定理.

例 1　设 $\Phi(x)=\int_1^x t\mathrm{e}^{-t^2}\mathrm{d}t$，求 $\Phi'(x)$.

解　$\Phi'(x)=\frac{\mathrm{d}}{\mathrm{d}x}\int_1^x t\mathrm{e}^{-t^2}\mathrm{d}t=x\mathrm{e}^{-x^2}$.

例 2　设 $F(x)=\int_{x^2}^2 \sin(2t^3-1)\mathrm{d}t$，求 $F'(x)$.

解　因为　$\int_{x^2}^2 \sin(2t^3-1)\mathrm{d}t=-\int_2^{x^2}\sin(2t^3-1)\mathrm{d}t$，

其中 $\int_2^{x^2}\sin(2t^3-1)\mathrm{d}t$ 是 x 的复合函数. 令 $x^2=u$，则

$$\int_2^{x^2}\sin(2t^3-1)\mathrm{d}t=\int_2^u\sin(2t^3-1)\mathrm{d}t.$$

根据复合函数的求导法则，有

$$\frac{\mathrm{d}}{\mathrm{d}x}\int_2^u\sin(2t^3-1)\mathrm{d}t=\frac{\mathrm{d}}{\mathrm{d}u}\int_2^u\sin(2t^3-1)\mathrm{d}t\cdot\frac{\mathrm{d}u}{\mathrm{d}x}=\sin(2u^3-1)\cdot 2x=2x\sin(2x^6-1),$$

所以

$$F'(x)=\frac{\mathrm{d}}{\mathrm{d}x}\int_{x^2}^2\sin(2t^3-1)\mathrm{d}t=\frac{\mathrm{d}}{\mathrm{d}x}\left[-\int_2^{x^2}\sin(2t^3-1)\mathrm{d}t\right]=-2x\sin(2x^6-1).$$

例 3　设 $G(x)=\int_{x^2}^{x^3}\sqrt{1-t^3}\mathrm{d}t$，求 $G'(x)$.

解　$G'(x)=\frac{\mathrm{d}}{\mathrm{d}x}\int_{x^2}^{x^3}\sqrt{1-t^3}\mathrm{d}t=\frac{\mathrm{d}}{\mathrm{d}x}\int_{x^2}^0\sqrt{1-t^3}\mathrm{d}t+\frac{\mathrm{d}}{\mathrm{d}x}\int_0^{x^3}\sqrt{1-t^3}\mathrm{d}t$，

利用复合函数求导法则，有

$$\begin{aligned}\frac{\mathrm{d}}{\mathrm{d}x}\int_{x^2}^0\sqrt{1-t^3}\mathrm{d}t&=\frac{\mathrm{d}}{\mathrm{d}x}\left(-\int_0^{x^2}\sqrt{1-t^3}\mathrm{d}t\right)\\&=-\sqrt{1-(x^2)^3}\cdot(x^2)'=-2x\sqrt{1-x^6},\end{aligned}$$

$$\frac{\mathrm{d}}{\mathrm{d}x}\int_0^{x^3}\sqrt{1-t^3}\mathrm{d}t=\sqrt{1-(x^3)^3}\cdot(x^3)'=3x^2\sqrt{1-x^9},$$

所以

$$G'(x)=-2x\sqrt{1-x^6}+3x^2\sqrt{1-x^9}.$$

例 4　求 $\lim\limits_{x\to 0}\dfrac{\int_{\cos x}^{1}e^{-t^2}\,dt}{x^2}$.

解　易知这是一个$\dfrac{0}{0}$型未定式极限，故可利用洛必达法则计算. 由于

$$\frac{d}{dx}\int_{\cos x}^{1}e^{-t^2}\,dt=\frac{d}{dx}\left(-\int_{1}^{\cos x}e^{-t^2}\,dt\right)=\sin x e^{-\cos^2 x},$$

因此

$$\lim_{x\to 0}\frac{\int_{\cos x}^{1}e^{-t^2}\,dt}{x^2}=\lim_{x\to 0}\frac{\sin x e^{-\cos^2 x}}{2x}=\frac{1}{2e}.$$

二、微积分基本公式

定理 2　如果函数 $f(x)$ 在区间 $[a,b]$ 上连续，且 $F(x)$ 是 $f(x)$ 在 $[a,b]$ 上的任一原函数，则

$$\int_a^b f(x)\,dx=F(b)-F(a). \tag{5.2}$$

证　已知函数 $F(x)$ 是 $f(x)$ 在 $[a,b]$ 上的一个原函数，又由定理 1，知 $\Phi(x)=\int_a^x f(t)\,dt$ 也是 $f(x)$ 在 $[a,b]$ 上的一个原函数，所以 $\Phi(x)-F(x)$ 必定是某一个常数，即

$$\Phi(x)=\int_a^x f(t)\,dt=F(x)+C_0.$$

令 $x=a$，得

$$\int_a^a f(t)\,dt=0=F(a)+C_0,$$

则 $C_0=-F(a)$. 所以

$$\int_a^x f(t)\,dt=F(x)-F(a).$$

再令 $x=b$，得

$$\int_a^b f(t)\,dt=F(b)-F(a),$$

即

$$\int_a^b f(x)\,dx=F(b)-F(a).$$

公式(5.2)称为**牛顿-莱布尼茨公式**，也称为**微积分基本公式**. 为了方便起见，以后把(5.2)式右端的 $F(b)-F(a)$ 记作 $F(x)\big|_a^b$ 或 $[F(x)]_a^b$，于是(5.2)式又可写为

$$\int_a^b f(x)\,dx=F(b)-F(a)=F(x)\big|_a^b=[F(x)]_a^b.$$

牛顿-莱布尼茨公式提供了计算定积分的简便的基本方法，即求定积分的值，只要先求

出被积函数 $f(x)$ 的一个原函数 $F(x)$，然后计算原函数在区间 $[a,b]$ 上的增量 $F(b)-F(a)$ 即可. 该公式把计算定积分归结为求原函数的问题，揭示了定积分与不定积分之间的内在联系.

定积分的计算公式

例 5 求 $\int_{-1}^{1}\frac{1}{1+x^2}\mathrm{d}x$.

解 由于 $\arctan x$ 是 $\frac{1}{1+x^2}$ 的一个原函数，根据牛顿-莱布尼茨公式，有

$$\int_{-1}^{1}\frac{1}{1+x^2}\mathrm{d}x=\arctan x\Big|_{-1}^{1}=\arctan 1-\arctan(-1)=\frac{\pi}{4}-\left(-\frac{\pi}{4}\right)=\frac{\pi}{2}.$$

例 6 求 $\int_{-1}^{1}\frac{\mathrm{e}^x}{1+\mathrm{e}^x}\mathrm{d}x$.

解
$$\int_{-1}^{1}\frac{\mathrm{e}^x}{1+\mathrm{e}^x}\mathrm{d}x=\int_{-1}^{1}\frac{1}{1+\mathrm{e}^x}\mathrm{d}(1+\mathrm{e}^x)$$
$$=\ln(1+\mathrm{e}^x)\Big|_{-1}^{1}=\ln(1+\mathrm{e})-\ln(1+\mathrm{e}^{-1})=1.$$

例 7 求 $\int_{\frac{\pi}{6}}^{\frac{\pi}{4}}\cos^2 x\mathrm{d}x$.

解
$$\int_{\frac{\pi}{6}}^{\frac{\pi}{4}}\cos^2 x\mathrm{d}x=\frac{1}{2}\int_{\frac{\pi}{6}}^{\frac{\pi}{4}}(1+\cos 2x)\mathrm{d}x=\frac{1}{2}\int_{\frac{\pi}{6}}^{\frac{\pi}{4}}\mathrm{d}x+\frac{1}{4}\int_{\frac{\pi}{6}}^{\frac{\pi}{4}}\cos 2x\mathrm{d}(2x)$$
$$=\frac{1}{2}x\Big|_{\frac{\pi}{6}}^{\frac{\pi}{4}}+\frac{1}{4}\sin 2x\Big|_{\frac{\pi}{6}}^{\frac{\pi}{4}}=\frac{\pi}{24}+\frac{1}{4}-\frac{\sqrt{3}}{8}.$$

例 8 计算 $\int_0^{\pi}\sqrt{\sin x-\sin^3 x}\mathrm{d}x$.

解 先将被积函数化简.

$$\int_0^{\pi}\sqrt{\sin x-\sin^3 x}\mathrm{d}x=\int_0^{\pi}\sqrt{\sin x(1-\sin^2 x)}\mathrm{d}x=\int_0^{\pi}\sqrt{\sin x}\,|\cos x|\,\mathrm{d}x.$$

上式右端的被积函数中出现了绝对值函数 $|\cos x|$，由于 $\cos x$ 在 $\left[0,\frac{\pi}{2}\right]$ 和 $\left[\frac{\pi}{2},\pi\right]$ 上符号不同，所以必须分区间计算，根据定积分对积分区间的可加性这一性质，有

$$\int_0^{\pi}\sqrt{\sin x-\sin^3 x}\mathrm{d}x=\int_0^{\pi}\sqrt{\sin x}\,|\cos x|\,\mathrm{d}x$$
$$=\int_0^{\frac{\pi}{2}}\sqrt{\sin x}\cos x\mathrm{d}x+\int_{\frac{\pi}{2}}^{\pi}\sqrt{\sin x}(-\cos x)\mathrm{d}x$$
$$=\int_0^{\frac{\pi}{2}}\sqrt{\sin x}\mathrm{d}(\sin x)-\int_{\frac{\pi}{2}}^{\pi}\sqrt{\sin x}\mathrm{d}(\sin x)$$
$$=\frac{2}{3}(\sin x)^{\frac{3}{2}}\Big|_0^{\frac{\pi}{2}}-\frac{2}{3}(\sin x)^{\frac{3}{2}}\Big|_{\frac{\pi}{2}}^{\pi}$$
$$=\frac{2}{3}-\left(-\frac{2}{3}\right)=\frac{4}{3}.$$

例 9 计算 $\int_0^2 f(x)\mathrm{d}x$，其中 $f(x)=\begin{cases}x^2, & 0\leqslant x\leqslant 1,\\ x-1, & 1<x<2.\end{cases}$

解　由于被积函数是一个分段函数，故要先用定积分对积分区间的可加性这一性质将积分分成两部分.

$$\int_0^2 f(x)\mathrm{d}x = \int_0^1 f(x)\mathrm{d}x + \int_1^2 f(x)\mathrm{d}x = \int_0^1 x^2\mathrm{d}x + \int_1^2 (x-1)\mathrm{d}x$$
$$= \frac{1}{3}x^3\Big|_0^1 + \left(\frac{1}{2}x^2 - x\right)\Big|_1^2 = \frac{5}{6}.$$

思考　$\int_{-1}^{1}\frac{1}{x}\mathrm{d}x = [\ln|x|]_{-1}^{1} = 0$，这样计算对不对？

第三节　定积分的换元法与分部积分法

一、定积分的换元积分法

用牛顿-莱布尼茨公式计算定积分，需要求被积函数的原函数，所以由不定积分的积分法可得到相应的定积分的积分法. 下面先介绍定积分的换元积分法.

定理 1　设函数 $f(x)$ 在区间 $[a,b]$ 上连续. 若函数 $x=\varphi(t)$ 满足下列条件：

(1) $\varphi(\alpha)=a$，$\varphi(\beta)=b$；

(2) 当 t 在 $[\alpha,\beta]$（或 $[\beta,\alpha]$）上变化时，$x=\varphi(t)$ 的值在 $[a,b]$ 上单调地变化，且 $\varphi'(t)$ 连续，则有

$$\int_a^b f(x)\mathrm{d}x = \int_\alpha^\beta f[\varphi(t)]\varphi'(t)\mathrm{d}t.$$

上述公式称为定积分的换元公式，简称换元公式.

证　因为 $f(x)$ 在区间 $[a,b]$ 上连续，所以 $f(x)$ 在 $[a,b]$ 上可积.

设 $F(x)$ 是 $f(x)$ 在 $[a,b]$ 上的一个原函数，则由牛顿-莱布尼茨公式，有

$$\int_a^b f(x)\mathrm{d}x = F(b) - F(a).$$

因为 $\int f(x) = F(x) + C$，令 $x=\varphi(t)$，由不定积分的换元公式，有

$$\int f[\varphi(t)]\varphi'(t)\mathrm{d}t = F[\varphi(t)] + C,$$

定积分的换元积分法

于是

$$\int_\alpha^\beta f[\varphi(t)]\varphi'(t)\mathrm{d}t = F[\varphi(\beta)] - F[\varphi(\alpha)] = F(b) - F(a),$$

所以

$$\int_a^b f(x)\mathrm{d}x = \int_\alpha^\beta f[\varphi(t)]\varphi'(t)\mathrm{d}t.$$

这里应当注意，定积分的换元法与不定积分的换元法的不同之处在于：定积分的换元法在换元后，积分上、下限也要作相应的变换，即“换元必换限”. 在换元之后，按新的积分变量

进行定积分运算,不必再还原为原变量.另外,新变元的积分限可能 $\alpha>\beta$,也可能 $\alpha<\beta$,但一定要满足 $\varphi(\alpha)=a,\varphi(\beta)=b$,即 $t=\alpha$ 对应于 $x=a$,$t=\beta$ 对应于 $x=b$.

例 1 求 $\int_0^4 \frac{1}{1+\sqrt{x}}dx$.

解 令 $\sqrt{x}=t$,则 $x=t^2$,$dx=2tdt$.当 $x=0$ 时,$t=0$;$x=4$ 时,$t=2$.于是

$$\int_0^4 \frac{1}{1+\sqrt{x}}dx = 2\int_0^2 \frac{t}{1+t}dt = 2\int_0^2\left(1-\frac{1}{1+t}\right)dt$$

$$=2(t-\ln|1+t|)\Big|_0^2=4-2\ln3.$$

例 2 求 $\int_0^{\frac{\pi}{2}} \sin^4 x\cos x dx$.

解 令 $\sin x=t$,则 $\cos x dx=dt$.当 $x=0$ 时,$t=0$;当 $x=\frac{\pi}{2}$时,$t=1$.于是

$$\int_0^{\frac{\pi}{2}} \sin^4 x\cos x dx = \int_0^1 t^4 dt = \frac{1}{5}t^5\Big|_0^1=\frac{1}{5}.$$

在例 2 中,利用凑微分法求定积分更方便些,即不引入新的积分变量 t,那么积分上、下限也不需要变换,也就是说"不换元则不换限",具体步骤如下:

$$\int_0^{\frac{\pi}{2}} \sin^4 x\cos x dx = \int_0^{\frac{\pi}{2}} \sin^4 x d(\sin x) = \frac{1}{5}\sin^5 x\Big|_0^{\frac{\pi}{2}}=\frac{1}{5}.$$

例 3 求 $\int_{\ln3}^{\ln8} \sqrt{1+e^x}dx$.

解 令 $\sqrt{1+e^x}=t$,则 $x=\ln(t^2-1)$,$dx=\frac{2t}{t^2-1}dt$.当 $x=\ln8$ 时,$t=3$;当 $x=\ln3$ 时,$t=2$.于是

$$\int_{\ln3}^{\ln8} \sqrt{1+e^x}dx = 2\int_2^3 \frac{t^2}{t^2-1}dt = 2\int_2^3\left(1+\frac{1}{t^2-1}\right)dt$$

$$=\left(2t+\ln\left|\frac{t-1}{t+1}\right|\right)\Big|_2^3=2+\ln\frac{3}{2}.$$

例 4 求 $\int_1^{\sqrt{3}} \frac{1}{x^2\sqrt{1+x^2}}dx$.

解 令 $x=\tan t$,则 $dx=\sec^2 t dt$.当 $x=1$ 时,$t=\frac{\pi}{4}$;当 $x=\sqrt{3}$时,$t=\frac{\pi}{3}$.于是

$$\int_1^{\sqrt{3}} \frac{1}{x^2\sqrt{1+x^2}}dx = \int_{\frac{\pi}{4}}^{\frac{\pi}{3}} \frac{\sec^2 t}{\tan^2 t\sec t}dt$$

$$= \int_{\frac{\pi}{4}}^{\frac{\pi}{3}} \frac{\cos t}{\sin^2 t}dt = \int_{\frac{\pi}{4}}^{\frac{\pi}{3}} \frac{1}{\sin^2 t}d(\sin t)$$

$$=-\frac{1}{\sin t}\Big|_{\frac{\pi}{4}}^{\frac{\pi}{3}}=\sqrt{2}-\frac{2}{3}\sqrt{3}.$$

例 5 设 $f(x)$在$[-l,l]$上连续.证明:

(1) 若 $f(x)$在$[-l,l]$上是偶函数,则 $\int_{-l}^{l} f(x)dx = 2\int_0^l f(x)dx$;

(2) 若 $f(x)$ 在 $[-l,l]$ 上是奇函数，则 $\int_{-l}^{l} f(x)\mathrm{d}x = 0$.

证　由定积分的性质，知

$$\int_{-l}^{l} f(x)\mathrm{d}x = \int_{-l}^{0} f(x)\mathrm{d}x + \int_{0}^{l} f(x)\mathrm{d}x.$$

对定积分 $\int_{-l}^{0} f(x)\mathrm{d}x$ 作变量代换. 令 $x=-t$，则 $\mathrm{d}x=-\mathrm{d}t$. 当 $x=-l$ 时，$t=l$；当 $x=0$ 时，$t=0$. 于是，有

$$\int_{-l}^{0} f(x)\mathrm{d}x = -\int_{l}^{0} f(-t)\mathrm{d}t = \int_{0}^{l} f(-t)\mathrm{d}t = \int_{0}^{l} f(-x)\mathrm{d}x,$$

所以

$$\int_{-l}^{l} f(x)\mathrm{d}x = \int_{-l}^{0} f(x)\mathrm{d}x + \int_{0}^{l} f(x)\mathrm{d}x = \int_{0}^{l} [f(-x)+f(x)]\mathrm{d}x.$$

(1) 当 $f(x)$ 是偶函数时，$f(-x)=f(x)$，故

$$\int_{-l}^{l} f(x)\mathrm{d}x = \int_{0}^{l} [f(-x)+f(x)]\mathrm{d}x = \int_{0}^{l} [f(x)+f(x)]\mathrm{d}x = 2\int_{0}^{l} f(x)\mathrm{d}x.$$

(2) 当 $f(x)$ 是奇函数时，$f(-x)=-f(x)$，故

$$\int_{-l}^{l} f(x)\mathrm{d}x = \int_{0}^{l} [f(-x)+f(x)]\mathrm{d}x = \int_{0}^{l} [-f(x)+f(x)]\mathrm{d}x = 0.$$

例 6　求 $\int_{-1}^{1} \frac{\sin x + (\arctan x)^2}{1+x^2}\mathrm{d}x$.

解　$\int_{-1}^{1} \frac{\sin x + (\arctan x)^2}{1+x^2}\mathrm{d}x = \int_{-1}^{1} \frac{\sin x}{1+x^2}\mathrm{d}x + \int_{-1}^{1} \frac{(\arctan x)^2}{1+x^2}\mathrm{d}x.$

由于 $\frac{\sin x}{1+x^2}$ 在 $[-1,1]$ 上是奇函数，所以

$$\int_{-1}^{1} \frac{\sin x}{1+x^2}\mathrm{d}x = 0.$$

而 $\frac{(\arctan x)^2}{1+x^2}$ 在 $[-1,1]$ 上是偶函数，所以

$$\int_{-1}^{1} \frac{(\arctan x)^2}{1+x^2}\mathrm{d}x = 2\int_{0}^{1} \frac{(\arctan x)^2}{1+x^2}\mathrm{d}x = 2\int_{0}^{1} (\arctan x)^2\mathrm{d}(\arctan x)$$

$$= \frac{2}{3}(\arctan x)^3 \Big|_{0}^{1} = \frac{\pi^3}{96}.$$

例 7　若 $f(x)$ 在 $[0,1]$ 上连续.

(1) 证明：$\int_{0}^{\frac{\pi}{2}} f(\sin x)\mathrm{d}x = \int_{0}^{\frac{\pi}{2}} f(\cos x)\mathrm{d}x$.

(2) 证明：$\int_{0}^{\pi} xf(\sin x)\mathrm{d}x = \frac{\pi}{2}\int_{0}^{\pi} f(\sin x)\mathrm{d}x$，并由此计算：

$$\int_{0}^{\pi} \frac{x\sin x}{1+\cos^2 x}\mathrm{d}x.$$

证　(1) 令 $x=\frac{\pi}{2}-t$，则 $\mathrm{d}x=-\mathrm{d}t$. 且当 $x=0$ 时，$t=\frac{\pi}{2}$；当 $x=\frac{\pi}{2}$ 时，$t=0$. 结合三角函

数关系式 $\sin x=\cos\left(\frac{\pi}{2}-x\right)$,于是,有

$$\int_0^{\frac{\pi}{2}} f(\sin x)\mathrm{d}x=-\int_{\frac{\pi}{2}}^0 f\left[\sin\left(\frac{\pi}{2}-t\right)\right]\mathrm{d}t=\int_0^{\frac{\pi}{2}} f(\cos t)\mathrm{d}t=\int_0^{\frac{\pi}{2}} f(\cos x)\mathrm{d}x.$$

(2) 令 $x=\pi-t$,则 $\mathrm{d}x=-\mathrm{d}t$. 且当 $x=\pi$ 时,$t=0$;当 $x=0$ 时,$t=\pi$. 结合三角函数关系式 $\sin x=\sin(\pi-x)$,于是,有

$$\begin{aligned}\int_0^{\pi} xf(\sin x)\mathrm{d}x&=-\int_{\pi}^{0}(\pi-t)f[\sin(\pi-t)]\mathrm{d}t\\&=\int_0^{\pi}(\pi-t)f(\sin t)\mathrm{d}t\\&=\pi\int_0^{\pi}f(\sin t)\mathrm{d}t-\int_0^{\pi}tf(\sin t)\mathrm{d}t\\&=\pi\int_0^{\pi}f(\sin t)\mathrm{d}t-\int_0^{\pi}tf(\sin t)\mathrm{d}t\\&=\pi\int_0^{\pi}f(\sin x)\mathrm{d}x-\int_0^{\pi}xf(\sin x)\mathrm{d}x,\end{aligned}$$

所以,有

$$\int_0^{\pi} xf(\sin x)\mathrm{d}x=\frac{\pi}{2}\int_0^{\pi}f(\sin x)\mathrm{d}x.$$

利用上述结论,即得

$$\begin{aligned}\int_0^{\pi}\frac{x\sin x}{1+\cos^2 x}\mathrm{d}x&=\frac{\pi}{2}\int_0^{\pi}\frac{\sin x}{1+\cos^2 x}\mathrm{d}x\\&=-\frac{\pi}{2}\int_0^{\pi}\frac{1}{1+\cos^2 x}\mathrm{d}(\cos x)\\&=-\frac{\pi}{2}\arctan(\cos x)\Big|_0^{\pi}=\frac{\pi^2}{4}.\end{aligned}$$

例 7 中,特别地,当 $f(\sin x)=\sin^n x$(n 为正整数)时,有 $\int_0^{\frac{\pi}{2}}\sin^n x\mathrm{d}x=\int_0^{\frac{\pi}{2}}\cos^n x\mathrm{d}x$.

二、定积分的分部积分法

设函数 $u=u(x)$ 和 $v=v(x)$ 在区间$[a,b]$上具有连续导数 $u'(x)$ 和 $v'(x)$,则有

$$[u(x)v(x)]'=u'(x)v(x)+u(x)v'(x).$$

分别求等式两端在$[a,b]$上的定积分,得

$$\int_a^b[u(x)v(x)]'\mathrm{d}x=\int_a^b u'(x)v(x)\mathrm{d}x+\int_a^b u(x)v'(x)\mathrm{d}x.$$

并注意到

$$\int_a^b[u(x)v(x)]'\mathrm{d}x=u(x)v(x)\Big|_a^b,$$

于是,有

$$\int_a^b u(x)v'(x)\mathrm{d}x=u(x)v(x)\Big|_a^b-\int_a^b u'(x)v(x)\mathrm{d}x.$$

定积分的分部积分法

这个公式称为定积分的分部积分公式. 用分部积分公式计算定积分的方法称为分部积分法.

例 8　计算 $\int_1^4 \frac{\ln x}{\sqrt{x}}\mathrm{d}x$.

解　设 $u=\ln x$，$\mathrm{d}v=\frac{1}{\sqrt{x}}\mathrm{d}x$，则 $v=2\sqrt{x}$. 利用定积分的分部积分公式，有

$$\int_1^4 \frac{\ln x}{\sqrt{x}}\mathrm{d}x = (2\sqrt{x}\ln x)\Big|_1^4 - 2\int_1^4 \sqrt{x}\cdot\frac{1}{x}\mathrm{d}x = 4\ln 4 - 2\int_1^4 \frac{1}{\sqrt{x}}\mathrm{d}x$$
$$=4\ln 4-4\sqrt{x}\Big|_1^4=4(2\ln 2-1).$$

例 9　计算 $\int_0^{\sqrt{3}} \arctan x\mathrm{d}x$.

解　根据定积分的分部积分公式，有

$$\int_0^{\sqrt{3}} \arctan x\mathrm{d}x = (x\arctan x)\Big|_0^{\sqrt{3}} - \int_0^{\sqrt{3}} x\mathrm{d}(\arctan x)$$
$$=\sqrt{3}\arctan\sqrt{3} - \int_0^{\sqrt{3}} \frac{x}{1+x^2}\mathrm{d}x$$
$$=\frac{\sqrt{3}}{3}\pi-\frac{1}{2}\ln(1+x^2)\Big|_0^{\sqrt{3}}$$
$$=\frac{\sqrt{3}}{3}\pi-\frac{1}{2}\ln 4=\frac{\sqrt{3}}{3}\pi-\ln 2.$$

有些定积分需要综合运用所学的计算定积分的方法来求解，请看下面的例子.

例 10　计算 $\int_0^1 (\arcsin x)^3\mathrm{d}x$.

解　先用换元法，再用分部积分法.

令 $\arcsin x=t$，则 $x=\sin t$，$\mathrm{d}x=\cos t\mathrm{d}t$. 且当 $x=0$ 时，$t=0$；当 $x=1$ 时，$t=\frac{\pi}{2}$. 于是，有

$$\int_0^1 (\arcsin x)^3\mathrm{d}x = \int_0^{\frac{\pi}{2}} t^3\cos t\mathrm{d}t = \int_0^{\frac{\pi}{2}} t^3\mathrm{d}(\sin t)$$
$$= t^3\sin t\Big|_0^{\frac{\pi}{2}} - 3\int_0^{\frac{\pi}{2}} t^2\sin t\mathrm{d}t = \frac{\pi^3}{8} + 3\int_0^{\frac{\pi}{2}} t^2\mathrm{d}(\cos t)$$
$$= \frac{\pi^3}{8} + 3\left(t^2\cos t\Big|_0^{\frac{\pi}{2}} - 2\int_0^{\frac{\pi}{2}} t\cos t\mathrm{d}t\right)$$
$$= \frac{\pi^3}{8} - 6\int_0^{\frac{\pi}{2}} t\mathrm{d}(\sin t)$$
$$= \frac{\pi^3}{8} - 6\left(t\sin t\Big|_0^{\frac{\pi}{2}} - \int_0^{\frac{\pi}{2}} \sin t\mathrm{d}t\right)$$
$$=\frac{\pi^3}{8}-3\pi+6.$$

例 11 证明定积分公式(见附录积分表(147)):

$$I_n=\int_0^{\frac{\pi}{2}}\sin^n x\,dx=\begin{cases}\dfrac{n-1}{n}\cdot\dfrac{n-3}{n-2}\cdot\cdots\cdot\dfrac{3}{4}\cdot\dfrac{1}{2}\cdot\dfrac{\pi}{2}, & n\text{ 为正偶数},\\ \dfrac{n-1}{n}\cdot\dfrac{n-3}{n-2}\cdot\cdots\cdot\dfrac{4}{5}\cdot\dfrac{2}{3}, & n\text{ 为大于 1 的奇数}.\end{cases}$$

证 用定积分的分部法进行证明.

$$\begin{aligned}I_n&=\int_0^{\frac{\pi}{2}}\sin^n x\,dx=\int_0^{\frac{\pi}{2}}\sin^{n-1}x\sin x\,dx\\&=-\int_0^{\frac{\pi}{2}}\sin^{n-1}x\,d(\cos x)\\&=-\cos x\sin^{n-1}x\Big|_0^{\frac{\pi}{2}}+(n-1)\int_0^{\frac{\pi}{2}}\sin^{n-2}x\cos^2 x\,dx\\&=0+(n-1)\int_0^{\frac{\pi}{2}}(1-\sin^2 x)\sin^{n-2}x\,dx\\&=(n-1)\int_0^{\frac{\pi}{2}}\sin^{n-2}x\,dx-(n-1)\int_0^{\frac{\pi}{2}}\sin^n x\,dx\\&=(n-1)I_{n-2}-(n-1)I_n,\end{aligned}$$

经整理,得

$$I_n=\frac{n-1}{n}I_{n-2}\,(n\geqslant 2).$$

这个等式称为积分 I_n 关于下标 n 的递推公式.

如果把 n 换成 $n-2$,则有

$$I_{n-2}=\frac{n-3}{n-2}I_{n-4}.$$

如此递推下去,直至下标 n 的值取 0 或 1,就可得

$$I_n=\frac{n-1}{n}\cdot\frac{n-3}{n-2}\cdot\cdots\cdot\frac{3}{4}\cdot\frac{1}{2}\cdot I_0,\ n\text{ 为正偶数}$$

或

$$I_n=\frac{n-1}{n}\cdot\frac{n-3}{n-2}\cdot\cdots\cdot\frac{4}{5}\cdot\frac{2}{3}\cdot I_1,\ n\text{ 为大于 1 的奇数}.$$

因为

$$I_0=\int_0^{\frac{\pi}{2}}dx=x\Big|_0^{\frac{\pi}{2}}=\frac{\pi}{2},\ I_1=\int_0^{\frac{\pi}{2}}\sin x\,dx=-\cos x\Big|_0^{\frac{\pi}{2}}=1,$$

所以,有

$$I_n=\begin{cases}\dfrac{n-1}{n}\cdot\dfrac{n-3}{n-2}\cdot\cdots\cdot\dfrac{3}{4}\cdot\dfrac{1}{2}\cdot\dfrac{\pi}{2}, & n\text{ 为正偶数},\\ \dfrac{n-1}{n}\cdot\dfrac{n-3}{n-2}\cdot\cdots\cdot\dfrac{4}{5}\cdot\dfrac{2}{3}, & n\text{ 为大于 1 的奇数}.\end{cases}$$

由于 $\int_0^{\frac{\pi}{2}}\cos^n x\,dx=\int_0^{\frac{\pi}{2}}\sin^n x\,dx$,所以例 11 的结论对 $\int_0^{\frac{\pi}{2}}\cos^n x\,dx$ 也适用.例 11 的结论可以作为公式来使用,利用这个公式可以很方便地计算一些定积分.

例 12　计算 $\int_0^1 (1-x^2)^2 \sqrt{1-x^2}\,\mathrm{d}x$.

解　令 $x=\sin t$，则 $\mathrm{d}x=\cos t\mathrm{d}t$. 且当 $x=0$ 时，$t=0$；当 $x=1$ 时，$t=\frac{\pi}{2}$. 于是

$$\int_0^1 (1-x^2)^2\sqrt{1-x^2}\,\mathrm{d}x = \int_0^{\frac{\pi}{2}} (1-\sin^2 t)^2\sqrt{1-\sin^2 t}\cos t\mathrm{d}t$$

$$= \int_0^{\frac{\pi}{2}} \cos^6 t\mathrm{d}t = \frac{5}{6}\cdot\frac{3}{4}\cdot\frac{1}{2}\cdot\frac{\pi}{2}=\frac{5}{32}\pi.$$

第四节　反常积分

前面讨论的定积分 $\int_a^b f(x)\mathrm{d}x$，积分区间 $[a,b]$ 是有限的，被积函数 $f(x)$ 是有界的. 但是在一些实际问题中常遇到积分区间为无穷区间，或者被积函数是无界函数的积分，这样的积分已经不是通常意义下的定积分了. 因此，我们对定积分作如下两种推广，从而形成反常积分（或广义积分）的概念，相对地把前面讨论的定积分称为常义积分.

一、无穷区间上的反常积分

例 1　求由曲线 $y=\mathrm{e}^{-x}$，y 轴以及 x 轴所围成的开口曲边梯形的面积 A，如图 5-9 所示.

解　如果把开口曲边梯形的面积按定积分的几何意义那样理解，那么其面积 A 就对应着无穷区间上的反常积分

$$A=\int_0^{+\infty} f(x)\mathrm{d}x=\int_0^{+\infty} \mathrm{e}^{-x}\mathrm{d}x.$$

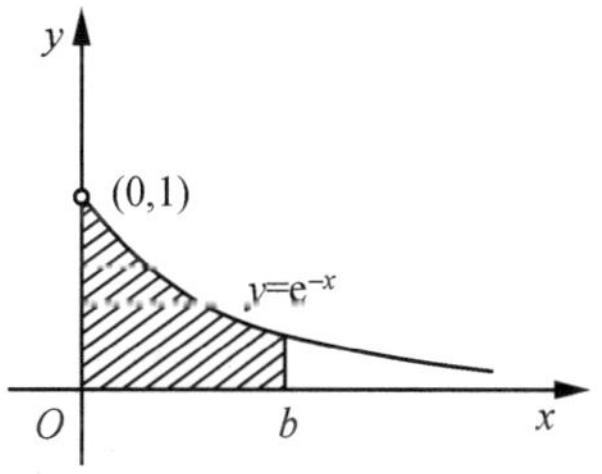

图 5-9

然而，上面的积分已经不是通常意义的定积分了，因为它的积分区间是无限的. 那么这个积分该怎样计算呢？任取实数 $b>0$，在有限区间 $[0,b]$ 上，以曲线 $y=\mathrm{e}^{-x}$ 为曲边的曲边梯形面积为

$$\int_0^b \mathrm{e}^{-x}\mathrm{d}x=-\mathrm{e}^{-x}\Big|_0^b=1-\mathrm{e}^{-b},$$

显然，当 $b\to+\infty$ 时，图 5-9 阴影部分的面积的极限就是开口曲边梯形面积的精确值，即

$$A=\lim_{b\to+\infty}\int_0^b \mathrm{e}^{-x}\mathrm{d}x=\lim_{b\to+\infty}(1-\mathrm{e}^{-b})=1.$$

下面给出反常积分的定义.

定义 1　设函数 $f(x)$ 在区间 $[a,+\infty)$ 上连续，取实数 $b>a$，如果极限

$$\lim_{b\to+\infty}\int_a^b f(x)\mathrm{d}x$$

存在，则称此极限值为函数 $f(x)$ 在无限区间 $[a,+\infty)$ 上的反常积分，记作 $\int_a^{+\infty} f(x)\mathrm{d}x$，即

$$\int_{a}^{+\infty} f(x)\mathrm{d}x = \lim_{b\to+\infty}\int_{a}^{b} f(x)\mathrm{d}x,$$

此时,也称反常积分 $\int_{a}^{+\infty} f(x)\mathrm{d}x$ 收敛.若上述极限不存在,则称反常积分 $\int_{a}^{+\infty} f(x)\mathrm{d}x$ 发散.

类似地,也可定义函数 $f(x)$ 在无限区间 $(-\infty,b]$ 上的反常积分.

定义 2 设函数 $f(x)$ 在区间 $(-\infty,b]$ 上连续,取实数 $a<b$,如果极限

$$\lim_{a\to-\infty}\int_{a}^{b} f(x)\mathrm{d}x$$

存在,则称此极限值为函数 $f(x)$ 在无限区间 $(-\infty,b]$ 上的反常积分,记作 $\int_{-\infty}^{b} f(x)\mathrm{d}x$,即

$$\int_{-\infty}^{b} f(x)\mathrm{d}x = \lim_{a\to-\infty}\int_{a}^{b} f(x)\mathrm{d}x,$$

此时,也称反常积分 $\int_{-\infty}^{b} f(x)\mathrm{d}x$ 收敛.若上述极限不存在,则称反常积分 $\int_{-\infty}^{b} f(x)\mathrm{d}x$ 发散.

定义 3 设函数 $f(x)$ 在区间 $(-\infty,+\infty)$ 内连续,且对任意实数 c,如果反常积分

$$\int_{-\infty}^{c} f(x)\mathrm{d}x \text{ 与 } \int_{c}^{+\infty} f(x)\mathrm{d}x$$

都收敛,则称上面两个反常积分之和为函数 $f(x)$ 在无穷区间 $(-\infty,+\infty)$ 内的反常积分,记作 $\int_{-\infty}^{+\infty} f(x)\mathrm{d}x$,即

$$\int_{-\infty}^{+\infty} f(x)\mathrm{d}x = \int_{-\infty}^{c} f(x)\mathrm{d}x + \int_{c}^{+\infty} f(x)\mathrm{d}x.$$

此时也称反常积分 $\int_{-\infty}^{+\infty} f(x)\mathrm{d}x$ 收敛.若 $\int_{-\infty}^{c} f(x)\mathrm{d}x$ 与 $\int_{c}^{+\infty} f(x)\mathrm{d}x$ 中至少有一个不收敛,则称反常积分 $\int_{-\infty}^{+\infty} f(x)\mathrm{d}x$ 发散.

上述三种积分统称为无限区间上的反常积分(或广义积分).可见,计算反常积分的思想是先求定积分,再取极限.

若函数 $F(x)$ 是 $f(x)$ 的一个原函数,并记

$$F(+\infty)=\lim_{x\to+\infty}F(x),F(-\infty)=\lim_{x\to-\infty}F(x),$$

则定义 1,2,3 中的反常积分可表示为

$$\int_{a}^{+\infty} f(x)\mathrm{d}x = F(x)\Big|_{a}^{+\infty} = F(+\infty)-F(a),$$

$$\int_{-\infty}^{b} f(x)\mathrm{d}x = F(x)\Big|_{-\infty}^{b} = F(b)-F(-\infty),$$

$$\int_{-\infty}^{+\infty} f(x)\mathrm{d}x = F(x)\Big|_{-\infty}^{+\infty} = F(+\infty)-F(-\infty).$$

这时反常积分的收敛或发散就取决于 $F(+\infty)$,$F(-\infty)$ 是否存在.若存在,则反常积分收敛;否则,发散.

例 2 求 $\int_{-\infty}^{+\infty}\frac{1}{1+x^2}\mathrm{d}x$.

解 $\int_{-\infty}^{+\infty} \frac{1}{1+x^2}\mathrm{d}x = \arctan x \Big|_{-\infty}^{+\infty} = \frac{\pi}{2} - \left(-\frac{\pi}{2}\right) = \pi.$

例 3 计算 $\int_{-\infty}^{0} x\mathrm{e}^x \mathrm{d}x.$

解 由分部积分法,得

$$\int_{-\infty}^{0} x\mathrm{e}^x \mathrm{d}x = \int_{-\infty}^{0} x\mathrm{d}\mathrm{e}^x = x\mathrm{e}^x \Big|_{-\infty}^{0} - \int_{-\infty}^{0} \mathrm{e}^x \mathrm{d}x = -\mathrm{e}^x \Big|_{-\infty}^{0} = -1,$$

其中 $\lim\limits_{x\to-\infty} x\mathrm{e}^x = \lim\limits_{x\to-\infty} \frac{x}{\mathrm{e}^{-x}} = \lim\limits_{x\to-\infty} \frac{1}{-\mathrm{e}^{-x}} = 0$,即 $x\mathrm{e}^x \Big|_{-\infty}^{0} = 0.$

例 4 计算 $\int_{\mathrm{e}}^{+\infty} \frac{1}{x\ln x}\mathrm{d}x.$

解 $\int_{\mathrm{e}}^{+\infty} \frac{1}{x\ln x}\mathrm{d}x = \int_{\mathrm{e}}^{+\infty} \frac{1}{\ln x}\mathrm{d}(\ln x) = \ln\ln x \Big|_{\mathrm{e}}^{+\infty} = +\infty,$

故该积分发散.

例 5 证明:反常积分 $\int_{a}^{+\infty} \frac{1}{x^p}\mathrm{d}x\,(a>0)$ 当 $p>1$ 时收敛,当 $p\leqslant 1$ 时发散.

证 当 $p-1$ 时,

$$\int_{a}^{+\infty} \frac{1}{x^p}\mathrm{d}x = \ln x \Big|_{a}^{+\infty} = +\infty.$$

当 $p\neq 1$ 时,

$$\int_{a}^{+\infty} \frac{1}{x^p}\mathrm{d}x = \frac{1}{1-p}x^{1-p} \Big|_{a}^{+\infty} = \begin{cases} \dfrac{a^{1-p}}{p-1}, & p>1, \\ +\infty, & p<1. \end{cases}$$

因此,当 $p>1$ 时,该反常积分收敛;当 $p\leqslant 1$ 时,该反常积分发散.

二、无界函数的反常积分

现在把定积分的概念推广到被积函数为无界函数的情形.

定义 4 设函数 $f(x)$ 在区间 $(a,b]$ 上连续,且 $\lim\limits_{x\to a^+} f(x)=\infty$. 取 $\varepsilon>0$,如果极限

$$\lim_{\varepsilon\to 0^+}\int_{a+\varepsilon}^{b} f(x)\mathrm{d}x$$

存在,则称此极限值为函数 $f(x)$ 在 $(a,b]$ 上的反常积分,记作 $\int_a^b f(x)\mathrm{d}x$,即

$$\int_a^b f(x)\mathrm{d}x = \lim_{\varepsilon\to 0^+}\int_{a+\varepsilon}^{b} f(x)\mathrm{d}x,$$

此时,也称反常积分 $\int_a^b f(x)\mathrm{d}x$ 收敛. 如果上述极限不存在,则称反常积分 $\int_a^b f(x)\mathrm{d}x$ 发散.

定义 5 设函数 $f(x)$ 在区间 $[a,b)$ 上连续,且 $\lim\limits_{x\to b^-} f(x)=\infty$. 取 $\varepsilon>0$,如果极限

$$\lim_{\varepsilon\to 0^+}\int_{a}^{b-\varepsilon} f(x)\mathrm{d}x$$

存在,则称此极限值为函数 $f(x)$ 在 $[a,b)$ 上的反常积分,记作 $\int_a^b f(x)\mathrm{d}x$,即

$$\int_a^b f(x)\mathrm{d}x = \lim_{\varepsilon\to 0^+}\int_a^{b-\varepsilon} f(x)\mathrm{d}x,$$

此时,也称反常积分 $\int_a^b f(x)\mathrm{d}x$ 收敛.如果上述极限不存在,则称反常积分 $\int_a^b f(x)\mathrm{d}x$ 发散.

定义 6 设函数 $f(x)$ 在区间 $[a,b]$ 上除点 $x=c\in(a,b)$ 外都连续,且 $\lim\limits_{x\to c} f(x)=\infty$.如果反常积分

$$\int_a^c f(x)\mathrm{d}x \text{ 与} \int_c^b f(x)\mathrm{d}x$$

都收敛,则称这两个积分之和为函数 $f(x)$ 在 $[a,b]$ 上的反常积分,记作 $\int_a^b f(x)\mathrm{d}x$,即

$$\int_a^b f(x)\mathrm{d}x = \int_a^c f(x)\mathrm{d}x + \int_c^b f(x)\mathrm{d}x,$$

此时,也称反常积分 $\int_a^b f(x)\mathrm{d}x$ 收敛.若 $\int_a^c f(x)\mathrm{d}x$ 与 $\int_c^b f(x)\mathrm{d}x$ 中至少有一个发散,则称反常积分 $\int_a^b f(x)\mathrm{d}x$ 发散.

上述各反常积分统称为无界函数的反常积分.

若 $F(x)$ 是 $f(x)$ 的一个原函数,并记

$$F(a)=\lim_{x\to a^+}F(x), F(b)=\lim_{x\to b^-}F(x),$$
$$F(c^-)=\lim_{x\to c^-}F(x), F(c^+)=\lim_{x\to c^+}F(x),$$

则定义 4,5,6 中的反常积分可以表示为

$$\int_a^b f(x)\mathrm{d}x = F(x)\Big|_a^b = F(b)-F(a),$$

$$\begin{aligned}\int_a^b f(x)\mathrm{d}x &= \int_a^c f(x)\mathrm{d}x + \int_c^b f(x)\mathrm{d}x = F(x)\Big|_a^{c^-} + F(x)\Big|_{c^+}^b \\ &= F(c^-)-F(a)+F(b)-F(c^+).\end{aligned}$$

例 6 求 $\int_0^1 \ln x\mathrm{d}x$.

解 由分部积分法,得

$$\begin{aligned}\int_0^1 \ln x\mathrm{d}x &= x\ln x\Big|_0^1 - \int_0^1 \mathrm{d}x = x\ln x\Big|_0^1 - x\Big|_0^1 \\ &= -\lim_{x\to 0} x\ln x - 1 = -1.\end{aligned}$$

例 7 证明:反常积分 $\int_0^1 \frac{1}{x^p}\mathrm{d}x$ 当 $p<1$ 时收敛,当 $p\geqslant 1$ 时发散.

证 当 $p=1$ 时,

$$\int_0^1 \frac{1}{x}\mathrm{d}x = \ln x\Big|_0^1 = +\infty;$$

当 $p\neq 1$ 时,

$$\int_0^1 \frac{1}{x^p}\mathrm{d}x = \frac{1}{1-p}x^{1-p}\Big|_0^1 = \begin{cases}\dfrac{1}{1-p}, & p<1, \\ +\infty, & p>1.\end{cases}$$

所以该反常积分当 $p<1$ 时收敛,当 $p\geqslant 1$ 时发散.

第五节　定积分的应用

本节主要介绍定积分在几何和物理中的一些应用,读者不仅要掌握这些几何量和物理量的具体计算公式,更重要的是学会用本节将要介绍的“微元法”分析实际问题.

一、定积分的微元法

在定积分的应用中,经常采用所谓的“微元法”. 为了说明这种方法,我们先回顾一下本章第一节中讨论过的曲边梯形的面积问题.

设 $f(x)$ 在区间 $[a,b]$ 上连续且 $f(x)\geqslant 0$,求以曲线 $y=f(x)$ 为曲边、底为 $[a,b]$ 的曲边梯形的面积 A. 将面积 A 表示为定积分

$$A=\int_a^b f(x)\mathrm{d}x$$

的步骤如下.

第一步:用任意一组分点把区间 $[a,b]$ 分成长度为 $\Delta x_i(i=1,2,\cdots,n)$ 的 n 个小区间,相应地把曲边梯形分成 n 个小曲边梯形,第 i 个小曲边梯形的面积设为 ΔA_i,于是,有

$$A=\sum_{i=1}^{n}\Delta A_i.$$

第二步:计算 ΔA_i 的近似值

$$\Delta A_i\approx f(\xi_i)\Delta x_i\,(x_{i-1}\leqslant\xi_i\leqslant x_i).$$

第二步:求和,得 A 的近似值

$$A\approx\sum_{i=1}^{n}f(\xi_i)\Delta x_i.$$

第四步:求极限. 当 $n\to\infty$ 时,$\lambda=\max\{\Delta x_i\}\to 0$,则

$$A=\lim_{\lambda\to 0}\sum_{i=1}^{n}f(\xi_i)\Delta x_i=\int_a^b f(x)\mathrm{d}x.$$

对照上述四步,我们发现第二步取近似值时的形式 $f(\xi_i)\Delta x_i$ 与第四步积分 $\int_a^b f(x)\mathrm{d}x$ 中的被积表达式 $f(x)\mathrm{d}x$ 具有类同的形式,如果把第二步中的 ξ_i 用 x 替代,Δx_i 用 $\mathrm{d}x$ 替代,那么它就是第四步中积分的被积表达式. 所以,我们可把上述四步简化为两步.

第一步:任取一个子区间 $[x,x+\mathrm{d}x]\subset[a,b]$,如图 5-10 所示.

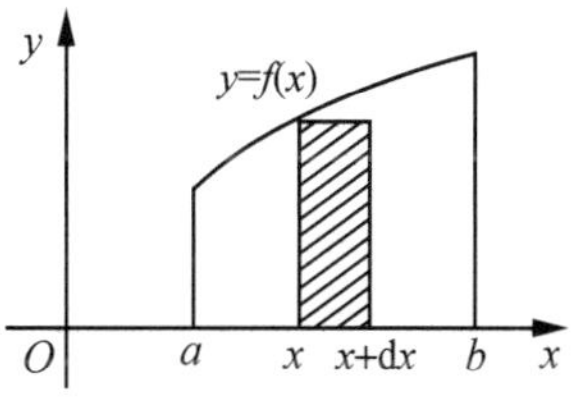

图 5-10

第二步:在 $[x,x+\mathrm{d}x]$ 上用矩形面积代替小曲边梯形面积 ΔA,并用 x 处的高 $f(x)$ 作为矩形的高,得

$$\Delta A\approx f(x)\mathrm{d}x,$$

于是

$$A=\int_a^b f(x)\mathrm{d}x.$$

一般地,如果某一实际问题中的所求量 U 符合下列条件:

(1) U 是与一个变量 x 的变化区间 $[a,b]$ 相关的量;

(2) U 对于区间 $[a,b]$ 具有可加性,就是说,如果把区间 $[a,b]$ 分成许多部分区间,则 U 相应地被分成许多部分量,而 U 等于所有部分量之和;

(3) 部分量 ΔU_i 的近似值可表示为 $f(\xi_i)\Delta x_i$.

那么就可考虑用定积分来表达这个量 U. 通常写出这个量 U 的积分表达式的步骤如下.

第一步:根据问题的具体情况,选取一个变量如 x 作为积分变量,并确定它的变化区间 $[a,b]$. 在 $[a,b]$ 上任取一个子区间,记作 $[x,x+\mathrm{d}x]$.

第二步:求所求量 U 在子区间 $[x,x+\mathrm{d}x]$ 上的部分量 ΔU 的近似值

$$\Delta U\approx f(x)\mathrm{d}x,$$

于是,所求量 U 的积分表达式为

$$U=\int_a^b f(x)\mathrm{d}x.$$

说明:

(1) 取近似值时,得到的是 $f(x)\mathrm{d}x$ 形式的近似值,并且要求 $\Delta U-f(x)\mathrm{d}x$ 是 $\mathrm{d}x$ 的高阶无穷小量,关于后一个要求在实际问题中常常能满足.

(2) 满足(1)的要求后,$f(x)\mathrm{d}x$ 是所求量 U 的微分,所以第二步中的近似式常用微分形式写出,即

$$\mathrm{d}U=f(x)\mathrm{d}x,$$

$\mathrm{d}U$ 称为量 U 的微元.

上述简化了步骤的定积分方法称为定积分的微元法. 下面将介绍如何利用微元法求解几何和物理中的一些实际问题.

二、定积分的几何应用

本节所讨论的函数,事先都假定是连续的,以后不再声明.

1. 平面图形的面积

(1) 直角坐标系下平面图形的面积.

由前面的讨论可知,如果 $f(x)\geqslant 0$,则曲线 $y=f(x)$ 与直线 $x=a,x=b$ 及 x 轴所围成的平面图形的面积 A 的微元是

$$\mathrm{d}A=f(x)\mathrm{d}x.$$

如果 $f(x)$ 在 $[a,b]$ 上有正有负,那么面积 A 的微元是以 $|f(x)|$ 为高、$\mathrm{d}x$ 为底的矩形面积(图 5-11),即

$$\mathrm{d}A=|f(x)|\mathrm{d}x.$$

于是，总有

$$A=\int_a^b |f(x)|\mathrm{d}x.$$

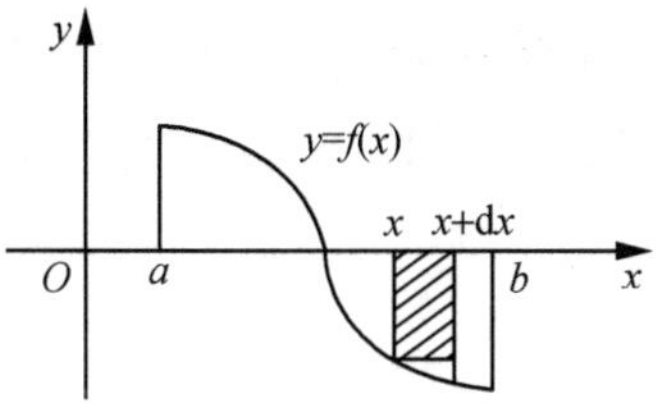

图 5-11

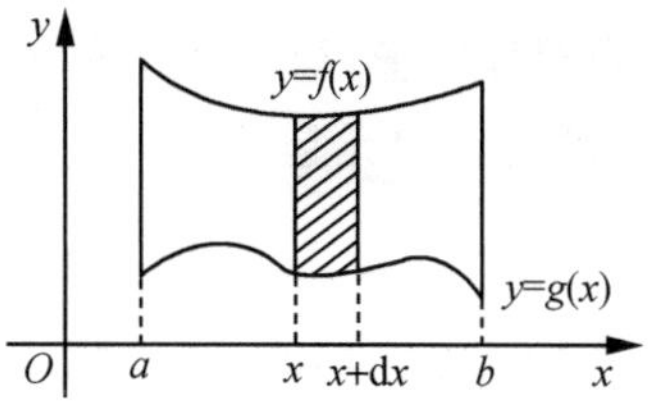

图 5-12

下面我们讨论更一般的情形. 求由两条曲线 $y=f(x)$, $y=g(x)$ 与两条直线 $x=a$, $x=b$ 所围成的平面图形的面积 A.

如果在 $[a,b]$ 上 $f(x)\geqslant g(x)$，则面积 A 的微元是以 $[f(x)-g(x)]$ 为高、$\mathrm{d}x$ 为底的矩形面积(图 5-12)，即

$$\mathrm{d}A=[f(x)-g(x)]\mathrm{d}x.$$

如果在 $[a,b]$ 上 $[f(x)-g(x)]$ 有正有负，则面积 A 的微元是以 $|f(x)-g(x)|$ 为高、$\mathrm{d}x$ 为底的矩形面积，即

$$\mathrm{d}A=|f(x)-g(x)|\mathrm{d}x.$$

因此，不论是何种情况，总有

$$A=\int_a^b |f(x)-g(x)|\mathrm{d}x.$$

定积分的几何应用

例 1　求由两条抛物线 $y=x^2$ 和 $y^2=x$ 所围成的平面图形的面积.

解　该平面图形如图 5-13 所示. 容易求出这两条抛物线的交点为(0,0)和(1,1).

选取 x 为积分变量，积分区间为 $[0,1]$. 任取一子区间 $[x,x+\mathrm{d}x]\subset[0,1]$，则在 $[x,x+\mathrm{d}x]$ 上的面积微元是

$$\mathrm{d}A=(\sqrt{x}-x^2)\mathrm{d}x,$$

于是，所求图形的面积为

$$A=\int_0^1(\sqrt{x}-x^2)\mathrm{d}x=\left(\frac{2}{3}x^{\frac{3}{2}}-\frac{1}{3}x^3\right)\Big|_0^1=\frac{1}{3}.$$

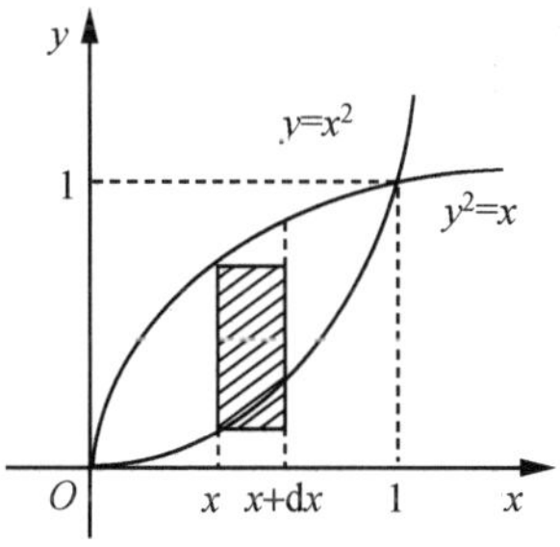

图 5-13

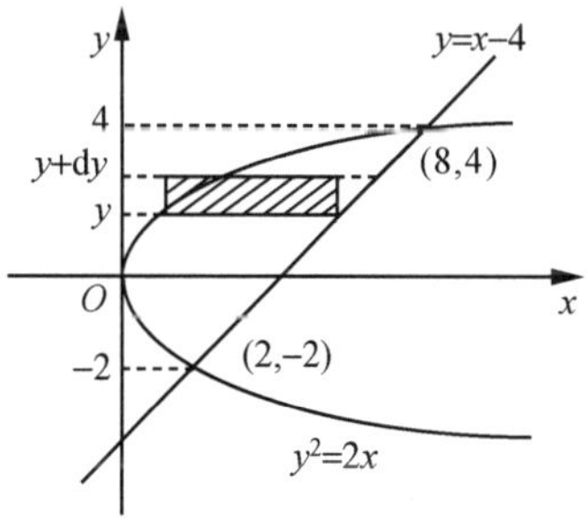

图 5-14

一个平面图形的面积，虽然总可以用定积分表达，但还存在着怎样选择恰当的积分变量，从而使问题能较方便的解决.

例 2 求由抛物线 $y^2=2x$ 与直线 $y=x-4$ 所围成的平面图形的面积.

解 该平面图形如图 5-14 所示. 容易求出抛物线 $y^2=2x$ 与直线 $y=x-4$ 的交点为 $(2,-2)$ 和 $(8,4)$.

选取 y 为积分变量,积分区间为 $[-2,4]$. 任取一个子区间 $[y,y+\mathrm{d}y]\subset[-2,4]$,则在 $[y,y+\mathrm{d}y]$ 上的面积微元是

$$\mathrm{d}A=\left[(y+4)-\frac{y^2}{2}\right]\mathrm{d}y.$$

于是,所求图形的面积为

$$A=\int_{-2}^{4}\left[(y+4)-\frac{y^2}{2}\right]\mathrm{d}y=\left(\frac{1}{2}y^2+4y-\frac{1}{6}y^3\right)\Bigg|_{-2}^{4}=18.$$

如果选 x 为积分变量,那么它的表达式就比上式复杂. 读者不妨自己去试试.

例 3 求椭圆 $\frac{x^2}{a^2}+\frac{y^2}{b^2}=1$ 所围成的图形的面积.

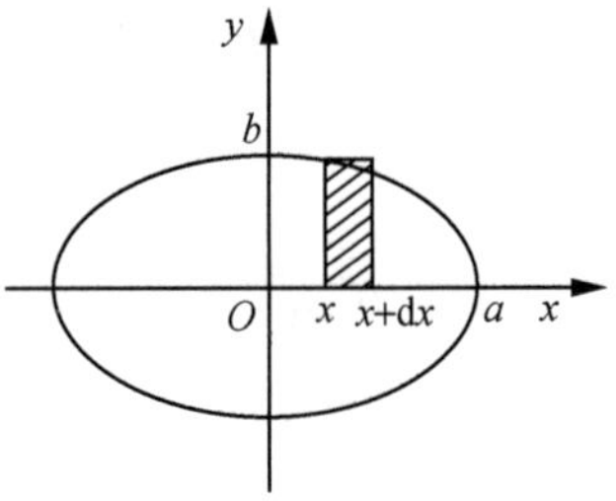

图 5-15

解 由椭圆的对称性可知,椭圆所围成的图形的面积为 $A=4A_1$(图 5-15),其中 A_1 为该椭圆在第一象限部分与两坐标轴所围图形的面积. 因此由"微元法"可知

$$A=4A_1=4\int_0^a y\mathrm{d}x.$$

利用椭圆的参数方程

$$\begin{cases}x=a\cos t,\\ y=b\sin t,\end{cases}$$

应用定积分的换元法,令 $x=a\cos t$, $y=b\sin t$,则

$\mathrm{d}x=-a\sin t\mathrm{d}t$. 当 x 由 0 变到 a 时,t 由 $\frac{\pi}{2}$ 变到 0,所以

$$\begin{aligned}A&=4\int_0^a y\mathrm{d}x=4\int_{\frac{\pi}{2}}^{0}b\sin t(-a\sin t)\mathrm{d}t\\&=4ab\int_0^{\frac{\pi}{2}}\sin^2 t\mathrm{d}t=4ab\cdot\frac{1}{2}\cdot\frac{\pi}{2}=\pi ab.\end{aligned}$$

例 3 中,当 $a=b$ 时,就得到大家都熟悉的圆的面积公式 $A=\pi a^2$.

一般地,当曲边梯形的曲边 $y=f(x)$ $(f(x)\geqslant 0, x\in[a,b])$ 由参数方程

$$\begin{cases}x=\varphi(t),\\ y=\psi(t)\end{cases}$$

给出时,如果 $x=\varphi(t)$ 满足:(1) $\varphi(\alpha)=a$, $\varphi(\beta)=b$;(2) $\varphi(t)$ 在 $[\alpha,\beta]$(或 $[\beta,\alpha]$)上具有连续导数,且 $y=\psi(t)$ 连续. 则曲边梯形的面积为

$$A=\int_a^b f(x)\mathrm{d}x=\int_\alpha^\beta \psi(t)\varphi'(t)\mathrm{d}t.$$

例 4 求摆线

$$\begin{cases}x=a(t-\sin t),\\ y=a(1-\cos t)\end{cases}\ (a>0)$$

的第一拱与 x 轴所围成的平面图形的面积(图 5-16).

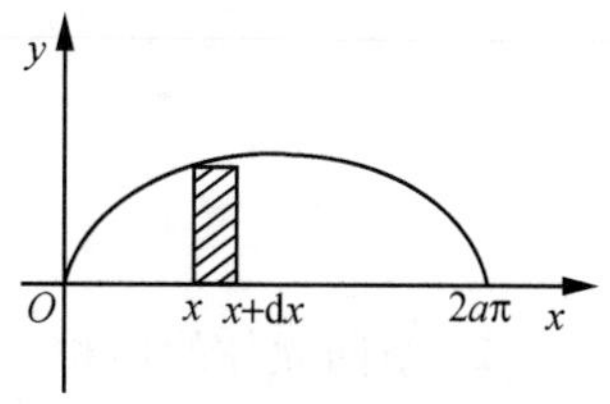

图 5-16

解　选取 x 为积分变量. 积分区间为$[0,2a\pi]$,面积微元为 $dA=ydx$,则所求面积为

$$\begin{aligned}A &= \int_0^{2a\pi} y\mathrm{d}x = \int_0^{2\pi} a(1-\cos t)\cdot a(1-\cos t)\mathrm{d}t\\ &= a^2\int_0^{2\pi}(1-\cos t)^2\mathrm{d}t\\ &= a^2\int_0^{2\pi}\left(\frac{3}{2}-2\cos t+\frac{1}{2}\cos 2t\right)\mathrm{d}t\\ &= a^2\left(\frac{3}{2}t-2\sin t+\frac{1}{4}\sin 2t\right)\Bigg|_0^{2\pi}\\ &= 3\pi a^2.\end{aligned}$$

(2) 极坐标系中平面图形的面积.

当一个图形的边界曲线用极坐标方程 $r=r(\theta)$来表示时,如果能在极坐标系中求它的面积,则不必将其转换为直角坐标系再来求面积. 为了阐明这种方法的实质,我们从最简单的"曲边扇形"的面积求法谈起.

设曲线的极坐标方程为 $r=r(\theta)$,$r(\theta)$在区间$[\alpha,\beta]$上连续,且 $r(\theta)>0$. 求由此曲线 $r=r(\theta)$与射线 $\theta=\alpha$,$\theta=\beta$ 所围成的曲边扇形(5-17)的面积.

应用微元法分析. 选取极角 θ 为积分变量,积分区间就是$[\alpha,\beta]$. 在$[\alpha,\beta]$上任取一个小的子区间$[\theta,\theta+d\theta]$,以 θ 处的极径 $r(\theta)$为半径,以 $d\theta$ 为圆心角的扇形的面积作为面积微元 dA,即

$$dA=\frac{1}{2}r^2 d\theta=\frac{1}{2}[r(\theta)]^2 d\theta,$$

于是,有

$$A = \frac{1}{2}\int_\alpha^\beta [r(\theta)]^2 d\theta.$$

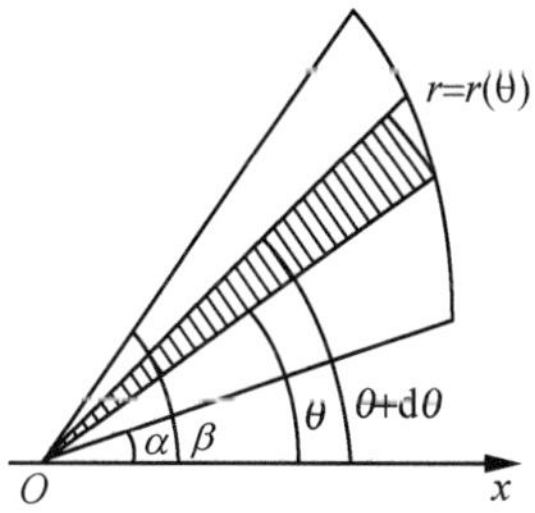

图 5-17

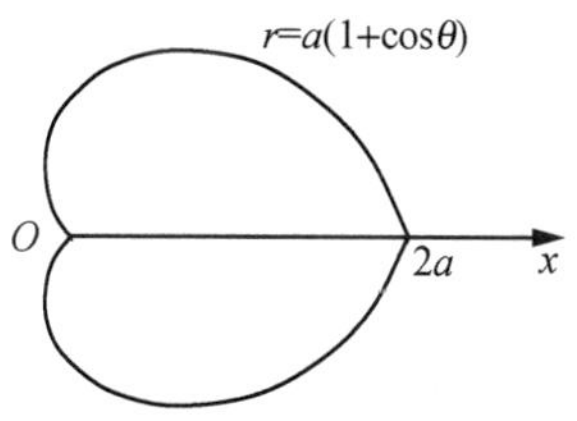

图 5-18

例 5　求心形线 $r=a(1+\cos\theta)(a>0)$所围成的图形的面积.

解　心形线的图形如图 5-18 所示. 由上述公式,再利用图形的对称性,得

$$\begin{aligned}A &= 2\cdot\frac{1}{2}\int_0^\pi [a(1+\cos\theta)]^2 d\theta\\ &= a^2\int_0^\pi (1+2\cos\theta+\cos^2\theta)d\theta\end{aligned}$$

$$= a^2\int_0^{\pi}\left(\frac{3}{2}+2\cos\theta+\frac{1}{2}\cos 2\theta\right)\mathrm{d}\theta$$

$$= a^2\left(\frac{3}{2}\theta+2\sin\theta+\frac{1}{4}\sin 2\theta\right)\Big|_0^{\pi}=\frac{3}{2}\pi a^2.$$

2. 空间立体的体积

(1) 旋转体的体积.

旋转体就是由一个平面图形绕该平面内一条直线旋转一周而成的立体.该直线称为旋转轴.圆柱、圆锥、圆台、球体可以分别看成是由矩形绕它的一边、直角三角形绕它的直角边、直角梯形绕它的直角腰、半圆绕它的直径旋转一周而成的立体,所以它们都是旋转体.

上述旋转体都可以看作是由连续曲线 $y=f(x)$,直线 $x=a$,$x=b(a<b)$ 及 x 轴所围成的曲边梯形绕 x 轴旋转一周而成的立体.下面考虑用定积分来计算这种旋转体的体积.

用微元法分析.取 x 为积分变量,积分区间为$[a,b]$.任取一子区间$[x,x+\mathrm{d}x]\subset[a,b]$,设与该小区间相对应的那部分旋转体的体积为 ΔV,则 ΔV 近似于以 $f(x)$ 为底半径、以 $\mathrm{d}x$ 为高的扁圆柱体的体积,如图 5-19 所示.于是体积微元为

$$\mathrm{d}V=\pi[f(x)]^2\mathrm{d}x,$$

所求旋转体的体积为

$$V=\pi\int_a^b[f(x)]^2\mathrm{d}x.$$

类似地,由连续曲线 $x=\varphi(y)$,直线 $y=c$,$y=d(c<d)$ 及 y 轴所围成的曲边梯形绕 y 轴旋转一周而成的旋转体的体积为

$$V=\pi\int_c^d[\varphi(y)]^2\mathrm{d}y.$$

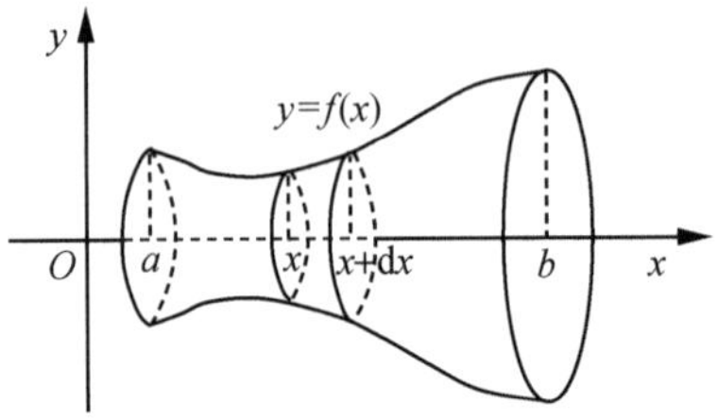

图 5-19

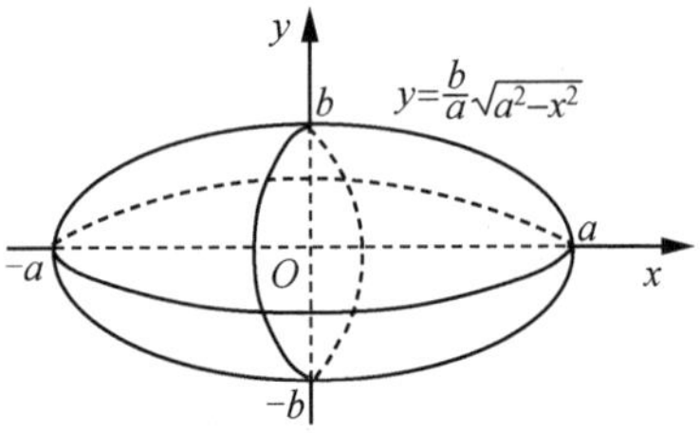

图 5-20

例 6 求由椭圆$\frac{x^2}{a^2}+\frac{y^2}{b^2}=1$ 绕 x 轴旋转一周而成的旋转体的体积(图 5-20).

解 取 x 为积分变量,积分区间是$[-a,a]$,体积微元是

$$\mathrm{d}V=\pi\left(\frac{b}{a}\sqrt{a^2-x^2}\right)^2\mathrm{d}x,$$

于是,所求旋转体的体积为

$$V=\pi\int_{-a}^{a}\left(\frac{b}{a}\sqrt{a^2-x^2}\right)^2\mathrm{d}x=\frac{\pi b^2}{a^2}\int_{-a}^{a}(a^2-x^2)\mathrm{d}x$$

$$=\frac{2\pi b^2}{a^2}\int_0^a(a^2-x^2)\mathrm{d}x=\frac{2\pi b^2}{a^2}\left(a^2x-\frac{x^3}{3}\right)\Big|_0^a=\frac{4}{3}\pi ab^2.$$

例 7　求由星形线(图 5-21)

$$\begin{cases} x=a\cos^3 t, \\ y=a\sin^3 t \end{cases}$$

绕 x 轴旋转一周所形成的立体的体积.

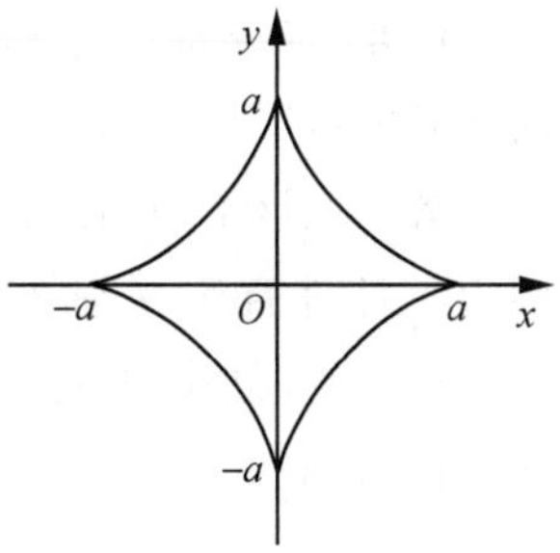

图 5-21

解　由图 5-21 可知,只要求出第一象限图形绕 x 轴旋转所成的体积,再乘以 2 即可.

利用换元积分法,得

$$\begin{aligned} V &= 2\pi\int_0^a y^2\,\mathrm{d}x \\ &= 2\pi\int_{\frac{\pi}{2}}^0 a^2\sin^6 t(-3a\cos^2 t\sin t)\,\mathrm{d}t \\ &= 6\pi a^3\int_0^{\frac{\pi}{2}}(\sin^7 t-\sin^9 t)\,\mathrm{d}t=\frac{32}{105}\pi a^3. \end{aligned}$$

(2) 平面截面面积为已知的立体的体积.

从计算旋转体体积的过程中可以看出:如果一个立体不是旋转体,但知道该立体上垂直于一定轴的各个截面的面积,那么,这个立体的体积也可以用定积分来计算.

假设有一立体介于过点 $x=a$,$x=b(a<b)$ 且垂直于 x 轴的两平面之间(图 5-22),以 $A(x)$ 表示过点 x 且垂直于 x 轴的平面截它所得的截面面积. 又知 $A(x)$ 为 x 的连续函数,求此立体的体积.

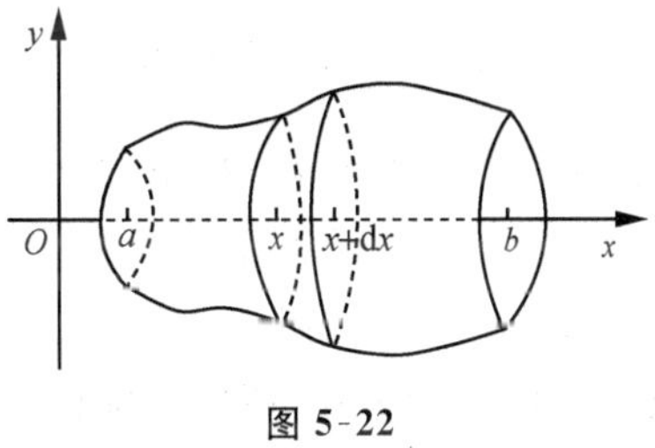

图 5-22

用微元法分析.

取 x 为积分变量,积分区间为 $[a,b]$. 任取一子区间 $[x,x+\mathrm{d}x]\subset[a,b]$,设与此小区间相对应的那部分立体的体积为 ΔV,则 ΔV 近似于以 $A(x)$ 为底、以 $\mathrm{d}x$ 为高的扁柱体的体积,从而得到体积微元为

$$\mathrm{d}V=A(x)\,\mathrm{d}x,$$

于是,所求立体的体积为

$$\Lambda - \int_a^b A(x)\,\mathrm{d}x.$$

类似地,设有一立体介于过点 $y=c$,$y=d(c<d)$ 且垂直于 y 轴的两平面之间,以 $A(y)$ 表示过点 y 且垂直于 y 轴的平面截它所得截面的面积. 又知 $A(y)$ 为 y 的连续函数,则此立体的体积为

$$A = \int_c^d A(y)\,\mathrm{d}y.$$

例 8 一平面经过半径为 R 的圆柱体的底圆中心，并与底面交成角 α(图 5-23). 计算该平面截圆柱体所得立体的体积.

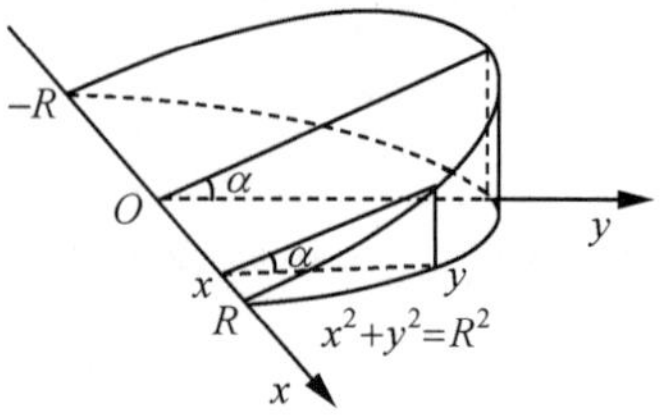

图 5-23

解 取该平面与圆柱体的底面的交线为 x 轴，底面上过圆中心且垂直于 x 轴的直线为 y 轴. 那么，底圆的方程是 $x^2+y^2=R^2$. 立体中过点 x 且垂直于 x 轴的截面是一个直角三角形. 它的两条直角边的长分别为 y 和 $y\tan\alpha$，即 $\sqrt{R^2-x^2}$ 及 $\sqrt{R^2-x^2}\tan\alpha$. 因而截面面积为

$$A(x)=\frac{1}{2}(R^2-x^2)\tan\alpha,$$

于是，所求立体的体积为

$$A=\int_{-R}^{R}\frac{1}{2}(R^2-x^2)\tan\alpha\mathrm{d}x$$
$$=\frac{1}{2}\tan\alpha\left(R^2x-\frac{1}{3}x^3\right)\Big|_{-R}^{R}=\frac{2}{3}R^3\tan\alpha.$$

三、定积分的物理应用

1. 引力

从中学物理知道：质量分别为 m_1 和 m_2，相距为 r 的两质点的引力为

$$F=k\frac{m_1m_2}{r^2}(k\text{ 为常数}).$$

在此基础上，我们用定积分的微元法来计算一些引力问题.

例 9 设有均匀的细杆，长为 l，质量为 M，另有一质量为 m 的质点位于细杆所在的直线上，且到杆的近端距离为 a，求杆与质点之间的引力.

解 因为我们已知两质点之间的引力公式，所以将细杆分成许多微小的小段，这样可以把每一小段近似看成一个质点，而且这许多小段对质量为 m 的质点的引力都在同一方向上，因此可以相加.

建立坐标系，如图 5-24 所示. 取 x 为积分变量，积分区间为 $[0,l]$. 任取一子区间 $[x,x+\mathrm{d}x]\subset[0,l]$，在该子区间上相应小段的质量为 $\frac{M}{l}\mathrm{d}x$，该小段与质点距离近似为 $x+a$，于是该小段与质点的引力近似值，即引力 F 的微元为

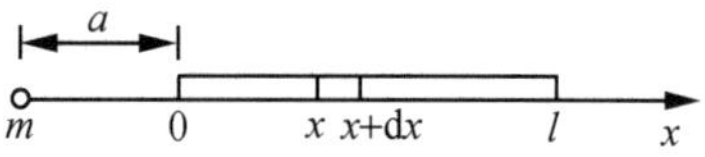

图 5-24

$$\mathrm{d}F=k\frac{m\cdot\frac{M}{l}\mathrm{d}x}{(x+a)^2}.$$

于是，细杆与质点之间的引力为

$$F=\frac{kmM}{l}\int_0^l\frac{1}{(x+a)^2}\mathrm{d}x=\frac{kmM}{a(a+l)}.$$

如果质点位于细杆左端的垂线上，且距杆的距离为 a，这种情形下，细杆每一小段对质点

的引力的方向就不一样,引力就不可以相加.必须把它们分解为水平方向与垂直方向的分力后,才可以按水平方向、垂直方向相加.如何求细杆对质点的引力的水平分力与垂直分力,留给读者自己去解决.

2. 功

从物理学知道,如果有一常力 F 作用在一物体上,使物体沿力的方向移动了距离 s,则力 F 对物体所做的功为 $W=Fs$.

如果作用在物体上的力 F 不是常力,或者沿物体的运动方向的力 F 是常力,但移动的距离是变动的,则力 F 对物体做的功就要用定积分计算.举例说明如下.

例 10　设有一弹簧,假定被压缩 0.5 cm 时需用力 1 N(牛顿).现弹簧在外力作用下被压缩了 3 cm,求外力所做的功.

解　根据虎克定律,在一定的弹性限度内,将弹簧拉伸(或压缩)所需的力 F 与伸长量(或压缩量)x 成正比,即

$$F=kx(k>0,\text{为弹性系数}).$$

按假设,当 $x=0.005$ m 时,$F=1$ N,代入上式,可得 $k=200$ N/m,即有 $F=200x$.

取 x 为积分变量,它的变化区间为$[0,0.03]$,功微元为

$$\mathrm{d}W=F(x)\mathrm{d}x=200x\mathrm{d}x.$$

于是弹簧被压缩了 3 cm 时,外力所做的功为

$$W=\int_0^{0.03}200x\mathrm{d}x=100x^2\Big|_0^{0.03}=0.09(\mathrm{J}).$$

例 11　一物体做直线运动的运动方程为 $x=t^3$,其中 x 是位移,t 是时间.已知运动过程中介质的阻力与运动速度成正比,求物体从 $x=0$ 移动到 $x=8$ 时,克服阻力所做的功.

解　质点的运动速度为

$$v=\frac{\mathrm{d}x}{\mathrm{d}t}=3t^2.$$

根据题意,介质阻力 $F=3kt^2$,其中 k 为比例系数.

取 x 为积分变量,积分区间为$[0,8]$,功微元为

$$\mathrm{d}W=F(x)\mathrm{d}x=3kt^2\mathrm{d}x=3kt^2\cdot 3t^2\mathrm{d}t=9kt^4\mathrm{d}t.$$

于是,克服阻力做的功为

$$W=\int_0^8F(x)\mathrm{d}x=9k\int_0^2t^4\mathrm{d}t=\frac{9k}{5}t^5\Big|_0^2=\frac{288k}{5}.$$

例 12　已知定滑轮距光滑的玻璃平面的高为 h,一物体受到通过定滑轮绳子的牵引,其力的大小为常数 F,沿着玻璃平面从点 A 沿直线 AB 移到点 B 处(图 5-25).设点 A,B 及定滑轮所在平面垂直玻璃板,求力 F 对物体所做的功.

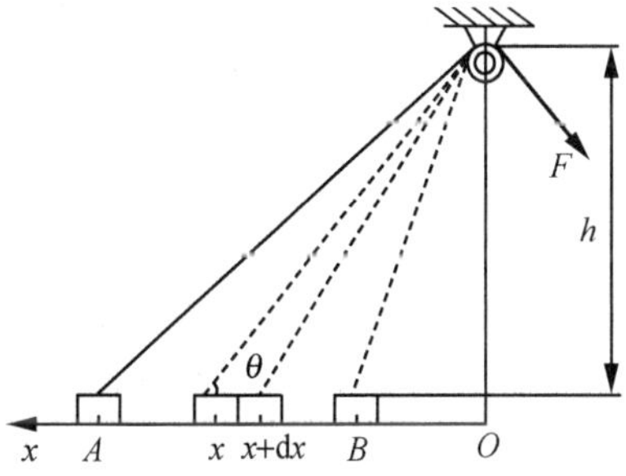

图 5-25

解　选取定滑轮在玻璃平面上的投影点为坐标原点 O,x 轴通过 A,B 两点,且它的正向是指向 A.在选定的

坐标系中设 A 点坐标为 $x=a$，B 点坐标为 $x=b$，取积分变量为 x，积分区间为 $[b,a]$，如图 5-25 所示. 物体在运动过程中，虽然受到的牵引力 F 大小始终不变，但牵引力的方向却是随着物体的位置变化而变化. 因此该力在物体运动方向上分力的大小仍然是个变力. 但在子区间 $[x,x+\mathrm{d}x]$ 上该分力可以近似看作不变，用在点 x 处的分力代替. 由图 5-25 可知

$$F_{水平}=-F\cos\theta=-\frac{Fx}{\sqrt{x^2+h^2}},$$

$F_{水平}$ 表示 F 在水平方向分力的大小. 式中的负号是由于力的方向与坐标轴方向相反. 于是力 F 在子区间 $[x,x+\mathrm{d}x]$ 上对物体所做功的近似值，即功的微元为

$$\mathrm{d}W=-F\frac{x}{\sqrt{x^2+h^2}}\mathrm{d}x.$$

所以，力 F 对物体在从 $x=a$ 移动到 $x=b$ 处所做的功为

$$\begin{aligned}W&=\int_a^b\mathrm{d}W=-F\int_a^b\frac{x}{\sqrt{x^2+h^2}}\mathrm{d}x\\&=\frac{F}{2}\int_b^a\frac{1}{\sqrt{x^2+h^2}}\mathrm{d}(x^2+h^2)\\&=\frac{F}{2}\cdot2\sqrt{x^2+h^2}\Big|_b^a\\&=F(\sqrt{a^2+h^2}-\sqrt{b^2+h^2}).\end{aligned}$$

例 13 一圆台形容器高为 5 m，上底圆半径为 3 m，下底圆半径为 2 m. 试问将容器内盛满的水全部吸出需做多少功？

解 这是一个克服重力做功问题. 可将吸水过程看作是从水的表面到容器底部一层一层地吸出，那么提取每薄层水所用力的大小就是薄层水的重量，但是每层水的深度不同，所以提取每层水至容器外的位移是不同的.

用微元法来分析. 选取坐标系如图 5-26 所示，水的深度为积分变量 y，积分区间为 $[0,5]$. 任取一子区间 $[y,y+\mathrm{d}y]\subset[0,5]$，考察相应于该小区间的这层水提取出容器外所做的功 ΔW. 由于直线 AB 的方程为 $y=-5(x-3)$，所以，该层水重量的近似值为

$$\pi x^2\rho g\mathrm{d}y=\pi\left(3-\frac{y}{5}\right)^2\rho g\mathrm{d}y,$$

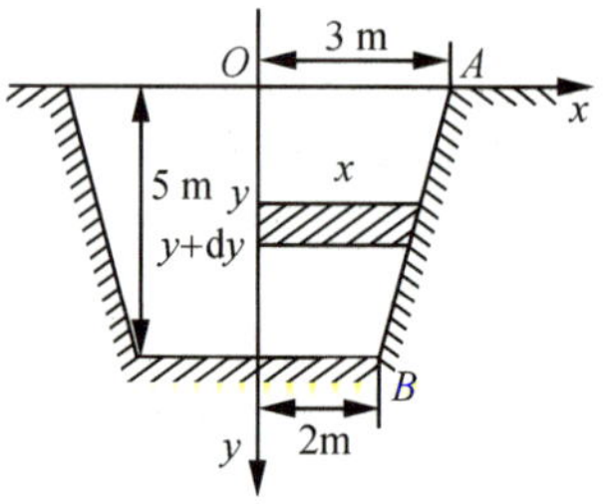

图 5-26

其中 ρ 为水的比重，$\rho=1\ 000\ \mathrm{kg/m^3}$. 该层水提出容器外的位移为 y，于是将它吸出容器外需做功的近似值，即功的微元为

$$\mathrm{d}W=1\ 000\pi\left(3-\frac{y}{5}\right)^2gy\mathrm{d}y.$$

于是，有

$$W=\int_0^5 1\ 000\pi\left(3-\frac{y}{5}\right)^2yg\mathrm{d}y\approx216\ 000(\mathrm{kg\cdot m})=2\ 116.8(\mathrm{kJ}).$$

四、平均值

我们知道,n 个数 $y_1,y_2,\cdots,y_n$ 的算术平均值为

$$y=\frac{y_1+y_2+\cdots+y_n}{n}=\frac{1}{n}\sum_{i=1}^{n}y_i,$$

那么如何求连续函数 $y=f(x)$在$[a,b]$上的平均值呢?

解决问题的思路是:将区间$[a,b]$进行 n 等分,那么当 n 很大时,这时每个小的子区间$[x_i,x_i+\Delta x](i=1,2,\cdots,n)$的长度 $\Delta x=\frac{b-a}{n}$就很小. 由于函数 $f(x)$在$[a,b]$上连续,它在子区间$[x_i,x_i+\Delta x]$上的函数值差别就很小,因此可以取 $f(x_i)$作为函数在该子区间上的平均值的近似值,于是函数在$[a,b]$上的平均值为

$$\begin{aligned}y&\approx\frac{f(x_1)+f(x_2)+\cdots+f(x_n)}{n}\\&=\frac{1}{b-a}\sum_{i-1}^{n}f(x_i)\Delta x_i.\end{aligned}$$

当 n 越大,近似值的精度就越高,当 $n\to\infty$时函数的平均值为

$$\begin{aligned}y&=\lim_{n\to\infty}\frac{1}{n}\sum_{i=1}^{n}f(x_i)\\&=\lim_{\Delta x\to0}\frac{1}{b-a}\sum_{i=1}^{n}f(x_i)\Delta x\\&=\frac{1}{b-a}\int_a^b f(x)\mathrm{d}x,\end{aligned}$$

即

$$y=\frac{1}{b-a}\int_a^b f(x)\mathrm{d}x.$$

例 14　求函数 $y=\ln x$ 在$[1,2]$上的平均值.

解　平均值 $\bar{y}=\frac{1}{2-1}\int_1^2\ln x\mathrm{d}x=2\ln2-1.$

例 15　求纯电阻电路中正弦交流电 $i(t)=I_m\sin\omega t$ 在同一个周期上功率的平均值(简称平均功率).

解　设电阻为 R,那么该电路中的电压为

$$u=iR=I_mR\sin\omega t,$$

功率为

$$P=ui=I_m^2R\sin^2\omega t.$$

从而功率在长度为一个周期的区间$\left[0,\frac{2\pi}{\omega}\right]$上的平均值为

$$P=\frac{1}{\frac{2\pi}{\omega}}\int_0^{\frac{2\pi}{\omega}}I_m^2R\sin^2\omega t\mathrm{d}t$$

$$=\frac{I_m^2R\omega}{4\pi}\int_0^{\frac{2\pi}{\omega}}(1-\cos2\omega t)\mathrm{d}t$$

$$=\frac{I_m^2R\omega}{4\pi}\left(t-\frac{1}{2\omega}\sin2\omega t\right)\Bigg|_0^{\frac{2\pi}{\omega}}$$

$$=\frac{I_m^2R}{2}=\frac{I_mU_m}{2}.$$

上式结果说明:纯电阻电路中正弦交流电的平均功率等于电流、电压的峰值乘积的一半.

【拓展阅读】

刘徽——中国古代数学的奠基者

刘徽(约 225—295),山东临淄人,魏晋时期伟大的数学家,被誉为中国古代数学的奠基人之一,在世界数学史上也占有重要地位.他的主要贡献在于对《九章算术》的深入注释与创新,特别是在几何学、圆周率计算以及数学理论体系构建方面,为中国古典数学的发展奠定了坚实的基础.

《九章算术》于公元前一世纪成书,至刘徽所处时代已流传 300 余年.全书包括方田、粟米、衰分、少广、商功、均输、盈不足、方程、勾股九章,奠定了中国古算的基本框架.书中提出了上百个公式、解法,有完整的分数四则运算法则,比例和比例分配算法,若干面积、体积公式,开平方、开立方程序,盈不足算法,方程术即线性方程组解法,正负数加减法则,解勾股形公式和简单的测望问题算法,其中许多成就在世界上处于领先地位,形成了中国古算以计算为中心的特点.书中有 246 道应用题,体现了中国古算密切联系实际的特点.

刘徽在公元 263 年撰写了《九章算术注》.他不仅全面、深刻证明了《九章算术》中的方法和公式,指出并纠正了其中的错误,更在此基础上提出了许多创造性的见解.例如,他发明了“以盈补虚法”来证明几何命题,这一方法在数学史上具有重要意义.同时,刘徽还首次提出了极限思想,创造性地运用极限思想证明了圆面积公式并提出了计算圆周率的方法,他用割圆术,从直径为 2 尺的圆内接正六边形开始割圆,依次得正 12 边形、正 24 边形……,割得越细,正多边形面积和圆面积之差越小,他提出:“割之弥细,所失弥少,割之又割,以至于不可割,则与圆周合体而无所失矣.”他计算了 3072 边形面积并验证了这个值,刘徽提出的计算圆周率的科学方法,奠定了此后千余年中国圆周率计算在世界上的领先地位.

除《九章算术注》,刘徽还撰写了《海岛算经》(原名《重差》),提出了“重差术”,这一方法用于测量不可直接到达的物体的高度和距离,进一步丰富了中国古代数学的内涵.在注释和撰写著作的过程中,刘徽用语言来讲道理,用图形来解释问题,使得他的数学思想更加直观易懂.

刘徽的数学思想严谨而富有创造性.他主张用逻辑推理来论证数学命题,是中国古代数学家中最早明确提出这一观点的人.他的推理和证明过程合乎逻辑,十分严谨,为后世数学家提供了宝贵的思想和方法.此外,刘徽还建立了等差级数前 n 项和公式,提出并定义了许多数学概念,如幂(面积)、方程(线性方程组)、正负数等,这些概念至今仍在数学领域发挥着重要作用.

尽管刘徽没有写出自成体系的著作,但他注释《九章算术》过程中所运用的数学知识,实际上已经形成了一个独具特色的理论体系.这一体系包括概念和判断,并且以数学证明作为内在的逻辑纽带,将各个部分紧密相连.

刘徽的一生,是全身心投入数学、不懈刻苦探索的一生。尽管他身处社会底层,地位卑微,但其人格却无比高尚.他绝非那种追逐虚名、浅薄庸俗之辈,而是一位对知识孜孜以求、学而不倦的伟人.他倾尽全力,为中华民族留存下了无比珍贵的数学财富.

第六章

常微分方程

【导读】

函数是客观世界事物的内在联系在数量方面的反映,当利用数学知识作为工具研究自然界各种现象及其规律时,往往不能直接得到反映这种规律的函数关系,但可以根据实际问题的意义及已知的公式或定律,建立含有自变量、未知函数及未知函数的导数(或微分)的关系式,这种关系式就是微分方程.通过求解微分方程,便可得到所要寻找的未知函数.

本章将主要介绍微分方程的一些基本概念,讨论几种常见的简单微分方程的解法,并通过举例介绍微分方程在几何、物理、电学等实际问题中的一些简单应用.

【学习要求】

(1) 理解微分方程的概念,了解微分方程的阶、解、通解、初始条件和特解等概念.

(2) 掌握可分离变量的一阶微分方程和一阶线性微分方程的解法.

(3) 掌握二阶常系数齐次线性微分方程的解法.

(4) 会建立微分方程模型解决简单的实际问题.

第一节　微分方程的概念

一、两个实例

初等数学中把含有未知数的等式称为方程.微分方程的概念也是与之类似的.为了说明这一点,我们来看以下两个例子.

例 1　求经过点(2,3)并且在曲线上任意一点 $P(x,y)$处的切线斜率等于该点横坐标的3倍的曲线方程.

解　设所求曲线方程为 $y=f(x)$.根据导数的几何意义和题意,得

$$\frac{dy}{dx}=3x. \tag{6.1}$$

这是一个含有所求未知函数 y 的导数或微分的方程.为求得 y,对(6.1)式两边积分,得

$$y=\int 3x\mathrm{d}x=\frac{3}{2}x^2+C,$$

其中 C 为任意常数. 根据题意,曲线通过点(2,3),因此,所求函数不仅满足式(6.1),同时还应满足条件

$$f(2)=3(\text{或写作 } y|_{x=2}=3). \tag{6.2}$$

将(6.2)式代入 $y=\frac{3}{2}x^2+C$,得 $C=-3$,故所求的曲线方程为

$$y=\frac{3}{2}x^2-3.$$

例 2　已知汽车在直线公路上以 40 m/s 的速度行驶,当制动时,其加速度为 $-0.8\ \mathrm{m/s^2}$,求制动后汽车的运动规律.

解　设汽车开始制动后 t s 内行驶了 s m,欲求未知函数 $s=s(t)$,根据二阶导数的力学意义,函数 $s=s(t)$ 应满足关系

$$\frac{\mathrm{d}^2 s}{\mathrm{d}t^2}=-0.8. \tag{6.3}$$

积分,得

$$\frac{\mathrm{d}s}{\mathrm{d}t}=-0.8t+C_1, \tag{6.4}$$

再积分,得

$$s=-0.4t^2+C_1t+C_2. \tag{6.5}$$

根据题意,s 应满足

$$s|_{t=0}=0, v|_{t=0}=\left.\frac{\mathrm{d}s}{\mathrm{d}t}\right|_{t=0}=40, \tag{6.6}$$

把(6.6)中的两个条件代入(6.4)和(6.5)式,得

$$C_1=40, C_2=0.$$

于是,制动后汽车的运动规律为

$$s=-0.4t^2+40t.$$

二、基本概念

定义　含有未知函数导数(或微分)的方程称为**微分方程**. 若微分方程中未知函数是一元函数,则这样的微分方程称为**常微分方程**;若微分方程中未知函数是多元函数,则这样的微分方程称为**偏微分方程**. 这里我们只研究常微分方程,故简称为**微分方程或方程**.

例如,式(6.1)和(6.3)都是微分方程. 再比如:

$$y'-5xy=4x^2, \tag{6.7}$$

$$3y''+2y'-y=0, \tag{6.8}$$

都是微分方程.

方程中未知函数导数的最高阶数,称为该微分方程的阶. 例如,式(6.1)和(6.7)是一阶微分方程,式(6.3)和(6.8)是二阶微分方程.

如果函数 $y=f(x)$ 满足某个微分方程,则称它是**该微分方程的解**. 求微分方程的解的过程叫作解微分方程.

如果微分方程的解中含有相互独立的任意常数,且任意常数的个数与方程的阶数相同,这样的解称为微分方程的**通解**. 不含有任意常数的解称为微分方程的特解.

例如,$y=\frac{3}{2}x^2+C$ 是 $\frac{\mathrm{d}y}{\mathrm{d}x}=3x$ 的通解,$s=-0.4t^2+C_1t+C_2$ 是 $\frac{\mathrm{d}^2s}{\mathrm{d}t^2}=-0.8$ 的通解. 而 $s=-0.4t^2+C_1t+C_2t$ 不是 $\frac{\mathrm{d}^2s}{\mathrm{d}t^2}=-0.8$ 的通解,这是因为 $s=-0.4t^2+C_1t+C_2t$ 可以写成 $s=-0.4t^2+(C_1+C_2)t$,它实际上含有的任意常数个数为 1. 而微分方程 $\frac{\mathrm{d}^2s}{\mathrm{d}t^2}=-0.8$ 的阶数是 2,所以 $s=-0.4t^2+C_1t+C_2t$ 不是 $\frac{\mathrm{d}^2s}{\mathrm{d}t^2}=-0.8$ 的通解. $y=x^2+1$,$s=-0.4t^2+40t$ 分别是 $\frac{\mathrm{d}y}{\mathrm{d}x}=2x$ 和 $\frac{\mathrm{d}^2s}{\mathrm{d}t^2}=-0.8$ 的解,因为它们不含有任意常数,所以它们分别是方程 $\frac{\mathrm{d}y}{\mathrm{d}x}=2x$ 和 $\frac{\mathrm{d}^2s}{\mathrm{d}t^2}=-0.8$ 的特解.

用来确定微分方程通解中任意常数的条件称为**初始条件**. 例如,(6.2)和(6.6)式分别是微分方程(6.1)和(6.3)的初始条件.

微分方程的概念

第二节　一阶微分方程

形如

$$F(x,y,y')=0$$

的方程称为一阶微分方程.

本节我们将介绍一阶微分方程中两种特殊的微分方程——变量可分离微分方程与一阶线性微分方程的解法.

一、变量可分离的微分方程

定义 1　形如

$$\frac{\mathrm{d}y}{\mathrm{d}x}=f(x)\varphi(y) \tag{6.9}$$

的微分方程称为**变量可分离的微分方程**.

下面我们来介绍如何求解变量可分离微分方程.

首先分离变量,得

$$\frac{\mathrm{d}y}{\varphi(y)}=f(x)\mathrm{d}x,$$

再两端积分,可得

$$\int \frac{\mathrm{d}y}{\varphi(y)} = \int f(x)\mathrm{d}x(\varphi(y)\neq 0),$$

即可求得微分方程的通解.

例 1　求微分方程 $y'=y^2\cos x$ 的通解.

解　原方程变形为

$$\frac{\mathrm{d}y}{\mathrm{d}x}=y^2\cos x,$$

分离变量,得

$$\frac{1}{y^2}\mathrm{d}y=\cos x\mathrm{d}x,$$

两边积分,得

$$\int \frac{1}{y^2}\,\mathrm{d}y = \int \cos x\mathrm{d}x,$$

$$-\frac{1}{y}=\sin x+C,$$

即　$$y=-\frac{1}{\sin x+C},\text{其中 } C \text{ 是任意常数.}$$

所以,原方程的通解为 $y=-\dfrac{1}{\sin x+C}$.

例 2　求微分方程$\dfrac{\mathrm{d}y}{\mathrm{d}x}=-\dfrac{y}{1+x}$满足 $y|_{x=1}=3$ 的特解.

解　原方程变形为

$$\frac{\mathrm{d}y}{y}=-\frac{\mathrm{d}x}{1+x},$$

两边积分,得

$$\int \frac{1}{y}\,\mathrm{d}y = \int -\frac{1}{1+x}\mathrm{d}x,$$

即　$$\ln|y|=-\ln|1+x|+C_1, \tag{6.10}$$

所以

$$|(1+x)y|=\mathrm{e}^{C_1},$$

即

$$(1+x)y=\pm\mathrm{e}^{C_1}=C,$$

所以,原方程的通解为

$$(1+x)y=C.$$

将 $y|_{x=1}=3$ 代入上式,得

$$C=6,$$

因此,所求的特解为

$$(1+x)y=6.$$

例 3　求微分方程 $y(1+x^2)\mathrm{d}y=-x(1+y^2)\mathrm{d}x$ 的通解.

解 原方程变形为

$$\frac{y}{1+y^2}\mathrm{d}y=-\frac{x}{1+x^2}\mathrm{d}x,$$

两边积分,得

$$\frac{1}{2}\ln(1+y^2)=-\frac{1}{2}\ln(1+x^2)+\ln C_1,$$

因此,所求的通解为

$$(1+x^2)(1+y^2)=C,\text{其中 } C=C_1{}^2.$$

二、一阶线性微分方程

定义 2 形如

$$y'+p(x)y=q(x) \tag{6.11}$$

的方程称为**一阶线性微分方程**."线性"是指在方程中含有未知数 y 和它的导数 y' 的项都是关于 y 和 y' 的一次项,等式右端的 $q(x)$ 称为**自由项**.

当 $q(x)\equiv 0$ 时,方程

$$y'+p(x)y=0 \tag{6.12}$$

称为**一阶齐次线性微分方程**. 当 $q(x)\neq 0$ 时,方程(6.11) 称为**一阶非齐次线性微分方程**.

1. 一阶齐次线性微分方程的解法

一阶线性微分方程

一阶齐次线性微分方程(6.12)是一个可分离变量的方程,分离变量,得

$$\frac{\mathrm{d}y}{y}=-p(x)\mathrm{d}x,$$

两边积分,得

$$\ln y=-\int p(x)\mathrm{d}x+\ln C,$$

所以,一阶齐次线性微分方程(6.12)的通解为

$$y=C\mathrm{e}^{-\int p(x)\mathrm{d}x}. \tag{6.13}$$

注 按照不定积分的定义,$p(x)$的不定积分应等于其一个原函数加上一个任意常数,由公式(6.13)的推导过程可知公式(6.13)中不定积分符号只是表示 $p(x)$的一个原函数. 因而用公式(6.13)进行具体运算时,其中的不定积分 $\int p(x)\mathrm{d}x$ 只表示 $p(x)$的一个原函数,在以下的推导过程中,我们也作这样的规定.

例 4 求微分方程$\frac{\mathrm{d}y}{\mathrm{d}x}=\frac{3x}{2+x^2}y$ 的通解.

解法一 利用分离变量法.

这是可分离变量方程,分离变量并两边积分,得

$$\int\frac{\mathrm{d}y}{y}=\int\frac{3x}{2+x^2}\mathrm{d}x,$$

两边积分,得

$$\ln|y|=\frac{3}{2}\ln(2+x^2)+C,$$

因此,所求的通解为

$$y^2=C(2+x^2)^3.$$

解法二 此方程也是一阶齐次线性微分方程,利用公式(6.13)求解.

因为

$$p(x)=-\frac{3x}{2+x^2},$$

所以,由公式(6.13)得原方程的通解为

$$\begin{aligned} y &= Ce^{-\int p(x)\mathrm{d}x} = Ce^{\int \frac{3x}{2+x^2}\mathrm{d}x} \\ &= Ce^{\frac{3}{2}\int\frac{\mathrm{d}(3+x^2)}{2+x^2}} = Ce^{\frac{3}{2}\ln(2+x^3)} = C(2+x^2)^{\frac{3}{2}}. \end{aligned}$$

2. 一阶非齐次线性微分方程的解法

不难看出,方程(6.11)和(6.12)既有联系,又有区别,因此可以设想它们的解也应该既有一定的联系又有所区别.容易验证,不论 C 取任何常数,式(6.13)只能是方程(6.12)的解而不是方程(6.11)的解.我们设想,在(6.13)式中将常量 C 变易为 x 的函数 $C(x)$,使它满足方程(6.11),从而求出 $C(x)$.为此,令

$$y = C(x)e^{-\int p(x)\mathrm{d}x} \tag{6.14}$$

为非齐次方程(6.11)的解,于是

$$y' = C'(x)e^{-\int p(x)\mathrm{d}x} + C(x)(-p(x))e^{-\int p(x)\mathrm{d}x}, \tag{6.15}$$

将(6.14)与(6.15)式代入方程(6.11),得

$$C'(x)e^{-\int p(x)\mathrm{d}x} - C(x)p(x)e^{-\int p(x)\mathrm{d}x} + p(x)C(x)e^{-\int p(x)\mathrm{d}x} = q(x),$$

化简,得

$$C'(x) = q(x)e^{\int p(x)\mathrm{d}x},$$

两边积分,得

$$C(x) = \int q(x)e^{\int p(x)\mathrm{d}x}\mathrm{d}x + C,$$

将所得的 $C(x)$ 代入(6.14)式,我们得到一阶非齐次线性微分方程(6.11)的通解公式为

$$y = e^{-\int p(x)\mathrm{d}x}\left[\int q(x)e^{\int p(x)\mathrm{d}x}\mathrm{d}x + C\right]. \tag{6.16}$$

这种将一阶齐次线性微分方程通解中常数变易为 x 的待定函数 $C(x)$ 后,设它为非齐次线性微分方程(6.11)的通解,然后求出非齐次线性微分方程(6.11)的通解的方法称为常数变易法.

(6.16)式是一个可以直接利用的公式,但这个公式比较复杂,不好记忆,所以应理解和掌握上述的求解的基本思路和方法.

用常数变易法求一阶非齐次线性微分方程的通解的步骤为:

(1) 求出非齐次线性微分方程所对应的齐次线性微分方程的通解;

(2) 根据所求出的齐次线性微分方程的通解,设出非齐次线性微分方程的解(将求出的齐次方程的通解中的任意常数变易为待定函数 $C(x)$ 即可);

(3) 将所设解代入非齐次微分方程,解出 $C(x)$,并写出非齐次线性微分方程的通解.

例 5 求微分方程 $y'-2xy=xe^{-x^2}$ 的通解.

解 此方程为一阶非齐次线性微分方程,先解出对应的一阶齐次线性微分方程

$$y'-2xy=0,$$

可得其通解为 $y=Ce^{x^2}$.

利用常数变易法,令原方程的通解为

$$y=C(x)e^{x^2},$$

则

$$y'=C'(x)e^{x^2}+2xC(x)e^{x^2},$$

代入原方程,得

$$C'(x)e^{x^2}+2xC(x)e^{x^2}-2xC(x)e^{x^2}=xe^{-x^2},$$

即

$$C'(x)=xe^{-2x^2},$$

所以

$$C(x)=\int xe^{-2x^2}\mathrm{d}x=-\frac{1}{4}e^{-2x^2}+C.$$

于是,原方程的通解为

$$y=\left(-\frac{1}{4}e^{-2x^2}+C\right)e^{x^2}.$$

在求解本题时,也可以利用(6.16)式,将 $p(x)=-2x, q(x)=xe^{-x^2}$ 代入(6.16)式.

例 6 求微分方程 $y^2\mathrm{d}x+(x-2xy-y^2)\mathrm{d}y=0$ 的通解.

分析 变形,得

$$\frac{\mathrm{d}y}{\mathrm{d}x}+\frac{y^2}{x-2xy-y^2}=0.$$

不是一阶线性微分方程,但是如果把 x 看成 y 的函数,有

$$\frac{\mathrm{d}x}{\mathrm{d}y}+\left(\frac{1}{y^2}-\frac{2}{y}\right)x=1,$$

$$p(y)=\frac{1}{y^2}-\frac{2}{y}, q(y)=1.$$

由公式(6.16),得

$$x=e^{-\int\left(\frac{1}{y^2}-\frac{2}{y}\right)\mathrm{d}y}\left[\int e^{\int\left(\frac{1}{y^2}-\frac{2}{y}\right)\mathrm{d}y}\mathrm{d}y+C\right],$$

得通解

$$x=y^2+Cy^2e^{\frac{1}{y}}.$$

现将一阶微分方程的几种类型和解法归纳为下表:

方程类型		解　法
变量可分离的微分方程$\frac{dy}{dx}=f(x)g(y)$		分离变量，两边积分
一阶线性微分方程	齐次 $y'+p(x)y=0$	分离变量，两边积分 或用公式 $y=Ce^{-\int p(x)dx}$
	非齐次 $y'+p(x)y=q(x)$	用公式 $y=e^{-\int p(x)dx}\left[\int q(x)e^{\int p(x)dx}dx+C\right]$ 或常数变易法

第三节　可降阶的高阶微分方程

求解高阶微分方程的方法之一是设法降低方程的阶数. 下面我们以二阶方程为例来学习三种可以降阶的方程.

1. 右端仅含 x 的方程：$y''=f(x)$

对这类方程，只须两端分别积分一次就可化为一阶方程

$$y'=\int f(x)dx+C_1,$$

再次积分，即可求出方程的通解

$$y=\int\left[\int f(x)dx\right]dx+C_1x+C_2.$$

例 1　求方程 $y''=\cos x$ 的通解.

解　一次积分，得

$$y'=\int\cos x dx=\sin x+C_1,$$

二次积分，即得到方程的通解

$$y=-\cos x+C_1x+C_2.$$

2. 右端不显含 y 的方程：$y''=f(x,y')$

为了把方程降阶，可令 $y'=p$，将 p 看作是新的未知函数，x 仍是自变量，于是$\frac{dp}{dx}=y''$，代入原方程，得

$$\frac{dp}{dx}=f(x,p).$$

这是一个一阶方程，利用前面学的方法即可进行求解.

可降阶的高阶微分方程

例 2　求方程 $y''=\frac{1}{x}y'$ 的通解.

解　令 $y'=p$，则$\frac{dp}{dx}=y''$，将它们代入方程，得

$$\frac{dp}{dx}=\frac{1}{x}p,$$

分离变量后,得

$$\frac{dp}{p}=\frac{dx}{x},$$

积分,得 $p=C_1x$,即

$$\frac{dy}{dx}=C_1x,$$

再积分,即得原方程的通解

$$y=\frac{1}{2}C_1x^2+C_2.$$

3. 右端不显含 x 的方程:$y''=f(y,y')$

为了把方程降阶,可令 $y'=p$,将 p 看作是自变量 y 的函数,有

$$y''=\frac{dp}{dx}=\frac{dp}{dy}\cdot\frac{dy}{dx}=p\frac{dp}{dy},$$

代入原方程,得

$$p\frac{dp}{dy}=f(y,p).$$

这是关于 p 的一阶方程,我们可由此解出通解,然后再代入原方程求解即可.

例 3 求方程 $y\frac{d^2y}{dx^2}-\left(\frac{dy}{dx}\right)^2=0$ 的通解.

解 令 $y'=p$,则 $y''=p\frac{dp}{dy}$,将它们代入原方程,得

$$yp\frac{dp}{dy}-p^2=0,$$

它相当于两个方程:

$$p=0 \text{ 与 } y\frac{dp}{dy}-p=0.$$

由第一个方程解得 $y=C$.

第二个方程可用分离变量法解得

$$p=C_1y.$$

从而

$$\frac{dy}{dx}=C_1y.$$

由此再分离变量,解得

$$y=C_2e^{C_1x}.$$

这就是原方程的通解(解 $y=C$ 包含在这个解中).

第四节　二阶常系数线性微分方程

一、二阶常系数齐次线性微分方程的基本概念和解的结构

定义 1　形如

$$y''+py'+qy=0 \tag{6.17}$$

的方程(其中 p,q 为常数)称为**二阶常系数齐次线性微分方程**. 这里的"线性"仍然是指方程中的未知函数 y 和它的各阶导数 y',y''都是一次的.

定义 2　若两个函数 $y_1(x),y_2(x)$满足

$$\frac{y_1(x)}{y_2(x)}=\text{常数}\quad\text{或者}\quad\frac{y_2(x)}{y_1(x)}=\text{常数},$$

则称函数 $y_1(x),y_2(x)$**线性相关**;若两个函数 $y_1(x),y_2(x)$满足

$$\frac{y_1(x)}{y_2(x)}\neq\text{常数},$$

则称函数 $y_1(x),y_2(x)$**线性无关**.

定理 1　若 y_1,y_2 是齐次线性微分方程(6.17)的两个解,则 $y=C_1y_1+C_2y_2$ 也是(6.17)的解. 当 y_1、y_2 线性无关时,$y=C_1y_1+C_2y_2$ 是(6.17)的通解.

证　将 $y=C_1y_1+C_2y_2$ 代入方程(6.17)的左端,得

$(C_1y_1''+C_2y_2'')+p(C_1y_1'+C_2y_2')+q(C_1y_1+C_2y_2)=C_1(y_1''+py_1'+qy_1)+C_2(y_2''+py_2'+qy_2)=0$,

所以,$y=C_1y_1+C_2y_2$ 是(6.17)的解.

当 y_1 与 y_2 线性无关时,C_1 和 C_2 是两个独立的任意常数,即解 $y=C_1y_1+C_2y_2$ 中所含有独立的任意常数的个数与方程(6.17)的阶数相等,所以它又是(6.17)的通解.

二、二阶常系数齐次线性微分方程的求解方法

由定理 1 我们知道,求齐次线性微分方程的通解,只须求出它的两个线性无关的特解即可. 我们分析 (6.17) 式,等式的右端是 0,而左端是某一函数及其一、二阶导数的某种线性组合,如果这个函数及它的一阶、二阶导数具有相同的形式,换句话说,如果这个函数及它的一、二阶导数还是该函数或是该函数的常数倍,则它们的结果有可能合并为 0,也就是说和等式右端相等,而具有此特征的最简单的函数是 e^{rx}(其中 r 为常数). 为此我们不妨假设 $y=e^{rx}$是(6.17)的解,则

$$y'=re^{rx},y''=r^2e^{rx},$$

将它们代入方程(6.17),得

$$r^2e^{rx}+pre^{rx}+qe^{rx}=0,$$

即

$$e^{rx}(r^2+pr+q)=0,$$

因为 $e^{rx}\neq 0$,必有

$$r^2+pr+q=0. \tag{6.18}$$

由此可见,只要 r 满足(6.18)式,函数 $y=e^{rx}$ 就是方程(6.17)的解.式(6.18)是一个以 r 为未知数的一元二次方程,我们把它称为微分方程(6.17)的**特征方程**,它的根 r_1,r_2 称为**特征根**.

下面我们就特征方程(6.18)的特征根的不同情况讨论方程(6.17)的解.

1. 特征方程有两个不等的实数根 r_1,r_2

此时 $y_1=e^{r_1x},y_2=e^{r_2x}$ 为方程(6.17)的两个特解,由于 $\dfrac{y_1(x)}{y_2(x)}=\dfrac{e^{r_1x}}{e^{r_2x}}\neq$ 常数,所以 y_1,y_2 线性无关.此时方程(6.17)的通解为

$$y=C_1e^{r_1x}+C_2e^{r_2x}.$$

2. 特征方程有两个相等的实数根 $r_1=r_2=r$

此时只能得到方程(6.17)的一个特解 $y_1=e^{rx}$,设 $\dfrac{y_2(x)}{y_1(x)}=u(x)\neq$ 常数,则 $y_2(x)=u(x)\cdot y_1(x)$ 为方程(6.17)的解,将它代入方程(6.17),得

$$u(x)=C_1x+C_2.$$

取 $u(x)=x$,得 $y_2(x)=xe^{rx}$,且 y_1,y_2 线性无关,由此可得方程(6.17)的通解为

$$y=C_1e^{rx}+C_2xe^{rx}=(C_1+C_2x)e^{rx}.$$

3. 特征方程有一对共轭虚根 $r=\alpha\pm\beta i$(其中 α,β 为实数且 $\beta\neq 0$)

此时方程(6.17)有两个线性无关的解 $y_1=e^{(\alpha+\beta i)x}$ 和 $y_2=e^{(\alpha-\beta i)x}$,但是它们是复函数形式,我们得求出实函数形式.利用欧拉公式 $e^{\theta i}=\cos\theta+i\sin\theta$,把 y_1,y_2 化为

$$y_1=e^{(\alpha+\beta i)x}=e^{\alpha x}e^{i\beta x}=e^{\alpha x}(\cos\beta x+i\sin\beta x),$$

$$y_2=e^{(\alpha-\beta i)x}=e^{\alpha x}e^{-i\beta x}=e^{\alpha x}(\cos\beta x-i\sin\beta x).$$

再根据定理1,知

$$\overline{y_1}=\frac{1}{2}y_1+\frac{1}{2}y_2=e^{\alpha x}\cos\beta x,\ \overline{y_2}=\frac{1}{2i}y_1-\frac{1}{2i}y_2=e^{\alpha x}\sin\beta x$$

为方程(6.17)的两个实函数的解,且 $\dfrac{\overline{y_1}}{\overline{y_2}}=\cot\beta x\neq$ 常数.

由定理1,得方程(6.17)的通解为

$$y=e^{\alpha x}(C_1\cos\beta x+C_2\sin\beta x).$$

根据以上讨论,求二阶常系数齐次线性微分方程的通解的步骤如下:

(1) 写出微分方程的特征方程 $r^2+pr+q=0$;

(2) 求出特征根;

(3) 根据特征根的不同情况写出方程的通解.

为便于使用,现将微分方程的特征根及通解情况归纳为下表:

特征方程 $r^2+pr+q=0$ 的两个根 r_1,r_2	微分方程 $y''+py'+qy=0$ 的通解形式
两个不等实根 $r_1\neq r_2$	$y=C_1\mathrm{e}^{r_1x}+C_2\mathrm{e}^{r_2x}$
两个相等实根 $r_1=r_2=r$	$y=(C_1+C_2x)\mathrm{e}^{rx}$
一对共轭虚根 $r_{1,2}=\alpha\pm\beta\mathrm{i}$	$y=\mathrm{e}^{\alpha x}(C_1\cos\beta x+C_2\sin\beta x)$

例 1 求微分方程 $y''-3y'+2y=0$ 的通解.

二阶常系数线性微分方程的解

解 所给微分方程的特征方程为

$$r^2-3r+2=0,$$

其特征根为

$$r_1=1,r_2=2,$$

因此,所给微分方程的通解为

$$y=C_1\mathrm{e}^x+C_2\mathrm{e}^{2x}.$$

例 2 求微分方程 $y''-10y'+25y=0$ 的通解.

解 所给微分方程的特征方程为

$$r^2-10r+25=0,$$

其特征根为

$$r_1=r_2=5,$$

因此,所给微分方程的通解为

$$y=(C_1+C_2x)\mathrm{e}^{5x}.$$

例 3 求微分方程 $y''+2y'+5y=0$ 在初始条件 $y|_{x=0}=1,y'|_{x=0}=3$下的特解.

解 所给微分方程的特征方程为

$$r^2+2r+5=0,$$

其特征根为

$$r_1=-1+2\mathrm{i},r_2=-1-2\mathrm{i},$$

因此,所给微分方程的通解为

$$y=(C_1\cos2x+C_2\sin2x)\mathrm{e}^{-x}.$$

而

$$y'=[(2C_2-C_1)\cos2x-(2C_1+C_2)\sin2x]\mathrm{e}^{-x},$$

将 $y|_{x=0}=1,y'|_{x=0}=3$ 代入上面两式,得

$$C_1=1,C_2=2,$$

故所求微分方程的特解为

$$y=(\cos2x+2\sin2x)\mathrm{e}^{-x}.$$

三、二阶常系数非齐次线性微分方程的基本概念和解的结构

定义 3 形如

$$y''+py'+qy=f(x) \tag{6.19}$$

的方程(其中 p,q 为常数,$f(x)\neq0$)称为二阶常系数非齐次线性微分方程,称

$$y''+py'+qy=0 \tag{6.20}$$

为方程(6.19)所对应的**齐次线性微分方程**.

定理 2 若 y^* 是非齐次线性微分方程(6.19)的一个特解,Y 是方程(6.19)对应的齐次线性微分方程(6.20)的通解,则非齐次线性微分方程(6.19)的通解为

$$y=Y+y^*.$$

证 将 $y=Y+y^*$ 代入(6.19)的左端,则

$$\begin{aligned}y''+py'+qy&=(Y+y^*)''+p(Y+y^*)'+q(Y+y^*)\\&=(Y''+pY'+qY)+[(y^*)''+p(y^*)'+qy^*]\\&=f(x).\end{aligned}$$

可见,$y=Y+y^*$ 是方程(6.19)的解,又因为 Y 中含有两个任意常数,所以是方程(6.19)的通解.

四、二阶常系数非齐次线性微分方程的求解方法

由定理 2 我们知道,要想得到方程(6.19)的通解,只须得到(6.20)的通解和(6.19)的一个特解.前面我们已经讨论了齐次线性微分方程(6.20)的通解的求法,下面我们就 $f(x)$ 的几种简单的形式来讨论 y^* 的求法.

1. $f(x)=P_n(x)$,其中 $P_n(x)$ 是关于 x 的一个 n 次多项式

这时方程(6.19)成为

$$y''+py'+qy=P_n(x). \tag{6.21}$$

因为多项式的导数仍是一个多项式,而且次数比原来降低一次,我们可以断定方程(6.21)的特解应为多项式,不妨设其特解为 y^*,下面我们分析 y^* 与 $P_n(x)$ 的关系.

(1) 当 $q\neq0$ 时,等式左端的次数由 y 确定,此时特解 y^* 应是一个 n 次多项式

$$y^*=Q_n(x);$$

(2) 当 $q=0,p\neq0$ 时,$(y^*)'$ 应是一个 n 次多项式,也就是说,特解 y^* 应是一个 $n+1$ 次多项式 $y^*=Q_{n+1}(x)$;

(3) 当 $q=p=0$ 时,$(y^*)''$ 应是一个 n 次多项式,也就是说,特解 y^* 是一个 $n+2$ 次多项式 $y^*=Q_{n+2}(x)$(也可以对方程(6.21)进行两次积分即可求得).

例 4 求微分方程 $y''+3y=2x^2-6$ 的一个特解.

解 因原方程右端 $P_n(x)=2x^2-6$ 是一个二次多项式,而左端 $q=3\neq0$,则该方程的特解也是一个二次多项式,因此设

$$y^*=ax^2+bx+c,$$

其中 a,b,c 为待定系数.为求得这三个系数,对 y^* 求导,得

$$(y^*)'=2ax+b,$$

$$(y^*)''=2a,$$

代入原方程,得

$$2a+3(ax^2+bx+c)=2x^2-6,$$

即

$$3ax^2+3bx+2a+3c=2x^2-6.$$

上式应是一个恒等式,所以两边的同次项系数应相等,得

$$\begin{cases}3a=2,\\3b=0,\\2a+3c=-6,\end{cases}$$

解得

$$a=\frac{2}{3},b=0,c=-\frac{22}{9}.$$

于是,得到原方程的一个特解为

$$y^*=\frac{2}{3}x^2-\frac{22}{9}.$$

例 5 求微分方程 $y''-2y'=x+1$ 的通解.

解 所给方程所对应的齐次方程为

$$y''-2y'=0,$$

其特征方程为

$$r^2-2r=0,$$

其特征根为

$$r_1=2,r_2=0,$$

于是,$y''-2y'=0$ 的通解为

$$Y=C_1e^{2x}+C_2.$$

下面再求 $y''-2y'=x+1$ 的特解 y^*.

因等式右边是一个一次多项式,左端 $q=0,p=-2\neq0$,所以原方程的特解应是二次多项式,设特解为

$$y^*=ax^2+bx+c,$$

对其两边求导,得

$$(y^*)'=2ax+b,$$
$$(y^*)''=2a,$$

将上面的两个式子代入原方程,得

$$2a-2(2ax+b)=x+1,$$

即

$$-4ax+2a-2b=x+1,$$

比较两边系数,得

$$\begin{cases}-4a=1,\\2a-2b=1,\end{cases}$$

解得 $a=-\frac{1}{4},b=-\frac{3}{4}$,$c$ 可以取定任意常数,为简便起见,这里我们不妨取 $c=0$.

于是,可得原方程的一个特解为

$$y^{*}=-\frac{1}{4}x^{2}-\frac{3}{4}x,$$

从而原方程的通解为

$$y=Y+y^{*}=C_{1}\mathrm{e}^{2x}+C_{2}-\frac{1}{4}x^{2}-\frac{3}{4}x.$$

2. $f(x)=P_n(x)\mathrm{e}^{\lambda x}$,其中 $P_n(x)$ 是关于 x 的一个 n 次多项式,λ 为常数

这时,方程(6.19)成为

$$y''+py'+qy=P_n(x)\mathrm{e}^{\lambda x}. \tag{6.22}$$

因为方程(6.22)的右端是一个关于 x 的 n 次多项式与一个指数函数 $\mathrm{e}^{\lambda x}$ 的乘积,与上面一样,我们同样可以推测方程(6.22)的特解应是多项式与指数函数 $\mathrm{e}^{\lambda x}$ 的乘积.

可以证明方程(6.22)的特解具有形式

$$y^{*}=x^{k}Q_n(x)\mathrm{e}^{\lambda x},$$

其中 $Q_n(x)$ 与 $P_n(x)$ 是同次多项式,且有

(1) 当 λ 不是特征根时,$k=0$;

(2) 当 λ 是特征根,且为单根时,$k=1$;

(3) 当 λ 是特征根,且为重根时,$k=2$.

例 6 求微分方程 $y''-3y'-4y=3x\mathrm{e}^{2x}$ 的通解.

解 所给方程所对应的齐次方程为

$$y''-3y'-4y=0,$$

其特征方程为

$$r^{2}-3r-4=0,$$

其特征根为

$$r_1=-1, r_2=4,$$

于是,$y''-3y'-4y=0$ 的通解为

$$Y=C_1\mathrm{e}^{-x}+C_2\mathrm{e}^{4x}.$$

由于 $f(x)=3x\mathrm{e}^{2x}$ 中的 $P_n(x)=3x$ 是一次多项式,$\lambda=2$ 不是特征根,故可以设所给方程的特解为

$$y^{*}=(ax+b)\mathrm{e}^{2x},$$

对上式两边求导,得

$$(y^{*})'=a\mathrm{e}^{2x}+2(ax+b)\mathrm{e}^{2x},$$

$$(y^{*})''=4a\mathrm{e}^{2x}+4(ax+b)\mathrm{e}^{2x},$$

将 y^{*},$(y^{*})'$,$(y^{*})''$ 代入原方程整理后,得

$$a-6b-6ax=3x,$$

比较两边系数,得

$$\begin{cases}-6a=3,\\ a-6b=0.\end{cases}$$

解得

$$a=-\frac{1}{2},b=-\frac{1}{12},$$

于是，可得原方程的一个特解为

$$y^{*}=\left(-\frac{1}{2}x-\frac{1}{12}\right)e^{2x}.$$

从而原方程的通解为

$$y=C_1e^{-x}+C_2e^{4x}-\left(\frac{1}{2}x+\frac{1}{12}\right)e^{2x}.$$

例 7　求微分方程 $y''-4y'+4y=e^{2x}$ 的一个特解.

解　所给方程所对应的齐次方程为

$$y''-4y'+4y=0,$$

其特征方程为

$$r^2-4r+4=0,$$

其特征根为

$$r=r_1=r_2=2.$$

由于 $f(x)=e^{2x}$ 中的 $P_n(x)=1$ 是零次多项式，$\lambda=2$ 是特征重根，故可以设所给方程的特解为

$$y^{*}=Ax^2e^{2x},$$

对上式两边求导，得

$$(y^{*})'=2Axe^{2x}+2Ax^2e^{2x},$$

$$\begin{aligned}(y^{*})''&=2Ae^{2x}+4Axe^{2x}+4Axe^{2x}+4Ax^2e^{2x}\\&=2Ae^{2x}+8Axe^{2x}+4Ax^2e^{2x},\end{aligned}$$

将 y^{*}，$(y^{*})'$，$(y^{*})''$ 代入原方程整理后，得

$$2Ae^{2x}=e^{2x},$$

于是

$$A=\frac{1}{2},$$

所以，原方程的一个特解为

$$y^{*}=\frac{1}{2}x^2e^{2x}.$$

3. $f(x)=a\cos\omega x+b\sin\omega x$，其中 a,b,ω 是常数且 $\omega>0$，a,b 不同时为零

这时，方程(6.19)成为

$$y''+py'+qy=a\cos\omega x+b\sin\omega x. \tag{6.23}$$

我们知道，函数 $f(x)=a\cos\omega x+b\sin\omega x$ 的导数仍属于同一类型，因此，方程(6.23)的特解 y^{*} 也属于这种类型.

可以证明方程(6.23)的特解具有形式

$$y^{*}=x^k(A\cos\omega x+B\sin\omega x),$$

其中,A 和 B 是待定常数.且有

(1) 当 $\pm\omega\mathrm{i}$ 不是特征根时,$k=0$;

(2) 当 $\pm\omega\mathrm{i}$ 是特征根时,$k=1$.

例 8 求微分方程 $y''+y=\sin x$ 的一个特解.

解 所给方程所对应的齐次方程为

$$y''+y=0,$$

其特征方程为

$$r^2+1=0,$$

其特征根为

$$r_1=-\mathrm{i},r_2=\mathrm{i}.$$

由于所给方程中的 $f(x)=\sin x,\omega=1$,而 $\pm\mathrm{i}$ 是特征根,故可以设所给方程的特解为

$$y^*=x(A\cos x+B\sin x).$$

对上式两边求导,得

$$(y^*)'=A\cos x+B\sin x+x(-A\sin x+B\cos x).$$

$$(y^*)''=2(-A\sin x+B\cos x)+x(-A\cos x-B\sin x),$$

将 y^*,$(y^*)''$代入原方程整理后,得

$$-2A\sin x+2B\cos x=\sin x,$$

比较两边系数,得

$$\begin{cases}-2A=1,\\ 2B=0,\end{cases}$$

解得

$$A=-\frac{1}{2},B=0,$$

于是,可得原方程的一个特解为

$$y^*=-\frac{1}{2}x\cos x.$$

根据以上讨论,现将二阶常系数非齐次线性微分方程 $y''+py'+qy=f(x)$ 的特解形式归纳为下表:

$f(x)$的形式	特解 y^* 的形式
$f(x)=P_n(x)$	当 $q\neq0$ 时,$y^*=Q_n(x)$ 当 $q=0$ 而 $p\neq0$ 时,$y^*=Q_{n+1}(x)$ 当 $p=q=0$ 时,$y^*=Q_{n+2}(x)$
$f(x)=P_n(x)\mathrm{e}^{\lambda x}$	$y^*=x^kQ_n(x)\mathrm{e}^{\lambda x}$ 当 λ 不是特征根时,$k=0$ 当 λ 是特征根且为单根时,$k=1$ 当 λ 是特征根且为重根时,$k=2$

续表

$f(x)$的形式	特解 y^* 的形式
$f(x)=a\cos\omega x+b\sin\omega x$	$y^*=x^k(A\cos\omega x+B\sin\omega x)$ 当$\pm\omega\mathrm{i}$不是特征根时,$k=0$ 当$\pm\omega\mathrm{i}$是特征根时,$k=1$

【拓展阅读】

秦元勋——常微分方程领域的传奇学者

在中国现代数学史上,有这样一位数学家,他以卓越的智慧和坚韧的毅力,在常微分方程领域开辟了新的天地.他就是被誉为“中国常微分方程研究先驱”的秦元勋.

秦元勋,1923 年出生于贵州贵阳,自幼天资聪明过人.高中只读一年半,16 岁就考入了浙江大学数学系.在浙江大学求学期间,他接受了严格的科班训练,成绩优异,深得当时浙江大学校长竺可桢的赏识.1943 年,秦元勋以优异的成绩从浙江大学毕业,获得了理学学士学位.随后,他在留学考试中位居榜首,经竺可桢校长推荐,进入美国哈佛大学深造.

在哈佛大学,秦元勋仅用五个学期就取得了文学硕士和哲学博士学位,创造了哈佛建校史上最快获得博士学位的纪录.他师从桑德斯・麦克兰恩教授,并担任加勒特・伯克霍夫的助教,这段经历不仅让他学到了先进的数学知识,也开阔了他的国际视野.1947 年,24 岁的秦元勋成为哈佛大学最年轻的博士之一,被人称为“娃娃博士”.

秦元勋在常微分方程领域有着卓越的成就.他的研究领域涉及常微分方程的定性理论、运动稳定性理论、近似解析解理论等多个方面.在常微分方程领域,他引进和开发了“实定性理论”和“运动稳定性理论”两个全新分支,解决了钱学森提出的关于燃烧不稳定性的时滞控制参数的界限问题.

1954 年,应华罗庚所长之邀,秦元勋来到中国科学院数学研究所任常微分方程组组长、副研究员.他担负起在我国开辟和发展常微分方程的任务.通过传、帮、带等多种培养方式,在全国迅速建立起一支致力于常微分方程定性理论和运动稳定性理论研究的专业队伍.他的著作《微分方程所定义的积分曲线》《运动稳定性的一般问题讲义》等,为我国常微分方程领域的研究奠定了坚实基础.

除了常微分方程外,秦元勋在参与中国的核武器研制工作中也做出了重要贡献.在攻克中国第一颗原子弹理论设计过程中,他提出了“人为次临界法”等关键方法,用拓扑学方法论证球形合成的块数,提出原子弹威力计算的粗估公式等.他的工作,不仅推动了我国核武器研制工作的进展,也体现了数学家在国家重大科技任务中的重要作用.

秦元勋不仅是一位杰出的数学家,还是一位充满传奇色彩的人物.据记载,秦元勋在留学期间,曾遇到一位美国数学家,对方对秦元勋的研究成果表示怀疑,认为一个来自中国的留学生不可能在常微分方程领域取得如此卓越的成就.秦元勋并没有因此气馁,反而更加努力地研究,最终用自己的实力证明了对方的怀疑是错误的.

还有一次,秦元勋在国内参加一次数学会议,会上有一位年轻学者提出了一个难题,许多人都无法解决.秦元勋凭借自己的智慧和经验,找到了一个巧妙的解法.他当场演示了解题过程,赢得了在场学者的一致好评.事后,那位年轻学者专门找到秦元勋,向他请教数学问题,两人因此结下了深厚的友谊.

秦元勋在常微分方程领域的卓越成就,不仅推动了中国现代数学的发展,还在国家重大科技任务中发挥了重要作用.他的精神,如同常微分方程中的未知函数,虽然充满挑战,却永远指引着后来者不断探索、前进.

第七章

空间解析几何初步

【导读】

空间解析几何作为一门重要的数学分支，在后续课程学习和工程技术领域都有广泛的应用．本章首先建立空间直角坐标系，然后引进向量及其代数运算，最后介绍平面和直线的方程，以及曲面和空间曲线的相关知识．

【学习要求】

(1) 了解空间直角坐标系的建立和点的坐标．理解空间向量的概念及其坐标表示，掌握空间向量的线性运算、数量积与向量积，了解两个向量垂直、平行的条件．

(2) 掌握平面点法式方程、一般式方程及其计算．

(3) 掌握空间直线点向式方程、参数式方程、一般式方程及其计算．

(4) 了解常见的空间曲面、曲线及其方程，会求简单的空间曲线在坐标平面上的投影方程．

(5) 能够运用数学软件进行向量的运算．

第一节　空间直角坐标系与向量的运算

在空间选定一点 O，过点 O 作三条互相垂直的数轴，分别为 x 轴（横轴）、y 轴（纵轴）和 z 轴（竖轴）（一般取相同的长度单位），点 O 是它们的公共原点．三条坐标轴的正方向符合右手规则：右手的四指从 x 轴的正方向逆时针旋转 $\frac{\pi}{2}$ 角度到 y 轴正方向，大拇指的指向为 z 轴的正方向．一般将 x 轴和 y 轴放在水平面上，z 轴垂直于水平面．如图 7-1 所示．

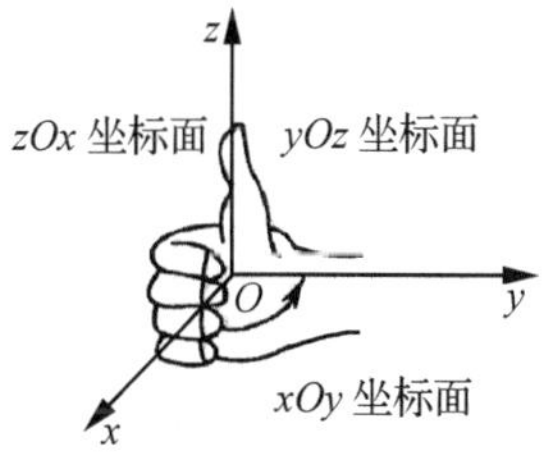

图 7-1

这样确定的三条坐标轴构成了一个空间直角坐标系，记作 $Oxyz$ 坐标系，点 O 称为坐标原点，x 轴、y 轴和 z 轴统称为坐标轴．每两条坐标轴确定一个平面，称为坐标面．由 x 轴和 y 轴所确定的平面称为 xOy 坐标面，类似地有 yOz 坐标面和 zOx 坐标面．三个坐标面将空间分成八个部分，每一部分称为一个卦限，其中第Ⅰ、Ⅱ、Ⅲ、Ⅳ卦限位于 xOy 面上方，含有 x

轴、y 轴、z 轴正方向的部分为第Ⅰ卦限，从第Ⅰ卦限开始逆时针依次为第Ⅱ、Ⅲ、Ⅳ卦限；第Ⅴ、Ⅵ、Ⅶ、Ⅷ卦限位于 xOy 面下方，分别与第Ⅰ、Ⅱ、Ⅲ、Ⅳ卦限对应，如图 7-2 所示.

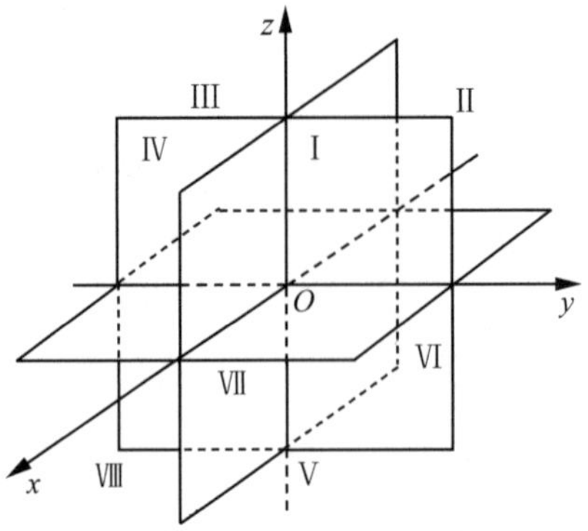

图 7-2

在空间任取一点 M，过点 M 分别作垂直于坐标轴的三个平面，分别交 x 轴、y 轴、z 轴于点 P,Q,R. 设点 P,Q,R 的坐标分别为 x,y,z，于是点 M 确定了唯一的有序三元数组 (x,y,z). 反之，给定一个有序三元数组 (x,y,z)，在 x 轴、y 轴和 z 轴上分别确定以 x,y,z 为坐标的三个点 P,Q,R，过这三个点分别作垂直于 x 轴、y 轴和 z 轴的平面，这三个平面相交于唯一一点 M. 于是，一个有序的三元数组 (x,y,z) 在空间唯一确定一个点 M，如图 7-3 所示. 这样，有序三元数组 (x,y,z) 与空间点 M 一一对应，称有序三元数组 (x,y,z) 为点 M 的坐标，记作 $M(x,y,z)$. 并称 x,y,z 分别为点 M 的横坐标、纵坐标和竖坐标.

特别地，坐标原点 O 的坐标为 $(0,0,0)$. x 轴、y 轴、z 轴上的点的坐标分别为 $(x,0,0)$，$(0,y,0)$，$(0,0,z)$. xOy 坐标面、yOz 坐标面、zOx 坐标面上的点的坐标分别是 $(x,y,0)$，$(0,y,z)$，$(x,0,z)$.

设点 $M(x,y,z)$，点 M 关于 xOy 面对称的点的坐标为 $(x,y,-z)$，关于 x 轴对称的点的坐标为 $(x,-y,-z)$，关于坐标原点对称的点的坐标为 $(-x,-y,-z)$.

类似地，可得到点 M 关于其他坐标面及坐标轴对称的点的坐标.

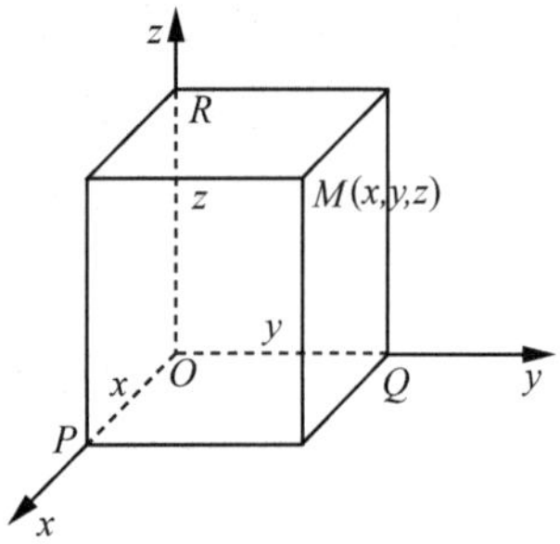

图 7-3

一、向量的基本概念

既有大小又有方向的量称为向量，如力、速度、位移等. 几何上，向量可用从起点到终点的有向线段表示，如向量 $\overrightarrow{AB}$ 或 $\boldsymbol{a}$，如图 7-4 所示. 有向线段的长度表示向量的大小，称为向量的模，记作 $|\overrightarrow{AB}|$ 或 $|\boldsymbol{a}|$，有向线段的方向表示向量的方向.

称起点为坐标原点，终点为空间某一点的向量为向径，如向径 $\overrightarrow{OM}$.

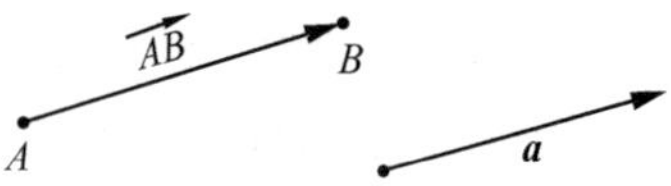

图 7-4

如果向量只取决于大小和方向，与起点位置无关，称这样的向量为自由向量．因此，当两个自由向量的大小相等、方向相同时，称为两个向量相等，其中一个向量可经平移得到另一个向量．本书中除特别指明外，都是指自由向量．

模等于 1 的向量称为单位向量，模等于 0 的向量称为零向量，记作 $\mathbf{0}$，零向量的方向任意．与向量 $\boldsymbol{a}$ 大小相等、方向相反的向量，称为向量 $\boldsymbol{a}$ 的负向量，记作 $-\boldsymbol{a}$．如果两个非零向量 $\boldsymbol{a}$，$\boldsymbol{b}$ 方向相同或相反，则称向量 $\boldsymbol{a}$ 与 $\boldsymbol{b}$ 平行，记作 $\boldsymbol{a}/\!/\boldsymbol{b}$．特别地，$\mathbf{0}$ 可看作与任意向量 $\boldsymbol{a}$ 平行．

二、向量的加、减法与数乘运算

1. 向量的加、减法

设向量 $\boldsymbol{a}$，$\boldsymbol{b}$，将向量 $\boldsymbol{a}$，$\boldsymbol{b}$ 平移使起点重合．以 $\boldsymbol{a}$，$\boldsymbol{b}$ 为邻边作平行四边形，则从公共起点到对角点的对角线向量定义为 $\boldsymbol{a}$ 与 $\boldsymbol{b}$ 的和，记作 $\boldsymbol{a}+\boldsymbol{b}$，如图 7-5 所示．并称这样定义的向量加法为平行四边形法则．

两个向量的加法还可以用三角形法则定义：平移向量 $\boldsymbol{b}$，使 $\boldsymbol{b}$ 的起点与 $\boldsymbol{a}$ 的终点重合，则从 $\boldsymbol{a}$ 的起点到 $\boldsymbol{b}$ 的终点的向量定义为 $\boldsymbol{a}$ 与 $\boldsymbol{b}$ 的和 $\boldsymbol{a}+\boldsymbol{b}$，如图 7-6 所示．

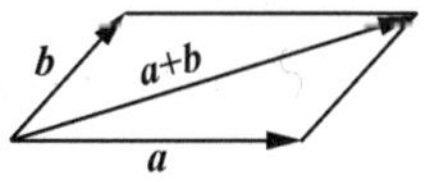

图 7-5

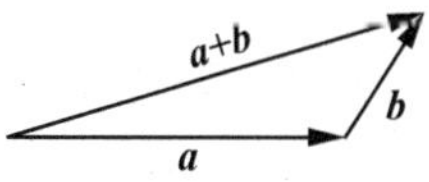

图 7-6

设向量 $\boldsymbol{a}$，$\boldsymbol{b}$，定义 $\boldsymbol{a}+(-\boldsymbol{b})$ 为 $\boldsymbol{a}$ 与 $\boldsymbol{b}$ 的差，记作 $\boldsymbol{a}-\boldsymbol{b}$，即

$$\boldsymbol{a}-\boldsymbol{b}=\boldsymbol{a}+(-\boldsymbol{b}).$$

由向量加法的平行四边形法则，可得到向量减法的三角形法则：将向量 $\boldsymbol{a}$ 与 $\boldsymbol{b}$ 的起点重合，则从 $\boldsymbol{b}$ 的终点到 $\boldsymbol{a}$ 的终点的向量为 $\boldsymbol{a}$ 与 $\boldsymbol{b}$ 的差 $\boldsymbol{a}-\boldsymbol{b}$，如图 7-7 所示．

向量的加法满足如下运算规律：

(1) 交换律：$\boldsymbol{a}+\boldsymbol{b}=\boldsymbol{b}+\boldsymbol{a}$；

(2) 结合律：$(\boldsymbol{a}+\boldsymbol{b})+\boldsymbol{c}=\boldsymbol{a}+(\boldsymbol{b}+\boldsymbol{c})$．

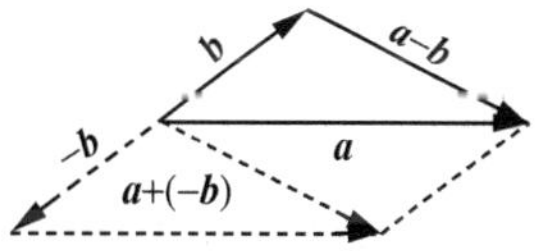

图 7-7

2. 向量的数乘运算

设向量 $\boldsymbol{a}$，实数 λ，称 λ 与 $\boldsymbol{a}$ 的乘积为向量的数乘运算，记作 $\lambda\boldsymbol{a}$．$\lambda\boldsymbol{a}$ 仍是一个向量，其大小为 $|\lambda\boldsymbol{a}|=|\lambda||\boldsymbol{a}|$，其方向为：当 $\lambda>0$ 时，$\lambda\boldsymbol{a}$ 与 $\boldsymbol{a}$ 同向；当 $\lambda<0$ 时，$\lambda\boldsymbol{a}$ 与 $\boldsymbol{a}$ 反向；当 $\lambda=0$ 时，方向任意．

向量的数乘满足如下运算规律：

(1) 结合律：$\lambda(\mu\boldsymbol{a})=\mu(\lambda\boldsymbol{a})=(\lambda\mu)\boldsymbol{a}$；

(2) 分配律：$(\lambda+\mu)\boldsymbol{a}=\lambda\boldsymbol{a}+\mu\boldsymbol{a}$，$\lambda(\boldsymbol{a}+\boldsymbol{b})=\lambda\boldsymbol{a}+\lambda\boldsymbol{b}$．

设 $\boldsymbol{a}$ 是任意非零向量，$\boldsymbol{a}^{\circ}$ 表示与 $\boldsymbol{a}$ 同向的单位向量．由向量的数乘运算，有 $\boldsymbol{a}=|\boldsymbol{a}|\boldsymbol{a}^{\circ}$，从而 $\boldsymbol{a}^{\circ}=\dfrac{1}{|\boldsymbol{a}|}\boldsymbol{a}$．

三、向量的坐标表示式

1. 向径的坐标表示式

设空间直角坐标系 $Oxyz$ 中,分别在 x 轴、y 轴、z 轴上有一个与坐标轴同向的单位向量 $\boldsymbol{i},\boldsymbol{j},\boldsymbol{k}$,称它们为基本单位向量,如图 7-8 所示.

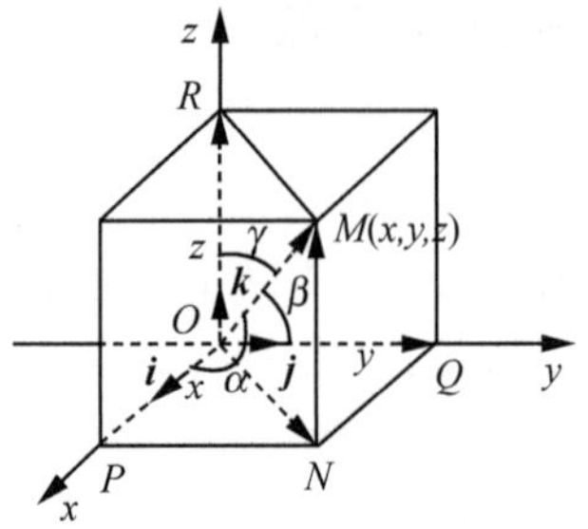

图 7-8

设向径$\overrightarrow{OM}$的终点 M 的坐标为(x,y,z),过点 M 分别作垂直于坐标轴的平面,在 x 轴、y 轴、z 轴上的交点分别为点 P,Q,R,其坐标为 x,y,z. 由向量的数乘运算知向量

$$\overrightarrow{OP}=x\boldsymbol{i},\overrightarrow{OQ}=y\boldsymbol{j},\overrightarrow{OR}=z\boldsymbol{k}.$$

又由向量的加法,知向径

$$\overrightarrow{OM}=\overrightarrow{ON}+\overrightarrow{NM}=\overrightarrow{OP}+\overrightarrow{OQ}+\overrightarrow{OR},$$

从而

$$\overrightarrow{OM}=x\boldsymbol{i}+y\boldsymbol{j}+z\boldsymbol{k},$$

称上式为向径$\overrightarrow{OM}$的分解式,其中

$$\overrightarrow{OP}=x\boldsymbol{i},\overrightarrow{OQ}=y\boldsymbol{j},\overrightarrow{OR}=z\boldsymbol{k}$$

称为向径$\overrightarrow{OM}$在坐标轴上的分向量,x,y,z 称为$\overrightarrow{OP}$在三个坐标轴上的投影,并称这三个有序的数为向量$\overrightarrow{OM}$的坐标,记作

$$\overrightarrow{OM}=\{x,y,z\}.$$

上式为向径$\overrightarrow{OM}$的坐标表示式.

注 向径$\overrightarrow{OM}$的坐标在数值上与点 M 的坐标相同,但含义不同. 作为向径的坐标可以运算,而点的坐标不可以.

向径$\overrightarrow{OM}$的模$|\overrightarrow{OM}|$表示点 O 与点 M 的距离,由立体几何知

$$|\overrightarrow{OM}|=\sqrt{|\overrightarrow{OP}|^2+|\overrightarrow{OQ}|^2+|\overrightarrow{OR}|^2}=\sqrt{x^2+y^2+z^2},$$

即$\overrightarrow{OM}$的长度等于$\overrightarrow{OM}$的坐标平方和的算术根.

向径$\overrightarrow{OM}$的方向可由$\overrightarrow{OM}$与三个坐标轴不超过 π 的夹角唯一确定. 设 α,β,γ 分别为$\overrightarrow{OM}$与 x 轴、y 轴、z 轴的夹角,称 α,β,γ 为$\overrightarrow{OM}$的方向角$(0\leqslant\alpha,\beta,\gamma\leqslant\pi)$,并称 $\cos\alpha,\cos\beta,\cos\gamma$ 为

$\overrightarrow{OM}$的方向余弦. 由图 7-8 可知，$\triangle OMR$ 为直角三角形，有

$$\cos\gamma=\frac{z}{|\overrightarrow{OM}|}=\frac{z}{\sqrt{x^2+y^2+z^2}}.$$

方向余弦

同理，得

$$\cos\alpha=\frac{x}{\sqrt{x^2+y^2+z^2}},\cos\beta=\frac{y}{\sqrt{x^2+y^2+z^2}},$$

且

$$\cos^2\alpha+\cos^2\beta+\cos^2\gamma=1.$$

2. 向量的坐标表示式

设任一向量$\overrightarrow{M_1M_2}$的起点、终点分别为 $M_1(x_1,y_1,z_1)$，$M_2(x_2,y_2,z_2)$，现以 M_1，M_2 为终点分别作向径$\overrightarrow{OM_1}$、$\overrightarrow{OM_2}$，如图 7-9 所示.

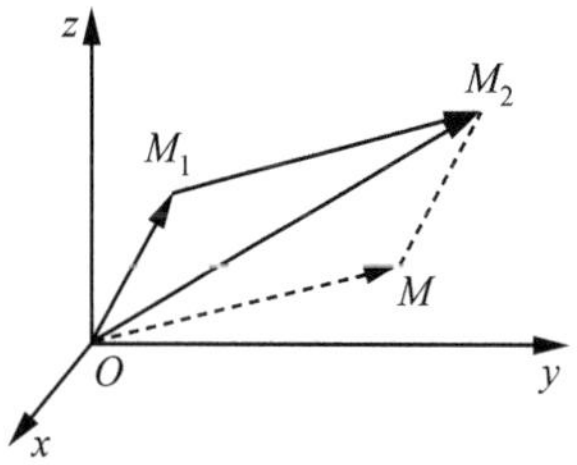

图 7-9

由向量的减法，知$\overrightarrow{M_1M_2}=\overrightarrow{OM_2}-\overrightarrow{OM_1}$，又由向径的分解式，有

$$\overrightarrow{OM_1}=x_1\boldsymbol{i}+y_1\boldsymbol{j}+z_1\boldsymbol{k},$$
$$\overrightarrow{OM_2}=x_2\boldsymbol{i}+y_2\boldsymbol{j}+z_2\boldsymbol{k},$$

从而

$$\overrightarrow{M_1M_2}=(x_2-x_1)\boldsymbol{i}+(y_2-y_1)\boldsymbol{j}+(z_2-z_1)\boldsymbol{k}.$$

上式为任意向量$\overrightarrow{M_1M_2}$的分解式，其中$(x_2-x_1)\boldsymbol{i}$，$(y_2-y_1)\boldsymbol{j}$，$(z_2-z_1)\boldsymbol{k}$ 称为向量$\overrightarrow{M_1M_2}$在 x 轴、y 轴、z 轴上的分向量，三个数 x_2-x_1，y_2-y_1，z_2-z_1 称为$\overrightarrow{M_1M_2}$在 x 轴、y 轴、z 轴上的投影，并称这三个有序的数 x_2-x_1，y_2-y_1，z_2-z_1 为向量$\overrightarrow{M_1M_2}$的坐标，记作$\overrightarrow{M_1M_2}=\{x_2-x_1,y_2-y_1,z_2-z_1\}$，称上式为向量$\overrightarrow{M_1M_2}$的坐标表示式.

由于任意向量可平移成向径，设$\overrightarrow{M_1M_2}$平移后为向径$\overrightarrow{OM}$，于是

$$\overrightarrow{OM}=\overrightarrow{M_1M_2}=\{x_2-x_1,y_2-y_1,z_2-z_1\},$$

且 M 点的坐标为 $M(x_2-x_1,y_2-y_1,z_2-z_1)$. 由向径的结论，知

$$|\overrightarrow{M_1M_2}|=|\overrightarrow{OM}|=\sqrt{(x_2-x_1)^2+(y_2-y_1)^2+(z_2-z_1)^2},$$

上式是两点 M_1，M_2 间的距离公式.

设向量$\overrightarrow{M_1M_2}$与 x 轴、y 轴、z 轴的夹角分别为 α，β，γ，它们分别等于向径$\overrightarrow{OM}$与三个坐标轴的夹角，于是有

$$\cos\alpha=\frac{x_2-x_1}{\sqrt{(x_2-x_1)^2+(y_2-y_1)^2+(z_2-z_1)^2}},$$

$$\cos\beta=\frac{y_2-y_1}{\sqrt{(x_2-x_1)^2+(y_2-y_1)^2+(z_2-z_1)^2}},$$

$$\cos\gamma=\frac{z_2-z_1}{\sqrt{(x_2-x_1)^2+(y_2-y_1)^2+(z_2-z_1)^2}}.$$

例 1 设点 $P_1(8,2\sqrt{2},2)$,$P_2(7,\sqrt{2},3)$,求向量$\overrightarrow{P_1P_2}$的模和方向角.

解 向量$\overrightarrow{P_1P_2}$的坐标表示式为

$$\overrightarrow{P_1P_2}=\{-1,-\sqrt{2},1\},$$

从而

$$|\overrightarrow{P_1P_2}|=\sqrt{(-1)^2+(-\sqrt{2})^2+1^2}=2,$$

$$\cos\alpha=-\frac{1}{2},\cos\beta=-\frac{\sqrt{2}}{2},\cos\gamma=\frac{1}{2},$$

所以

$$\alpha=\frac{2\pi}{3},\beta=\frac{3\pi}{4},\gamma=\frac{\pi}{3}.$$

例 2 证明:以 $M(8,2,18)$,$N(20,-2,12)$,$P(4,8,6)$为顶点的三角形是等腰直角三角形.

解 由于

$$|\overrightarrow{MN}|=\sqrt{(20-8)^2+(-2-2)^2+(12-18)^2}=14,$$

$$|\overrightarrow{MP}|=\sqrt{(8-4)^2+(2-8)^2+(18-6)^2}=14,$$

$$|\overrightarrow{NP}|=\sqrt{(20-4)^2+(-2-8)^2+(12-6)^2}=14\sqrt{2},$$

从而,有 $$|\overrightarrow{MN}|=|\overrightarrow{MP}|\text{且}|\overrightarrow{MN}|^2+|\overrightarrow{MP}|^2=|\overrightarrow{NP}|^2.$$

故三角形 MNP 为等腰直角三角形.

3. 向量的和、差与向量的数乘的坐标表示式

设向量 $\boldsymbol{a}$,$\boldsymbol{b}$ 的坐标表示式分别为

$$\boldsymbol{a}=\{a_x,a_y,a_z\},\boldsymbol{b}=\{b_x,b_y,b_z\},$$

则向量的分解式为

$$\boldsymbol{a}=a_x\boldsymbol{i}+a_y\boldsymbol{j}+a_z\boldsymbol{k},\boldsymbol{b}=b_x\boldsymbol{i}+b_y\boldsymbol{j}+b_z\boldsymbol{k}.$$

设 λ 是任意实数,由向量加法与数乘的运算法则,有

$$\begin{aligned}\boldsymbol{a}\pm\boldsymbol{b}&=(a_x\boldsymbol{i}+a_y\boldsymbol{j}+a_z\boldsymbol{k})\pm(b_x\boldsymbol{i}+b_y\boldsymbol{j}+b_z\boldsymbol{k})\\&=(a_x\pm b_x)\boldsymbol{i}+(a_y\pm b_y)\boldsymbol{j}+(a_z\pm b_z)\boldsymbol{k},\\\lambda\boldsymbol{a}&=\lambda(a_x\boldsymbol{i}+a_y\boldsymbol{j}+a_z\boldsymbol{k})=\lambda a_x\boldsymbol{i}+\lambda a_y\boldsymbol{j}+\lambda a_z\boldsymbol{k},\end{aligned}$$

即坐标表示式为

$$\boldsymbol{a}\pm\boldsymbol{b}=\{a_x\pm b_x,a_y\pm b_y,a_z\pm b_z\},$$

$$\lambda\boldsymbol{a}=\{\lambda a_x,\lambda a_y,\lambda a_z\}.$$

若 $\boldsymbol{a}^\circ$表示与 $\boldsymbol{a}$ 同向的单位向量,则

$$\boldsymbol{a}^\circ=\frac{1}{|\boldsymbol{a}|}\boldsymbol{a},$$

其中

$$|\boldsymbol{a}|=\sqrt{a_x^2+a_y^2+a_z^2},$$

于是

$$\boldsymbol{a}^{\circ}=\left\{\frac{a_x}{\sqrt{a_x^2+a_y^2+a_z^2}},\frac{a_y}{\sqrt{a_x^2+a_y^2+a_z^2}},\frac{a_z}{\sqrt{a_x^2+a_y^2+a_z^2}}\right\}=\{\cos\alpha,\cos\beta,\cos\gamma\},$$

$\cos\alpha,\cos\beta,\cos\gamma$ 为向量 $\boldsymbol{a}$ 的方向余弦.

例 3　设向量

$$\boldsymbol{a}=3\boldsymbol{i}-\boldsymbol{j}+\boldsymbol{k},\boldsymbol{b}=2\boldsymbol{i}+3\boldsymbol{j}-\boldsymbol{k},$$

求与向量 $\boldsymbol{c}=5\boldsymbol{a}+2\boldsymbol{b}$ 同向的单位向量.

解　由于

$$\boldsymbol{a}=\{3,-1,1\},\boldsymbol{b}=\{2,3,-1\},$$

所以,有

$$\boldsymbol{c}=5\boldsymbol{a}+2\boldsymbol{b}=\{19,1,3\},$$

$$|\boldsymbol{c}|=\sqrt{19^2+1^2+3^2}=\sqrt{371},$$

于是

$$\boldsymbol{c}^{\circ}=\frac{1}{|\boldsymbol{c}|}\boldsymbol{c}=\left\{\frac{19}{\sqrt{371}},\frac{1}{\sqrt{371}},\frac{3}{\sqrt{371}}\right\}.$$

第二节　向量的数量积与向量积

1. 向量的数量积

引例　设一物体受常力 $\boldsymbol{F}$ 的作用从点 A 沿直线移到点 B,如图 7-10 所示,移动的位移为 $\overrightarrow{AB}$,求力 $\boldsymbol{F}$ 所做的功 W.

解　设 $\boldsymbol{F}$ 与 $\overrightarrow{AB}$ 间的夹角为 θ,则

$$W=|\boldsymbol{F}|\cos\theta\cdot|\overrightarrow{AB}|=|\boldsymbol{F}|\cdot|\overrightarrow{AB}|\cdot\cos\theta.$$

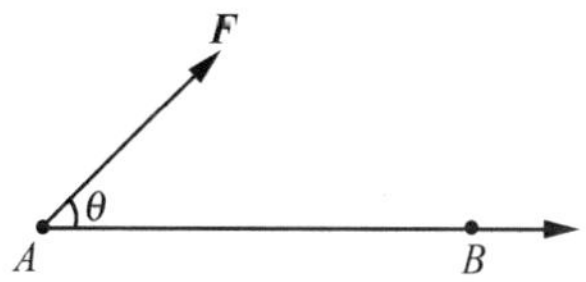

图 7-10

由于向量 $\boldsymbol{F}$ 与 $\overrightarrow{AB}$ 所作的这种运算的结果功 W 是一个数量,以后称向量的这种运算为向量的数量积.

定义 1　设向量为 $\boldsymbol{a},\boldsymbol{b}$,它们的夹角为 θ,称运算

$$|\boldsymbol{a}|\cdot|\boldsymbol{b}|\cdot\cos\theta$$

为向量 $\boldsymbol{a}$ 与 $\boldsymbol{b}$ 的数量积或点积,记作 $\boldsymbol{a}\cdot\boldsymbol{b}$,即

$$\boldsymbol{a}\cdot\boldsymbol{b}=|\boldsymbol{a}|\cdot|\boldsymbol{b}|\cdot\cos\theta.$$

由向量的数量积定义,可推出下列两个重要结论:

(1) $\boldsymbol{a}\cdot\boldsymbol{a}=|\boldsymbol{a}|^2$.

特别地,对于基本单位向量 $\boldsymbol{i},\boldsymbol{j},\boldsymbol{k}$,有

$$\boldsymbol{i}\cdot\boldsymbol{i}=\boldsymbol{j}\cdot\boldsymbol{j}=\boldsymbol{k}\cdot\boldsymbol{k}=1.$$

(2) 向量 $\boldsymbol{a}$ 与 $\boldsymbol{b}$ 垂直的充要条件是 $\boldsymbol{a}\cdot\boldsymbol{b}=0$(当 $\boldsymbol{a}$ 与 $\boldsymbol{b}$ 中有一个向量为零向量时,可以认为零向量与任意向量垂直).

特别地,$\boldsymbol{i}\cdot\boldsymbol{j}=\boldsymbol{j}\cdot\boldsymbol{k}=\boldsymbol{k}\cdot\boldsymbol{i}=0$.

向量的数量积有如下运算规律:

(1) 交换律:$\boldsymbol{a}\cdot\boldsymbol{b}=\boldsymbol{b}\cdot\boldsymbol{a}$;

(2) 结合律:$(\lambda\boldsymbol{a})\cdot(\mu\boldsymbol{b})=(\lambda\mu)(\boldsymbol{a}\cdot\boldsymbol{b})$;

(3) 分配律:$\boldsymbol{a}\cdot(\boldsymbol{b}+\boldsymbol{c})=\boldsymbol{a}\cdot\boldsymbol{b}+\boldsymbol{a}\cdot\boldsymbol{c}$.

向量的数量积的坐标表示式:

设向量 $\boldsymbol{a}=\{a_x,a_y,a_z\}$,$\boldsymbol{b}=\{b_x,b_y,b_z\}$,则有

$$\begin{aligned}\boldsymbol{a}\cdot\boldsymbol{b}&=(a_x\boldsymbol{i}+a_y\boldsymbol{j}+a_z\boldsymbol{k})\cdot(b_x\boldsymbol{i}+b_y\boldsymbol{j}+b_z\boldsymbol{k})\\&=(a_xb_x)(\boldsymbol{i}\cdot\boldsymbol{i})+(a_xb_y)(\boldsymbol{i}\cdot\boldsymbol{j})+(a_xb_z)(\boldsymbol{i}\cdot\boldsymbol{k})+(a_yb_x)(\boldsymbol{j}\cdot\boldsymbol{i})+(a_yb_y)(\boldsymbol{j}\cdot\boldsymbol{j})+\\&\quad(a_yb_z)(\boldsymbol{j}\cdot\boldsymbol{k})+(a_zb_x)(\boldsymbol{k}\cdot\boldsymbol{i})+(a_zb_y)(\boldsymbol{k}\cdot\boldsymbol{j})+(a_zb_z)(\boldsymbol{k}\cdot\boldsymbol{k})\\&=a_xb_x+a_yb_y+a_zb_z,\end{aligned}$$

即 $\boldsymbol{a}$ 与 $\boldsymbol{b}$ 的数量积等于 $\boldsymbol{a}$ 与 $\boldsymbol{b}$ 的对应坐标乘积之和.

向量的数量积

利用向量的数量积定义,可求得两向量的夹角的余弦及两向量垂直的充要条件的坐标表示式.

设向量 $\boldsymbol{a}=\{a_x,a_y,a_z\}$,$\boldsymbol{b}=\{b_x,b_y,b_z\}$,$\boldsymbol{a}$ 与 $\boldsymbol{b}$ 的夹角为 θ,则有

$$\cos\theta=\frac{\boldsymbol{a}\cdot\boldsymbol{b}}{|\boldsymbol{a}|\cdot|\boldsymbol{b}|}=\frac{a_xb_x+a_yb_y+a_zb_z}{\sqrt{a_x^2+a_y^2+a_z^2}\sqrt{b_x^2+b_y^2+b_z^2}}.$$

从上式容易求得 $\boldsymbol{a}$ 与 $\boldsymbol{b}$ 的夹角为 θ,并由此式可得 $\boldsymbol{a}$ 与 $\boldsymbol{b}$ 垂直的充要条件为

$$a_xb_x+a_yb_y+a_zb_z=0.$$

例 1 设 $|\boldsymbol{a}|=4$,$|\boldsymbol{b}|=\sqrt{3}$,$\boldsymbol{a}$ 与 $\boldsymbol{b}$ 的夹角为 $\frac{\pi}{4}$,求 $(\boldsymbol{a}-3\boldsymbol{b})\cdot(2\boldsymbol{a}+\boldsymbol{b})$.

解
$$\begin{aligned}(\boldsymbol{a}-3\boldsymbol{b})\cdot(2\boldsymbol{a}+\boldsymbol{b})&=2|\boldsymbol{a}|^2+\boldsymbol{a}\cdot\boldsymbol{b}-6\,\boldsymbol{a}\cdot\boldsymbol{b}-3|\boldsymbol{b}|^2\\&=2|\boldsymbol{a}|^2-5\boldsymbol{a}\cdot\boldsymbol{b}-3|\boldsymbol{b}|^2\\&=2\times4^2-5\times4\times\sqrt{3}\times\cos\frac{\pi}{4}-3\times3\\&=23-10\sqrt{6}.\end{aligned}$$

例 2 设点 $P(4,4\sqrt{2},2)$,$Q(2,2\sqrt{2},4)$,$R(0,2\sqrt{2},6)$,求 $\angle PQR$.

解 由所给的点,知向量

$$\overrightarrow{QP}=\{2,2\sqrt{2},-2\},\overrightarrow{QR}=\{-2,0,2\}.$$

又由向量的数量积,有

$$\cos\angle PQR=\frac{\overrightarrow{QP}\cdot\overrightarrow{QR}}{|\overrightarrow{QP}||\overrightarrow{QR}|}=\frac{-2\times2+2\sqrt{2}\times0-2\times2}{\sqrt{2^2+(2\sqrt{2})^2+(-2)^2}\sqrt{(-2)^2+0^2+2^2}}=-\frac{\sqrt{2}}{2},$$

于是,$\angle ABC=\frac{3\pi}{4}$.

例 3　设向量 $\boldsymbol{a}=\{3,-1,1\}$，在 yOz 坐标面上求与 $\boldsymbol{a}$ 垂直的单位向量.

解　由于所求的向量在 yOz 坐标面上，可设该向量为 $\boldsymbol{b}=\{0,b_y,b_z\}$. 又由已知条件知，向量 $\boldsymbol{b}$ 满足

$$\boldsymbol{a}\cdot\boldsymbol{b}=-b_y+b_z=0,$$

$$|\boldsymbol{b}|=\sqrt{b_y^2+b_z^2}=1,$$

解得 $b_y=b_z=\pm\frac{\sqrt{2}}{2}$，即所求的向量为 $\boldsymbol{b}=\left\{0,\frac{\sqrt{2}}{2},\frac{\sqrt{2}}{2}\right\}$或$\left\{0,-\frac{\sqrt{2}}{2},-\frac{\sqrt{2}}{2}\right\}$.

2. 向量的向量积

引例 2　如图 7-11 所示，有一根杠杆 L，支点为 O，有一个力 $\boldsymbol{F}$ 作用于杠杆上点 P 处，且力 $\boldsymbol{F}$ 与$\overrightarrow{OP}$的夹角为 θ. 求力 $\boldsymbol{F}$ 对支点 O 的力矩.

解　由力学知识，力 $\boldsymbol{F}$ 对支点 O 的力矩是一个向量，记作 $\boldsymbol{M}$，它的大小为

$$|\boldsymbol{M}|=|\overrightarrow{OQ}|\cdot|\boldsymbol{F}|=|\overrightarrow{OP}|\cdot\sin\theta\cdot|\boldsymbol{F}|=|\overrightarrow{OP}|\cdot|\boldsymbol{F}|\cdot\sin\theta.$$

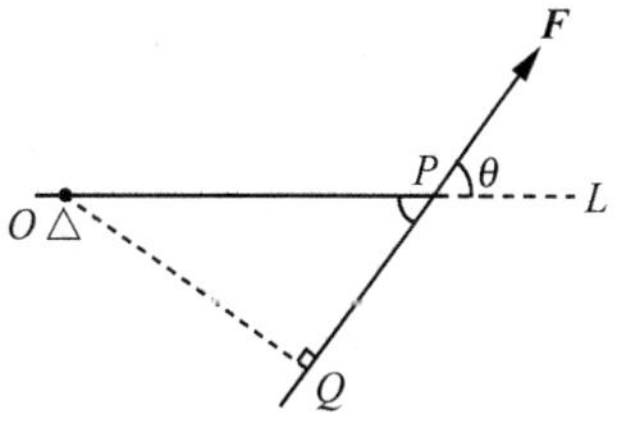

图 7-11

它的方向：$\boldsymbol{M}$ 垂直于向量$\overrightarrow{OP}$与 F 所确定的平面，指向符合右手规则，即右手的四指从向量$\overrightarrow{OP}$以不超过 π 的角度转向力 $\boldsymbol{F}$，大拇指的指向为力矩 $\boldsymbol{M}$ 的方向.

由此可见，力矩 $\boldsymbol{M}$ 完全由支点 O 到力的作用点 P 构成的向量和力 $\boldsymbol{F}$ 这两个向量所确定，可看作向量$\overrightarrow{OP}$与 $\boldsymbol{F}$ 所作的一种运算，其运算结果是一个向量，我们将定义这种运算为$\overrightarrow{OP}$与 $\boldsymbol{F}$ 的向量积.

定义 2　设两个向量为 $\boldsymbol{a}$，$\boldsymbol{b}$，它们的夹角为 θ，由向量 $\boldsymbol{a}$，$\boldsymbol{b}$ 可确定一个向量，记作 $\boldsymbol{c}$，其大小为 $|\boldsymbol{c}|=|\boldsymbol{a}|\cdot|\boldsymbol{b}|\cdot\sin\theta$，其方向为向量 $\boldsymbol{c}$ 垂直于向量 $\boldsymbol{a}$ 与 $\boldsymbol{b}$ 所确定的平面，指向符合右手规则，即右手四指从 $\boldsymbol{a}$ 绕 θ 角转向 $\boldsymbol{b}$，大拇指的指向为 $\boldsymbol{c}$ 的方向，称这样所确定的向量 $\boldsymbol{c}$ 为向量 $\boldsymbol{a}$ 与 $\boldsymbol{b}$ 的向量积或叉积，记作 $\boldsymbol{c}=\boldsymbol{a}\times\boldsymbol{b}$，如图 7-12 所示.

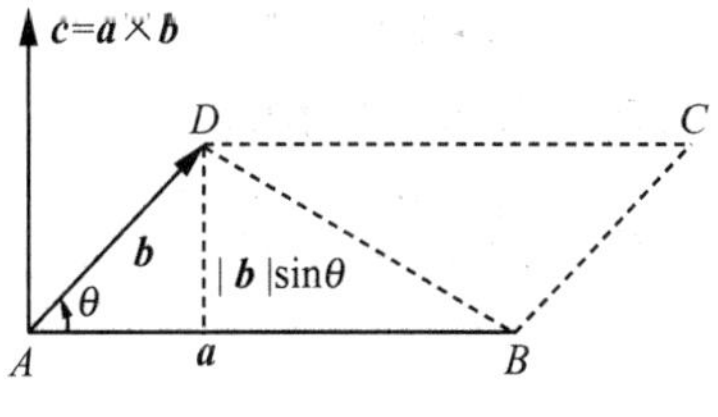

图 7-12

由向量积定义，可推得下列重要结论.

(1) $\boldsymbol{a}\times\boldsymbol{a}=\boldsymbol{0}$.

特别地，对基本单位向量 $\boldsymbol{i}$，$\boldsymbol{j}$，$\boldsymbol{k}$，有

$$\boldsymbol{i}\times\boldsymbol{i}=\boldsymbol{j}\times\boldsymbol{j}=\boldsymbol{k}\times\boldsymbol{k}=\boldsymbol{0},$$

$$\boldsymbol{i}\times\boldsymbol{j}=\boldsymbol{k},\boldsymbol{j}\times\boldsymbol{k}=\boldsymbol{i},\boldsymbol{k}\times\boldsymbol{i}=\boldsymbol{j}.$$

(2) 向量 $\boldsymbol{a}$ 与 $\boldsymbol{b}$ 平行的充要条件是 $\boldsymbol{a}\times\boldsymbol{b}=\boldsymbol{0}$(当 $\boldsymbol{a}$ 与 $\boldsymbol{b}$ 中有一个向量为零向量时，可认

为零向量与任何向量平行).

(3) $|\boldsymbol{a}\times\boldsymbol{b}|$ 的几何意义:$|\boldsymbol{a}\times\boldsymbol{b}|=|\boldsymbol{a}||\boldsymbol{b}|\sin\theta$,表示以 $\boldsymbol{a},\boldsymbol{b}$ 为邻边的平行四边形 $ABCD$ 的面积.

从而三角形 ABD 的面积 $S_{\triangle ABD}=\frac{1}{2}|\boldsymbol{a}\times\boldsymbol{b}|$,如图 7-12 所示.

向量的向量积满足如下运算规律:

(1) 反交换律:$\boldsymbol{a}\times\boldsymbol{b}=-\boldsymbol{b}\times\boldsymbol{a}$;

(2) 结合律:$(\lambda\boldsymbol{a})\times(\mu\boldsymbol{b})=(\lambda\mu)(\boldsymbol{a}\times\boldsymbol{b})$;

(3) 分配律:$(\boldsymbol{a}+\boldsymbol{b})\times\boldsymbol{c}=\boldsymbol{a}\times\boldsymbol{c}+\boldsymbol{b}\times\boldsymbol{c}$.

向量的向量积的坐标表示式:

设向量 $\boldsymbol{a}=\{a_x,a_y,a_z\}$,$\boldsymbol{b}=\{b_x,b_y,b_z\}$,则有

$$\begin{aligned}\boldsymbol{a}\times\boldsymbol{b}&=(a_x\boldsymbol{i}+a_y\boldsymbol{j}+a_z\boldsymbol{k})\times(b_x\boldsymbol{i}+b_y\boldsymbol{j}+b_z\boldsymbol{k})\\&=(a_xb_x)(\boldsymbol{i}\times\boldsymbol{i})+(a_xb_y)(\boldsymbol{i}\times\boldsymbol{j})+(a_xb_z)(\boldsymbol{i}\times\boldsymbol{k})+(a_yb_x)(\boldsymbol{j}\times\boldsymbol{i})+(a_yb_y)(\boldsymbol{j}\times\boldsymbol{j})+\\&\quad(a_yb_z)(\boldsymbol{j}\times\boldsymbol{k})+(a_zb_x)(\boldsymbol{k}\times\boldsymbol{i})+(a_zb_y)(\boldsymbol{k}\times\boldsymbol{j})+(a_zb_z)(\boldsymbol{k}\times\boldsymbol{k})\\&=(a_yb_z-a_zb_y)\boldsymbol{i}+(a_zb_x-a_xb_z)\boldsymbol{j}+(a_xb_y-a_yb_x)\boldsymbol{k}.\end{aligned}$$

为了便于记忆,将 $\boldsymbol{a}\times\boldsymbol{b}$ 表示成三阶行列式的形式,即

$$\boldsymbol{a}\times\boldsymbol{b}=\begin{vmatrix}\boldsymbol{i}&\boldsymbol{j}&\boldsymbol{k}\\a_x&a_y&a_z\\b_x&b_y&b_z\end{vmatrix}.$$

向量的向量积

注 计算 $\boldsymbol{a}\times\boldsymbol{b}$ 时,可将三阶行列式按第一行展开.

由 $\boldsymbol{a}\times\boldsymbol{b}$ 的表达式,易推得 $\boldsymbol{a}$ 与 $\boldsymbol{b}$ 平行的充要条件是

$$\frac{a_x}{b_x}=\frac{a_y}{b_y}=\frac{a_z}{b_z},$$

其中 b_x,b_y,b_z 不全为 0,当分母中有一项为 0 时,则约定对应的分子为 0,即两个非零向量平行的充要条件是对应坐标成比例.

例 4 设 $|\boldsymbol{a}|=2$,$|\boldsymbol{b}|=3$,$\boldsymbol{a}\cdot\boldsymbol{b}=-6$,求 $|\boldsymbol{a}\times\boldsymbol{b}|$.

解 由数量积的定义知 $\boldsymbol{a}$ 与 $\boldsymbol{b}$ 的夹角 θ 的余弦

$$\cos\theta=\frac{\boldsymbol{a}\cdot\boldsymbol{b}}{|\boldsymbol{a}|\cdot|\boldsymbol{b}|}=\frac{-12}{4\times6}=-\frac{1}{2},$$

于是

$$\sin\theta=\sqrt{1-\cos^2\theta}=\frac{\sqrt{3}}{2},$$

其中 $0\leqslant\theta\leqslant\pi$,也可由 $\cos\theta=-\frac{1}{2}$,求出 $\theta=\frac{2\pi}{3}$,从而

$$|\boldsymbol{a}\times\boldsymbol{b}|=|\boldsymbol{a}||\boldsymbol{b}|\sin\theta=2\times3\times\frac{\sqrt{3}}{2}=3\sqrt{3}.$$

例 5 设三角形的顶点分别为 $A(1,-2,3)$,$B(5,-6,1)$,$C(0,1,2)$,求三角形 ABC 的面积.

解　由顶点的坐标，得向量

$$\overrightarrow{AB}=\{4,-4,-2\},\overrightarrow{AC}=\{-1,3,-1\},$$

$$\overrightarrow{AB}\times\overrightarrow{AC}=\begin{vmatrix} \boldsymbol{i} & \boldsymbol{j} & \boldsymbol{k} \\ 4 & -4 & -2 \\ -1 & 3 & -1 \end{vmatrix}=10\boldsymbol{i}+6\boldsymbol{j}+8\boldsymbol{k},$$

从而

$$S_{\triangle ABC}=\frac{1}{2}|\overrightarrow{AB}\times\overrightarrow{AC}|=\frac{1}{2}\sqrt{10^2+6^2+8^2}=5\sqrt{2}.$$

例 6　设向量 $\boldsymbol{a}=\{-1,0,5\}$，$\boldsymbol{b}=\{2,1,-7\}$，求同时垂直于 $\boldsymbol{a}$，$\boldsymbol{b}$ 的单位向量.

解　设所求的向量为 $\boldsymbol{c}$，由已知条件 $\boldsymbol{c}\perp\boldsymbol{a}$，$\boldsymbol{c}\perp\boldsymbol{b}$，知 $\boldsymbol{c}$ 垂直于 $\boldsymbol{a}$ 与 $\boldsymbol{b}$ 所确定的平面，所以 $\boldsymbol{c}$ 与 $\boldsymbol{a}\times\boldsymbol{b}$ 同向或反向. 又由 $\boldsymbol{c}$ 为单位向量，于是

$$\boldsymbol{c}=\pm\frac{\boldsymbol{a}\times\boldsymbol{b}}{|\boldsymbol{a}\times\boldsymbol{b}|}.$$

由

$$\boldsymbol{a}\times\boldsymbol{b}=\begin{vmatrix} \boldsymbol{i} & \boldsymbol{j} & \boldsymbol{k} \\ -1 & 0 & 5 \\ 2 & 1 & -7 \end{vmatrix}=-5\boldsymbol{i}+3\boldsymbol{j}-\boldsymbol{k},$$

$$|\boldsymbol{a}\times\boldsymbol{b}|=\sqrt{(-5)^2+3^2+(-1)^2}=\sqrt{35},$$

得所求的向量

$$\boldsymbol{c}=\pm\left\{-\frac{5}{\sqrt{35}},\frac{3}{\sqrt{35}},-\frac{1}{\sqrt{35}}\right\}.$$

第三节　平面方程

在立体几何的学习中，我们知道：如果直线 l 与平面 Π 垂直，那么直线 l 垂直于平面 Π 内所有直线；过直线 l 上的一个点 P，有唯一确定的平面 Π 与直线 l 垂直.

与平面 Π 垂直的非零向量 $\boldsymbol{n}$ 叫作平面 Π 的法向量. 显然，平面的法向量不是唯一的.

一、平面的点法式方程

设在空间直角坐标系下，一平面 Π 和一个三元方程 $F(x,y,z)=0$ 之间满足下面的关系：(1) 平面上每一个点的坐标都满足方程；(2) 以方程的每组解为坐标的点都在平面上. 那么我们就称平面 Π 是方程 $F(x,y,z)=0$ 的平面，此方程就是平面 Π 的方程. 显然，过空间一点所作给定法向量的平面是唯一确定的.

设平面 Π 过点 $M_0(x_0,y_0,z_0)$，向量 $\boldsymbol{n}=\{A,B,C\}$(A,B,C 不全为零) 是它的一个法向量，下面我们就来建立平面方程(图 7-13). 设 $M(x,y,z)$

平面的点法式方程

是平面 Π 上的任一点，那么向量 M_0M 就必与平面 Π 的法线向量 $\boldsymbol{n}$ 垂直，即它们的数量积等于零：$\boldsymbol{n}\cdot\overrightarrow{M_0M}=0$. 这样可得

$$A(x-x_0)+B(y-y_0)+C(z-z_0)=0,$$

此即平面的点法式方程.

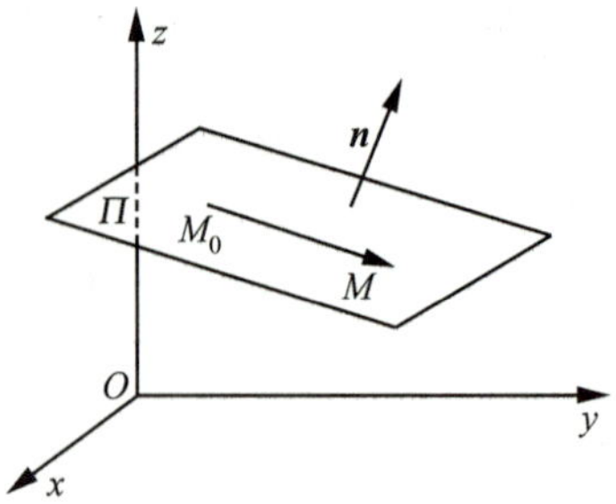

图 7-13

例 1　求过点(2,−3,0)且以{1,−2,3}为法向量的平面的方程.

解　根据平面的点法式方程，得所求平面的方程为

$$1\cdot(x-2)-2(y+3)+3(z-0)=0,$$

即 $x-2y+3z-8=0$.

例 2　求过三点 $M_1(2,-1,4)$，$M_2(-1,3,-2)$，$M_3(0,2,3)$的平面的方程.

解　可以用$\overrightarrow{M_1M_2}\times\overrightarrow{M_1M_3}$作为平面的法线向量 $\boldsymbol{n}$. 因为

$$\overrightarrow{M_1M_2}=\{-3,4,-6\},\overrightarrow{M_1M_3}=\{-2,3,-1\},$$

所以

$$\boldsymbol{n}=\overrightarrow{M_1M_2}\times\overrightarrow{M_1M_3}=\begin{vmatrix}\boldsymbol{i} & \boldsymbol{j} & \boldsymbol{k}\\ -3 & 4 & -6\\ -2 & 3 & -1\end{vmatrix}=14\boldsymbol{i}+9\boldsymbol{j}-\boldsymbol{k}.$$

根据平面的点法式方程，得所求平面的方程为

$$14(x-2)+9(y+1)-(z-4)=0,$$

即 $14x+9y-z-15=0$.

二、平面的一般式方程

我们把形式为 $Ax+By+Cz+D=0$ 的方程称为平面方程的一般式方程，其中 x,y,z 的系数 A,B,C 是平面法向量一组方向数.

几种特殊位置平面的方程.

1. 通过原点

其平面方程的一般形式为

$$Ax+By+Cz=0.$$

2. 平行于坐标轴

(1) 平行于 x 轴的平面方程的一般形式为

$$By+Cz+D=0.$$

(2) 平行于 y 轴的平面方程的一般形式为

$$Ax+Cz+D=0.$$

(3) 平行于 z 轴的平面方程的一般形式为

$$Ax+By+D=0.$$

3. 通过坐标轴

（1）通过 x 轴的平面方程的一般形式为

$$By+Cz=0.$$

（2）通过 y 轴的平面方程的一般形式为

$$Ax+Cz=0$$

（3）通过 z 轴的平面方程的一般形式为

$$Ax+By=0.$$

4. 垂直于坐标轴

垂直于 x 轴、y 轴、z 轴的平面方程的一般形式分别为

$$Ax+D=0, By+D=0, Cz+D=0.$$

第四节　直线方程

任一给定的直线都有着确定的方位.但是,具有某一确定方位的直线可以有无数条,它们相互平行.如果要求直线再通过某一定点,则直线便被唯一确定,因而此直线的方程就可由通过它的方向数和定点的坐标表示出来.

设已知直线 L 的方向数为$\{l,m,n\}$,又知 L 上一点 $P_0(x_0,y_0,z_0)$,则直线 L 的方程可表示为

$$\frac{x-x_0}{l}=\frac{y-y_0}{m}=\frac{z-z_0}{n}.$$

上式就是直线 L 的方程,这种方程的形式被称为直线方程的对称式.

直线方程也有一般式,它是由两个平面方程联立得到的,即

$$\begin{cases}A_1x+B_1y+C_1z+D_1=0,\\A_2x+B_2y+C_2z+D_2=0.\end{cases}$$

空间直线方程

对于一个给定的平面,它的法线也就可以知道了.因此平面间的平行与垂直关系,也就转化为直线间的平行与垂直关系.平面与直线间的平行与垂直关系,也就是平面的法线与直线的平行与垂直关系.

第五节　曲面与空间曲线

1. 曲面的方程

我们知道,在平面解析几何中可把曲线看成是动点的轨迹.因此,在空间中曲面可看成是一个动点或一条动曲线(直线)按一定的条件或规律运动而产生的轨迹.

设曲面上动点 P 的坐标为(x,y,z),由这一条件或规律就能导出一个含有变量 x,y,z

的方程：

$$F(x,y,z)=0.$$

如果此方程当且仅当 P 为曲面上的点时，才为 P 点的坐标所满足，那么我们就用这个方程表示曲面，并称这个方程为曲面的方程，把这个曲面称为方程的图形.

2. 空间曲线的方程

我们知道，空间直线可看成两平面的交线，因而它的方程可用两相交平面的方程的联立方程组来表示，这就是直线方程的一般式.

一般地，空间曲线也可以像空间直线那样看成是两个曲面的交线，因而空间曲线的方程就可由两相交曲面方程的联立方程组来表示.

设有两个相交曲面，它们的方程是 $F_1(x,y,z)=0$，$F_2(x,y,z)=0$，联立方程组：

$$\begin{cases}F_1(x,y,z)=0,\\F_2(x,y,z)=0\end{cases}$$

便是它们的交线方程.

两类常见的曲面：

(1) 柱面.

设有动直线 L 沿一给定的曲线 C 移动，移动时始终与给定的直线 M 平行，这样由动直线 L 所形成的曲面称为柱面，动直线 L 称为柱面的母线，定曲线 C 称为柱面的准线.

旋转曲面

(2) 旋转面.

设有一条平面曲线 C，绕着同一平面内的一条直线 L 旋转一周，这样由 C 旋转所形成的曲面称为旋转面，曲线 C 称为旋转面的母线，直线 L 称为旋转面的轴.

再列举几种常见的二次曲面，如下表所示：

二次曲面的名称	二次曲面的方程
椭球面	$\frac{x^2}{a^2}+\frac{y^2}{b^2}+\frac{z^2}{c^2}=1$
单叶双曲面	$\frac{x^2}{a^2}+\frac{y^2}{b^2}-\frac{z^2}{c^2}=1$
双叶双曲面	$\frac{x^2}{a^2}+\frac{y^2}{b^2}-\frac{z^2}{c^2}=-1$
椭圆抛物面	$\frac{x^2}{p}+\frac{y^2}{q}=2z$
双曲抛物面	$\frac{x^2}{p}-\frac{y^2}{q}=2z$

【拓展阅读】

吴大任——空间解析几何领域的探索者

在中国现代数学史上，有这样一位数学家，他以卓越的智慧和坚韧的毅力，在空间解析几何领域开辟了新的天地．他就是被誉为“中国积分几何研究的先驱之一”的吴大任．

吴大任，1908 年出生于天津，祖籍广东省高要县(今广东肇庆市高要区)．尽管自幼家境贫寒，但他却早早展现出了对数学的浓厚兴趣．7 岁时，母亲病重，全家迁至广州，母亲去世后他又回到高要老家．1919 年，吴大任从高要县模范小学毕业，后在广东上了私塾，其间博览群书，奠定了他的语文基础．1921 年，他考入南开中学，数学和语文成绩特别优异．

1926 年，他被保送至南开大学．初入大学时，吴大任选择了物理系．1928 年，他被姜立夫教授的授课深深吸引而转入数学系．1930 年，他与陈省身以最优等成绩从南开大学毕业，并同时考取清华大学研究生，还获得了足够支撑个人学习生活费用的奖学金．但在毕业前夕，父亲失业，还欠下不少债务，他不得不向清华大学申请保留学籍一年，只身南下到中山大学数学天文系任助教．次年，他兼任该校预科高中部教员，还利用暑假时间翻译了美国数学家博歇的《高等代数引论》，以此帮助家里还清债务．

吴大任在积分几何领域有着卓越的成就．他是我国最早从事积分几何方面研究的数学家之一，对椭圆空间的积分几何做了系统研究，得出了运动基本公式等重要结果．他还证明了关于欧氏平面和空间中的凸体弦幂积分的一系列不等式，并由此推出一些关于几何概率和几何中值不等式．

1933 年夏，吴大任参加了中英庚款第一届公费留学考试，并成功被录取前往英国学习．他本想到剑桥大学攻读学位，但因为错过了该校入学的时机，不得不改入伦敦大学，注册为博士研究生．按规定，中英庚款留学生可得三年公费，前两年必须在英国学习．吴大任初步打算，前两年在英国取得博士学位后，于第三年前往德国深造．但事与愿违，入学一年后，他的两位导师都未给他指定论文题目．吴大任便向伦敦大学申请转为硕士研究生，因为他认为取得研究经验和成果比博士学位更为重要．此时两位导师很快指定了他的论文题目．经数月努力，他完成了《拓扑群》《四维空间直线的表示法》两篇论文，并在数学系的学术讨论会上做报告．他的报告和即席回答都获得了在场师生的高度评价．最终，吴大任获得了伦敦大学带有星号的(表示成绩优异)硕士学位．

除积分几何外，吴大任在微分几何及其应用方面也有着深入的研究．他借助微分几何这一有力工具，投身于齿轮啮合理论的研究，并取得了具有重要意义的成果．由他率领的研究小组历经长达十年的不懈钻研，成功构建起一套独具特色的理论体系，这一成果为齿轮啮合原理的研究进程增添了浓墨重彩的一笔．

吴大任在空间解析几何领域的卓越成就，不仅推动了中国现代数学的发展，同时还在中国高等教育事业中也发挥了重要作用．吴大任，这位数学领域的伟大探索者，其不朽传奇将永远铭刻在中国数学的光辉史册上．

第八章

多元函数微分学

【导读】

前面我们所学习的函数都只含一个自变量,这类函数被称为一元函数.然而在很多实际问题中,常常会遇到含有多个自变量的函数,即多元函数.本章将在一元函数微分学的基础上讨论多元函数微分学.我们将重点讨论二元函数,因为从一元到二元会产生新的问题,而从二元到二元以上的函数则可以类推.

【学习要求】

(1) 了解多元函数的概念、二元函数的极限与连续的概念.

(2) 理解多元函数偏导数的概念,掌握多元函数的一、二阶偏导数的求法.

(3) 理解多元复合函数的求导法则,掌握多元复合函数偏导数的求法,会求多元隐函数的偏导数.

(4) 了解全微分的概念,理解全微分存在的条件,掌握多元函数全微分的求法.

(5) 了解多元函数极值的概念,会求函数的极值;了解条件极值的概念,会用拉格朗日乘数法求条件极值;会求简单实际问题的最值.

(6) 能够运用软件计算多元函数微分学的相关问题.

第一节　多元函数的基本概念

一、多元函数的定义

在实际应用中,经常需要研究一个变量与两个或多个自变量之间的依赖关系,即多元函数关系.下面举几个这种关系的实例:

例 1　三角形的面积 z 和它的底边长 x,以及底边上的高 y 之间具有关系式

$$z=\frac{1}{2}xy,$$

这里 z,x,y 是三个变量,当 x,y 在集合 $\{(x,y)\mid x>0,y>0\}$ 内取定一对值时,z 的对应值就

随之确定.

例 2 正圆锥体体积 A 和它的底半径 a、高 b 之间具有关系式:

$$A=\frac{1}{3}\pi a^2 b,$$

当 a,b 在集合 $\{(a,b)\mid a>0,b>0\}$ 内取定一对值时,A 的值就随之确定.

例 3 设 R 是电阻 R_1,R_2 并联后的总电阻,由电学知识可知,它们之间具有关系式

$$R=\frac{R_1R_2}{R_1+R_2},$$

当 R_1,R_2 在集合 $\{(R_1,R_2)\mid R_1>0,R_2>0\}$ 内取定一对值时,R 的值就随之确定.

虽然上述三个例子的具体含义各不相同,但从变量之间的依赖关系分析,它们具有共性. 概括这些共同属性,我们得到二元函数的定义.

定义 1 设有三个变量 x,y 和 z,如果当自变量 x,y 在一定范围内任意取定一对值时,变量 z 按照某一对应法则 f 总有确定的数值与之对应,那么称 z 是 x,y 的二元函数,记为

$$z=f(x,y),$$

其中 x,y 称为自变量,z 称为因变量. 自变量 x,y 的取值范围称为函数的**定义域**,记为 D. 数集 $\{z\mid z=f(x,y),(x,y)\in D\}$ 称为函数 $z=f(x,y)$ 的**值域**. 当 $(x_0,y_0)\in D$ 时,相应的函数值 $z_0=f(x_0,y_0)$ 称为函数 $z=f(x,y)$ 当 $x=x_0,y=y_0$ 时的函数值,也称为函数 $z=f(x,y)$ 在点 (x_0,y_0) 处的函数值. 点 (x_0,y_0) 处的函数值 $z_0=f(x_0,y_0)$ 也记作 $z\Big|_{\substack{x=x_0\\y=y_0}}$ 或 $z\Big|_{(x_0,y_0)}$.

类似地,可以定义三元函数 $u=f(x,y,z)$ 及 n 元函数 $u=f(x_1,x_2,\cdots,x_n)$ 等,多于一个自变量的函数统称为多元函数.

因为二元函数 $z=f(x,y)$ 的定义域 D 在几何上表示平面上的一个点集,所以二元函数 $z=f(x,y)$ 也可以写成 $z=f(P)$,其中 $P(x,y)\in D$,称为**点函数**. 类似地,n 元函数 $u=f(x_1,x_2,\cdots,x_n)$ 写成 $u=f(P)$,其中 $P(x_1,x_2,\cdots,x_n)\in D$.

二元函数 $z=f(x,y)$ 的定义域 D 表示平面上的一个点集,它可以是平面上的一条曲线,也可以是一个或几个平面区域. 所谓区域是指整个坐标平面或由坐标平面上的一条或几条曲线所围的部分. 围成平面区域的曲线称为区域的边界. 包括边界的区域称为闭区域,不包括边界的区域称为开区域. 如果区域延伸到无穷远处,则称为无界区域,否则称为有界区域.

如果不考虑函数的实际意义或没有特别的要求,那么二元函数 $z=f(x,y)$ 的定义域就是使函数解析式有意义的自变量的取值范围.

例 4 求下列函数的定义域 D,并指出 D 所代表的平面图形.

(1) $z=\arcsin\dfrac{x}{4}+\arccos\dfrac{y}{5}$;

(2) $z=\sqrt{3-x^2-y^2}+\dfrac{1}{\sqrt{x^2+y^2-2}}$.

解 (1) 要使函数 $z=\arcsin\dfrac{x}{4}+\arccos\dfrac{y}{5}$ 有意义,应使

$$\begin{cases}-1\leqslant \dfrac{x}{4}\leqslant 1,\\ -1\leqslant \dfrac{y}{5}\leqslant 1,\end{cases}$$

即

$$\begin{cases}-4\leqslant x\leqslant 4,\\ -5\leqslant y\leqslant 5.\end{cases}$$

故函数的定义域 D 是以 $x=\pm 4, y=\pm 5$ 为边界的矩形闭区域(图 8-1).

(2) 要使函数 $z=\sqrt{3-x^2-y^2}+\dfrac{1}{\sqrt{x^2+y^2-2}}$ 有意义,应使

$$\begin{cases}3-x^2-y^2\geqslant 0,\\ x^2+y^2-2>0,\end{cases}$$

即

$$2<x^2+y^2\leqslant 3.$$

故 D 是以原点为中心的环形区域(图 8-2).

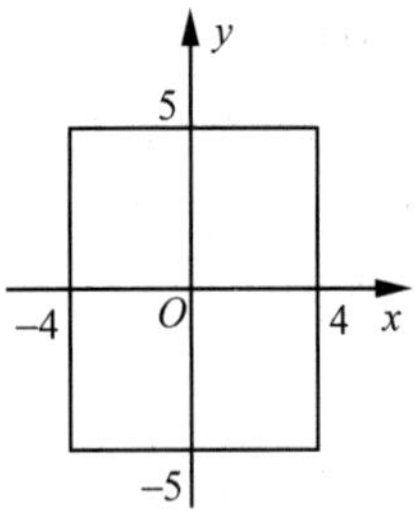

图 8-1

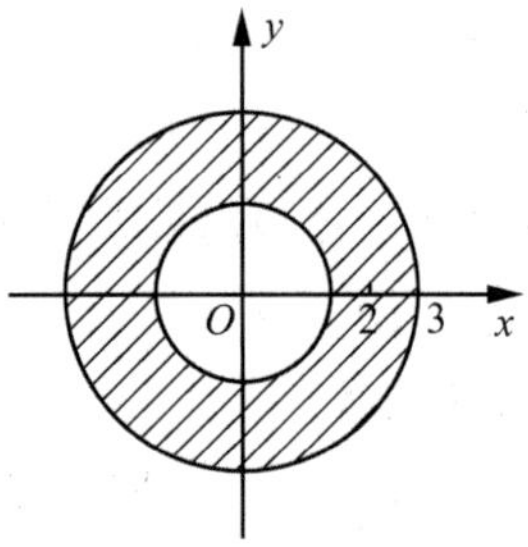

图 8-2

例 5 分别用形如(8.1)与(8.2)的不等式组来表示平面区域 D,设 D 由 $y=1, x=2$, $y=x$ 围成.

$$\begin{cases}a\leqslant x\leqslant b,\\ y_1(x)\leqslant y\leqslant y_2(x).\end{cases} \tag{8.1}$$

$$\begin{cases}c\leqslant y\leqslant d,\\ x_1(y)\leqslant x\leqslant x_2(y).\end{cases} \tag{8.2}$$

解 首先作出 D 的图形:直线 $y=x$ 与 $y=1$ 的交点为(1,1),$y=x$ 与 $x=2$ 的交点为(2,2).则 D 是以点(1,1)、点(2,1)及点(2,2)为顶点的三角形(图 8-3).将 D 投影到 x 轴上,得到区间[1,2],则区域 D 内任一点的横坐标 x 满足

$$1\leqslant x\leqslant 2.$$

在[1,2]内任取一点 x,作垂直于 x 轴的直线.由图 8-3 可知,对于所给的 x,D 内对应点的纵坐标 y 满足

$$1\leqslant y\leqslant x,$$

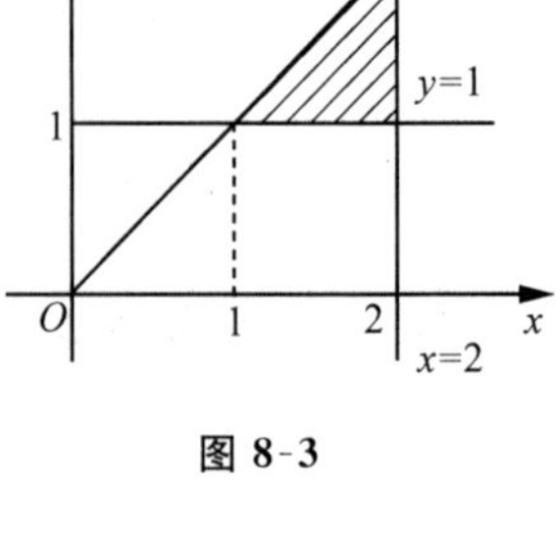

图 8-3

因此，区域 D 用形如(8.1)的不等式组表示为

$$\begin{cases}1\leqslant x\leqslant 2,\\ 1\leqslant y\leqslant x.\end{cases}$$

类似地，可得区域 D 用形如(8.2)的不等式组表示为

$$\begin{cases}1\leqslant y\leqslant 2,\\ y\leqslant x\leqslant 2.\end{cases}$$

设函数 $z=f(x,y)$ 的定义域为 D. 对于任意取定的点 $P(x,y)\in D$，对应的函数值为 $z=f(x,y)$. 这样，以 x 为横坐标，以 y 为纵坐标，以 $z=f(x,y)$ 为竖坐标在空间就能确定一点 $M(x,y,z)$，当 (x,y) 取遍 D 上的一切点时，得到一个空间点集

$$\{(x,y,z)\mid z=f(x,y),(x,y)\in D\},$$

这个点集称为二元函数的图形. 通常我们也说二元函数的图形是一张曲面(图 8-4).

例如，线性函数 $z=ax+by+c$ 的图形是一个平面，而函数 $z=\sqrt{a^2-x^2-y^2}\,(a>0)$ 的图形是球心在原点、半径为 a 的上半球面(图 8-5).

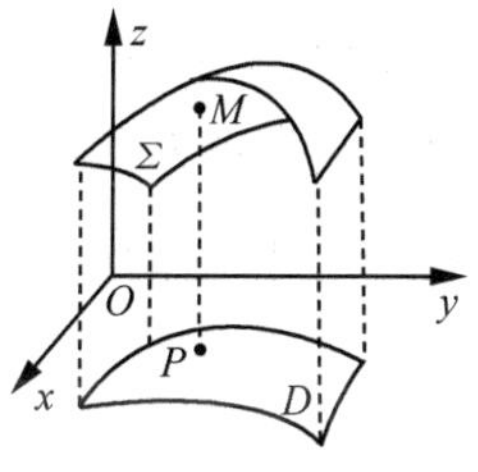

图 8-4

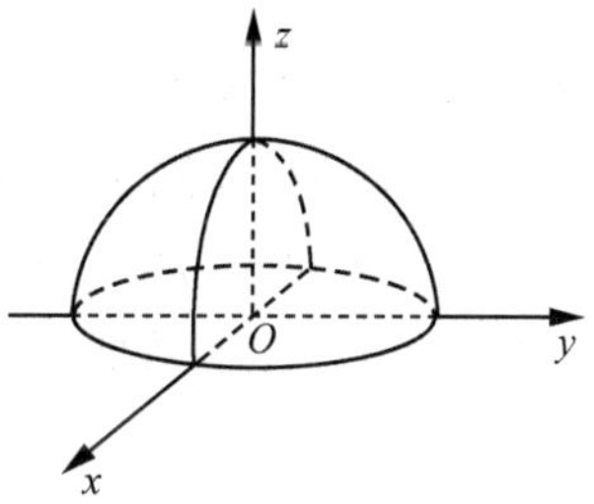

图 8-5

二、二元函数的极限

与一元函数的极限概念类似，对于二元函数 $z=f(x,y)$，当自变量 x,y 分别无限趋近于常数 x_0,y_0，即点 $P(x,y)$ 无限趋向于点 $P_0(x_0,y_0)$ 时，相应的函数值的变化趋势就是二元函数的极限问题.

注　点 $P(x,y)$ 无限趋向于点 $P_0(x_0,y_0)$，是指点 $P(x,y)$ 与点 $P_0(x_0,y_0)$ 间的距离趋向于零，即

$$|PP_0|=\sqrt{(x-x_0)^2+(y-y_0)^2}\to 0.$$

定义 2　设函数 $z=f(x,y)$ 在平面区域 D 内的点 $P_0(x_0,y_0)$ 的某一邻域内有定义(点 P_0 本身可以除外). 如果当点 $P(x,y)$ 无限接近于点 $P_0(x_0,y_0)$ 时，相应的函数值无限接近于常数 A，那么称函数 $z=f(x,y)$ 当 $x\to x_0$，$y\to y_0$ 时的极限为 A，记作

$$\lim_{\substack{x\to x_0\\ y\to y_0}} f(x,y)=A$$

或

$$\lim_{P\to P_0} f(P)=A.$$

注　平面内点 P 的 δ 邻域是指以点 P 为中心、以 δ 为半径的开圆域.

为了区别于一元函数的极限,我们把二元函数的极限叫作二重极限.

关于二元函数的极限概念,可相应地推广到 n 元函数 $u=f(P)$ 上去.

关于多元函数的极限运算,有与一元函数相类似的极限运算法则.

例 6 求极限$\lim\limits_{\substack{x\to 0\\ y\to 0}}\dfrac{\sin(x+y)}{x+y}$.

解 令 $u=x+y$,因为当 $x\to 0,y\to 0$ 时,$u\to 0$,所以

原式$=\lim\limits_{u\to 0}\dfrac{\sin u}{u}=1$.

例 7 求极限 $\lim\limits_{\substack{x\to 0\\ y\to 3}}\dfrac{\sin(xe^y)}{x}$.

解 当 $x\to 0,y\to 3$ 时,$xe^y\to 0$,所以

原式$=\lim\limits_{\substack{x\to 0\\ y\to 3}}\dfrac{\sin(xe^y)}{xe^y}e^y=\lim\limits_{\substack{x\to 0\\ y\to 3}}\dfrac{\sin(xe^y)}{xe^y}\lim\limits_{y\to 3}e^y=1\times e^3=e^3$.

注意 所谓二重极限$\lim\limits_{\substack{x\to x_0\\ y\to y_0}}f(x,y)=A$ 存在,是指点 $P(x,y)$ 以任何方式趋于 $P_0(x_0,y_0)$ 时,函数 $f(x,y)$ 都无限接近于 A. 如果点 $P(x,y)$ 以某一特殊方式,如沿着一条定直线或定曲线趋于 $P_0(x_0,y_0)$ 时,即使函数无限接近于某一确定值,我们还不能由此断定该函数的二重极限存在. 但是反过来,如果当点 $P(x,y)$ 以不同方式趋于 $P_0(x_0,y_0)$ 时,函数 $f(x,y)$ 趋于不同的值,那么这时可以断定该函数的二重极限不存在.

例 8 考察函数

$$f(x,y)=\begin{cases}\dfrac{xy}{x^2+y^2}, & x^2+y^2\neq 0,\\ 0, & x^2+y^2=0\end{cases}$$

当$(x,y)\to(0,0)$时的极限是否存在.

解 当点(x,y)沿 x 轴趋向于原点,即当 $y=0,x\to 0$ 时,有

$$\lim_{\substack{x\to 0\\ y=0}}f(x,y)=\lim_{x\to 0}f(x,0)=\lim_{x\to 0}0=0,$$

而当点(x,y)沿 y 轴趋向于原点,即 $x=0,y\to 0$ 时,有

$$\lim_{\substack{x=0\\ y\to 0}}f(x,y)=\lim_{y\to 0}f(0,y)=\lim_{y\to 0}0=0.$$

但是当点(x,y)沿着直线 $y=kx(k\neq 0)$趋向于原点,即当 $y=kx$,而 $x\to 0$ 时,有

$$\lim_{\substack{x\to 0\\ y=kx}}f(x,y)=\lim_{x\to 0}f(x,kx)=\lim_{x\to 0}\frac{kx^2}{x^2+k^2x^2}=\frac{k}{1+k^2},$$

显然随着 k 值的不同,极限有不同的值,故极限$\lim\limits_{\substack{x\to 0\\ y\to 0}}f(x,y)$不存在.

三、二元函数的连续性

同一元函数的连续性一样,二元函数的连续性可以利用二元函数的极限来定义.

定义 3 设函数 $f(x,y)$在点 $P_0(x_0,y_0)$的某一邻域内有定义,如果

$$\lim_{\substack{x\to x_0\\y\to y_0}} f(x,y)=f(x_0,y_0),$$

那么称函数 $f(x,y)$在点 $P_0(x_0,y_0)$处连续.

如果函数 $f(x,y)$在区域 D 内的每一点处都连续,那么称 $f(x,y)$在区域 D 内连续,或者称 $f(x,y)$是区域 D 内的连续函数.

如果 $f(x,y)$在点 $P_0(x_0,y_0)$处不连续,那么称点 $P_0(x_0,y_0)$为 $f(x,y)$的不连续点或间断点. 函数 $f(x,y)$的间断点可以是 xOy 平面上的某些孤立点,也可以是一条或几条曲线.

例如,函数

$$f(x,y)=\begin{cases}\dfrac{xy}{x^2+y^2}, & x^2+y^2\neq 0,\\ 0, & x^2+y^2=0\end{cases}$$

当 $x\to 0,y\to 0$ 时的极限不存在,所以点(0,0)是该函数的一个间断点,并且还是唯一的一个间断点;而函数

$$z=\sin\frac{1}{x^2+y^2-1}$$

在圆周 $x^2+y^2=1$ 上没有定义,所以该圆周上各点都是间断点.

以上关于二元函数的连续性概念,可相应地推广到 n 元函数 $f(P)$上去.

与一元函数的性质相类似,二元连续函数进行有限次四则运算后仍为连续函数(对于除法,假定分母不为零).

如果一个二元函数是可用 x,y 的一个式子来表示的函数,而且这个式子分别由关于 x,y 的基本初等函数经过有限次的四则运算或有限次的函数复合运算所构成,那么称此函数为二元初等函数.

例如,$\sin\dfrac{1}{x^2+y^2-1}$,$\ln(1+x^2+y^2)$等都是二元初等函数.

可以证明:**二元初等函数在其定义域内是连续的**. 相应的结论可以推广到多元初等连续函数.

例 9　求极限 $\lim\limits_{\substack{x\to e\\y\to\frac{\pi}{2}}}\dfrac{\ln x+\sin y}{\ln x\cdot\sin y}$.

解　因为函数$\dfrac{\ln x+\sin y}{\ln x\cdot\sin y}$是初等函数,且在点$\left(e,\dfrac{\pi}{2}\right)$处有定义,所以它在点$\left(e,\dfrac{\pi}{2}\right)$处连续.

于是

$$\lim_{\substack{x\to e\\y\to\frac{\pi}{2}}}\frac{\ln x+\sin y}{\ln x\cdot\sin y}=\frac{\ln e+\sin\frac{\pi}{2}}{\ln e\cdot\sin\frac{\pi}{2}}=\frac{1+1}{1\cdot 1}=2.$$

例 10　求极限 $\lim\limits_{\substack{x\to 0\\y\to 0}}\dfrac{\sqrt{x+y+1}-1}{x+y}$.

解　$\lim\limits_{\substack{x\to 0\\y\to 0}}\dfrac{\sqrt{x+y+1}-1}{x+y}=\lim\limits_{\substack{x\to 0\\y\to 0}}\dfrac{x+y+1-1}{(x+y)(\sqrt{x+y+1}+1)}$

$$=\lim_{\substack{x\to 0\\ y\to 0}}\frac{1}{\sqrt{x+y+1}+1}=\frac{1}{2}.$$

与闭区间上一元连续函数的性质相类似，在有界闭区域上连续的二元函数有如下性质：

性质 1（最大值和最小值定理） 在有界闭区域上连续的二元函数在该闭区域上一定有最大值和最小值.

性质 2（介值定理） 在有界闭区域上连续的二元函数必能取得介于它的两个不同函数值之间的任何值至少一次.

第二节 偏导数

一、偏导数的定义与计算

在讨论一元函数的变化率时，我们引入了导数的概念，而对于多元函数，也有函数对自变量的变化率的问题. 由于多元函数的自变量不止一个，因此讨论多元函数对自变量的变化率时，我们需要固定其中几个自变量不变，而只讨论函数对某一个自变量的变化率，这就是偏导数的概念.

定义 设函数 $z=f(x,y)$ 在点 $P_0(x_0,y_0)$ 的某一邻域内有定义，当 y 固定在 y_0，而 x 在 x_0 处有增量 $\Delta x=x-x_0$ 时，相应的函数 $z=f(x,y)$ 有增量

$$\Delta_x z=f(x_0+\Delta x,y_0)-f(x_0,y_0).$$

这里，$\Delta_x z$ 称为函数 z 在点 $P_0(x_0,y_0)$ 处对 x 的**偏增量**. 如果当 $\Delta x\to 0$ 时，比值 $\frac{\Delta_x z}{\Delta x}$ 的极限存在，则称此极限值为函数 $z=f(x,y)$ 在点 (x_0,y_0) 处对 x 的偏导数，记为 $\left.\frac{\partial z}{\partial x}\right|_{\substack{x=x_0\\ y=y_0}}$，$\left.\frac{\partial f}{\partial x}\right|_{\substack{x=x_0\\ y=y_0}}$，$\left.z_x\right|_{\substack{x=x_0\\ y=y_0}}$ 或 $f_x(x_0,y_0)$，即

$$f_x(x_0,y_0)=\lim_{\Delta x\to 0}\frac{\Delta_x z}{\Delta x}=\lim_{\Delta x\to 0}\frac{f(x_0+\Delta x,y_0)-f(x_0,y_0)}{\Delta x}.$$

同样地，函数 $z=f(x,y)$ 在点 (x_0,y_0) 处对 y 的偏导数定义为

$$\lim_{\Delta y\to 0}\frac{\Delta_y z}{\Delta y}=\lim_{\Delta y\to 0}\frac{f(x_0,y_0+\Delta y)-f(x_0,y_0)}{\Delta y},$$

记为 $\left.\frac{\partial z}{\partial y}\right|_{\substack{x=x_0\\ y=y_0}}$，$\left.\frac{\partial f}{\partial y}\right|_{\substack{x=x_0\\ y=y_0}}$，$\left.z_y\right|_{\substack{x=x_0\\ y=y_0}}$ 或 $f_y(x_0,y_0)$.

如果函数 $z=f(x,y)$ 在区域 D 内每一点 (x,y) 处对 x 的偏导数都存在，那么这个偏导数就是 x,y 的函数，称为函数 $z=f(x,y)$ 对自变量 x 的偏导函数，记作

$$\frac{\partial z}{\partial x},\frac{\partial f}{\partial x},z_x \text{ 或 } f_x(x,y).$$

偏导数

同样地，可以定义函数 $z=f(x,y)$ 对自变量 y 的偏导函数，记作

$$\frac{\partial z}{\partial y},\frac{\partial f}{\partial y},z_y \text{ 或 } f_y(x,y).$$

例 1 求 $z=xy^2+3x\cos y-y^5$ 在点 $(2,3\pi)$ 处的偏导数.

解 把 y 看作常数，对 x 求导，得

$$\frac{\partial z}{\partial x}=y^2+3\cos y,$$

所以

$$\left.\frac{\partial z}{\partial x}\right|_{\substack{x=2\\y=3\pi}}=9\pi^2-3.$$

把 x 看作常数，对 y 求导，得

$$\frac{\partial z}{\partial y}=2xy-3x\sin y-5y^4,$$

所以

$$\left.\frac{\partial z}{\partial y}\right|_{\substack{x=2\\y=3\pi}}=12\pi-405\pi^4.$$

例 2 求 $z=x^2-6xy+7y^2$ 在点 $(2,1)$ 处的偏导数.

解 把 y 看作常量，得

$$\frac{\partial z}{\partial x}=2x-6y.$$

把 x 看作常量，得

$$\frac{\partial z}{\partial y}=-6x+14y.$$

得

$$\left.\frac{\partial z}{\partial x}\right|_{\substack{x=2\\y=1}}=-2,\ \left.\frac{\partial z}{\partial y}\right|_{\substack{x=2\\y=1}}=2.$$

例 3 求 $z=x^3\cos 3y$ 的偏导数.

解 把 y 看作常量，得

$$\frac{\partial z}{\partial x}=3x^2\cos 3y,$$

把 x 看作常量，得

$$\frac{\partial z}{\partial y}=-3x^3\sin 3y.$$

例 4 设 $z=x^y(x>0,x\neq 1)$，求证：

$$\frac{x}{y}\frac{\partial z}{\partial x}+\frac{1}{\ln x}\frac{\partial z}{\partial y}=2z.$$

证 因为 $\frac{\partial z}{\partial x}=yx^{y-1}$，$\frac{\partial z}{\partial y}=x^y\ln x$，所以

$$\frac{x}{y}\frac{\partial z}{\partial x}+\frac{1}{\ln x}\frac{\partial z}{\partial y}=\frac{x}{y}yx^{y-1}+\frac{1}{\ln x}x^y\ln x=x^y+x^y=2z,$$

则命题得证.

例 5 已知理想气体的状态方程 $pV=RT$(R 为常量),求证:

$$\frac{\partial p}{\partial V}\frac{\partial V}{\partial T}\frac{\partial T}{\partial p}=-1.$$

证 因为

$$p=\frac{RT}{V},\frac{\partial p}{\partial V}=-\frac{RT}{V^2},$$

$$V=\frac{RT}{p},\frac{\partial V}{\partial T}=\frac{R}{p},$$

$$T=\frac{pV}{R},\frac{\partial T}{\partial p}=\frac{V}{R},$$

所以

$$\frac{\partial p}{\partial V}\frac{\partial V}{\partial T}\frac{\partial T}{\partial p}=-\frac{RT}{V^2}\frac{R}{p}\frac{V}{R}=-\frac{RT}{pV}=-1.$$

则命题得证.

我们知道,对一元函数来说,$\frac{\mathrm{d}y}{\mathrm{d}x}$可以看作函数的微分 $\mathrm{d}y$ 与自变量 $\mathrm{d}x$ 的微分之商,而上式表明,偏导数的记号是一个整体记号,不能看作分子与分母之商.

例 6 设 $f(x,y)=\begin{cases}\frac{xy}{x^2+y^2}, & x^2+y^2\neq 0,\\ 0, & x^2+y^2=0,\end{cases}$求 $f_x(0,0)$和 $f_y(0,0)$.

解 由偏导数的定义,得

$$f_x(0,0)=\lim_{\Delta x\to 0}\frac{\Delta z_x}{\Delta x}=\lim_{\Delta x\to 0}\frac{f(0+\Delta x,0)-f(0,0)}{\Delta x}$$

$$=\lim_{\Delta x\to 0}\frac{0-0}{\Delta x}=0.$$

类似地,可求得 $f_y(0,0)=0$.

前面一节我们已经指出函数 $f(x,y)$在点$(0,0)$处不连续,但本例表明它在点$(0,0)$处的两个偏导数都存在,因此,对二元函数 $z=f(x,y)$来说,它在点(x_0,y_0)处的各偏导数都存在不能保证它在该点一定连续.

我们知道,如果一元函数在某点的导数存在,那么它在该点必定连续,但对于多元函数来说,即使它在某点的各偏导数都存在,却不一定能保证函数在该点连续. 这是因为各偏导数存在只能保证点 P 沿着平行于坐标轴的方向趋于 P_0 时,函数值 $f(P)$趋于 $f(P_0)$,但不能保证点 P 按任何方式趋于 P_0 时,函数值 $f(P)$都趋于 $f(P_0)$.

我们还知道,一元函数 $y=f(x)$的导数的几何意义是曲线 $y=f(x)$在点(x_0,y_0)处的切线的斜率,而二元函数 $z=f(x,y)$在点(x_0,y_0)处的偏导数,实际上就是一元函数 $z=f(x,y_0)$及 $z=f(x_0,y)$分别在点 $x=x_0$ 及 $y=y_0$ 处的导数. 因此,二元函数的偏导数的几何意义也是曲线的切线的斜率. 例如,$f_x(x_0,y_0)$是曲线$\begin{cases}z=f(x,y),\\ y=y_0\end{cases}$在点$(x_0,y_0,f(x_0,y_0))$

处的切线的斜率，而 $f_y(x_0,y_0)$ 是曲线 $\begin{cases} z=f(x,y), \\ x=x_0 \end{cases}$ 在点 $(x_0,y_0,f(x_0,y_0))$ 处的切线的斜率(图 8-6).

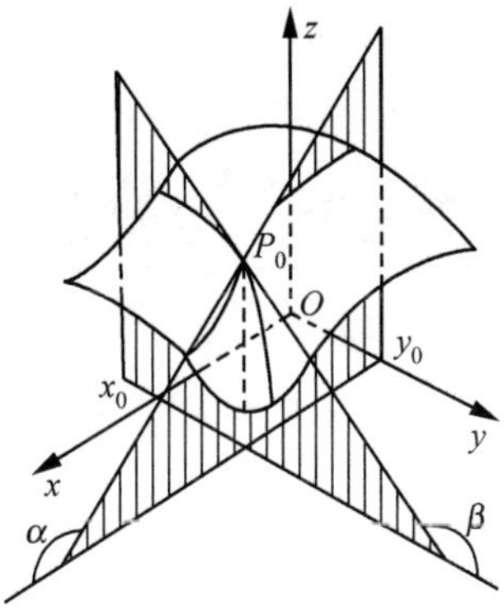

图 8-6

二、高阶偏导数

设函数 $z=f(x,y)$ 在区域 D 内具有偏导数

$$\frac{\partial z}{\partial x}=f_x(x,y),\frac{\partial z}{\partial y}=f_y(x,y).$$

一般说来，它们仍然是自变量 x,y 的函数. 如果这两个函数的偏导数也存在，则称它们是函数 $z=f(x,y)$ 的二阶偏导数. 按照对变量求导次序的不同，有四个不同的二阶偏导数：

$$\frac{\partial}{\partial x}\left(\frac{\partial z}{\partial x}\right)=\frac{\partial^2 z}{\partial x^2}=f_{xx}(x,y),\ \frac{\partial}{\partial y}\left(\frac{\partial z}{\partial x}\right)=\frac{\partial^2 z}{\partial x\partial y}=f_{xy}(x,y),$$

$$\frac{\partial}{\partial x}\left(\frac{\partial z}{\partial y}\right)=\frac{\partial^2 z}{\partial y\partial x}=f_{yx}(x,y),\ \frac{\partial}{\partial y}\left(\frac{\partial z}{\partial y}\right)=\frac{\partial^2 z}{\partial y^2}=f_{yy}(x,y),$$

其中第二、三两个偏导数称为**混合偏导数**. 同样可得三阶、四阶以及 n 阶偏导数. 二阶及二阶以上的偏导数统称为高阶偏导数.

例 7　设 $z=2x^3y^2+\sqrt{3}xy^3-6xy+4$，求 $\frac{\partial^2 z}{\partial x^2},\frac{\partial^2 z}{\partial y\partial x},\frac{\partial^2 z}{\partial x\partial y},\frac{\partial^2 z}{\partial y^2}$ 及 $\frac{\partial^3 z}{\partial x^3}$.

解
$$\frac{\partial z}{\partial x}=6x^2y^2+\sqrt{3}y^3-6y,\frac{\partial z}{\partial y}=4x^3y+3\sqrt{3}xy^2-6x,$$

$$\frac{\partial^2 z}{\partial x^2}=12xy^2,\frac{\partial^2 z}{\partial y\partial x}=12x^2y+3\sqrt{3}y^2-6,$$

$$\frac{\partial^2 z}{\partial x\partial y}=12x^2y+3\sqrt{3}y^2-6,\frac{\partial^2 z}{\partial y^2}=4x^3+6\sqrt{3}xy,\text{其中}$$

$$\frac{\partial^3 z}{\partial x^3}=12y^2.$$

从这个例子，我们看到二阶混合偏导数相等，即 $\frac{\partial^2 z}{\partial y\partial x}=\frac{\partial^2 z}{\partial x\partial y}$. 一般地，我们有下面的定理.

定理 如果函数 $z=f(x,y)$ 的两个二阶混合偏导数 $f_{xy}(x,y)$ 及 $f_{yx}(x,y)$ 在区域 D 内连续,那么这两个混合偏导数在该区域内必相等.

换句话说,二阶混合偏导数在连续的条件下与求导的次序无关.对于二阶以上的高阶混合偏导数也有相同的结论.

第三节 全微分

我们知道,一元函数 $y=f(x)$ 在点 $x=x_0$ 处的微分是指:如果函数 $f(x)$ 在 $x=x_0$ 处的增量 Δy 可以表示成

$$\Delta y=A\Delta x+\alpha,$$

其中 A 与 Δx 无关,α 是比 Δx 高阶的无穷小,即 $\lim\limits_{\Delta x\to 0}\dfrac{\alpha}{\Delta x}=0$.那么称 $A\Delta x$ 为函数 $y=f(x)$ 在点 $x=x_0$ 处的微分,这时称 $y=f(x)$ 在点 x_0 处可微.

类似地,二元函数的全微分定义为:

定义 如果二元函数 $z=f(x,y)$ 在点 (x_0,y_0) 处的全增量 Δz 可以表示为

$$\Delta z=A\Delta x+B\Delta y+o(\rho),$$

其中 A,B 与 $\Delta x,\Delta y$ 无关,$o(\rho)$ 是比 $\rho=\sqrt{(\Delta x)^2+(\Delta y)^2}$ 高阶的无穷小,则称

$$A\Delta x+B\Delta y$$

为函数 $z=f(x,y)$ 在点 (x_0,y_0) 处的全微分,记为 $\mathrm{d}z$,即

$$\mathrm{d}z=A\Delta x+B\Delta y.$$

这时,也称函数 $z=f(x,y)$ 在点 (x_0,y_0) 处可微.如果函数 $z=f(x,y)$ 在区域 D 内每一点处都可微,那么称函数 $f(x,y)$ 在区域 D 内可微,或称为区域 D 内的可微函数.

关于函数 $z=f(x,y)$ 在点 (x,y) 处的可微性,一般地,我们有如下三个定理.

定理 1 如果函数 $z=f(x,y)$ 在点 (x,y) 处可微,那么函数 $z=f(x,y)$ 在点 (x,y) 处连续.

证明略.

定理 2(必要条件) 如果函数 $z=f(x,y)$ 在点 (x,y) 处可微,那么函数 $z=f(x,y)$ 在点 (x,y) 处的偏导数 $\dfrac{\partial z}{\partial x}$ 及 $\dfrac{\partial z}{\partial y}$ 存在,且函数在点 (x,y) 处的全微分为

$$\mathrm{d}z=\frac{\partial z}{\partial x}\Delta x+\frac{\partial z}{\partial y}\Delta y.$$

我们把 $\dfrac{\partial z}{\partial x}\Delta x$ 与 $\dfrac{\partial z}{\partial y}\Delta y$ 分别称为函数 $z=f(x,y)$ 在点 (x,y) 处对 x 与对 y 的**偏微分**.

证 已知函数 $z=f(x,y)$ 在点 (x,y) 处可微,于是,对于点 $P(x,y)$ 的某个邻域内的任意一点 $P'(x+\Delta x,y+\Delta y)$,有

$$\Delta z=A\Delta x+B\Delta y+o(\rho).$$

特别地，当 $\Delta y=0$ 时，有

$$f(x+\Delta x,y)-f(x,y)=A\Delta x+o(|\Delta x|).$$

上式两边同除以 Δx，再令 $\Delta x\to 0$ 取极限，得

$$\lim_{\Delta x\to 0}\frac{f(x+\Delta x,y)-f(x,y)}{\Delta x}=A,$$

从而偏导数 $\frac{\partial z}{\partial x}$ 存在，且 $\frac{\partial z}{\partial x}=A$. 同理可证偏导数 $\frac{\partial z}{\partial y}$ 存在，且 $\frac{\partial z}{\partial y}=B$. 所以

$$dz=\frac{\partial z}{\partial x}\Delta x+\frac{\partial z}{\partial y}\Delta y.$$

定理 2 说明：如果函数 $z=f(x,y)$ 在点 (x,y) 处可微，那么它在点 (x,y) 处的全微分等于它对各自变量的偏微分之和.

习惯上，我们将自变量增量 $\Delta x,\Delta y$ 分别记作 dx,dy. 这样，函数 $z=f(x,y)$ 在点 (x,y) 处的全微分可写为

$$dz=\frac{\partial z}{\partial x}dx+\frac{\partial z}{\partial y}dy.$$

定理 3（充分条件）　如果函数 $z=f(x,y)$ 的偏导数 $\frac{\partial z}{\partial x}$ 及 $\frac{\partial z}{\partial y}$ 在点 (x,y) 处连续，那么函数 $f(x,y)$ 在该点处可微.

全微分

证明略.

例 1　求函数 $z=x^{2y}$ 的全微分.

解　因为 $\frac{\partial z}{\partial x}=2yx^{2y-1}$，$\frac{\partial z}{\partial y}=2x^{2y}\ln x$，所以

$$dz=2yx^{2y-1}dx+2x^{2y}\ln x dy.$$

例 2　求函数 $z=x^5y^3+\sqrt{y}$ 的全微分.

解　因为

$$\frac{\partial z}{\partial x}=5x^4y^3,\frac{\partial z}{\partial y}-3x^5y^2+\frac{1}{2\sqrt{y}},$$

所以

$$dz=5x^4y^3dx+\left(3x^5y^2+\frac{1}{2\sqrt{y}}\right)dy.$$

例 3　求函数 $z=e^{xy}$ 在点 $(2,1)$ 处的全微分.

解　因为

$$\frac{\partial z}{\partial x}=ye^{xy},\frac{\partial z}{\partial y}=xe^{xy},$$

$$\left.\frac{\partial z}{\partial x}\right|_{\substack{x=2\\y=1}}=e^2,\left.\frac{\partial z}{\partial y}\right|_{\substack{x=2\\y=1}}=2e^2,$$

所以

$$dz=e^2dx+2e^2dy.$$

第四节 多元复合函数求导法则与隐函数求导法则

一、多元复合函数求导法则

设函数 $z=f(u,v)$是变量 u,v 的函数,而 u,v 又是变量 x,y 的函数,$u=\psi(x,y)$,$v=\varphi(x,y)$,则

$$z=f[\psi(x,y),\varphi(x,y)]$$

是 x,y 的复合函数.

前面我们学过一元复合函数的求导法则,如果函数 $y=f(u)$对 u 可导,$u=\psi(x)$对 x 可导,那么复合函数 $y=f[\psi(x)]$对 x 可导,且

$$\frac{\mathrm{d}y}{\mathrm{d}x}=\frac{\mathrm{d}y}{\mathrm{d}u}\cdot\frac{\mathrm{d}u}{\mathrm{d}x}.$$

二元函数的复合函数的求导问题较一元函数复杂,我们不妨从最特殊的情况开始讨论.

定理 设函数 $u=\psi(x)$与 $v=\varphi(x)$都在点 x 处可导,函数 $z=f(u,v)$在对应点(u,v)处具有一阶连续偏导数,则复合函数 $z=f[\psi(x),\varphi(x)]$在点 x 处可导,其导数为

$$\frac{\mathrm{d}z}{\mathrm{d}x}=\frac{\partial z}{\partial u}\frac{\mathrm{d}u}{\mathrm{d}x}+\frac{\partial z}{\partial v}\frac{\mathrm{d}v}{\mathrm{d}x}.$$

证 给 x 以增量 Δx,则 u,v 有相应的增量 $\Delta u,\Delta v$,从而函数 $z=f(u,v)$得到全增量 Δz. 因为 $z=f(u,v)$在点(u,v)处具有连续偏导数,从而它在点(u,v)处可微,所以

$$\Delta z=\frac{\partial z}{\partial u}\Delta u+\frac{\partial z}{\partial v}\Delta v+o(\rho).$$

上式两边同时除以 Δx,得

$$\frac{\Delta z}{\Delta x}=\frac{\partial z}{\partial u}\cdot\frac{\Delta u}{\Delta x}+\frac{\partial z}{\partial v}\cdot\frac{\Delta v}{\Delta x}+\frac{o(\rho)}{\Delta x}.$$

因为函数 $u=\psi(x)$与 $v=\varphi(x)$都在点 x 处可导,故当 $\Delta x\to 0$ 时,$\Delta u\to 0$,$\Delta v\to 0$,且$\frac{\Delta u}{\Delta x}\to\frac{\mathrm{d}u}{\mathrm{d}x}$,$\frac{\Delta v}{\Delta x}\to\frac{\mathrm{d}v}{\mathrm{d}x}$.

又

$$\lim_{\Delta x\to 0}\frac{o(\rho)}{\Delta x}=\lim_{\Delta x\to 0}\frac{o(\rho)}{\rho}\cdot\lim_{\Delta x\to 0}\frac{o(\rho)}{\Delta x}=\lim_{\rho\to 0}\frac{o(\rho)}{\rho}\cdot\lim_{\Delta x\to 0}\sqrt{\left(\frac{\Delta u}{\Delta x}\right)^2+\left(\frac{\Delta v}{\Delta x}\right)^2}=0,$$

故

$$\lim_{\Delta x\to 0}\frac{\Delta z}{\Delta x}=\frac{\partial z}{\partial u}\frac{\mathrm{d}u}{\mathrm{d}x}+\frac{\partial z}{\partial v}\frac{\mathrm{d}v}{\mathrm{d}x}.$$

用同样的方法,我们也可把定理推广到中间变量是多元函数的情形.

设二元函数 $u=\psi(x,y)$及 $v=\varphi(x,y)$都在点(x,y)处具有对 x 及对 y 的偏导数,函数

$z=f(u,v)$在对应点(u,v)处具有连续偏导数，则复合函数$z=f[\psi(x,y),\varphi(x,y)]$在点$(x,y)$处的两个偏导数都存在，且可用下式计算：

$$\frac{\partial z}{\partial x}=\frac{\partial z}{\partial u}\frac{\partial u}{\partial x}+\frac{\partial z}{\partial v}\frac{\partial v}{\partial x},$$

$$\frac{\partial z}{\partial y}=\frac{\partial z}{\partial u}\frac{\partial u}{\partial y}+\frac{\partial z}{\partial v}\frac{\partial v}{\partial x}.$$

当中间变量多于两个时，无论中间变量是一元函数还是多元函数，都可仿照上述两种情形类推.

设函数$u=\psi(x,y)$，$v=\varphi(x,y)$及$w=\omega(x,y)$都在点(x,y)处具有对x及对y的偏导数，函数$z=f(u,v,w)$在对应点(u,v,w)处具有连续偏导数，则复合函数

$$z=f[\psi(x,y),\varphi(x,y),\omega(x,y)]$$

在点(x,y)处的两个偏导数都存在，且可用下式计算：

$$\frac{\partial z}{\partial x}=\frac{\partial z}{\partial u}\frac{\partial u}{\partial x}+\frac{\partial z}{\partial v}\frac{\partial v}{\partial x}+\frac{\partial z}{\partial w}\frac{\partial w}{\partial x},$$

$$\frac{\partial z}{\partial y}=\frac{\partial z}{\partial u}\frac{\partial u}{\partial y}+\frac{\partial z}{\partial v}\frac{\partial v}{\partial y}+\frac{\partial z}{\partial w}\frac{\partial w}{\partial y}.$$

如果$z=f(u,x,y)$具有连续偏导数，而$u=\psi(x,y)$具有偏导数，那么复合函数

$$z=f[\psi(x,y),x,y]$$

可看作上述情形中当$v=x$，$w=y$的特殊情形，因此，此时

$$\frac{\partial z}{\partial x}=\frac{\partial f}{\partial u}\frac{\partial u}{\partial x}+\frac{\partial f}{\partial x},$$

$$\frac{\partial z}{\partial y}=\frac{\partial f}{\partial u}\frac{\partial u}{\partial y}+\frac{\partial f}{\partial y}.$$

多元复合函数的求导法则

例 1　设$z=u^v$，$u=\tan x$，$v=\sqrt{x^2+1}$，求$\frac{\mathrm{d}z}{\mathrm{d}x}$.

解　因为

$$\frac{\partial z}{\partial u}=vu^{v-1},\ \frac{\partial z}{\partial v}=u^v\ln u,$$

$$\frac{\mathrm{d}u}{\mathrm{d}x}=\sec^2 x,\ \frac{\mathrm{d}v}{\mathrm{d}x}=\frac{x}{\sqrt{x^2+1}},$$

所以

$$\begin{aligned}\frac{\mathrm{d}z}{\mathrm{d}x}&=\frac{\partial z}{\partial u}\frac{\mathrm{d}u}{\mathrm{d}x}+\frac{\partial z}{\partial v}\frac{\mathrm{d}v}{\mathrm{d}x}=vu^{v-1}\sec^2 x+u^v\ln u\frac{x}{\sqrt{x^2+1}}\\&=\sqrt{x^2+1}(\tan x)^{\sqrt{x^2+1}-1}\sec^2 x+(\tan x)^{\sqrt{x^2+1}}\ln\tan x\frac{x}{\sqrt{x^2+1}}.\end{aligned}$$

例 2　设$z=\mathrm{e}^u\cos v$，$u=2xy$，$v=3x+4y$，求$\frac{\partial z}{\partial x}$和$\frac{\partial z}{\partial y}$.

解

$$\begin{aligned}\frac{\partial z}{\partial x}&=\frac{\partial z}{\partial u}\frac{\partial u}{\partial x}+\frac{\partial z}{\partial v}\frac{\partial v}{\partial x}\\&=(\mathrm{e}^u\cos v)2y-3\mathrm{e}^u\sin v\\&=2y\mathrm{e}^{2xy}\cos(3x+4y)-3\mathrm{e}^{2xy}\sin(3x+4y),\end{aligned}$$

$$\frac{\partial z}{\partial y}=\frac{\partial z}{\partial u}\frac{\partial u}{\partial y}+\frac{\partial z}{\partial v}\frac{\partial v}{\partial y}$$

$$=2x\mathrm{e}^{u}\cos v-4\mathrm{e}^{u}\sin v$$

$$=2x\mathrm{e}^{2xy}\cos(3x+4y)-4\mathrm{e}^{2xy}\sin(3x+4y).$$

例 3 设 $u=f(x,y,z)=\mathrm{e}^{x^2+y^2+z^2}$，而 $z=x^2\sin y$，求$\frac{\partial u}{\partial x}$和$\frac{\partial u}{\partial y}$.

解 设 $v=x,w=y$，则中间变量是 v,w,z.

$$\frac{\partial u}{\partial x}=\frac{\partial f}{\partial v}\frac{\partial v}{\partial x}+\frac{\partial f}{\partial w}\frac{\partial w}{\partial x}+\frac{\partial f}{\partial z}\frac{\partial z}{\partial x}$$

$$=2x\mathrm{e}^{x^2+y^2+z^2}+0+2z\mathrm{e}^{x^2+y^2+z^2}2x\sin y$$

$$=2x(1+2x^2\sin^2 y)\mathrm{e}^{x^2+y^2+x^4\sin^2 y},$$

$$\frac{\partial u}{\partial y}=\frac{\partial f}{\partial v}\frac{\partial v}{\partial y}+\frac{\partial f}{\partial w}\frac{\partial w}{\partial y}+\frac{\partial f}{\partial z}\frac{\partial z}{\partial y}$$

$$=0+2y\mathrm{e}^{x^2+y^2+z^2}+2z\mathrm{e}^{x^2+y^2+z^2}x^2\cos y$$

$$=2(y+x^4\sin y\cos y)\mathrm{e}^{x^2+y^2+x^4\sin^2 y}.$$

二、隐函数的求导公式

我们曾经学习过一元隐函数的求导方法，但未能给出一般的求导公式. 现在根据多元复合函数的求导方法，给出一元隐函数的求导公式.

设方程 $F(x,y)=0$ 确定了隐函数 $y=f(x)$，又函数 $F(x,y)$对 x 及对 y 的偏导数 F_x 及 F_y 都连续，且 $F_y\neq 0$，则隐函数 $y=f(x)$的导数等于

$$\frac{\mathrm{d}y}{\mathrm{d}x}=-\frac{F_x}{F_y}.$$

该公式就是隐函数的求导公式.

多元隐函数的求导

事实上，将 $y=f(x)$代入 $F(x,y)=0$，得

$$F[x,f(x)]=0,$$

左边可以看作关于 x 的复合函数，两边对 x 求导，得

$$F_x+F_y\frac{\mathrm{d}y}{\mathrm{d}x}=0.$$

若 $F_y\neq 0$，则

$$\frac{\mathrm{d}y}{\mathrm{d}x}=-\frac{F_x}{F_y}.$$

例 4 设 $2x^2+3y^2=5x$，求$\frac{\mathrm{d}y}{\mathrm{d}x}$.

解 令 $F(x,y)=2x^2+3y^2-5x$，则

$$F_x=4x-5,F_y=6y,$$

$$\frac{\mathrm{d}y}{\mathrm{d}x}=-\frac{4x-5}{6y}=\frac{5-4x}{6y}.$$

对于二元隐函数的偏导数也有同样的结论.

设方程 $F(x,y,z)=0$ 确定了隐函数 $z=z(x,y)$，若 F_x,F_y,F_z 都连续，且 $F_z\neq 0$，则隐函数 $z=z(x,y)$ 对 x 及对 y 的两个偏导数为

$$\frac{\partial z}{\partial x}=-\frac{F_x}{F_z},\frac{\partial z}{\partial y}=-\frac{F_y}{F_z}.$$

例 5　设 $x^2+2y^2-5z^2+7z=0$，求 $\frac{\partial^2 z}{\partial x^2}$.

解　设 $F(x,y,z)=x^2+2y^2-5z^2+7z$，则

$$F_x=2x,F_z=-10z+7,$$

$$\frac{\partial z}{\partial x}=-\frac{2x}{-10z+7}=\frac{2x}{10z-7}.$$

再一次对 x 求偏导数，得

$$\frac{\partial^2 z}{\partial x^2}=\frac{2(10z-7)-20x\frac{\partial z}{\partial x}}{(10z-7)^2}=\frac{2(10z-7)-20x\frac{2x}{10z-7}}{(10z-7)^2}=\frac{2(10z-7)^2-40x^2}{(10z-7)^3}.$$

第五节　偏导数的应用

一、空间曲线的切线与法平面

定义 1　设 M_0 是空间曲线 Γ 上的一点，M 是 Γ 上的另一点. 当点 M 沿曲线 Γ 趋向于点 M_0 时，割线 M_0M 的极限位置 M_0T（如果存在）称为曲线 Γ 在点 M_0 处的切线. 过点 M_0 且与切线 M_0T 垂直的平面，称为曲线 Γ 在点 M_0 处的法平面（图 8-7）.

下面我们建立空间曲线的切线与法平面的方程.

设曲线 Γ 的参数方程为

$$\begin{cases}x=x(t),\\ y=y(t),\\ z=z(t).\end{cases}$$

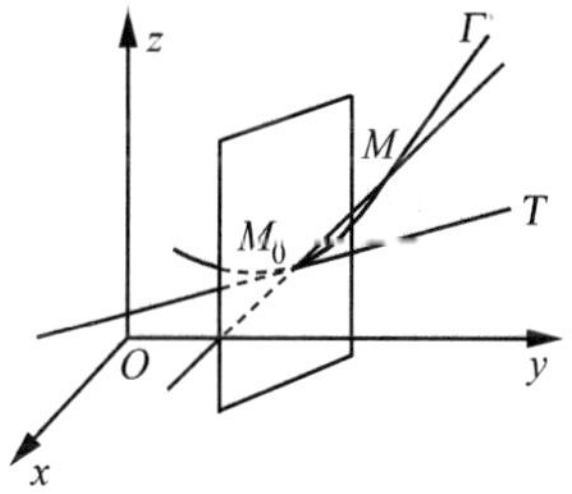

图 8-7

$t=t_0$ 对应曲线 Γ 上的一点 $M_0(x_0,y_0,z_0)$，$t=t_0+\Delta t$ 对应曲线 Γ 上的另一点 $M(x_0+\Delta x,y_0+\Delta y,z_0+\Delta z)$. 假定一元函数 $x(t),y(t),z(t)$ 均在点 $t=t_0$ 处可导，且 $x'(t_0),y'(t_0),z'(t_0)$ 不全为零，则根据解析几何，割线 M_0M 的方程为

$$\frac{x-x_0}{\Delta x}=\frac{y-y_0}{\Delta y}=\frac{z-z_0}{\Delta z},$$

上式中各分母除以 Δt，得

$$\frac{x-x_0}{\frac{\Delta x}{\Delta t}}=\frac{y-y_0}{\frac{\Delta y}{\Delta t}}=\frac{z-z_0}{\frac{\Delta z}{\Delta t}}.$$

当点 M 沿曲线 Γ 趋向于点 M_0 时,有 $\Delta t\to 0$,对上式取极限,因为上式各分母分别趋向于 $x'(t_0)$,$y'(t_0)$,$z'(t_0)$,且不全为零,所以割线的极限位置存在,且为

$$\frac{x-x_0}{x'(t_0)}=\frac{y-y_0}{y'(t_0)}=\frac{z-z_0}{z'(t_0)}.$$

这就是曲线 Γ 在点 M_0 处的切线 M_0T 的方程. 该切线的方向向量 $\{x'(t_0),y'(t_0),z'(t_0)\}$ 称为曲线 Γ 在点 M_0 处的一个切向量.

容易知道,曲线 Γ 在点 M_0 处的法平面的方程为

$$x'(t_0)(x-x_0)+y'(t_0)(y-y_0)+z'(t_0)(z-z_0)=0.$$

例 1 求曲线 $x=2t,y=\sqrt{3}t^2,z=-t^3$ 在点 $(2,\sqrt{3},-1)$ 处的切线及法平面的方程.

解 $x_t=2,y_t=2\sqrt{3}t,z_t=-3t^2$,而点 $(2,\sqrt{3},-1)$ 对应的参数为 $t=1$,故 $x_t(1)=2$,$y_t(1)=2\sqrt{3}$,$z_t(1)=-3$,所以曲线在点 $(2,\sqrt{3},-1)$ 处的一个切向量为 $\{2,2\sqrt{3},-3\}$,于是,切线方程为

$$\frac{x-2}{2}=\frac{y-\sqrt{3}}{2\sqrt{3}}=\frac{z+1}{-3},$$

法平面方程为

$$2(x-2)+2\sqrt{3}(y-\sqrt{3})-3(z+1)=0.$$

例 2 求曲线 $\Gamma:\begin{cases}y=15x^2,\\ z=18x^2\end{cases}$ 在对应于 $x=\frac{1}{3}$ 的点处的切线与法平面的方程.

解 令 $x=t$,得曲线 Γ 的参数方程为

$$\begin{cases}x=t,\\ y=15t^2,\\ z=18t^2.\end{cases}$$

当 $x=\frac{1}{3}$ 时,得 $t=\frac{1}{3}$,对应点的坐标为 $x=\frac{1}{3},y=\frac{5}{3},z=2$.

因为 $x_t\big|_{t=\frac{1}{3}}=1,y_t\big|_{t=\frac{1}{3}}=10,z_t\big|_{t=\frac{1}{3}}=12$,所以曲线 Γ 在对应于 $x=\frac{1}{3}$ 的点处的切线的方程为

$$\frac{x-\frac{1}{3}}{1}=\frac{y-\frac{5}{3}}{10}=\frac{z-2}{12};$$

法平面的方程为

$$\left(x-\frac{1}{3}\right)+10\left(y-\frac{5}{3}\right)+12(z-2)=0,$$

即

$$3x+30y+36z-123=0.$$

二、曲面的切平面与法线

定义 2 设 M_0 为曲面 Σ 上的一点,若过点 M_0 且在曲面 Σ 上的任何曲线在点 M_0 处的

切线均在同一个平面上，则称该平面为曲面 Σ 在点 M_0 处的**切平面**，过点 M_0 且垂直于切平面的直线称为**曲面在点 M_0 处的法线**.

设曲面 Σ 的方程为 $F(x,y,z)=0$，$M_0(x_0,y_0,z_0)$ 是 Σ 上的一点，F_x,F_y,F_z 在点 M_0 处连续，且不全为零，则可以证明，曲面 Σ 上过点 M_0 的任何曲线的切线都在同一个平面上. 即该平面就是曲面在点 M_0 处的切平面，且其方程为

$$F_x(x_0,y_0,z_0)(x-x_0)+F_y(x_0,y_0,z_0)(y-y_0)+F_z(x_0,y_0,z_0)(z-z_0)=0,$$

曲面 Σ 在点 M_0 处的法线方程为

$$\frac{x-x_0}{F_x(x_0,y_0,z_0)}=\frac{y-y_0}{F_y(x_0,y_0,z_0)}=\frac{z-z_0}{F_z(x_0,y_0,z_0)}.$$

若曲面方程由显函数 $z=f(x,y)$ 给出，则令 $F(x,y,z)=f(x,y)-z$，即可化成隐函数 $F(x,y,z)=0$ 的情形来解决.

例 3　求圆锥面 $z=\sqrt{x^2+y^2}$ 在点 $(3,4,5)$ 处的切平面及法线方程.

解　令 $F(x,y,z)=\sqrt{x^2+y^2}-z$，则圆锥面 $z=\sqrt{x^2+y^2}$ 可由方程 $F(x,y,z)=0$ 表示. 因为

$$F_x=\frac{x}{\sqrt{x^2+y^2}},F_y=\frac{y}{\sqrt{x^2+y^2}},F_z=-1,$$

所以

$$F_x(3,4,5)=\frac{3}{5},F_y(3,4,5)=\frac{4}{5},F_z(3,4,5)=-1.$$

由公式可得圆锥面在点 $(3,4,5)$ 处的切平面的方程为

$$\frac{3}{5}(x-3)+\frac{4}{5}(y-4)-(z-5)=0,$$

即

$$3x+4y-5z=0.$$

法线方程为

$$\frac{x-3}{\frac{3}{5}}=\frac{y-4}{\frac{4}{5}}=\frac{z-5}{-1},$$

即

$$\frac{x-3}{3}=\frac{y-4}{4}=\frac{z-5}{-5}.$$

三、二元函数的极值

我们曾经用导数求一元函数的极值，类似地，我们也可以用偏导数求二元函数的极值.

定义 3　设函数 $z=f(x,y)$ 在点 (x_0,y_0) 的某邻域内有定义，如果对于该邻域内异于 (x_0,y_0) 的点 (x,y)，都有

$$f(x,y)<f(x_0,y_0)(\text{或 } f(x,y)>f(x_0,y_0)),$$

那么称 $f(x_0,y_0)$ 为函数的极大值(或极小值). 极大值和极小值统称为极值. 使函数取得极

大值(或极小值)的点(x_0,y_0)称为极大值点(或极小值点),极大值点和极小值点统称为极值点.

定理 1(极值存在的必要条件) 设函数 $z=f(x,y)$在点(x_0,y_0)处的偏导数存在,且在点(x_0,y_0)处有极值,则 $z=f(x,y)$在该点处的偏导数为零,即

$$f_x(x_0,y_0)=0,f_y(x_0,y_0)=0.$$

仿照一元函数,我们把使 $f_x(x,y)=0,f_y(x,y)=0$ 同时成立的点(x_0,y_0)称为函数 $z=f(x,y)$的驻点.

定理 2(极值存在的充分条件) 设函数 $z=f(x,y)$在点(x_0,y_0)的某邻域内连续且具有一阶及二阶连续偏导数,又 $f_x(x_0,y_0)=0,f_y(x_0,y_0)=0$. 令

$$f_{xx}(x_0,y_0)=A,f_{xy}(x_0,y_0)=B,f_{yy}(x_0,y_0)=C,$$

则 $f(x,y)$在点(x_0,y_0)处是否取得极值的条件如下:

(1) 当 $AC-B^2>0$ 时,具有极值,且当 $A<0$ 时有极大值,当 $A>0$ 时有极小值;

(2) 当 $AC-B^2<0$ 时,没有极值;

(3) 当 $AC-B^2=0$ 时,可能有极值,也可能没有极值,需另作讨论.

按照这个定理,如果函数 $z=f(x,y)$具有二阶连续偏导数,则我们可以按照下面的步骤求该函数的极值:

第一步 解方程组

$$f_x(x,y)=0,f_y(x,y)=0,$$

求得一切实数解,即可求得一切驻点.

第二步 对每一个驻点(x_0,y_0),求出二阶偏导数的值 A,B 和 C.

第三步 定出 $AC-B^2$ 的符号,按照定理的结论判断极值情况.

二元函数的极值

例 4 求函数 $f(x,y)=x^3-y^3+3x^2+3y^2-9x$ 的极值.

解 先解方程组

$$\begin{cases} f_x(x,y)=3x^2+6x-9=0, \\ f_y(x,y)=-3y^2+6y=0, \end{cases}$$

求得驻点为(1,0),(1,2),(−3,0),(−3,2).

再求出二阶偏导数

$$f_{xx}(x,y)=6x+6,f_{xy}(x,y)=0,f_{yy}(x,y)=-6y+6.$$

在点(1,0)处,因为 $AC-B^2=72>0$,又 $A=12>0$,所以函数在(1,0)处具有极小值 $f(1,0)=-5$;

在点(1,2)处,因为 $AC-B^2=-72<0$,所以 $f(1,2)$不是极值;

在点(−3,0)处,因为 $AC-B^2=-72<0$,所以 $f(-3,0)$不是极值;

在点(−3,2)处,因为 $AC-B^2=72>0$,又 $A<0$,所以函数在(−3,2)处具有极大值 $f(-3,2)=31$.

讨论函数的极值问题时,如果函数在所讨论的区域内具有偏导数,则它的极值点只可能在驻点处取得.然而,如果函数在个别点处的一阶偏导数至少有一个不存在时,这些点也有

可能是极值点.例如,函数 $z=\sqrt{x^2+y^2}$ 在点(0,0)处的偏导数不存在,但它却在点(0,0)处具有极小值.因此,在考虑函数的极值时,既要考虑驻点,也要考虑一阶偏导数至少有一个不存在的点.

与一元函数类似,我们可以利用函数的极值来求函数的最大值和最小值.我们知道,在有界闭区域 D 上连续的函数一定有最大值和最小值.如果使函数取得最大值或最小值的点在 D 的内部,那么这些点一定是函数的驻点或是一阶偏导数至少有一个不存在的点.但是,函数的最大值和最小值也有可能在 D 的边界取得.所以,求函数的最大值和最小值时,就要比较函数在 D 内的所有驻点、一阶偏导数至少有一个不存在的点处的函数值及它在 D 的边界上的最大值和最小值,其中最大者为最大值,最小者为最小值.

由于求函数 $f(x,y)$ 在 D 的边界上的最大值和最小值,往往十分麻烦,所以对待实际问题时,可以根据问题的性质,如果知道函数 $f(x,y)$ 的最大值或最小值一定在 D 内取得,且函数在 D 内只有一个驻点,那么可以断定该驻点处的函数值就是函数 $f(x,y)$ 在 D 上的最大值或最小值.

例 5　某厂要用铁板做成一个体积为 2 m^3 的有盖长方体水箱,问长、宽、高各取怎样的尺寸时,才能使用料最省?

解　设水箱的长为 x m,宽为 y m,则其高应为 $\frac{2}{xy}$ m,此水箱所用材料的面积

$$A=2\left(xy+y\frac{2}{xy}+x\frac{2}{xy}\right),$$

即

$$A=2\left(xy+\frac{2}{x}+\frac{2}{y}\right)\ (x>0,y>0).$$

可见材料面积是 x 和 y 的二元函数.下面求使该函数取得最小值的点 (x,y).

令
$$\begin{cases}A_x=2\left(y-\dfrac{2}{x^2}\right)=0,\\ A_y=2\left(x-\dfrac{2}{y^2}\right)=0,\end{cases}$$

解该方程组,得

$$x=\sqrt[3]{2},y=\sqrt[3]{2}.$$

由题意可知,水箱所用材料面积的最小值一定存在,并在开区域 $D=\{(x,y)\mid x>0,y>0\}$ 内取得,又函数在 D 内只有唯一的驻点 $(\sqrt[3]{2},\sqrt[3]{2})$,因此,可以断定当 $x=\sqrt[3]{2},y=\sqrt[3]{2}$ 时,A 取得最小值.即当水箱的长为 $\sqrt[3]{2}$ m、宽为 $\sqrt[3]{2}$ m、高为 $\frac{2}{\sqrt[3]{2}\sqrt[3]{2}}=\sqrt[3]{2}$ m 时,水箱所用的材料最省.

第六节 二重积分的概念与性质

我们知道一元函数的定积分是某种确定形式的和的极限,如果将这种极限概念中的一元函数和定义区间相应地拓展到二元函数和定义区域,就会得到重积分的概念.

一、二重积分的概念

1. 曲顶柱体的体积

设有一立体,它的底是 xOy 面上的有界闭区域 D,侧面是以 D 的边界曲线为准线,母线平行于 z 轴的柱面,顶是由二元非负连续函数 $z=f(x,y)$ 所表示的曲面,这个立体称为曲顶柱体(图 8-8).

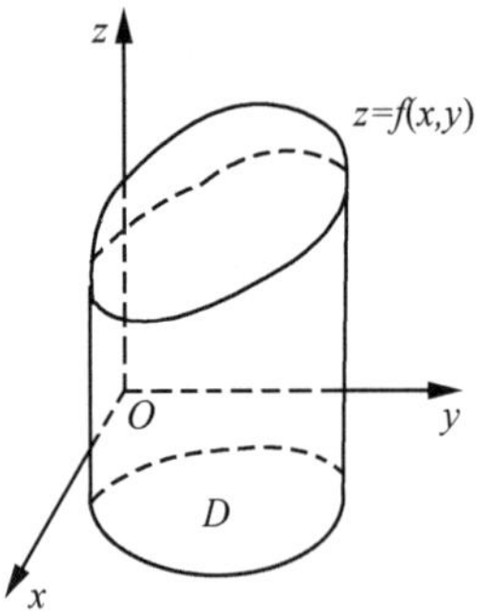

图 8-8

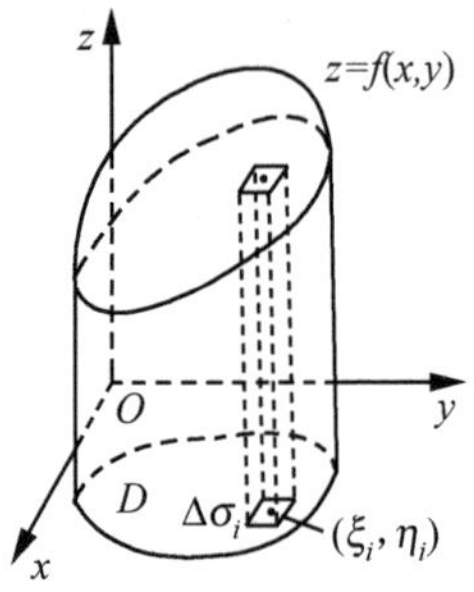

图 8-9

现在我们来讨论如何计算上述曲顶柱体的体积 V.

我们知道,平顶柱体的体积等于其高乘以底面积.

由于曲顶柱体的高不是一个常量,因此我们不能像对待平顶柱体那样求曲顶柱体的体积.回忆一下以前求曲边梯形面积的方法,不难发现相似性.这里我们仿照求曲边梯形面积的方法来求曲顶柱体的体积.

(1) 将区域 D 任意分割成 n 个小闭区域:

$$\Delta\sigma_1, \Delta\sigma_2, \cdots, \Delta\sigma_n,$$

其中 $\Delta\sigma_i$ 也表示第 i 个小闭区域的面积.对每个小区域,以它的边界曲线为准线,作母线平行于 z 轴的柱面,这些柱面将原来的曲顶柱体分割成 n 个小曲顶柱体(图 8-9).

(2) 由于每个小闭区域的直径很小,当函数 $f(x,y)$ 连续时,它在每个小闭区域内的变化很小.这时可在每个 $\Delta\sigma_i$ 内任取一点 $(\xi_i,\eta_i)(i=1,2,\cdots,n)$,用以 $f(\xi_i,\eta_i)$ 为高、以 $\Delta\sigma_i$ 为底的平顶柱体的体积 $f(\xi_i,\eta_i)\Delta\sigma_i$ 近似代替第 i 个小曲顶柱体的体积.

(3) 将这 n 个小平顶柱体的体积相加,得到原曲顶柱体体积的近似值 $\sum\limits_{i=1}^{n} f(\xi_i,\eta_i)\Delta\sigma_i$.

(4) 令 n 个小闭区域的直径中的最大值(记作 λ)趋于零,取上述和式的极限,便得到所

求曲顶柱体的体积 V，即

$$V=\lim_{\lambda\to 0}\sum_{i=1}^{n}f(\xi_i,\eta_i)\Delta\sigma_i.$$

2. 二重积分的定义

通过求曲顶柱体的体积，我们抽象出二重积分的概念.

定义 设二元函数 $f(x,y)$定义在有界闭区域 D 上. 将有界闭区域 D 任意分成 n 个小闭区域：$\Delta\sigma_1,\Delta\sigma_2,\cdots,\Delta\sigma_n$，其中 $\Delta\sigma_i$ 也表示第 i 个小闭区域的面积. 在每个 $\Delta\sigma_i$ 内，任取一点$(\xi_i,\eta_i)(i=1,2,\cdots,n)$，作乘积 $f(\xi_i,\eta_i)\Delta\sigma_i$，并作和 $\sum\limits_{i=1}^{n}f(\xi_i,\eta_i)\Delta\sigma_i$. 如果不论对区域 D 怎样分法，也不论点$(\xi_i,\eta_i)(i=1,2,\cdots,n)$怎样取法，只要当这 n 个小闭区域的直径中的最大值 λ 趋于零时，和式的极限总存在，那么称此极限为函数 $f(x,y)$在闭区域 D 上的二重积分，记作 $\iint\limits_D f(x,y)\mathrm{d}\sigma$，即

$$\iint\limits_D f(x,y)\mathrm{d}\sigma=\lim_{\lambda\to 0}\sum_{i-1}^{n}f(\xi_i,\eta_i)\Delta\sigma_i.$$

这时称函数 $f(x,y)$在闭区域 D 上可积，其中 $f(x,y)$叫作被积函数，$f(x,y)\mathrm{d}\sigma$ 叫作被积表达式，$\mathrm{d}\sigma$ 叫作面积元素，x 与 y 叫作积分变量，D 叫作积分区域，$\sum\limits_{i=1}^{n}f(\xi_i,\eta_i)\Delta\sigma_i$ 叫作积分和.

如果函数 $f(x,y)$在闭区域 D 上连续，则无论 D 如何分法，点(ξ_i,η_i)如何取法，上述和式的极限必定都存在且是同一极限，也就是说，当函数 $f(x,y)$在闭区域 D 上连续时，必定在 D 上可积.

3. 二重积分的几何意义

由二重积分的定义可知，曲顶柱体的体积就是 $f(x,y)(f(x,y)\geqslant 0)$在底面区域 D 上的二重积分，即

$$V=\iint\limits_D f(x,y)\mathrm{d}\sigma.$$

一般地，如果 $f(x,y)\geqslant 0$，被积函数 $f(x,y)$可理解为曲顶柱体的高，这时二重积分的几何意义就是柱体的体积. 如果 $f(x,y)<0$，柱体就在 xOy 面的下方，二重积分表示该柱体体积的相反值，即二重积分的绝对值表示该柱体的体积. 如果 $f(x,y)$在 D 上的若干区域是正的，而在其他的部分区域上是负的，我们可以把 xOy 面上方的柱体体积取成正，把 xOy 面下方的柱体体积取成负，那么 $f(x,y)$在 D 上的二重积分就等于这些部分区域上的柱体体积的代数和.

二、二重积分的性质

二重积分与定积分有类似的性质，现叙述如下.

性质 1 被积函数的常数因子可以提到二重积分号的外面，即

$$\iint_D kf(x,y)\mathrm{d}\sigma = k\iint_D f(x,y)\mathrm{d}\sigma \ (k \text{ 为常数}).$$

性质 2 两个函数的和(或差)的二重积分等于这两个函数的二重积分的和(或差),即

$$\iint_D [f(x,y) \pm g(x,y)]\mathrm{d}\sigma = \iint_D f(x,y)\mathrm{d}\sigma \pm \iint_D g(x,y)\mathrm{d}\sigma.$$

性质 3 如果闭区域 D 被分成两个子区域 D_1 和 D_2,则函数 $f(x,y)$ 在 D 上的二重积分等于在这两个子区域 D_1 和 D_2 上的二重积分之和,即

$$\iint_D f(x,y)\mathrm{d}\sigma = \iint_{D_1} f(x,y)\mathrm{d}\sigma + \iint_{D_2} f(x,y)\mathrm{d}\sigma.$$

这个性质表示二重积分对于积分区域具有可加性.

性质 4 如果在 D 上,$f(x,y) = 1$,σ 为 D 的面积,则

$$\iint_D 1\mathrm{d}\sigma = \iint_D \mathrm{d}\sigma = \sigma.$$

性质 5 如果在 D 上,$f(x,y) \leqslant g(x,y)$,则有不等式

$$\iint_D f(x,y)\mathrm{d}\sigma \leqslant \iint_D g(x,y)\mathrm{d}\sigma.$$

特别地,由于

$$-|f(x,y)| \leqslant f(x,y) \leqslant |f(x,y)|,$$

故

$$\left|\iint_D f(x,y)\mathrm{d}\sigma\right| \leqslant \iint_D |f(x,y)|\mathrm{d}\sigma.$$

性质 6 设 M 和 m 分别是函数 $f(x,y)$ 在闭区域 D 上的最大值和最小值,σ 是 D 的面积,则有

$$m\sigma \leqslant \iint_D f(x,y)\mathrm{d}\sigma \leqslant M\sigma.$$

性质 7(二重积分的中值定理) 设函数 $f(x,y)$ 在闭区域 D 上连续,σ 是 D 的面积,则在 D 上至少存在一点 (ξ,η),使得下式成立:

$$\iint_D f(x,y)\mathrm{d}\sigma = f(\xi,\eta)\sigma.$$

第七节 二重积分的计算方法

用定义来计算二重积分比较烦,对于少数特别简单的被积函数及积分区域,尚属可行,但是对一般的函数和区域来说,用定义计算积分并不切实可行.因此需要找到计算二重积分的一般方法.本节介绍二重积分的重要计算方法:累次积分法,这种方法把二重积分化为两次单积分来计算.

一、直角坐标系下的累次积分法

我们知道,如果 $f(x,y)\geqslant 0$,那么二重积分 $\iint\limits_D f(x,y)\mathrm{d}\sigma$ 的值等于一个以区域 D 为底、以曲面 $z=f(x,y)$ 为顶的曲顶柱体的体积. 下面我们用几何的观点来讨论二重积分的计算.

设积分区域 D 可以用不等式组

$$\begin{cases}\varphi_1(x)\leqslant y\leqslant \varphi_2(x),\\ a\leqslant x\leqslant b\end{cases}$$

来表示(图 8-10),其中函数 $\varphi_1(x)$,$\varphi_2(x)$ 在区间$[a,b]$上连续.

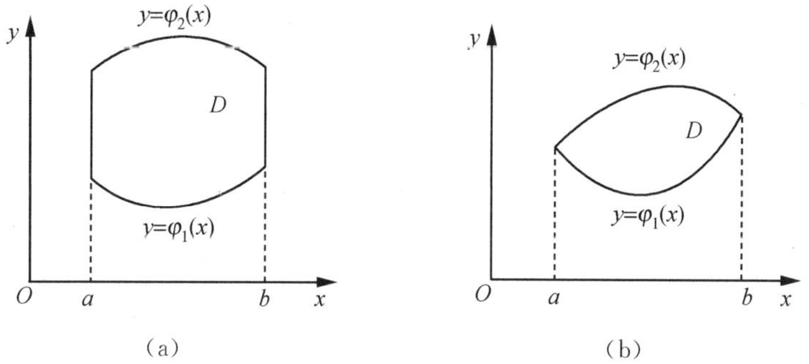

图 8-10

任取 $x\in[a,b]$,过点 x 作垂直于 x 轴的平面与曲顶柱体相交,所得的截面是一个以区间$[\varphi_1(x),\varphi_2(x)]$为底,以 $z=f(x,y)$(x 固定)为曲边的曲边梯形. 设该曲边梯形的面积为 $A(x)$,则根据求曲边梯形的面积的方法,我们有

$$\int_{\varphi_1(x)}^{\varphi_2(x)} f(x,y)\mathrm{d}y = A(x).$$

我们知道,如果函数 $A(x)$ 在区间$[a,b]$上是常数,即曲顶柱体平行于 yOz 平面的截面的面积都相等,那么该曲顶柱体的体积 V 应该等于该常数与区间$[a,b]$的长度的乘积. 当函数 $A(x)$ 在区间$[a,b]$上是变量时,那么根据一元函数定积分的定义,不难理解,体积 V 应该等于 $A(x)$ 在区间$[a,b]$上的定积分,即 $V=\int_a^b A(x)\mathrm{d}x$. 把 $A(x)$ 的值代入该表达式,即有

$$\iint\limits_D f(x,y)\mathrm{d}\sigma = \int_a^b\left[\int_{\varphi_1(x)}^{\varphi_2(x)} f(x,y)\mathrm{d}y\right]\mathrm{d}x.$$

上式右端的积分称为先对 y 后对 x 的积分,也就是说二重积分可化为两次定积分来计算. 第一次积分时,把 x 看作常数,把 $f(x,y)$ 只看作 y 的函数,并计算它对 y 从 $\varphi_1(x)$ 到 $\varphi_2(x)$ 的积分,计算的结果通常是 x 的函数. 第二次积分时,把第一次积分的结果对 x 在区间$[a,b]$上积分. 这个先对 y 后对 x 的积分也常记作

$$\int_a^b \mathrm{d}x\left[\int_{\varphi_1(x)}^{\varphi_2(x)} f(x,y)\mathrm{d}y\right].$$

在上面的讨论中,我们假定 $f(x,y)\geqslant 0$,但实际上公式的成立不受此条件的限制.

类似地,如果积分区域 D 可以用不等式组

$$\begin{cases}\varphi_1(y)\leqslant x\leqslant \varphi_2(y),\\ c\leqslant y\leqslant d\end{cases}$$

来表示(图 8-11),其中函数 $\varphi_1(y)$,$\varphi_2(y)$ 在区间$[c,d]$上连续,那么有

$$\iint\limits_D f(x,y)\mathrm{d}\sigma=\int_c^d\left[\int_{\varphi_1(y)}^{\varphi_2(y)}f(x,y)\mathrm{d}x\right]\mathrm{d}y.$$

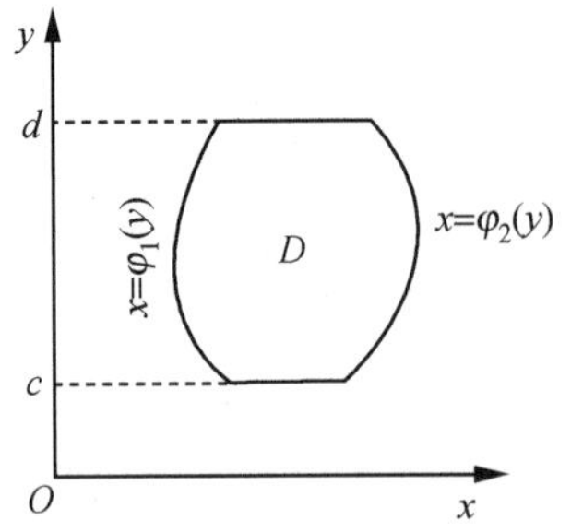

(a)

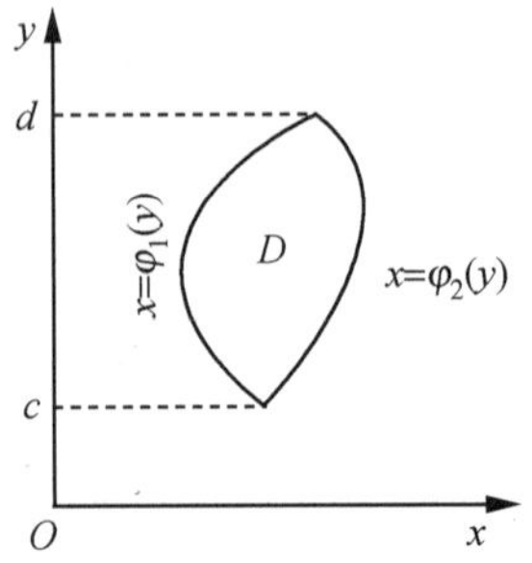

(b)

图 8-11

不难看出,把二重积分化为两次积分计算时,关键是确定两次积分的积分限.

我们一般可以这样确定积分限:如果是先对 y 后对 x 积分,可以把积分区域 D 投影到 x 轴上,得到投影区间$[a,b]$,然后任取 $x\in[a,b]$,过点 x 作平行于 y 轴的直线与区域 D 相交,当交线是一条线段(或退化成一个点)时,我们称区域 D 是 X- 型区域(图 8-10). 设交线段上下端点的纵坐标分别为 $\varphi_2(x)$ 和 $\varphi_1(x)$,则先对 y 积分时,上、下限分别为 $\varphi_2(x)$ 和 $\varphi_1(x)$,再对 x 积分时,上、下限分别为 b 和 a.

同理,如果是先对 x 后对 y 积分,我们就把积分区域 D 投影到 y 轴上,得到投影区间$[c,d]$,然后任取 $y\in[c,d]$,过点 y 作平行于 x 轴的直线与区域 D 相交,当交线是一条线段(或退化成一个点)时,我们称区域 D 是 Y- 型区域(图 8-11). 设交线段左、右端点的横坐标分别为 $\varphi_1(y)$ 和 $\varphi_2(y)$,则先对 x 积分时,上、下限分别为 $\varphi_2(y)$ 和 $\varphi_1(y)$,再对 y 积分时,上、下限分别为 d 和 c.

如果积分区域 D 既不是 X- 型区域也不是 Y- 型区域,那么我们总可以把 D 分成几个部分,使每个部分为 X- 型区域或为 Y- 型区域(图 8-12),然后应用二重积分对积分区域的可加性,计算二元函数在每个部分上的二重积分,再把所得的结果相加,即为该函数在区域 D 上的二重积分.

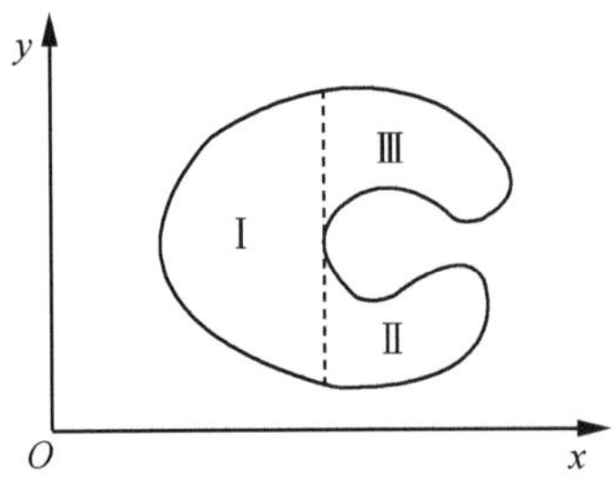

图 8-12

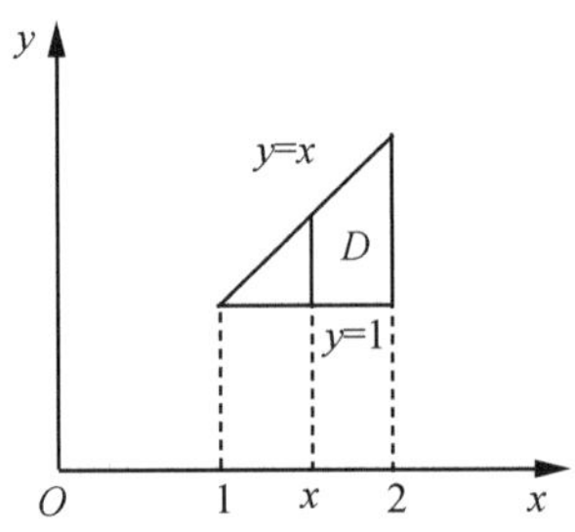

图 8-13

例 1 计算$\iint\limits_D xy\,\mathrm{d}\sigma$，其中 D 是由直线 $y=1$，$x=2$ 及 $y=x$ 所围成的闭区域.

解 首先画出积分区域 D(图 8-12).

方法 1 可把 D 看成是 X- 型区域，它可以用不等式组

$$\begin{cases}1\leqslant y\leqslant x,\\1\leqslant x\leqslant 2\end{cases}$$

表示. 则

$$\iint\limits_D xy\,\mathrm{d}\sigma=\int_1^2\left(\int_1^x xy\,\mathrm{d}y\right)\mathrm{d}x=\int_1^2\left[x\frac{y^2}{2}\right]_1^x\mathrm{d}x$$

$$=\int_1^2\left(\frac{x^3}{2}-\frac{x}{2}\right)\mathrm{d}x=\left[\frac{x^4}{8}-\frac{x^2}{4}\right]_1^2=\frac{9}{8}.$$

方法 2 也可把 D 看成是 Y- 型区域，它可以用不等式组

$$\begin{cases}y\leqslant x\leqslant 2,\\1\leqslant y\leqslant 2\end{cases}$$

表示. 则

$$\iint\limits_D xy\,\mathrm{d}\sigma=\int_1^2\left(\int_y^2 xy\,\mathrm{d}x\right)\mathrm{d}y$$

$$=\int_1^2\left[y\cdot\frac{x^2}{2}\right]_y^2\mathrm{d}y=\int_1^2\left(2y-\frac{y^3}{2}\right)\mathrm{d}y$$

$$=\left[y^2-\frac{y^4}{8}\right]_1^2=\frac{9}{8}.$$

例 2 计算$\iint\limits_D y\sqrt{1+x^2-y^2}\,\mathrm{d}\sigma$，其中 D 是由直线 $y=x$，$x=-1$ 及 $y=1$ 所围成的闭区域.

解 画出积分区域 D(图 8-14).

显然 D 既是 X- 型也是 Y- 型的，但按 X- 型计算方便一些.

$$\iint\limits_D y\sqrt{1+x^2-y^2}\,\mathrm{d}\sigma=\int_{-1}^1\left(\int_x^1 y\sqrt{1+x^2-y^2}\,\mathrm{d}y\right)\mathrm{d}x$$

$$=-\frac{1}{3}\int_{-1}^1\left[(1+x^2-y^2)^{\frac{3}{2}}\right]_x^1\mathrm{d}x$$

$$=-\frac{1}{3}\int_{-1}^1(|x|^3-1)\,\mathrm{d}x$$

$$=-\frac{2}{3}\int_0^1(x^3-1)\,\mathrm{d}x=\frac{1}{2}.$$

若按 Y- 型计算积分，则计算过程比较麻烦.

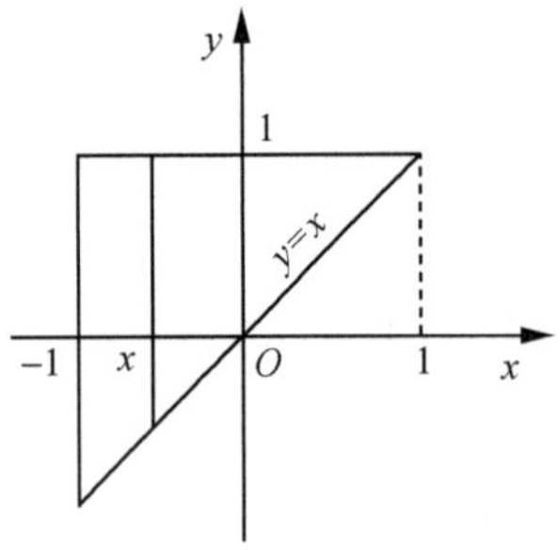

图 8-14

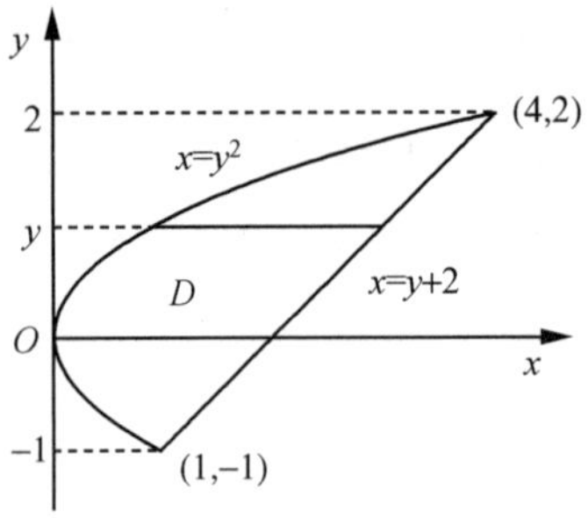

图 8-15

例 3 计算$\iint\limits_D xy\mathrm{d}\sigma$,其中 D 是由抛物线 $y^2=x$ 及直线 $y=x-2$ 所围成的闭区域.

解 画出积分区域 D(图 8-15).

D 既是 X- 型也是 Y- 型的,但按 Y- 型计算方便一些.

$$\iint\limits_D xy\mathrm{d}\sigma=\int_{-1}^{2}\left(\int_{y^2}^{y+2}xy\mathrm{d}x\right)\mathrm{d}y=\int_{-1}^{2}\left[\frac{x^2}{2}y\right]_{y^2}^{y+2}\mathrm{d}y$$

$$=\frac{1}{2}\int_{-1}^{2}[y(y+2)^2-y^5]\mathrm{d}y=\frac{45}{8}.$$

用二次积分计算二重积分,既要考虑有界闭区域 D 的边界,又要兼顾被积函数的情况,以确定是先 y 后 x,还是先 x 后 y.

例 4 计算$\iint\limits_D \mathrm{e}^{-y^2}\mathrm{d}\sigma$,其中 D 由直线 $y=x$,$y=1$ 及 y 轴所围成.

解 画出积分区域 D(图 8-16).

D 既是 X- 型也是 Y- 型的,但如果先对 y 后对 x 积分,则因为不容易求出函数 e^{-y^2}(对变量 y)的原函数,而出现无法积分的情况,所以先对 x 积分.

$$\iint\limits_D \mathrm{e}^{-y^2}\mathrm{d}\sigma=\int_0^1\mathrm{d}y\int_0^y\mathrm{e}^{-y^2}\mathrm{d}x=\int_0^1[\mathrm{e}^{-y^2}x]_0^y\mathrm{d}y$$

$$=\int_0^1 y\mathrm{e}^{-y^2}\mathrm{d}y=-\frac{1}{2}[\mathrm{e}^{-y^2}]_0^1=\frac{1}{2}(1-\mathrm{e}^{-1}).$$

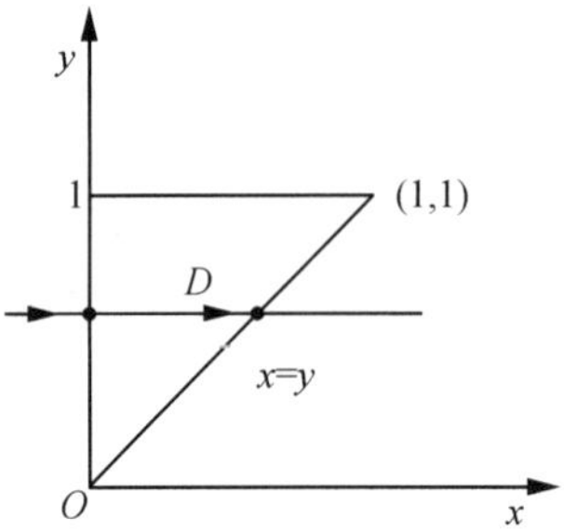

图 8-16

二、极坐标系下的累次积分法

前面我们讨论了直角坐标系下的二重积分的计算,利用几何的观点,将其化为两次单积分来计算.下面我们研究极坐标系下二重积分的计算,首先我们探讨如何把二重积分$\iint\limits_D f(x,y)\mathrm{d}\sigma$化为极坐标形式.

以直角坐标原点 O 为极点,以 x 轴正向为极轴,建立极坐标系,则容易得出同一点的直角坐标(x,y)与极坐标(r,θ)的关系:

$$\begin{cases}x=r\cos\theta,\\ y=r\sin\theta.\end{cases}$$

利用这个公式，我们容易把函数 $f(x,y)$ 化为极坐标形式，即

$$f(x,y)=f(r\cos\theta,r\sin\theta).$$

下面我们还需要把面积元素 $\mathrm{d}\sigma$ 化为极坐标形式.

以一簇从极点出发的射线及另一簇以极点为圆心的同心圆把闭区域 D 分成许多子域，这些子域除了靠边界曲线的子域外，绝大多数都是扇形域(图 8-17)，当分割更细时，这些不规则子域的面积之和趋向于零，所以不必考虑. 于是，图中阴影部分所示的扇形域的面积近似等于以 $r\mathrm{d}\theta$ 为长、以 $\mathrm{d}r$ 为宽的矩形的面积，即面积元素 $\mathrm{d}\sigma=r\mathrm{d}r\mathrm{d}\theta$. 于是二重积分 $\iint\limits_D f(x,y)\mathrm{d}\sigma$ 可以化为极坐标形式，即

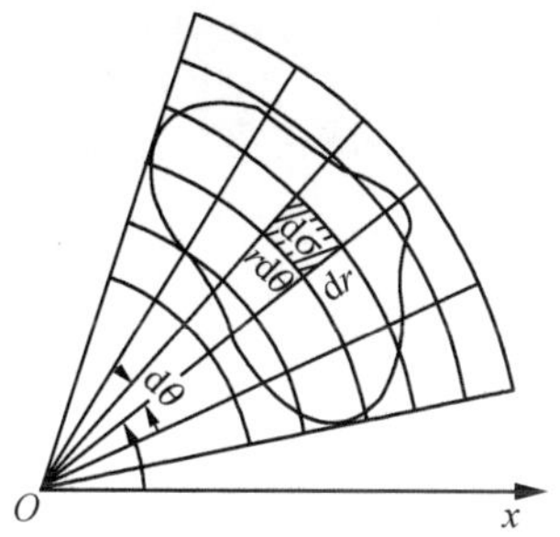

图 8 17

$$\iint\limits_D f(x,y)\mathrm{d}\sigma=\iint\limits_D f(r\cos\theta,r\sin\theta)r\mathrm{d}r\mathrm{d}\theta.$$

极坐标系下的二重积分同样可以化为两次积分来计算. 设积分区域 D 可以用不等式组

$$\begin{cases}\varphi_1(\theta)\leqslant r\leqslant\varphi_2(\theta),\\ \alpha\leqslant\theta\leqslant\beta\end{cases}$$

来表示(图 8-18)，其中函数 $\varphi_1(\theta),\varphi_2(\theta)$ 在区间 $[\alpha,\beta]$ 上连续. 则

$$\iint\limits_D f(r\cos\theta,r\sin\theta)r\mathrm{d}r\mathrm{d}\theta=\int_\alpha^\beta\left[\int_{\varphi_1(\theta)}^{\varphi_2(\theta)}f(r\cos\theta,r\sin\theta)r\mathrm{d}r\right]\mathrm{d}\theta.$$

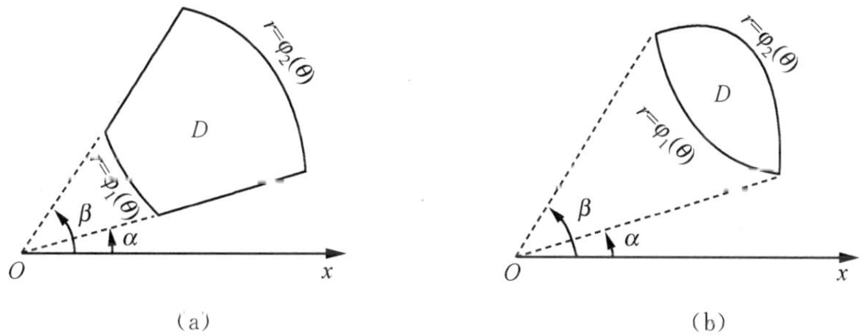

图 8-18

例 5　计算 $\iint\limits_D \mathrm{e}^{-x^2-y^2}\mathrm{d}\sigma$，其中 D 是由中心在原点、半径为 a 的圆周所围成的闭区域.

解　在极坐标系中，闭区域 D 可表示为

$$\begin{cases}0\leqslant r\leqslant a,\\ 0\leqslant\theta\leqslant 2\pi,\end{cases}$$

则

$$\iint\limits_D \mathrm{e}^{-x^2-y^2}\mathrm{d}\sigma=\iint\limits_D \mathrm{e}^{-r^2}r\mathrm{d}r\mathrm{d}\theta=\int_0^{2\pi}\left[\int_0^a \mathrm{e}^{-r^2}r\mathrm{d}r\right]\mathrm{d}\theta$$
$$=\int_0^{2\pi}\left[-\frac{1}{2}\mathrm{e}^{-r^2}\right]_0^a\mathrm{d}\theta=\frac{1}{2}(1-\mathrm{e}^{-a^2})\int_0^{2\pi}\mathrm{d}\theta=\pi(1-\mathrm{e}^{-a^2}).$$

本题如果采用直角坐标系计算,由于积分$\int e^{-x^2}dx$不能用初等函数表示,所以积不出来.可见一些用直角坐标系不能解决的积分问题,有时可以在极坐标系下计算.

例 6 计算$\iint\limits_D (x^2+y^2)d\sigma$,其中$D$是由$x^2+y^2=R_1^2$和$x^2+y^2=R_2^2(R_1<R_2)$所围成的环形区域在第一象限的部分(图 8-19).

解 在极坐标系中,闭区域D可表示为

$$\begin{cases} R_1 \leqslant r \leqslant R_2, \\ 0 \leqslant \theta \leqslant \dfrac{\pi}{2}, \end{cases}$$

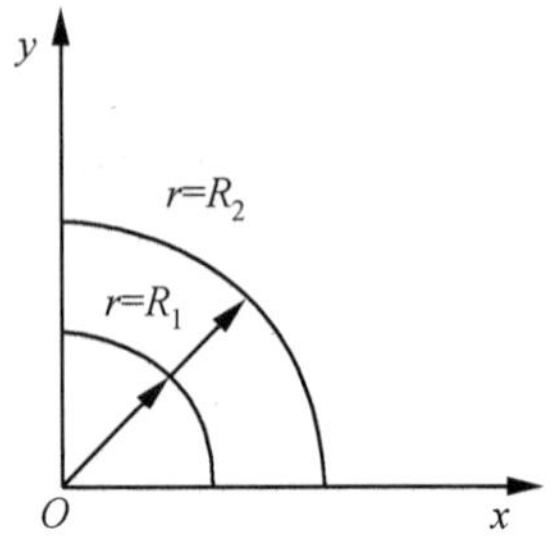

图 8-19

则

$$\begin{aligned}\iint\limits_D (x^2+y^2)d\sigma &= \iint\limits_D r^2 r dr d\theta = \int_0^{\frac{\pi}{2}} d\theta \int_{R_1}^{R_2} r^3 dr \\ &= \frac{1}{4}(R_2^4 - R_1^4)\int_0^{\frac{\pi}{2}} d\theta = \frac{\pi}{8}(R_2^4 - R_1^4).\end{aligned}$$

第八节 二重积分的应用

一、曲面的面积

设曲面S由方程

$$z=f(x,y)$$

给出,D为曲面S在xOy面上的投影区域,函数$f(x,y)$在D上具有连续偏导数.我们要计算曲面S的面积A.

在闭区域D上任取一直径很小的区域$d\sigma$(该小闭区域的面积也记作$d\sigma$).在$d\sigma$上任取一点$P(x,y)$,对应的曲面S上有一点$M(x,y,f(x,y))$,点M在xOy面上的投影即点P.点M处曲面S的切平面为T(图 8-20).以小闭区域$d\sigma$的边界为准线作母线平行于z轴的柱面,该柱面在曲面S上截下一小片曲面,在切平面T上截下一小片平面.由于$d\sigma$的直径很小,切平面T上的那一小片平面的面积dA可以近似代替相应的那一小片曲面的面积.设点M处曲面S上的法向(指向朝上)与z轴所成的角为γ,则

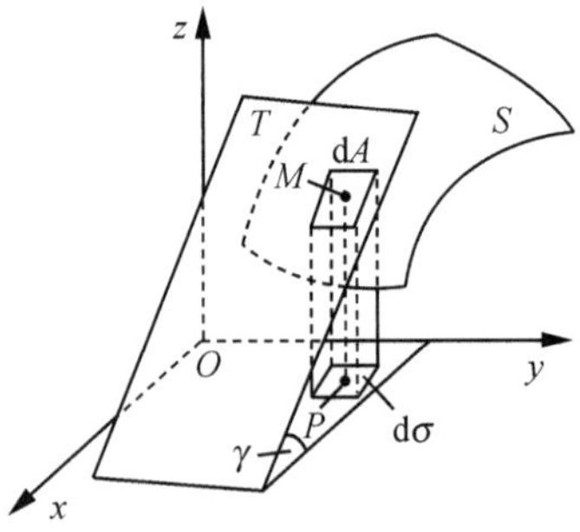

图 8-20

$$dA=\frac{d\sigma}{\cos\gamma}.$$

因为

$$\cos\gamma=\frac{1}{\sqrt{1+f_x^2(x,y)+f_y^2(x,y)}},$$

所以

$$\mathrm{d}A=\sqrt{1+f_x^2(x,y)+f_y^2(x,y)}\,\mathrm{d}\sigma.$$

这就是曲面 S 的面积元素，以它为被积表达式在闭区域 D 上积分，得

$$A=\iint_D\sqrt{1+f_x^2(x,y)+f_y^2(x,y)}\,\mathrm{d}\sigma.$$

上式也可写成

$$A=\iint_D\sqrt{1+f_x^2(x,y)+f_y^2(x,y)}\,\mathrm{d}x\mathrm{d}y.$$

这就是计算曲面面积的公式.

设曲面的方程为 $x=g(y,z)$ 或 $y=h(z,x)$，则可分别把曲面投影到 yOz 面上（投影区域记作 D_{yz}）或 zOx 面上（投影区域记作 D_{zx}），类似地，可得

$$A=\iint_{D_{yz}}\sqrt{1+\left(\frac{\partial x}{\partial y}\right)^2+\left(\frac{\partial x}{\partial z}\right)^2}\,\mathrm{d}y\mathrm{d}z$$

或

$$A=\iint_{D_{zx}}\sqrt{1+\left(\frac{\partial y}{\partial z}\right)^2+\left(\frac{\partial y}{\partial x}\right)^2}\,\mathrm{d}z\mathrm{d}x.$$

例 1　求半径为 a 的球的表面积.

解　取上半球面方程为 $z=\sqrt{a^2-x^2-y^2}$，则它在 xOy 面上的投影区域 D 可表示为

$$x^2+y^2\leqslant a^2.$$

由

$$\frac{\partial z}{\partial x}=\frac{x}{\sqrt{a^2-x^2-y^2}},\frac{\partial z}{\partial y}=\frac{y}{\sqrt{a^2-x^2-y^2}},$$

得

$$\sqrt{1+\left(\frac{\partial z}{\partial x}\right)^2+\left(\frac{\partial z}{\partial y}\right)^2}=\frac{a}{\sqrt{a^2-x^2-y^2}}.$$

因为该函数在闭区域 D 上无界，我们不能直接应用曲面面积公式，所以先取区域 D_1：$x^2+y^2\leqslant b^2(0<b<a)$ 为积分区域，算出相应于 D_1 上的球面面积 A_1 后，令 $b\to a$，取 A_1 的极限就得半球面的面积.

$$A_1=\iint_{D_1}\frac{a}{\sqrt{a^2-x^2-y^2}}\mathrm{d}x\mathrm{d}y,$$

利用极坐标，得

$$\begin{aligned}A_1&=\iint_{D_1}\frac{a}{\sqrt{a^2-r^2}}r\mathrm{d}r\mathrm{d}\theta=a\int_0^{2\pi}\mathrm{d}\theta\int_0^b\frac{r\mathrm{d}r}{\sqrt{a^2-r^2}}\\&=2\pi a\int_0^b\frac{r\mathrm{d}r}{\sqrt{a^2-r^2}}=2\pi a(a-\sqrt{a^2-b^2}),\end{aligned}$$

于是

$$\lim_{b\to a}A_1=\lim_{b\to a}2\pi a(a-\sqrt{a^2-b^2})=2\pi a^2.$$

这就是半个球面的面积,因此整个球面的面积为

$$A=4\pi a^2.$$

二、平面薄片的重心

设在 xOy 平面上有 n 个质点,它们分别位于点 $(x_1,y_1),(x_2,y_2),\cdots,(x_n,y_n)$ 处,质量分别为 $m_1,m_2,\cdots,m_n$. 由力学知识知道,该质点系的重心坐标为

$$\bar{x}=\frac{M_y}{M}=\frac{\sum_{i=1}^{n}m_ix_i}{\sum_{i=1}^{n}m_i},\bar{y}=\frac{M_x}{M}=\frac{\sum_{i=1}^{n}m_iy_i}{\sum_{i=1}^{n}m_i},$$

其中 $M=\sum_{i=1}^{n}m_i$ 为该质点系的总质量,

$$M_y=\sum_{i=1}^{n}m_ix_i,M_x=\sum_{i=1}^{n}m_iy_i$$

分别为该质点系对 y 轴和对 x 轴的静矩.

设有一平面薄片,占有 xOy 面上的闭区域 D,在点 (x,y) 处的面密度为 $\rho(x,y)$,假定 $\rho(x,y)$ 在 D 上连续. 现在要找该薄片的重心的坐标.

在闭区域 D 上任取一直径很小的闭区域 $\mathrm{d}\sigma$(该小闭区域的面积也记作 $\mathrm{d}\sigma$),(x,y) 是该小闭区域上的一个点. 由于 $\mathrm{d}\sigma$ 的直径很小,且 $\rho(x,y)$ 在 D 上连续,所以薄片中相应于 $\mathrm{d}\sigma$ 的部分的质量近似等于 $\rho(x,y)\mathrm{d}\sigma$,这部分质量可近似看作集中在点 (x,y) 上,于是可写出静矩元素 $\mathrm{d}M_y$ 及 $\mathrm{d}M_x$:

$$\mathrm{d}M_y=x\rho(x,y)\mathrm{d}\sigma,\mathrm{d}M_x=y\rho(x,y)\mathrm{d}\sigma.$$

以这些元素为被积表达式,在闭区域 D 上积分,便得

$$M_y=\iint_D x\rho(x,y)\mathrm{d}\sigma,M_x=\iint_D y\rho(x,y)\mathrm{d}\sigma.$$

又薄片的质量为

$$M=\iint_D \rho(x,y)\mathrm{d}\sigma,$$

所以,薄片的重心的坐标为

$$\bar{x}=\frac{M_y}{M}=\frac{\iint_D x\rho(x,y)\mathrm{d}\sigma}{\iint_D \rho(x,y)\mathrm{d}\sigma},\bar{y}=\frac{M_x}{M}=\frac{\iint_D y\rho(x,y)\mathrm{d}\sigma}{\iint_D \rho(x,y)\mathrm{d}\sigma}.$$

如果薄片是均匀的,即面密度为常量,则上式中可把 ρ 提到积分记号外面并从分子、分母中约去,这样便得均匀薄片的重心的坐标为

$$\overline{x}=\frac{1}{A}\iint_D x\,\mathrm{d}\sigma,\overline{y}=\frac{1}{A}\iint_D y\,\mathrm{d}\sigma,$$

其中 $A=\iint_D \mathrm{d}\sigma$ 为闭区域 D 的面积.

例 2　求位于两圆 $r=2\sin\theta$ 和 $r=4\sin\theta$ 之间的均匀薄片的重心(图 8-21).

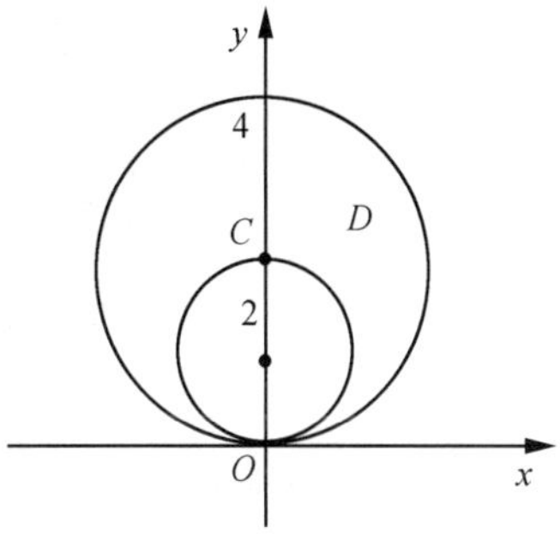

图 8-21

解　因为闭区域 D 关于 y 轴对称,所以重心 $C(\overline{x},\overline{y})$ 必位于 y 轴上,于是 $\overline{x}=0$.

再按公式

$$\overline{y}=\frac{1}{A}\iint_D y\,\mathrm{d}\sigma$$

计算 $\overline{y}$. 由于闭区域 D 位于半径为 1 与半径为 2 的两圆之间,所以它的面积等于这两个圆的面积之差,即 $A=3\pi$. 再利用极坐标计算积分:

$$\iint_D y\,\mathrm{d}\sigma=\iint_D r^2\sin\theta\mathrm{d}r\mathrm{d}\theta=\int_0^{\pi}\sin\theta\mathrm{d}\theta\int_{2\sin\theta}^{4\sin\theta}r^2\,\mathrm{d}r=7\pi,$$

因此,$\overline{y}=\frac{7\pi}{3\pi}=\frac{7}{3}$,所求重心是 $C\left(0,\frac{7}{3}\right)$.

三、平面薄片的转动惯量

设在 xOy 平面上有 n 个质点,它们分别位于点 $(x_1,y_1),(x_2,y_2),\cdots,(x_n,y_n)$ 处,质量分别为 $m_1,m_2,\cdots,m_n$. 由力学知识知道,该质点系对于 x 轴和 y 轴的转动惯量分别为

$$I_x=\sum_{i=1}^{n}y_i^2m_i,I_y=\sum_{i=1}^{n}x_i^2m_i.$$

设有一平面薄片,占有 xOy 面上的闭区域 D,在点 (x,y) 处的面密度为 $\rho(x,y)$,假定 $\rho(x,y)$ 在 D 上连续. 现在要求该薄片对于 x 轴的转动惯量 I_x 以及对于 y 轴的转动惯量 I_y.

在闭区域 D 上任取一直径很小的闭区域 $\mathrm{d}\sigma$(该小闭区域的面积也记作 $\mathrm{d}\sigma$),(x,y) 是该小闭区域上的一点. 由于 $\mathrm{d}\sigma$ 的直径很小,且 $\rho(x,y)$ 在 D 上连续,所以薄片中相应于 $\mathrm{d}\sigma$ 的部分的质量近似等于 $\rho(x,y)\mathrm{d}\sigma$,这部分质量可近似看作集中在点 (x,y) 上,于是可写出薄片对于 x 轴和 y 轴的转动惯量元素:

$$\mathrm{d}I_x=y^2\rho(x,y)\mathrm{d}\sigma,\mathrm{d}I_y=x^2\rho(x,y)\mathrm{d}\sigma.$$

以这些元素为被积表达式,在闭区域 D 上积分,便得

$$I_x=\iint_D y^2\rho(x,y)\mathrm{d}\sigma,I_y=\iint_D x^2\rho(x,y)\mathrm{d}\sigma.$$

例 3　求半径为 a 的均匀半圆薄片(面密度为常量 ρ)对于其直径边的转动惯量.

解　取坐标系如图 8-22 所示,则薄片所占闭区域 D 可表示为

$$x^2+y^2\leqslant a^2,y\geqslant 0,$$

而所求转动惯量即半圆薄片对于 x 轴的转动惯量 I_x.

$$
\begin{aligned}
I_x &= \iint_D \rho y^2 \mathrm{d}\sigma = \rho \iint_D r^3 \sin^2\theta \mathrm{d}r\mathrm{d}\theta \\
&= \rho\int_0^{\pi}\mathrm{d}\theta\int_0^a r^3\sin^2\theta\mathrm{d}r = \rho\frac{a^4}{4}\int_0^{\pi}\sin^2\theta\mathrm{d}\theta \\
&= \frac{1}{4}\rho a^4\ \frac{\pi}{2} = \frac{1}{4}Ma^2,
\end{aligned}
$$

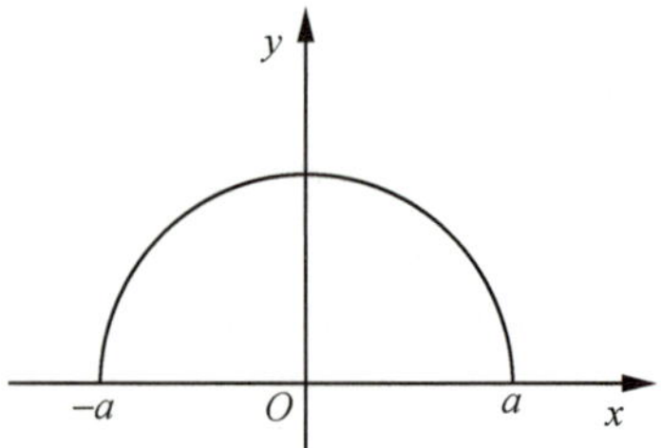

图 8-22

其中 $M=\frac{1}{2}\pi a^2\rho$ 为半圆薄片的质量.

【拓展阅读】

张景中——探索多元函数微积分新边界的教育数学倡导者

在中国现代数学史上,张景中以其在多元函数微积分领域的深入研究和对数学教育的卓越贡献,书写了一段独特的传奇篇章.他不仅是计算机科学家和数学家,更是数学教育的改革者,致力于让数学知识变得更加直观和易懂,便于大众学习和掌握.

张景中在多元函数微积分领域的研究,展现了他对数学本质的独特理解.他提出了一套全新的微积分体系,旨在简化传统微积分中的复杂概念,使其更加直观和易于理解.

张景中认为,传统的微积分理论过于烦琐,尤其是极限理论,对于绝大多数学生来说难以理解.因此,他提出了一套基于不等式的微积分定义,利用夹逼定理的思想来定义导数.他定义了一对甲乙函数,通过不等式来描述它们之间的关系,从而避免了传统极限理论中的复杂概念.这一创新不仅简化了微积分的理论体系,还为学生提供了一条更加直观的学习路径.

此外,张景中还探索了微积分公理化的新方向.他提出在 ZFC 公理系统(由德国数学家策梅洛和以色列数学家弗伦克尔等提出的 ZF 系统,在此基础上再加上选择公理构成 ZFC 公理系统)中,通过引入超实数系统和无穷小概念来简化微积分的方法.这一方法不仅保留了微积分的严谨性,还使其更加符合直观思维.张景中的这些研究成果,不仅推动了微积分理论的发展,还为数学教育提供了新的思路和方法.

张景中不仅是一位杰出的数学家,更是一位热心的数学教育倡导者.他创立了教育数学学科,提出了"教育数学"理论,强调对数学原创成果和教材内容的再创造,使之更适配教学和学习的实际需求.

张景中认为,数学教育应该注重培养学生的创新思维和解决问题的能力.因此,他开发了智能数学平台,创新性地提出了"理论创立—内容创构—模式创新"的多维思考教学模式.这一模式不仅注重学生的理论学习,还强调他们的实践能力和创新思维的培养.

张景中的教育数学理论和方法在教学实践中取得了显著成效.他主持开发的"网络画板"智能数学平台,已在全国得到广泛使用,用户数量超过 300 万.这一平台的应用,不仅提高了学生的学习兴趣和成绩,还培养了他们的创新思维和解决问题的能力.

张景中的学术生涯跨越了多个领域,包括机器证明、教育数学、距离几何及动力系统等.1995 年,张景中当选中国科学院院士.

张景中对多元函数微积分的研究和对数学教育的贡献，不仅推动了中国现代数学的发展，还为数学教育提供了新的思路和方法. 他用自己的行动诠释了“学高为师，身正为范”的教育理念. 他的教育数学理论和方法在教学实践中取得了显著成效，为培养更多适应国家经济建设和社会发展需求的高素质人才提供了有力支撑.

第九章 无穷级数

【导读】

无穷级数主要用于研究按次序排列的无穷个函数的和的收敛性及和的数值,其核心思路是借助相对简单的函数形式,去逼近比较复杂的函数.最为简单的逼近途径就是通过加法,即通过加法运算来决定逼近的程度,或者说控制逼近的过程,这就是无穷级数思想的源头所在.

【学习要求】

(1) 理解无穷级数及其敛散性的概念,掌握无穷级数的基本性质.

(2) 掌握判别正项级数敛散性的常用方法,会判别简单的交错级数的敛散性,了解任意项级数绝对收敛与条件收敛的概念.

(3) 了解幂级数的概念,会求幂级数的收敛半径和收敛区间,了解简单函数的幂级数展开式.

(4) 了解傅里叶(Fourier)级数的概念,会将周期为 2π 的函数展开为傅里叶级数.

(5) 能够运用软件求解无穷级数的相关问题.

第一节 无穷级数的概念和性质

在初等数学中遇到的加法,都是有限项的和式,但在某些实际问题中,会出现无穷多项相加的情形.

例 1 分数 $\frac{1}{9}$ 写成循环小数形式为 0.111…,在近似计算中,可以根据不同的精确度要求,取小数点后的 n 位作为 $\frac{1}{9}$ 的近似值.因为 $0.1=\frac{1}{10}$,$0.01=\frac{1}{100}$,$0.\underbrace{0\cdots01}_{n\text{位}}=\frac{1}{10^n}$,所以

$$\frac{1}{9}\approx\frac{1}{10}+\frac{1}{10^2}+\cdots+\frac{1}{10^n}.$$

显然,n 越大,这个近似值就越接近 $\frac{1}{9}$.根据极限的概念可知

$$\frac{1}{9}=\lim_{n\to\infty}\left(\frac{1}{10}+\frac{1}{10^2}+\cdots+\frac{1}{10^n}\right),$$

也就是说

$$\frac{1}{9}=\frac{1}{10}+\frac{1}{10^2}+\cdots+\frac{1}{10^n}+\cdots.$$

这样我们就得到了一个“无穷和式”，这个“无穷和式”就是一个数项级数.

定义 1 设给定一个数列 $u_1,u_2,\cdots,u_n,\cdots$，则表达式

$$u_1+u_2+\cdots+u_n+\cdots$$

称为**常数项无穷级数**，简称**常数项级数**，并记为 $\sum\limits_{n=1}^{\infty}u_n$，即

数项级数的概念

$$\sum_{n=1}^{\infty}u_n=u_1+u_2+\cdots+u_n+\cdots,\tag{9.1}$$

其中 $u_1,u_2,\cdots$叫作该级数的项，u_n 称为**一般项**或**通项**.

下面给出几个级数的例子：

根据定义，例 1 中的式子$\frac{1}{10}+\frac{1}{10^2}+\cdots+\frac{1}{10^n}+\cdots$ 可记为$\sum\limits_{n=1}^{\infty}\frac{1}{10^n}$，其相邻两项之比为一常数$\frac{1}{10}$，此级数又称为等比级数或几何级数，一般项 $u_n=\frac{1}{10^n}$.

无穷级数$\sum\limits_{n=1}^{\infty}n=1+2+3+\cdots+n+\cdots$，相邻两项之差为1，称为等差级数，一般项 $u_n=n$.

无穷级数$\sum\limits_{n=1}^{\infty}\frac{1}{n^p}=1+\frac{1}{2^p}+\frac{1}{3^p}+\cdots+\frac{1}{n^p}+\cdots$，称为 p- 级数，当 $p=1$，即

$$1+\frac{1}{2}+\frac{1}{3}+\cdots+\frac{1}{n}+\cdots$$

称为调和级数.

上述级数的定义只是一个形式上的定义，怎样理解无穷级数中无穷多个数相加呢?联系例 1，我们可以从有限项的和出发，观察它们的变化趋势，由此来理解无穷多个数相加的含义. 令

$$\begin{aligned}&S_1=u_1,\\&S_2=u_1+u_2,\\&\cdots,\\&S_n=u_1+u_2+\cdots+u_n,\\&\cdots,\end{aligned}$$

这就构成了一个数列$\{S_n\}$，称 S_n 为级数(9.1) 的部分和. 如果部分和数列$\{S_n\}$的极限存在，那么，我们认为该级数的和是存在的.

定义 2 若级数$\sum\limits_{n=1}^{\infty}u_n$ 的部分和数列$\{S_n\}$收敛于 S(常数)，即

$$\lim_{n\to\infty}S_n=S,$$

则称级数 $\sum_{n=1}^{\infty} u_n$ 收敛，S 称为级数 $\sum_{n=1}^{\infty} u_n$ 的和，并记为 $\sum_{n=1}^{\infty} u_n = S$. 若数列 $\{S_n\}$ 的极限不存在，就称级数 $\sum_{n=1}^{\infty} u_n$ 发散.

因此级数 $\sum_{n=1}^{\infty} u_n$ 收敛与否取决于其部分和数列 $\{S_n\}$ 的极限是否存在.

当级数 $\sum_{n=1}^{\infty} u_n$ 收敛时，其部分和 S_n 是级数和 S 的近似值，称 $S-S_n$ 为**级数的余项**，记为 r_n，即

$$r_n = S - S_n = u_{n+1} + u_{n+2} + \cdots.$$

若级数 $\sum_{n=1}^{\infty} u_n$ 收敛于 S，则余项 r_n 也收敛，且 $\lim_{n\to\infty} r_n = 0$. 这是因为

$$r_n = S - S_n,$$

$$\lim_{n\to\infty} r_n = \lim_{n\to\infty}(S - S_n) = S - S = 0.$$

显然，$|r_n|$ 就是用部分和 S_n 代替级数和 S 时所产生的误差，这是能借助级数近似计算的基本依据.

例 2 考察级数 $\sum_{n=1}^{\infty} \ln \frac{n+1}{n}$ 的敛散性.

解 由

$$u_n = \ln \frac{n+1}{n} = \ln(n+1) - \ln n,$$

得

$$\begin{aligned} S_n &= u_1 + u_2 + \cdots + u_n \\ &= (\ln 2 - \ln 1) + (\ln 3 - \ln 2) + \cdots + [\ln(n+1) - \ln n] \\ &= \ln(n+1), \end{aligned}$$

所以

$$\lim_{n\to\infty} S_n = \lim_{n\to\infty} \ln(n+1) = \infty,$$

则级数 $\sum_{n=1}^{\infty} \ln \frac{n+1}{n}$ 发散.

例 3 试讨论等比级数 $\sum_{n=1}^{\infty} ar^{n-1} (a \neq 0)$ 的敛散性.

解 当 $|r| \neq 1$ 时，等比级数的部分和 $S_n = a + ar + ar^2 + \cdots + ar^{n-1} = \frac{a(1-r^n)}{1-r}$，于是，当 $|r| < 1$ 时，

$$\lim_{n\to\infty} S_n = \lim_{n\to\infty} \frac{a(1-r^n)}{1-r} = \frac{a}{1-r},$$

该等比级数收敛，其和为 $S = \frac{a}{1-r}$，即 $\sum_{n=1}^{\infty} ar^{n-1} = \frac{a}{1-r}$；

当 $|r| > 1$ 时，

$$\lim_{n\to\infty} S_n = \lim_{n\to\infty} \frac{a(1-r^n)}{1-r} = \infty,$$

所以这时该等比级数发散；

当 $r=-1$ 时，$S_n=\begin{cases}a, & n\text{ 为奇数},\\ 0, & n\text{ 为偶数},\end{cases}$ 当 $n\to\infty$，部分和数列极限不存在，故该等比级数发散；

当 $r=1$ 时，$S_n=na\to\infty$（当 $n\to\infty$），因此该等比级数发散.

综上所述，等比级数 $\sum\limits_{n=1}^{\infty}ar^{n-1}$ 当 $|r|<1$ 时收敛，当 $|r|\geqslant 1$ 时发散.

例 4　求级数 $\sum\limits_{n=1}^{\infty}\dfrac{1}{(n+1)(n+2)}$ 的和.

解　部分和

$$\begin{aligned}S_n&=\frac{1}{2\cdot 3}+\frac{1}{3\cdot 4}+\cdots+\frac{1}{(n+1)(n+2)}\\&=\left(\frac{1}{2}-\frac{1}{3}\right)+\left(\frac{1}{3}-\frac{1}{4}\right)+\cdots+\left(\frac{1}{n+1}-\frac{1}{n+2}\right)\\&=\frac{1}{2}-\frac{1}{n+2},\end{aligned}$$

所以，该级数的和为

$$S=\lim_{n\to\infty}S_n=\lim_{n\to\infty}\left(\frac{1}{2}-\frac{1}{n+2}\right)=\frac{1}{2},$$

即

$$\sum_{n=1}^{\infty}\frac{1}{(n+1)(n+2)}=\frac{1}{2}.$$

例 5　证明：调和级数 $1+\dfrac{1}{2}+\dfrac{1}{3}+\cdots+\dfrac{1}{n}+\cdots$ 是发散的.

证　先证不等式：$x\geqslant\ln(1+x)\ (x\geqslant 0)$.

令 $f(x)=x-\ln(1+x)$，由于 $f(0)=0$，$f'(x)=1-\dfrac{1}{1+x}\geqslant 0$，所以 $f(x)$ 为增函数，$f(x)\geqslant f(0)$，即

$$x\geqslant\ln(1+x).$$

令 $x=1,\dfrac{1}{2},\dfrac{1}{3},\cdots,\dfrac{1}{n}$，代入上式，得

$$\begin{aligned}&1\geqslant\ln(1+1),\\&\frac{1}{2}\geqslant\ln\left(1+\frac{1}{2}\right),\\&\cdots,\\&\frac{1}{n}\geqslant\ln\left(1+\frac{1}{n}\right),\end{aligned}$$

相加，得

$$\begin{aligned}S_n&=1+\frac{1}{2}+\frac{1}{3}+\cdots+\frac{1}{n}\geqslant\ln 2+\ln\frac{3}{2}+\ln\frac{4}{3}+\cdots+\ln\frac{n+1}{n}\\&=\ln\left(2\cdot\frac{3}{2}\cdot\frac{4}{3}\cdot\cdots\cdot\frac{n+1}{n}\right)=\ln(n+1).\end{aligned}$$

当 $n\to\infty$ 时,$\ln(1+n)\to\infty$,所以 $S_n\to\infty$,故级数 $\sum\limits_{n=1}^{\infty}\dfrac{1}{n}$ 发散.

二、常数项级数的基本性质

根据常数项级数收敛性的概念,可以得出如下基本性质:

性质 1 用一个非零的常数 C 乘级数 $\sum\limits_{n=1}^{\infty}u_n$ 的每一项,其敛散性不变,且若 $\sum\limits_{n=1}^{\infty}u_n=S$,则

$$\sum_{n=1}^{\infty}Cu_n=CS.$$

性质 2 若级数 $\sum\limits_{n=1}^{\infty}u_n$ 与 $\sum\limits_{n=1}^{\infty}v_n$ 都收敛,则级数 $\sum\limits_{n=1}^{\infty}(u_n\pm v_n)$ 也收敛,且有

$$\sum_{n=1}^{\infty}(u_n\pm v_n)=\sum_{n=1}^{\infty}u_n\pm\sum_{n=1}^{\infty}v_n.$$

性质 3 在级数的前面加上或去掉有限项,级数的敛散性不变,但一般会改变收敛级数的和.

上述性质的证明从略.

数项级数的性质

三、常数项级数收敛的必要条件

若常数项级数 $\sum\limits_{n=1}^{\infty}u_n$ 收敛于 S,那么由部分和的概念,就有

$$u_n=S_n-S_{n-1},$$

于是

$$\lim_{n\to\infty}u_n=\lim_{n\to\infty}(S_n-S_{n-1})=\lim_{n\to\infty}S_n-\lim_{n\to\infty}S_{n-1}=S-S=0,$$

因此,这时必有

$$\lim_{n\to\infty}u_n=0.$$

这就是级数收敛的必要条件.

定理 1(级数收敛的必要条件) 若常数项级数 $\sum\limits_{n=1}^{\infty}u_n$ 收敛,则 $\lim\limits_{n\to\infty}u_n=0$.

需要特别指出的是,$\lim\limits_{n\to\infty}u_n=0$ 仅是级数收敛的必要条件,不是收敛的充分条件. 例如,调和级数的 $u_n=\dfrac{1}{n}\to 0$(当 $n\to\infty$ 时),但调和级数是发散的.

从级数收敛的必要条件可以得出如下判断级数发散的方法:

若 $\lim\limits_{n\to\infty}u_n\neq 0$,则级数 $\sum\limits_{n=1}^{\infty}u_n$ 发散.

例 6 判断级数 $\sum\limits_{n=1}^{\infty}(\sqrt{4n^2+3n}-2n)$ 的敛散性.

解　因为$\lim\limits_{n\to\infty}(\sqrt{4n^2+3n}-2n)=\lim\limits_{n\to\infty}\dfrac{3n}{\sqrt{4n^2+3n}+2n}=\dfrac{3}{4}\neq 0$，

所以$\sum\limits_{n=1}^{\infty}(\sqrt{4n^2+3n}-2n)$发散.

由此可见，这是判断级数发散的一个方法，它比利用级数发散的定义来判断要方便得多.

例 7　试讨论级数$\sum\limits_{n=1}^{\infty}\sin\dfrac{n\pi}{2}$的敛散性.

解　注意到级数

$$\sum_{n=1}^{\infty}\sin\frac{n\pi}{2}=1+0-1+0+1+0-1+0+\cdots$$

的通项$u_n=\sin\dfrac{n\pi}{2}$，当$n\to\infty$时，极限不存在，所以级数发散.

在判断级数是否收敛时，我们往往先观察当$n\to\infty$时，通项u_n的极限是否为零，仅当$\lim\limits_{n\to\infty}u_n=0$时，再用其他方法来确定级数收敛还是分散.

第二节　常数项级数的审敛法

一、正项级数及其审敛法

在上一节，我们介绍的是一般的常数项级数，即级数中各项可以是正数、负数或者零. 现在我们只讨论常数项级数中的一种特殊的级数：正项级数. 这种级数十分重要，许多级数的敛散性问题都可归结为正项级数的敛散性问题.

定义 1　若级数$\sum\limits_{n=1}^{\infty}u_n$中各项$u_n\geqslant 0(n=1,2,3,\cdots)$，则称该级数为**正项级数**.

这时，由于

$$u_n=S_n-S_{n-1},$$

因此，有

$$S_n=S_{n-1}+u_n\geqslant S_{n-1},$$

即正项级数的部分和数列是一个单调增的数列.

我们知道，单调有界数列必有极限. 根据这一准则，我们可得到判定正项级数敛散性的一个定理.

定理 1　正项级数收敛的充要条件是：它的部分和数列$\{S_n\}$有界.

例 1　试判断正项级数$\sum\limits_{n=1}^{\infty}\dfrac{\cos\dfrac{\pi}{5n}}{3^n}$的敛散性.

解　由于该级数为正项级数，且部分和

$$S_n \leqslant \frac{1}{3}+\frac{1}{3^2}+\cdots+\frac{1}{3^n}=\frac{1}{2}\left(1-\frac{1}{3^n}\right)\leqslant\frac{1}{2},$$

即其部分和数列有界,因此,正项级数 $\sum_{n=1}^{\infty}\dfrac{\cos\dfrac{\pi}{5n}}{3^n}$ 收敛.

直接应用定理 1 来判定正项级数是否收敛往往不太方便. 定理 2 提供了另一种常用的正项级数的审敛法.

定理 2(比较审敛法) 设有两个正项级数 $\sum_{n=1}^{\infty}u_n$ 和 $\sum_{n=1}^{\infty}v_n$. 如果 $u_n \leqslant v_n (n=1,2,3,\cdots)$ 成立,那么

(1) 若级数 $\sum_{n=1}^{\infty}v_n$ 收敛,则级数 $\sum_{n=1}^{\infty}u_n$ 也收敛;

(2) 若级数 $\sum_{n=1}^{\infty}u_n$ 发散,则级数 $\sum_{n=1}^{\infty}v_n$ 也发散.

证 (1) 设级数 $\sum_{n=1}^{\infty}v_n$ 的前 n 项的和为 σ_n,级数 $\sum_{n=1}^{\infty}u_n$ 的前 n 项的和为 S_n,根据已知条件有

$$S_n \leqslant \sigma_n.$$

因为 $\sum_{n=1}^{\infty}v_n$ 收敛,根据定理 1,存在常数 M,使得 $\sigma_n \leqslant M (n=1,2,3,\cdots)$,于是

$$S_n \leqslant M (n=1,2,3,\cdots),$$

即级数 $\sum_{n=1}^{\infty}u_n$ 的部分和数列有界,所以级数 $\sum_{n=1}^{\infty}u_n$ 收敛.

证明结论(2) 的方法不难,读者自行完成,这里从略.

比较审敛法指出,判断正项级数是否收敛时,首先要选定一个已知其敛散性的级数与之比较,从而得出结论.

正项级数比较审敛法

例 2 证明:级数 $\sum_{n=1}^{\infty}\dfrac{1}{6n-1}$ 是发散的.

证 由于 $\dfrac{1}{6n-1}>\dfrac{1}{6n}$,而调和级数 $\sum_{n=1}^{\infty}\dfrac{1}{n}$ 是发散的,利用上一节的性质 1,$\sum_{n=1}^{\infty}\dfrac{1}{6n}$ 是发散的. 由比较审敛法,$\sum_{n=1}^{\infty}\dfrac{1}{6n-1}$ 是发散级数.

例 3 讨论 p-级数 $\sum_{n=1}^{\infty}\dfrac{1}{n^p}$ 的敛散性,其中 p 为正常数.

解 当 $p=1$ 时,p-级数就是调和级数 $\sum_{n=1}^{\infty}\dfrac{1}{n}$,故发散.

当 $p<1$ 时,因为 $\dfrac{1}{n^p}\geqslant\dfrac{1}{n}(n=1,2,3,\cdots)$,而调和级数发散,所以由比较审敛法的结论(2) 可知,这时 p-级数发散.

当 $p>1$ 时,级数的通项可用积分表示:

$$u_n=\frac{1}{n^p}=\int_{n-1}^{n}\frac{1}{n^p}\mathrm{d}x.$$

由于 $n-1\leqslant x\leqslant n$，所以 $\frac{1}{n^p}\leqslant\frac{1}{x^p}$，于是

$$\begin{aligned}S_n&=1+\frac{1}{2^p}+\frac{1}{3^p}+\cdots+\frac{1}{n^p}\\&=1+\int_1^2\frac{1}{2^p}\mathrm{d}x+\int_2^3\frac{1}{3^p}\mathrm{d}x+\int_3^4\frac{1}{2^p}\mathrm{d}x+\cdots+\int_{n-1}^{n}\frac{1}{2^p}\mathrm{d}x\\&\leqslant 1+\int_1^2\frac{1}{x^p}\mathrm{d}x+\int_2^3\frac{1}{x^p}\mathrm{d}x+\int_3^4\frac{1}{x^p}\mathrm{d}x+\cdots+\int_{n-1}^{n}\frac{1}{x^p}\mathrm{d}x\\&=1+\int_1^n\frac{1}{x^p}\mathrm{d}x=1+\frac{1}{(1-p)n^{p-1}}-\frac{1}{1-p}\\&=1+\frac{1}{p-1}\left(1-\frac{1}{n^{p-1}}\right)<1+\frac{1}{p-1},\end{aligned}$$

所以部分和数列有界. 于是由定理 1 可知，这时 p-级数收敛.

综上所述，p-级数当 $p\leqslant 1$ 时发散，当 $p>1$ 时收敛.

我们经常选择 p-级数作为比较审敛法的参照级数.

例 4 试判断正项级数 $\sum\limits_{n=1}^{\infty}\frac{1}{3n\sqrt{5n+9}}$ 的敛散性.

解 因为 $\frac{1}{3n\sqrt{5n+9}}<\frac{1}{3n\sqrt{5n}}=\frac{1}{3\sqrt{5}}\frac{1}{n^{\frac{3}{2}}}(n=1,2,3,\cdots)$，而正项级数 $\sum\limits_{n=1}^{\infty}\frac{1}{n^{\frac{3}{2}}}$ 是 $p=\frac{3}{2}$ 的 p- 级数，它是收敛的，所以由比较审敛法可知，所给正项级数 $\sum\limits_{n=1}^{\infty}\frac{1}{3n\sqrt{5n+9}}$ 收敛.

例 5 试证明正项级数 $\sum\limits_{n=1}^{\infty}\frac{n+1}{n^2+3n+1}$ 发散.

证 利用比较审敛法. 由于

$$\frac{n+1}{n^2+3n+1}>\frac{n+1}{n^2+3n+2}=\frac{n+1}{(n+1)(n+2)}=\frac{1}{n+2},$$

而 $\sum\limits_{n=1}^{\infty}\frac{1}{n+2}$ 是由调和级数去掉前 2 项所得的级数，它是发散的，所以原级数发散.

推论（比较审敛法的极限形式） 设级数 $\sum\limits_{n=1}u_n$ 与 $\sum\limits_{n=1}v_n$ 都是正项级数，若 $\lim\limits_{n\to\infty}\frac{u_n}{v_n}=l(0<l<+\infty)$，则正项级数 $\sum\limits_{n=1}^{\infty}u_n$ 与 $\sum\limits_{n=1}^{\infty}v_n$ 同时收敛或同时发散.

例 6 试判断级数 $\sum\limits_{n=1}^{\infty}\sin\frac{1}{n}$ 的敛散性.

解 因为 $\lim\limits_{n\to\infty}\frac{\sin\frac{1}{n}}{\frac{1}{n}}=1$，而级数 $\sum\limits_{n=1}^{\infty}\frac{1}{n}$ 是发散的，由推论知 $\sum\limits_{n=1}^{\infty}\sin\frac{1}{n}$ 发散.

当正项级数中出现 a^n 或 $n!$ 等形式时，常用下面的比值审敛法来判断其敛散性.

定理 3(比值审敛法)　设有正项级数 $\sum_{n=1}^{\infty} u_n$,如果极限

$$\lim_{n\to\infty} \frac{u_{n+1}}{u_n} = \rho$$

存在,那么

(1) 当 $\rho < 1$ 时,级数收敛;

(2) 当 $\rho > 1$ 时,级数发散;

(3) 当 $\rho = 1$ 时,级数可能收敛,也可能发散.

证明从略,只作以下说明:

(1) 当 $\rho < 1$ 时,则当 n 充分大后,有 $\frac{u_{n+1}}{u_n} \approx \rho$,这说明 $\sum_{n=1}^{\infty} u_n$ 可近似地看作一个公比为 ρ,而 ρ 大于 0 又小于 1 的等比级数,所以级数 $\sum_{n=1}^{\infty} u_n$ 收敛.

(2) 当 $\rho > 1$,则当 n 充分大后,有 $\frac{u_{n+1}}{u_n} \approx \rho$,而 $\rho > 1$,所以级数的后一项大于前一项,这说明 $\lim\limits_{n\to\infty} u_n \neq 0$,故级数 $\sum_{n=1}^{\infty} u_n$ 发散.

(3) 当 $\lim\limits_{n\to\infty} \frac{u_{n+1}}{u_n} = 1$ 时,正项级数 $\sum_{n=1}^{\infty} u_n$ 可能收敛,也可能发散.这个结论从 p- 级数就可以看出.因为事实上,若 $\sum_{n=1}^{\infty} u_n$ 为 p- 级数,则对于任意实数 p,都有

$$\lim_{n\to\infty} \frac{u_{n+1}}{u_n} = \lim_{n\to\infty} \frac{\frac{1}{(n+1)^p}}{\frac{1}{n^p}} = 1.$$

正项级数比值审敛法

而当 $p \leqslant 1$ 时,p- 级数发散;$p > 1$ 时,p- 级数收敛.

利用比值审敛法,只需通过级数本身就可以进行判断,无需像比较审敛法那样找敛散性已知的级数做比较.当然,当 $\rho = 1$ 时,比值审敛法失效,就得用其他审敛法了.

例 7　讨论下列级数的敛散性:

(1) $\sum_{n=1}^{\infty} \frac{n^2}{2^n}$;　　(2) $\sum_{n=1}^{\infty} 2^n \tan \frac{\pi}{3^n}$;　　(3) $\sum_{n=1}^{\infty} \frac{3^n \cdot n!}{n^n}$.

解　(1) 利用比值审敛法,由于

$$\lim_{n\to\infty} \frac{u_{n+1}}{u_n} = \lim_{n\to\infty} \frac{\frac{(n+1)^2}{2^{n+1}}}{\frac{n^2}{2^n}}$$

$$= \lim_{n\to\infty} \frac{(n+1)^2}{n^2} \cdot \lim_{n\to\infty} \frac{2^n}{2^{n+1}} = \frac{1}{2} < 1,$$

故级数 $\sum_{n=1}^{\infty} \frac{n^2}{2^n}$ 收敛.

(2) 由于

$$\lim_{n\to\infty}\frac{u_{n+1}}{u_n}=\lim_{n\to\infty}\frac{2^{n+1}\tan\frac{\pi}{3^{n+1}}}{2^n\tan\frac{\pi}{3^n}}=\frac{2}{3}<1,$$

故由比值审敛法知,级数 $\sum_{n=1}^{\infty}2^n\tan\frac{\pi}{3^n}$ 收敛.

(3) 由于

$$\lim_{n\to\infty}\frac{u_{n+1}}{u_n}=\lim_{n\to\infty}\frac{\frac{3^{n+1}\cdot(n+1)!}{(n+1)^{n+1}}}{\frac{3^n\cdot n!}{n^n}}$$

$$=3\lim_{n\to\infty}\frac{1}{\left(1+\frac{1}{n}\right)^n}=\frac{3}{e}>1,$$

故由比值审敛法知,级数 $\sum_{n=1}^{\infty}\frac{3^n\cdot n!}{n^n}$ 发散.

二、任意项级数的敛散性

若级数

$$\sum_{n=1}^{\infty}u_n=u_1+u_2+\cdots+u_n+\cdots$$

的各项 $u_n(n=1,2,3,\cdots)$ 为任意实数,则这样的级数就称为**任意项级数**.

定义 2 将级数 $\sum_{n=1}^{\infty}u_n$ 的各项取绝对值后得到正项级数 $\sum_{n=1}^{\infty}|u_n|$,如果级数 $\sum_{n=1}^{\infty}|u_n|$ 收敛,就称原级数 $\sum_{n=1}^{\infty}u_n$ 为**绝对收敛**;如果级数 $\sum_{n=1}^{\infty}|u_n|$ 发散,但级数 $\sum_{n=1}^{\infty}u_n$ 收敛,则称级数 $\sum_{n=1}^{\infty}u_n$ 为**条件收敛**.

定理 4 若级数 $\sum_{n=1}^{\infty}u_n$ 绝对收敛,则级数 $\sum_{n=1}^{\infty}u_n$ 必收敛.

证明从略.

定理 4 给出了一个用正项级数审敛法判定任意项级数敛散性的方法.

例 8 证明:级数 $\sum_{n=1}^{\infty}\frac{\cos\sqrt{n}}{n^2}$ 绝对收敛.

证 因为

$$\left|\frac{\cos\sqrt{n}}{n^2}\right|\leqslant\frac{1}{n^2},$$

而 $\sum_{n=1}^{\infty}\frac{1}{n^2}$ 是收敛的,由定理 4 可知,$\sum_{n=1}^{\infty}\frac{\cos\sqrt{n}}{n^2}$ 绝对收敛,故原级数必收敛.

例 9 试判定级数

$$\frac{1}{2}-\frac{2^2}{2^2}-\frac{3^2}{2^3}+\frac{4^2}{2^4}+\cdots+(-1)^{\frac{n(n-1)}{2}}\frac{n^2}{2^n}+\cdots$$

的敛散性.

解 考察级数

$$\sum_{n=1}^{\infty}\left|(-1)^{\frac{n(n-1)}{2}}\frac{n^2}{2^n}\right|=\sum_{n=1}^{\infty}\frac{n^2}{2^n}.$$

因为

$$\lim_{n\to\infty}\frac{|u_{n+1}|}{|u_n|}=\lim_{n\to\infty}\frac{\frac{(n+1)^2}{2^{n+1}}}{\frac{n^2}{2^n}}=\frac{1}{2}<1,$$

由正项级数的比值审敛法,有级数 $\sum\limits_{n=1}^{\infty}\frac{n^2}{2^n}$ 收敛,即任意项级数 $\sum\limits_{n=1}^{\infty}(-1)^{\frac{n(n-1)}{2}}\frac{n^2}{2^n}$ 绝对收敛,因此由定理 4 可知该级数收敛.

三、交错级数及其审敛法

如果在任意项级数中,各项的正负号相间出现,这样的任意项级数就叫作交错级数.它的一般形式为

$$u_1-u_2+u_3-\cdots+(-1)^{n-1}u_n+\cdots,$$

其中 $u_n>0(n=1,2,3,\cdots)$.对于交错级数,有专门的判定敛散性的方法.

定理 5(莱布尼茨(leibniz)审敛法) 设交错级数 $\sum\limits_{n=1}^{\infty}(-1)^{n-1}u_n$ 满足:

(1) $u_n\geqslant u_{n+1}(n=1,2,3,\cdots)$;

(2) $\lim\limits_{n\to\infty}u_n=0$,

则级数 $\sum\limits_{n=1}^{\infty}(-1)^{n-1}u_n$ 收敛,且其和 $S\leqslant u_1$,其余项 r_n 的绝对值 $|r_n|\leqslant u_{n+1}$.

证 根据项数 n 是奇数或偶数分别考察 S_n.设 n 为偶数,于是

$$S_n=S_{2m}=u_1-u_2+u_3-u_4+\cdots+u_{2m-1}-u_{2m},$$

将其每两项括在一起,得

$$S_{2m}=(u_1-u_2)+(u_3-u_4)+\cdots+(u_{2m-1}-u_{2m}).$$

一方面,由条件(1)可知,每个括号内的值都大于或等于零.如果把每个括号看成是一项,这就是一个正项级数的前 m 项部分和,它显然随着 m 的增加而单调增加.

另一方面,如果把部分和 S_{2m} 改写为

$$S_{2m}=u_1-(u_2-u_3)-\cdots-(u_{2m-2}-u_{2m-1})-u_{2m},$$

由条件(1)可知,$S_{2m}\leqslant u_1$,即部分和数列有界.

根据定理 1,有 $\lim\limits_{m\to\infty}S_{2m}$ 收敛,设其极限为 S,即

$$\lim_{m\to\infty}S_{2m}=S.$$

当 n 为奇数时,我们总可把部分和写为

$$S_n=S_{2m+1}=S_{2m}+u_{2m+1}.$$

再由条件(2)可得

$$\lim_{n\to\infty}S_n=\lim_{m\to\infty}S_{2m+1}=\lim_{m\to\infty}(S_{2m}+u_{2m+1})=S.$$

这就说明，不论 n 为奇数还是偶数，都有

$$\lim_{n\to\infty}S_n=S,$$

故交错级数 $\sum\limits_{n=1}^{\infty}(-1)^{n-1}u_n$ 收敛.

根据 $S_{2m}\leqslant u_1$，而 $\lim\limits_{m\to\infty}S_{2m}=S$，可知 $S\leqslant u_1$.

又 $|r_n|=u_{n+1}-u_{n+2}+\cdots$，可以看作是首项为 u_{n+1} 的交错级数，再根据前面的结论，有

$$|r_n|=u_{n+1}-u_{n+2}+\cdots\leqslant u_{n+1},$$

则命题得证.

定理 5 也称为**交错级数审敛法或莱布尼茨审敛法**.

交错级数和收敛程度

例 10　试判定交错级数 $\sum\limits_{n=1}^{\infty}(-1)^n\dfrac{n}{3^n}$ 的敛散性.

解　因为 $u_n=\dfrac{n}{3^n}$，$u_{n+1}=\dfrac{n+1}{3^{n+1}}$，而

$$u_n-u_{n+1}=\frac{n}{3^n}-\frac{n+1}{3^{n+1}}=\frac{2n-1}{3^{n+1}}\geqslant 0,$$

所以 $u_n\geqslant u_{n+1}(n=1,2,3,\cdots)$.

又因为

$$\lim_{n\to\infty}u_n=\lim_{n\to\infty}\frac{n}{3^n}=0,$$

所以由交错级数审敛法可知，交错级数 $\sum\limits_{n=1}^{\infty}(-1)^n\dfrac{n}{3^n}$ 收敛.

例 11　试证明交错级数 $\sum\limits_{n=1}^{\infty}(\ \ 1)^{n-1}\dfrac{5n-1}{4n^2}$ 条件收敛.

证　由莱布尼茨审敛法，易知原级数本身收敛. 因为

$$\sum_{n=1}^{\infty}\left|(-1)^{n-1}\frac{5n-1}{4n^2}\right|=\sum_{n=1}^{\infty}\frac{5n-1}{4n^3};$$

$$u_n=\frac{5n-1}{4n^2}\geqslant\frac{5n-n}{4n^2}=\frac{1}{n},$$

而调和级数 $\sum\limits_{n=1}^{\infty}\dfrac{1}{n}$ 发散，所以根据定理 2(比较审敛法) 知 $\sum\limits_{n=1}^{\infty}\left|(-1)^{n-1}\dfrac{5n-1}{4n^2}\right|$ 发散. 所以原级数条件收敛.

例 12　试利用交错级数

$$\frac{10}{11}=1-\frac{1}{10}+\frac{1}{10^2}-\cdots+(-1)^{n-1}\frac{1}{10^{n-1}}+\cdots$$

计算 $\dfrac{10}{11}$ 的近似值，使其误差不超过 0.000 1.

解　如果利用级数 $\sum\limits_{n=1}^{\infty}(-1)^{n-1}\dfrac{1}{10^{n-1}}$ 的前 n 项和来作为 $\dfrac{10}{11}$ 的近似值，那么余项的绝对值

$|r_n|$就是误差值.又因为该级数是满足莱布尼茨审敛法条件的交错级数,所以有

$$|r_n| \leqslant u_{n+1}.$$

观察级数$\sum\limits_{n=1}^{\infty}(-1)^{n-1}\dfrac{1}{10^{n-1}}$,因为其第五项

$$u_5=\frac{1}{10^4}=0.000\,1,$$

所以,只要取前四项和来计算$\dfrac{10}{11}$的值,即

$$\frac{10}{11}\approx 1-\frac{1}{10}+\frac{1}{10^2}-\frac{1}{10^3}=0.909\,0,$$

就可以保证近似值的误差不超过 0.000 1.

第三节　幂级数

一、函数项级数的一般概念

定义 1　定义在区间 I 上的函数序列

$$u_1(x),u_2(x),\cdots,u_n(x),\cdots$$

构成的表达式

$$u_1(x)+u_2(x)+\cdots+u_n(x)+\cdots \tag{9.2}$$

称为定义在区间 I 上的函数项级数,简记为 $\sum\limits_{n=1}^{\infty}u_n(x)$.

在函数项级数(9.2)中,若令 x 取定义域中某一确定的值 x_0,则得到一个常数项级数

$$u_1(x_0)+u_2(x_0)+\cdots+u_n(x_0)+\cdots.$$

若上述常数项级数收敛,则称点 x_0 为函数项级数(9.2)的一个收敛点.反之,若上述常数项级数发散,则称点 x_0 为函数项级数(9.2)的发散点.收敛点的全体构成的集合,称为函数项级数的**收敛域**.

若 x_0 是收敛域内的一个值,则必有一个和 $S(x_0)$与之对应,即

$$S(x_0)=u_1(x_0)+u_2(x_0)+\cdots+u_n(x_0)+\cdots.$$

当 x_0 在收敛域内变动时,上述级数的和 $S(x_0)$也随之变动,就得到一个定义在收敛域上的函数 $S(x)$,即

$$S(x)=u_1(x)+u_2(x)+\cdots+u_n(x)+\cdots.$$

$S(x)$称为函数项级数 $\sum\limits_{n=1}^{\infty}u_n(x)$ 的**和函数**.如果记函数项级数 $\sum\limits_{n=1}^{\infty}u_n(x)$ 的前 n 项部分和为 $S_n(x)$,那么在收敛域内有

$$\lim_{n\to\infty}S_n(x)=S(x).$$

函数项级数

若以 $r_n(x)$ 表示余项，即

$$r_n(x)=S(x)-S_n(x),$$

则在收敛域内同样有

$$\lim_{n\to\infty} r_n(x)=0.$$

在函数项级数中，比较常用的是幂级数与三角级数. 下面我们首先研究幂级数.

二、幂级数及其敛散性

定义 2　形如

$$a_0+a_1(x-x_0)+a_2(x-x_0)^2+\cdots+a_n(x-x_0)^n+\cdots \tag{9.3}$$

的函数项级数称为 $x-x_0$ 的幂级数，其中常数 $a_0,a_1,a_2,\cdots,a_n$ 称为**幂级数的系数**.

特别地，当 $x_0=0$ 时，级数(9.3)变为

$$a_0+a_1x+a_2x^2+\cdots+a_nx^n+\cdots, \tag{9.4}$$

称为 x 的幂级数. 只要令 $t=x-x_0$，则(9.4)就化成(9.3)的形式，所以我们着重讨论 x 的幂级数的敛散性.

幂级数及其收敛性

例 1　讨论幂级数 $\sum\limits_{n=0}^{\infty}x^n$ 的敛散性.

解　级数 $\sum\limits_{n=0}^{\infty}x^n=1+x+x^2+\cdots+x^n+\cdots$ 是等比级数，公比为 x，故当 $|x|<1$ 时，$\sum\limits_{n=0}^{\infty}x^n$ 收敛，其和为 $\dfrac{1}{1-x}$，即

$$1+x+x^2+\cdots+x^n+\cdots=\frac{1}{1-x},\ |x|<1.$$

注意　当 $|x|<1$ 时，级数 $\sum\limits_{n=0}^{\infty}|x^n|=\sum\limits_{n=0}^{\infty}|x|^n$ 也收敛. 因此，当 $|x|<1$ 时，级数 $\sum\limits_{n=0}^{\infty}x^n$ 绝对收敛；而当 $|x|\geqslant 1$ 时，级数 $\sum\limits_{n=0}^{\infty}x^n$ 发散. 所以幂级数 $\sum\limits_{n=0}^{\infty}x^n$ 的收敛域为 $(-1,1)$.

定理 1　若幂级数 $\sum\limits_{n=0}^{\infty}a_nx^n$ 中 $\lim\limits_{n\to\infty}\left|\dfrac{a_{n+1}}{a_n}\right|=\rho(\neq 0)$，则

(1) 当 $|x|<\dfrac{1}{\rho}$ 时，该幂级数收敛；

(2) 当 $|x|>\dfrac{1}{\rho}$ 时，该幂级数发散.

$\dfrac{1}{\rho}$ 称为幂级数的收敛半径，记作 R，$R=\dfrac{1}{\rho}$. 即

$$R=\lim_{n\to\infty}\left|\frac{a_n}{a_{n+1}}\right|$$

证　对幂级数的各项取绝对值，得

$$|a_0|+|a_1x|+|a_2x^2|+\cdots+|a_nx^n|+\cdots, \tag{9.5}$$

这是一个正项级数. 运用比值审敛法，因为

$$\lim_{n\to\infty}\frac{|a_{n+1}x^{n+1}|}{|a_nx^n|}=\lim_{n\to\infty}\left|\frac{a_{n+1}}{a_n}\right||x|=\rho|x|,$$

所以,当 $\rho|x|<1$,即 $|x|<\frac{1}{\rho}$ 时,级数(9.5)收敛,这表明级数 $\sum\limits_{n=0}^{\infty}a_nx^n$ 绝对收敛,因此它必然收敛.

当 $\rho|x|>1$,即 $|x|>\frac{1}{\rho}$ 时,也就是

$$\lim_{n\to\infty}\frac{|a_{n+1}x^{n+1}|}{|a_nx^n|}>1.$$

显然,此时所给幂级数各项的绝对值越来越大,一般项 a_nx^n 不趋近于零.由级数收敛的必要条件可知该幂级数发散.

对于定理 1 应注意下面几点:

(1) 当 $\rho\neq0$ 时,幂级数(9.5)在以原点为中心、$R=\frac{1}{\rho}$ 为半径的对称区间内是收敛的,即在区间 $(-R,R)$ 内幂级数收敛.在区间端点 $x=-R$,$x=R$ 处,其收敛与发散需另行讨论.确定区间端点的敛散性后,就得到幂级数的收敛域.

(2) 当 $\rho=0$ 时,对任何 x,幂级数均收敛,其收敛区间为 $(-\infty,+\infty)$,此时称收敛半径 $R=+\infty$.

(3) 当 $\rho=+\infty$ 时,对任何 x(除 $x=0$ 外),幂级数均发散.即仅在 $x=0$ 处是收敛的,此时称收敛半径 $R=0$.

幂级数收敛域计算

例 2 试求幂级数 $\sum\limits_{n=1}^{\infty}\frac{3^nx^n}{2n}$ 的收敛域.

解 $a_n=\frac{3^n}{2n}$,根据定理 1,有

$$R=\lim_{n\to\infty}\frac{\frac{3^n}{n}}{\frac{3^{n+1}}{n+1}}=\frac{1}{3}.$$

当 $x=\frac{1}{3}$ 时,幂级数为正项级数 $\sum\limits_{n=1}^{\infty}\frac{1}{2n}$,它是发散的;当 $x=-\frac{1}{3}$ 时,幂级数为收敛的交错级数 $\sum\limits_{n=1}^{\infty}\frac{(-1)^n}{2n}$.所以,幂级数 $\sum\limits_{n=1}^{\infty}\frac{3^nx^n}{2n}$ 的收敛域为 $\left[-\frac{1}{3},\frac{1}{3}\right)$.

例 3 求幂级数 $\sum\limits_{n=0}^{\infty}n!x^n$ 的收敛域.

解 由于

$$R=\lim_{n\to\infty}\left|\frac{a_n}{a_{n+1}}\right|=\lim_{n\to\infty}\frac{n!}{(n+1)!}=\lim_{n\to\infty}\frac{1}{n+1}=0,$$

所以幂级数的收敛半径 $R=0$,它只在 $x=0$ 处收敛.

例 4 求幂级数 $\sum\limits_{n=0}^{\infty}(-1)^n\frac{x^{2n}}{2n+1}$ 的收敛域.

解 所给幂级数缺少 x 的奇次幂项,即当 n 为奇数时,$a_n=0$,因此不能用定理 1.我们

考虑级数$\sum_{n=0}^{\infty}\left|(-1)^n\frac{x^{2n}}{2n+1}\right|=\sum_{n=0}^{\infty}\frac{x^{2n}}{2n+1}$，对该正项级数利用比值审敛法：

$$\rho=\lim_{n\to\infty}\frac{\dfrac{x^{2(n+1)}}{2(n+1)+1}}{\dfrac{x^{2n}}{2n+1}}=x^2.$$

因为当$\rho<1$，即$x^2<1$，也即$|x|<1$时，所求幂级数绝对收敛；当$x=\pm1$时，代入得级数$\sum_{n=0}^{\infty}\frac{(-1)^n}{2n+1}$收敛. 所以幂级数$\sum_{n=0}^{\infty}(-1)^n\frac{x^{2n}}{2n+1}$的收敛域为$[-1,1]$.

例 5　求幂级数$\sum_{n=0}^{\infty}(-1)^n\frac{(x-2)^n}{2^n}$的收敛域.

解　运用正项级数的比值审敛法

$$\rho=\lim_{n\to\infty}\frac{\left|(-1)^{n+1}\dfrac{(x-2)^{n+1}}{2^{n+1}}\right|}{\left|(-1)^n\dfrac{(x-2)^n}{2^n}\right|}=\frac{|x-2|}{2}.$$

当$\rho<1$，即$\frac{|x-2|}{2}<1$，也即$0<x<4$时，幂级数收敛. 区间端点处，当$x=0$时，幂级数化为$\sum_{n=0}^{\infty}1$，它是发散的；当$x=4$时，幂级数化为$\sum_{n=0}^{\infty}(-1)^n$，也是发散的. 因此，幂级数$\sum_{n=0}^{\infty}(-1)^n\frac{(x-2)^n}{2^n}$的收敛区间为$(0,4)$.

三、幂级数的运算性质

设幂级数$\sum_{n=0}^{\infty}a_nx^n$与$\sum_{n=0}^{\infty}b_nx^n$的收敛半径分别为$R_1$与$R_2$($R_1$与$R_2$均不为零)，它们的和函数分别为$S_1(x)$与$S_2(x)$，记$R=\min(R_1,R_2)$，那么对于幂级数可以进行如下运算：

性质 1（加法运算）

$$\sum_{n=0}^{\infty}a_nx^n\pm\sum_{n=0}^{\infty}b_nx^n=\sum_{n=0}^{\infty}(a_n\pm b_n)x^n=S_1(x)\pm S_2(x).$$

此时所得幂级数$\sum_{n=0}^{\infty}(a_n\pm b_n)x^n$的收敛半径是$R$.

性质 2（乘法运算）

$$\begin{aligned}\sum_{n=0}^{\infty}a_nx^n\cdot\sum_{n=0}^{\infty}b_nx^n&=a_0b_0+(a_0b_1+a_1b_0)x+(a_0b_2+a_1b_1+a_2b_0)x^2+\cdots+\\&\quad(a_0b_n+a_1b_{n-1}+\cdots+a_nb_0)x^n+\cdots\\&=S_1(x)\cdot S_2(x).\end{aligned}$$

此时所得幂级数的收敛半径是R.

性质 3（微分运算）

$S_1(x)$在$(-R_1,R_1)$内可导，且有

$$S_1'(x)=\Big(\sum_{n=0}^{\infty}a_nx^n\Big)'=\sum_{n=0}^{\infty}(a_nx^n)'=\sum_{n=0}^{\infty}a_nnx^{n-1}.$$

所得幂级数的收敛半径仍为 R_1，但在收敛区间端点处的敛散性可能改变.

性质 4（积分运算）

$S_1(x)$ 在 $(-R_1,R_1)$ 内可积，且有

$$\int_0^x S_1(x)\mathrm{d}x=\int_0^x\sum_{n=0}^{\infty}a_nx^n\mathrm{d}x=\sum_{n=0}^{\infty}\int_0^x a_nx^n\mathrm{d}x=\sum_{n=0}^{\infty}\frac{a_n}{n+1}x^{n+1}.$$

所得幂级数的收敛半径仍为 R_1，但在收敛域端点处的敛散性可能改变.

以上结论证明从略.

幂级数性质

例 6　讨论幂级数 $\sum\limits_{n=0}^{\infty}x^n$ 逐项积分后所得幂级数的收敛域.

解　幂级数

$$\sum_{n=0}^{\infty}x^n=1+x+x^2+\cdots+x^n+\cdots,$$

收敛半径 $R=1$，逐项求积分后得

$$\sum_{n=0}^{\infty}\int_0^x x^n\mathrm{d}x=\sum_{n=0}^{\infty}\frac{x^{n+1}}{n+1}=\sum_{n=1}^{\infty}\frac{x^n}{n}=x+\frac{x^2}{2}+\frac{x^3}{3}+\cdots+\frac{x^{n+1}}{n+1}+\cdots.$$

它的收敛半径仍为 $R=1$. 当 $x=-1$ 时，幂级数为交错级数 $\sum\limits_{n=0}^{\infty}(-1)^{n-1}\dfrac{1}{n+1}$，是收敛的；当 $x=1$ 时，幂级数为调和级数，它是发散的. 故幂级数 $\sum\limits_{n=1}^{\infty}\dfrac{x^n}{n}$ 的收敛域为 $[-1,1)$.

例 7　求幂级数 $\sum\limits_{n=0}^{\infty}(n+1)x^n$ 的和函数.

解　注意到 $(n+1)x^n=(x^{n+1})'$，已知幂级数 $\sum\limits_{n=0}^{\infty}x^{n+1}=\dfrac{x}{1-x}$，收敛域为 $(-1,1)$，所以

$$\sum_{n=0}^{\infty}(n+1)x^n=\Big(\sum_{n=0}^{\infty}x^{n+1}\Big)'=\left(\frac{x}{1-x}\right)'=\frac{1}{(1-x)^2},x\in(-1,1).$$

例 8　求幂级数 $x-\dfrac{x^3}{3}+\dfrac{x^5}{5}-\dfrac{x^7}{7}+\cdots$ 的和函数.

解　如果将此级数逐项求导，可得

$$1-x^2+x^4-x^6+\cdots,$$

这是一个等比级数，原级数可由它逐项积分得到. 而

$$1-x^2+x^4-x^6+\cdots=\frac{1}{1+x^2},|x|<1,$$

所以

$$x-\frac{x^3}{3}+\frac{x^5}{5}-\frac{x^7}{7}+\cdots=\int_0^x\frac{1}{1+x^2}\mathrm{d}x=\arctan x,x\in[-1,1].$$

前面我们讨论了幂级数的敛散性，在其收敛域内，幂级数收敛于一个和函数. 对于一些简单的幂级数，还可以借助四则运算或逐项求导、求积分的方法，求出这个和函数. 本节将要

研究另外一个问题：对于任意一个函数 $f(x)$ 而言，能否将其展开成一个幂级数，以及展开成的幂级数是否以 $f(x)$ 为和函数？

四、麦克劳林(Maclaurin)级数

幂级数实际上可以视为多项式的延伸，因此在考虑函数 $f(x)$ 能否展开成一个幂级数时，可以从函数 $f(x)$ 与多项式的关系入手来解决这个问题. 为此，这里不加证明地给出如下公式.

定理 2(泰勒(Taylor)中值定理)　如果函数 $f(x)$ 在 $x=x_0$ 的某一邻域内有直到 $n+1$ 阶的导数，则在这个邻域内有如下公式：

$$f(x)=f(x_0)+f'(x_0)(x-x_0)+\frac{f''(x_0)}{2!}(x-x_0)^2+\cdots+\frac{f^{(n)}(x_0)}{n!}(x-x_0)^n+r_n(x),\tag{9.6}$$

其中

$$r_n(x)=\frac{f^{(n+1)}(\xi)}{(n+1)!}(x-x_0)^{n+1}(\xi\text{ 在 }x_0\text{ 与 }x\text{ 之间})$$

称为拉格朗日型余项，(9.6)式称为**泰勒公式**.

如果令 $x_0=0$，就得到

$$f(x)=f(0)+f'(0)x+\frac{f''(0)}{2!}x^2+\cdots+\frac{f^{(n)}(0)}{n!}x^n+r_n(x),\tag{9.7}$$

$$r_n(x)=\frac{f^{(n+1)}(\theta x)}{(n+1)!}x^{n+1}(0<\theta<1).$$

(9.7)式称为**麦克劳林公式**.

该公式说明，任一函数只要有直到 $n+1$ 阶导数，就可等于某个 n 次多项式与一个余项的和.

幂级数

$$f(x)=f(x_0)+f'(x_0)(x-x_0)+\frac{f''(x_0)}{2!}(x-x_0)^2+\cdots+\frac{f^{(n)}(x_0)}{n!}(x-x_0)^n+\cdots$$

称为**泰勒级数**.

特别地，当 $x_0=0$ 时，泰勒级数变为

$$f(0)+f'(0)x+\frac{f''(0)}{2!}x^2+\cdots+\frac{f^{(n)}(0)}{n!}x^n+\cdots,\tag{9.8}$$

我们称之为**麦克劳林级数**.

若令麦克劳林级数(9.8)的前 $n+1$ 项和为 $S_{n+1}(x)$，即

$$S_{n+1}(x)=f(0)+f'(0)x+\frac{f''(0)}{2!}x^2+\cdots+\frac{f^{(n)}(0)}{n!}x^n,$$

那么，级数(9.8)收敛于函数 $f(x)$ 的条件为

$$\lim_{n\to\infty}S_{n+1}(x)=f(x).$$

注意到麦克劳林公式(9.7)与麦克劳林级数(9.8)的关系，可知

$$f(x)=S_{n+1}(x)+r_n(x).$$

从而得到以下定理:

定理 3 麦克劳林级数(9.8)以 $f(x)$ 为和函数的充要条件是,麦克劳林公式(9.7)中的余项 $r_n(x)\to 0$(当 $n\to\infty$ 时).

这样,我们就得到函数 $f(x)$ 的幂级数的展开式:

$$f(x)=f(0)+f'(0)x+\frac{f''(0)}{2!}x^2+\cdots+\frac{f^{(n)}(0)}{n!}x^n+\cdots. \tag{9.9}$$

并且,函数 $f(x)$ 的麦克劳林级数展开式是唯一的.事实上,假设函数 $f(x)$ 可以表示为幂级数

$$f(x)=\sum_{n=0}^{\infty}a_nx^n=a_0+a_1x+a_2x^2+\cdots+a_nx^n+\cdots, \tag{9.10}$$

那么,根据幂级数在收敛域内可逐项求导的性质,再令 $x=0$(幂级数显然在 $x=0$ 处收敛),就容易得到

$$a_0=f(0),a_1=f'(0),a_2=\frac{f''(0)}{2!},\cdots,a_n=\frac{f^{(n)}(0)}{n!},\cdots,$$

将它们代入(9.10)式,所得式子与 $f(x)$ 的麦克劳林展开式(9.9)完全相同.

综上所述:如果函数 $f(x)$ 在包含零的某邻域内有任意阶导数,且在此邻域内麦克劳林公式中的余项以零为极限(当 $n\to\infty$ 时),那么函数 $f(x)$ 可展开成形如(9.9)式的幂级数.

五、函数展开成幂级数

利用麦克劳林公式将函数 $f(x)$ 展开成幂级数的方法,称为**直接展开法**.

幂级数直接展开法

例 9 试将函数 $f(x)=e^x$ 展开成 x 的幂级数.

解 由 $f^{(n)}(x)=e^x(n=1,2,3,\cdots)$,可以得到

$$f(0)=f'(0)=f''(0)=\cdots=f^{(n)}(0)=1.$$

因此,我们可以得到幂级数

$$1+x+\frac{1}{2!}x^2+\cdots+\frac{1}{n!}x^n+\cdots. \tag{9.11}$$

显然,这个幂级数的收敛域为 $(-\infty,+\infty)$,根据定理 2 知:级数(9.11)是否以 $f(x)=e^x$ 为和函数,即它是否收敛于 $f(x)=e^x$ 的充要条件是函数 $f(x)=e^x$ 的麦克劳林公式中的余项 $r_n(x)\to 0$(当 $n\to\infty$ 时),因为

$$r_n(x)=\frac{e^{\theta x}}{(n+1)!}x^{n+1}(0<\theta<1),$$

且 $0<|\theta x|<|x|$,所以 $e^{\theta x}<e^{|x|}$,因而有

$$|r_n(x)|=\frac{e^{\theta x}}{(n+1)!}|x|^{n+1}<\frac{e^{|x|}}{(n+1)!}|x|^{n+1}.$$

注意到,对任一确定的 x 值,$e^{|x|}$ 是一个确定的常数,而级数(9.11)是绝对收敛的,因此,当 $n\to\infty$ 时,其一般项 $\frac{|x|^{n+1}}{(n+1)!}\to 0$,所以,当 $n\to\infty$ 时,$e^{|x|}\frac{|x|^{n+1}}{(n+1)!}\to 0$,由此可知

$$\lim_{n\to\infty}r_n(x)=0.$$

这表明级数(9.11)确实收敛于 $f(x)=e^x$,因此,有

$$e^x=1+x+\frac{1}{2!}x^2+\cdots+\frac{1}{n!}x^n+\cdots(-\infty<x<+\infty).$$

例 10　试将函数 $f(x)=\sin x$ 展开成 x 的幂级数.

解　由 $f^{(n)}(x)=\sin\left(x+\frac{n\pi}{2}\right)(n=1,2,3,\cdots)$，可知

$$f(0)=0,f'(0)=1,f''(0)=0,f'''(0)=-1,\cdots,$$
$$f^{(2n)}(0)=0,f^{(2n+1)}(0)=(-1)^n.$$

于是，可以得到幂级数

$$x-\frac{1}{3!}x^3+\frac{1}{5!}x^5-\cdots+(-1)^n\frac{x^{2n+1}}{(2n+1)!}+\cdots,$$

且它的收敛域为$(-\infty,+\infty)$.

因为所给函数的麦克劳林公式中的余项为

$$r_n(x)=\frac{\sin\left[\theta x+\frac{(n+1)}{2}\pi\right]}{(n+1)!}x^{n+1},$$

所以，可以推知

$$|r_n(x)|=\left|\frac{\sin\left[\theta x+\frac{(n+1)}{2}\pi\right]}{(n+1)!}\right||x^{n+1}|\leqslant\frac{|x^{n+1}|}{(n+1)!}\to0(\text{当 } n\to\infty\text{时}).$$

因此，得到 $f(x)=\sin x$ 的级数展开式为

$$\sin x=x-\frac{1}{3!}x^3+\frac{1}{5!}x^5-\cdots+(-1)^n\frac{x^{2n+1}}{(2n+1)!}+\cdots(-\infty<x<+\infty).$$

这种运用麦克劳林公式展开成幂级数的方法，虽然思路明确，但是运算过程常常过于烦琐，因此，人们普遍采用下面的比较简便的幂级数展开法.

在此之前我们已经得到了函数 $\frac{1}{1-x}$，e^x 及 $\sin x$ 的幂级数展开式，运用这几个已知的展开式，通过幂级数的运算，可以求得许多函数的幂级数展开式. 这种求函数的幂级数展开式的方法称为**间接展开法**.

幂级数间接展开法

例 11　试将函数 $f(x)=\cos x$ 展开成 x 的幂级数.

解　因为$(\sin x)'=\cos x$，而

$$\sin x=x-\frac{1}{3!}x^3+\frac{1}{5!}x^5-\cdots+(-1)^n\frac{x^{2n+1}}{(2n+1)!}+\cdots(-\infty<x<+\infty),$$

所以，根据幂级数可逐项求导的法则，可得

$$\cos x=1-\frac{1}{2!}x^2+\frac{1}{4!}x^4-\cdots+(-1)^n\frac{x^{2n}}{(2n)!}+\cdots(-\infty<x<+\infty).$$

例 12　试将函数 $f(x)=\ln(1+x)$ 展开成 x 的幂级数.

解　因为 $\ln(1+x)=\int_0^x\frac{1}{1+x}dx$，由本节例 1 可知

$$\frac{1}{1+x}=1-x+x^2-\cdots+(-1)^{n-1}x^{n-1}+\cdots(-1<x<1).$$

将上式两边同时积分，得

$$\ln(1+x)=x-\frac{1}{2}x^2+\frac{1}{3}x^3-\cdots+(-1)^n\frac{x^{n+1}}{n+1}+\cdots(-1<x\leqslant 1).$$

因为幂级数逐项积分后收敛半径不变，所以，上式右端级数的收敛半径仍为 $R=1$. 而当 $x=-1$ 时该级数发散，当 $x=1$ 时该级数收敛，故收敛域为 $-1<x\leqslant 1$.

例 13 试将函数 $f(x)=\arctan x$ 展开成 x 的幂级数.

解 因为 $\arctan x=\int_0^x\frac{1}{1+x^2}\mathrm{d}x$，由本节例 1 可得

$$\frac{1}{1+x^2}=1-x^2+x^4-\cdots+(-1)^n x^{2n}+\cdots(-1<x<1).$$

将上式两端同时积分即可得到

$$\arctan x=x-\frac{1}{3}x^3+\frac{1}{5}x^5-\cdots+(-1)^n\frac{x^{2n+1}}{2n+1}+\cdots(-1\leqslant x\leqslant 1).$$

例 14 试将函数 $f(x)=\frac{1}{x^2-3x+2}$展开成 x 的幂级数.

解 因为

$$f(x)=\frac{1}{x^2-3x+2}=\frac{1}{(1-x)(2-x)}=\frac{1}{1-x}-\frac{1}{2-x},$$

且

$$\frac{1}{2-x}=\frac{1}{2}\cdot\frac{1}{1-\frac{x}{2}}=\frac{1}{2}\left[1+\frac{x}{2}+\left(\frac{x}{2}\right)^2+\cdots+\left(\frac{x}{2}\right)^n+\cdots\right](-2<x<2),$$

所以

$$\begin{aligned}f(x)&=\frac{1}{x^2-3x+2}=\frac{1}{1-x}-\frac{1}{2-x}\\&=(1+x+x^2+\cdots+x^n+\cdots)-\frac{1}{2}\left[1+\frac{x}{2}+\left(\frac{x}{2}\right)^2+\cdots+\left(\frac{x}{2}\right)^n+\cdots\right]\\&=\frac{1}{2}+\frac{2^2-1}{2^2}x+\frac{2^3-1}{2^3}x^2+\cdots+\frac{2^{n+1}-1}{2^{n+1}}x^n+\cdots.\end{aligned}$$

根据幂级数和的运算法则，其收敛半径应取较小的一个，故 $R=1$. 因此，所得幂级数的收敛域为 $-1<x<1$.

例 15 将函数 $f(x)=\sin x$ 展开成 $x-\frac{\pi}{4}$的幂级数.

解 设 $y=x-\frac{\pi}{4}$，则 $x=y+\frac{\pi}{4}$，于是，有

$$\begin{aligned}\sin x&=\sin\left(\frac{\pi}{4}+y\right)=\sin\frac{\pi}{4}\cos y+\cos\frac{\pi}{4}\sin y\\&=\frac{\sqrt{2}}{2}\left[1-\frac{1}{2!}y^2+\frac{1}{4!}y^4-\cdots+(-1)^n\frac{y^{2n}}{(2n)!}+\cdots\right]+\\&\quad\frac{\sqrt{2}}{2}\left[y-\frac{1}{3!}y^3+\frac{1}{5!}y^5-\cdots+(-1)^n\frac{y^{2n+1}}{(2n+1)!}+\cdots\right]\end{aligned}$$

$$=\frac{\sqrt{2}}{2}\left[1+\left(x-\frac{\pi}{4}\right)-\frac{1}{2!}\left(x-\frac{\pi}{4}\right)^2-\frac{1}{3!}\left(x-\frac{\pi}{4}\right)^3+\cdots+\right.$$

$$\left.(-1)^n\frac{1}{(2n)!}\left(x-\frac{\pi}{4}\right)^{2n}+(-1)^n\frac{1}{(2n+1)!}\left(x-\frac{\pi}{4}\right)^{2n+1}+\cdots\right],$$

所以

$$\sin x=\frac{\sqrt{2}}{2}\left[1+\left(x-\frac{\pi}{4}\right)-\frac{1}{2!}\left(x-\frac{\pi}{4}\right)^2-\frac{1}{3!}\left(x-\frac{\pi}{4}\right)^3+\cdots+\right.$$

$$\left.(-1)^n\frac{1}{(2n)!}\left(x-\frac{\pi}{4}\right)^{2n}+(-1)^n\frac{1}{(2n+1)!}\left(x-\frac{\pi}{4}\right)^{2n+1}+\cdots\right](-\infty<x<+\infty).$$

这里，我们将几个常用函数的幂级数展开式列在下面，以便读者查用：

① $e^x=1+x+\frac{1}{2!}x^2+\cdots+\frac{1}{n!}x^n+\cdots(-\infty<x<+\infty)$；

② $\ln(1+x)=x-\frac{1}{2}x^2+\frac{1}{3}x^3-\cdots+(-1)^n\frac{x^{n+1}}{n+1}+\cdots(-1<x\leqslant1)$；

③ $\sin x=x-\frac{1}{3!}x^3+\frac{1}{5!}x^5-\cdots+(-1)^n\frac{x^{2n+1}}{(2n+1)!}+\cdots(-\infty<x<+\infty)$；

④ $\cos x=1-\frac{1}{2!}x^2+\frac{1}{4!}x^4-\cdots+(-1)^n\frac{x^{2n}}{(2n)!}+\cdots(-\infty<x<+\infty)$；

⑤ $\frac{1}{1-x}=1+x+x^2+\cdots+x^n+\cdots(-1<x<1)$；

⑥ $(1+x)^m=1+mx+\frac{m(m-1)}{2!}x^2+\cdots+\frac{m(m-1)\cdots(m-n+1)}{n!}x^n+\cdots$.

最后一个式子称为二项展开式，其端点的敛散性与 m 有关. 例如，当 $m>0$ 时，收敛区间为$[-1,1]$；当$-1<m<0$ 时，收敛区间为$(-1,1]$；当 $m\leqslant-1$ 时，收敛区间为$(-1,1)$.

六、幂级数在近似计算中的应用

利用函数的幂级数展开式可以进行近似计算，下面举例说明.

例 16　计算 e 的近似值.

解　在 e^x 的幂级数展开式

$$e^x=1+x+\frac{1}{2!}x^2+\cdots+\frac{1}{n!}x^n+\cdots(-\infty<x<+\infty)$$

中，令 $x=1$，得

$$c=1+1+\frac{1}{2!}+\frac{1}{3!}+\cdots+\frac{1}{n!}+\cdots.$$

取前 $n+1$ 项作为 e 的近似值

$$e\approx1+1+\frac{1}{2!}+\frac{1}{3!}+\cdots+\frac{1}{n!},$$

取 $n=7$，则

$$e\approx1+1+\frac{1}{2!}+\frac{1}{3!}+\frac{1}{4!}+\frac{1}{5!}+\frac{1}{6!}+\frac{1}{7!},$$

此时, $e\approx 2.71826$.

例 17 用二项展开式计算 $\sqrt[5]{245}$ 的近似值.

解 由 $245=3^5+2$,得

$$\sqrt[5]{245}=\sqrt[5]{3^5+2}=\sqrt[5]{3^5\left(1+\frac{2}{3^5}\right)}=3\left(1+\frac{2}{3^5}\right)^{\frac{1}{5}}.$$

令 $\alpha=\frac{1}{5}, x=\frac{2}{3^5}(<1)$,代入 $(1+x)^\alpha$ 的二项展开式,得

$$\begin{aligned}\sqrt[5]{245}&=3\left(1+\frac{2}{3^5}\right)^{\frac{1}{5}}\\&=3\left[1+\frac{1}{5}\cdot\frac{2}{3^5}+\frac{1}{5}\cdot\left(\frac{1}{5}-1\right)\cdot\frac{1}{2!}\cdot\left(\frac{2}{3^5}\right)^2+\cdots\right]\\&=3\left[1+\frac{1}{5}\cdot\frac{2}{3^5}-\frac{1}{5}\cdot\frac{4}{5}\cdot\frac{1}{2!}\cdot\left(\frac{4}{3^{10}}\right)+\cdots\right].\end{aligned}$$

上式方括号中的级数从第二项起是交错级数,如果取前三项作为近似值,则

$$\sqrt[5]{245}\approx 3\left(1+\frac{1}{5}\cdot\frac{2}{3^5}-\frac{1}{5}\cdot\frac{4}{5}\cdot\frac{1}{2!}\cdot\frac{4}{3^{10}}\right)\approx 3.0049.$$

第四节 傅里叶(Fourier)级数*

一、谐波分析 三角函数系的正交性

在物理学及电工学等学科中经常会用到函数项级数 $\frac{a_0}{2}+\sum_{n=1}^{\infty}(a_n\cos nx+b_n\sin nx)$.

例 1 设有一个由电阻 R、自感 L、电容 C 和电源 E 串联组成的电路,其中 R, L 及 C 为常数,电源电动势 $E=E(t)$(图 9-1).

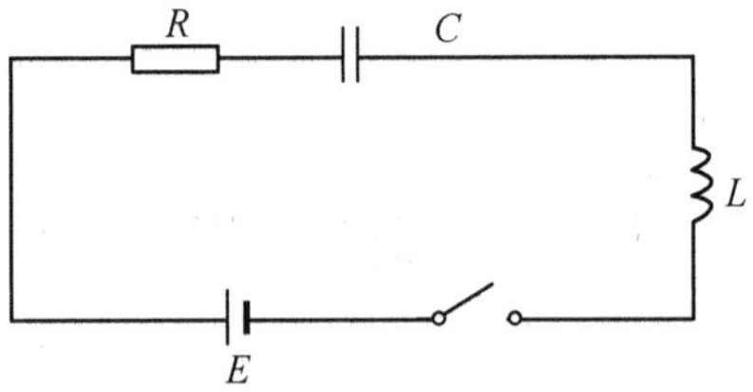

图 9-1

设电路中的电流为 $i(t)$,电容两极板上的电压为 u_C,那么根据回路定律,就得到一个二阶线性常系数非齐次微分方程

$$\frac{d^2u_C}{dt^2}+2\beta\frac{du_C}{dt}+\omega_0^2u_C=f(t),$$

其中 $\beta=\frac{R}{2L}$, $\omega_0=\frac{1}{\sqrt{LC}}$, $f(t)=\frac{E(t)}{LC}$. 这就是串联电路的振荡方程. 如果电源电动势 $E(t)$ 非

正弦变化，也就是说 $f(t)$不是正弦函数，那么求解这个非齐次微分方程就变得十分复杂. 在电学中解决这类问题的方法，是将自由项近似地表示成许多不同周期的正弦型函数的叠加，即

$$f(t)=\sum_{k=0}^{n}kA_k\sin(k\omega t+\varphi_k).$$

这样，串联电路的振荡方程的解 $u_C(t)$就化成了 $n+1$ 个自由项为正弦型函数的方程解 $u_k(t)$的迭加，于是可求原方程 $u_C(t)$的近似解，当 $n\to\infty$时，就得精确解：

$$u_C(t)=\sum_{k=0}^{\infty}u_{C_k}(t).$$

这种方法称为谐波分析法. 它是将一个非正弦的信号分解成一系列不同频率的正弦信号的叠加，即

$$f(t)=\sum_{n=0}^{\infty}A_n\sin(n\omega t+\varphi_n)=A_0+\sum_{n=1}^{\infty}A_n\sin(n\omega t+\varphi_n)\left(设\ \varphi_0=\frac{\pi}{2}\right),\qquad(9.12)$$

其中，A_0 称为直流分量，$A_1\sin(\omega t+\varphi_1)$称为一次谐波（基波），$A_2\sin(2\omega t+\varphi_2)$称为二次谐波，以下依次为三次谐波、四次谐波等.

一个非正弦型函数 $f(t)$为何可以展开成(9.12)式？原因之一是三角函数系具有正交性. 由

$$1,\cos x,\sin x,\cos 2x,\sin 2x,\cdots,\cos nx,\sin nx,\cdots$$

组成的函数序列叫作三角函数系. 三角函数系的正交性是指：如果从三角函数系中任取两个不同的函数相乘，计算在区间$[-\pi,\pi]$上的定积分，其值为零. 这实际上只需证明以下五个等式成立：

$$\int_{-\pi}^{\pi}\cos nx\,\mathrm{d}x=0;\ \int_{-\pi}^{\pi}\sin nx\,\mathrm{d}x=0;$$

$$\int_{-\pi}^{\pi}\cos mx\cos nx\,\mathrm{d}x=0\ (m=1,2,3,\cdots;n=1,2,3,\cdots;m\neq n);$$

$$\int_{-\pi}^{\pi}\sin mx\sin nx\,\mathrm{d}x=0\ (m=1,2,3,\cdots;n=1,2,3,\cdots;m\neq n);$$

$$\int_{-\pi}^{\pi}\cos mx\sin nx\,\mathrm{d}x=0\ (m=1,2,3,\cdots;n=1,2,3,\cdots).$$

任何一个熟悉定积分的读者都可以很容易推得以上结果，这里就不证明了.

二、傅里叶级数

如下形式的函数项级数

$$\frac{a_0}{2}+\sum_{n=1}^{\infty}(a_n\cos nx+b_n\sin nx)\qquad(9.13)$$

称为三角级数，$a_0,a_n,b_n(n=1,2,3,\cdots)$为常数.

与幂级数的讨论相类似，这里我们也要研究三个问题：一是函数 $f(x)$满足什么条件时方能展开为(9.13)式？二是若 $f(x)$能展开(9.13)式，那么系数 a_0,a_n,b_n 怎样求？三是展开后级数在哪些点上收敛于 $f(x)$？

为了求得系数 a_0, a_n, b_n 的计算公式,我们先假定

$$f(x)=\frac{a_0}{2}+\sum_{n=1}^{\infty}(a_n\cos nx+b_n\sin nx),\tag{9.14}$$

且可逐项积分,于是,有

$$\int_{-\pi}^{\pi}f(x)\mathrm{d}x=\int_{-\pi}^{\pi}\frac{a_0}{2}\mathrm{d}x+\sum_{n=1}^{\infty}\left(\int_{-\pi}^{\pi}a_n\cos nx\,\mathrm{d}x+\int_{-\pi}^{\pi}b_n\sin nx\,\mathrm{d}x\right).$$

因为 $a_0, a_n, b_n(n=1,2,3,\cdots)$ 均为常数,注意到三角函数系的正交性,即有

$$\int_{-\pi}^{\pi}f(x)\mathrm{d}x=\int_{-\pi}^{\pi}\frac{a_0}{2}\mathrm{d}x=\pi a_0,$$

所以

$$a_0=\frac{1}{\pi}\int_{-\pi}^{\pi}f(x)\mathrm{d}x.$$

为了求出系数 a_n,我们用 $\cos kx$ 乘级数(9.14),然后再逐项积分

$$\int_{-\pi}^{\pi}f(x)\cos kx\,\mathrm{d}x=\int_{-\pi}^{\pi}\frac{a_0}{2}\cos kx\,\mathrm{d}x+$$
$$\sum_{n=1}^{\infty}\left(\int_{-\pi}^{\pi}a_n\cos kx\cos nx\,\mathrm{d}x+\int_{-\pi}^{\pi}b_n\cos kx\sin nx\,\mathrm{d}x\right).$$

由三角函数系的正交性可知,等式右端各项中,当 $k=n$ 时,有

$$\int_{-\pi}^{\pi}a_n\cos kx\cos nx\,\mathrm{d}x=\int_{-\pi}^{\pi}a_n\cos^2 nx\,\mathrm{d}x$$
$$=a_n\int_{-\pi}^{\pi}\frac{1+\cos^2 nx}{2}\mathrm{d}x=a_n\pi,$$

其余各项均为零,因此

$$a_n=\frac{1}{\pi}\int_{-\pi}^{\pi}f(x)\cos nx\,\mathrm{d}x(n=1,2,3,\cdots).$$

用类似的方法,可得到

$$b_n=\frac{1}{\pi}\int_{-\pi}^{\pi}f(x)\sin nx\,\mathrm{d}x(n=1,2,3,\cdots).$$

注意到在求系数 a_n 的公式中,令 $n=0$ 就得到 a_0 的表达式,因此求系数 a_n, b_n 的公式可以归并为

$$\begin{cases}a_n=\dfrac{1}{\pi}\displaystyle\int_{-\pi}^{\pi}f(x)\cos nx\,\mathrm{d}x(n=0,1,2,3,\cdots),\\ b_n=\dfrac{1}{\pi}\displaystyle\int_{-\pi}^{\pi}f(x)\sin nx\,\mathrm{d}x(n=1,2,3,\cdots),\end{cases}\tag{9.15}$$

其中 a_n, b_n 称为傅里叶系数.由傅里叶系数组成的(9.13)式称为傅里叶级数.

关于函数展开为傅里叶级数的条件及其收敛性问题,我们不加证明地给出如下定理:

收敛定理(狄利克雷(Dirichlet)定理) 设函数 $f(x)$ 是周期为 2π 的周期函数,如果它满足条件:在一个周期连续或只有有限个第一类间断点,并且至多只有有限个极值点,则 $f(x)$ 的傅里叶级数收敛,并且

(1) 当 x 是 $f(x)$ 的连续点时,级数收敛于 $f(x)$;

(2) 当 x 是 $f(x)$ 的间断点时，级数收敛于$\dfrac{f(x-0)+f(x+0)}{2}$.

这个收敛定理说明，以 2π 为周期的函数 $f(x)$，只要在一个周期内连续或只有有限个第一类间断点，并且至多只有有限个极值点. 那么按(9.15)式计算出傅里叶系数，得到的傅里叶级数在 $f(x)$ 的连续点处收敛于函数 $f(x)$. 定理中所要求的条件，一般的初等函数与分段函数都能满足，这就保证了傅里叶级数具有广泛的应用性.

例 2　设函数 $f(x)$ 是周期为 2π 的周期函数，它在$[-\pi,\pi)$上的表达式为

$$f(x)=\begin{cases}-1, & -\pi\leqslant x<0,\\ 1, & 0\leqslant x<\pi.\end{cases}$$

试将函数 $f(x)$ 展开成傅里叶级数.

解　函数 $f(x)$ 的图形如图 9-2 所示，这是一个矩形波. 它显然满足收敛定理的条件，由式(9.15)，得

$$\begin{aligned}a_n&=\frac{1}{\pi}\int_{-\pi}^{\pi}f(x)\cos nx\,\mathrm{d}x=\frac{1}{\pi}\int_{-\pi}^{0}(-1)\cos nx\,\mathrm{d}x+\frac{1}{\pi}\int_{0}^{\pi}\cos nx\,\mathrm{d}x\\&=-\frac{1}{\pi}\left[\frac{1}{n}\sin nx\right]_{-\pi}^{0}+\frac{1}{\pi}\left[\frac{1}{n}\sin nx\right]_{0}^{\pi}=0\ (n=1,2,3,\cdots).\end{aligned}$$

因为在计算 a_n 中 $n\neq 0$，所以 a_0 需另计算：

$$a_0=\frac{1}{\pi}\int_{-\pi}^{\pi}f(x)\mathrm{d}x=\frac{1}{\pi}\int_{-\pi}^{0}(-1)\mathrm{d}x+\frac{1}{\pi}\int_{0}^{\pi}\mathrm{d}x=0.$$

又

$$\begin{aligned}b_n&=\frac{1}{\pi}\int_{-\pi}^{\pi}f(x)\sin nx\,\mathrm{d}x=\frac{1}{\pi}\int_{-\pi}^{0}(-1)\sin nx\,\mathrm{d}x+\frac{1}{\pi}\int_{0}^{\pi}\sin nx\,\mathrm{d}x\\&=\frac{1}{\pi}\left[\frac{1}{n}\cos nx\right]_{-\pi}^{0}-\frac{1}{\pi}\left[\frac{1}{n}\cos nx\right]_{0}^{\pi}\\&=\frac{2}{n\pi}[1-(-1)^n]=\begin{cases}\dfrac{4}{n\pi}, & n=1,3,5,\cdots,\\ 0, & n=2,4,6,\cdots.\end{cases}\end{aligned}$$

根据收敛定理可知，当 $x\neq k\pi(k=0,\pm1,\pm2,\cdots)$ 时，傅里叶级数收敛于 $f(x)$，即

$$f(x)=\frac{4}{\pi}\left[\sin x+\frac{1}{3}\sin 3x+\cdots+\frac{1}{2n-1}\sin(2n-1)x+\cdots\right].$$

当 $x=k\pi(k=0,\pm1,\pm2,\cdots)$ 时，级数收敛于$\dfrac{f(x-0)+f(x+0)}{2}=0$.

所求傅里叶级数和函数的图形如图 9-3 所示，细心的读者会发现这个图形在 $x=k\pi(k=0,\pm1,\pm2,\cdots)$ 各点处与图 9-2 不同.

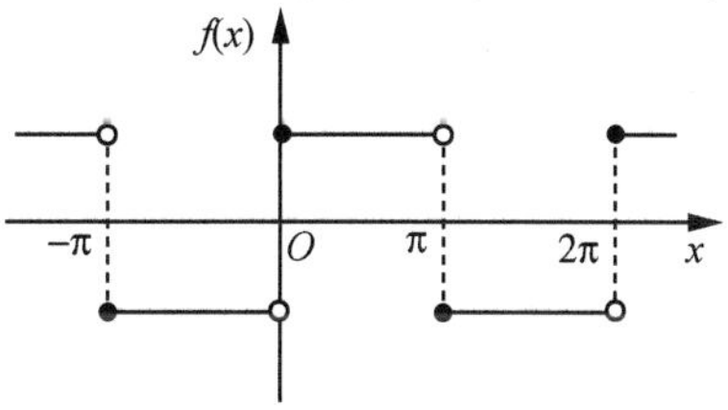

图 9-2

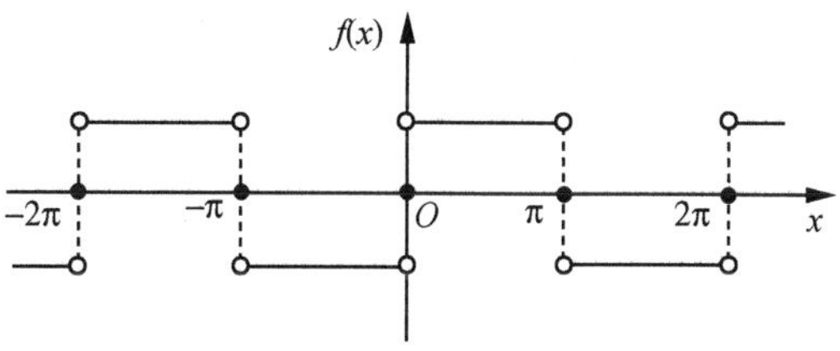

图 9-3

如果将 $f(x)$ 看成是矩形波,那么傅里叶级数表明,它可以用无穷多奇次谐波的和去替代.在实际计算中,我们只可能取有限多个奇次谐波的叠加.图 9-4 给出了当 $n=1,2,3,4$ 时,傅里叶级数部分和逼近和函数 $f(x)$ 的情形.

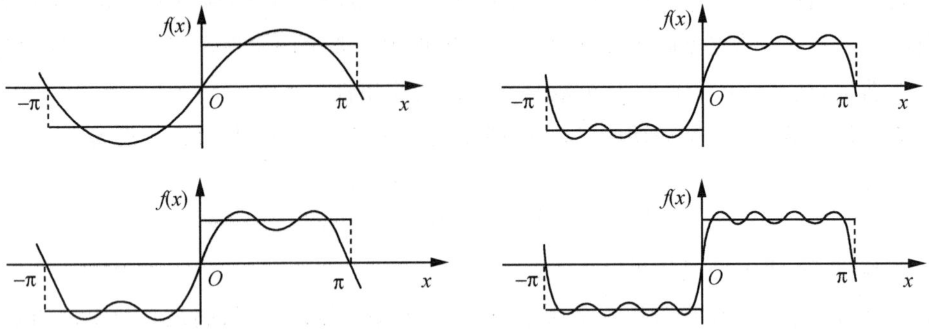

图 9-4

例 3 设 $f(x)$ 是周期为 2π 的周期函数,它在 $[-\pi,\pi)$ 上的表达式为

$$f(x)=\begin{cases}-\pi, & -\pi\leqslant x<0,\\ x, & 0\leqslant x<\pi.\end{cases}$$

试将其展开成傅里叶级数.

解 计算傅里叶系数:

$$a_n=\frac{1}{\pi}\int_{-\pi}^{\pi}f(x)\cos nx\,\mathrm{d}x=\frac{1}{\pi}\int_{-\pi}^{0}(-\pi)\cos nx\,\mathrm{d}x+\frac{1}{\pi}\int_{0}^{\pi}x\cos nx\,\mathrm{d}x$$

$$=-\frac{1}{n}[\sin nx]_{-\pi}^{0}+\left[\frac{1}{n\pi}x\sin nx\right]_0^{\pi}-\frac{1}{n\pi}\int_0^{\pi}\sin nx\,\mathrm{d}x$$

$$=\frac{1}{n^2\pi}[(-1)^n-1]=\begin{cases}-\dfrac{2}{n^2\pi}, & n=1,3,5,\cdots,\\ 0, & n=2,4,6,\cdots.\end{cases}$$

$$a_0=\frac{1}{\pi}\int_{-\pi}^{\pi}f(x)\mathrm{d}x=\frac{1}{\pi}\int_{-\pi}^{0}(-\pi)\mathrm{d}x+\frac{1}{\pi}\int_0^{\pi}\mathrm{d}x=-\frac{\pi}{2}.$$

$$b_n=\frac{1}{\pi}\int_{-\pi}^{\pi}f(x)\sin nx\,\mathrm{d}x=\frac{1}{\pi}\int_{-\pi}^{0}(-\pi)\sin nx\,\mathrm{d}x+\frac{1}{\pi}\int_{0}^{\pi}x\sin nx\,\mathrm{d}x$$

$$=\left[\frac{1}{n}\cos nx\right]_{-\pi}^{0}-\frac{1}{n\pi}[x\cos nx]_0^{\pi}+\frac{1}{n\pi}\int_0^{\pi}\cos nx\,\mathrm{d}x$$

$$=\frac{1}{n}[1-2(-1)^n]=\begin{cases}\dfrac{3}{n}, & n=1,3,5,\cdots,\\ -\dfrac{1}{n}, & n=2,4,6,\cdots.\end{cases}$$

所求的傅里叶级数在连续点处收敛于 $f(x)$,即

$$f(x)=-\frac{\pi}{4}-\frac{2}{\pi}\left(\cos x+\frac{1}{3^2}\cos 3x+\frac{1}{5^2}\cos 5x+\cdots\right)+$$

$$\left(3\sin x-\frac{1}{2}\sin 2x+\frac{3}{3}\sin 3x-\frac{1}{4}\sin 4x+\cdots\right)$$

$$(-\infty<x<+\infty,x\neq k\pi,k=0,\pm1,\pm2,\cdots).$$

当 $x=2k\pi(k=0,\pm1,\pm2,\cdots)$时，级数收敛于$-\frac{\pi}{2}$. 当 $x=(2k+1)\pi(k=0,\pm1,\pm2,\cdots)$时，级数收敛于 0. 函数 $f(x)$的图形如图 9-5 所示. 级数的图形如图 9-6 所示.

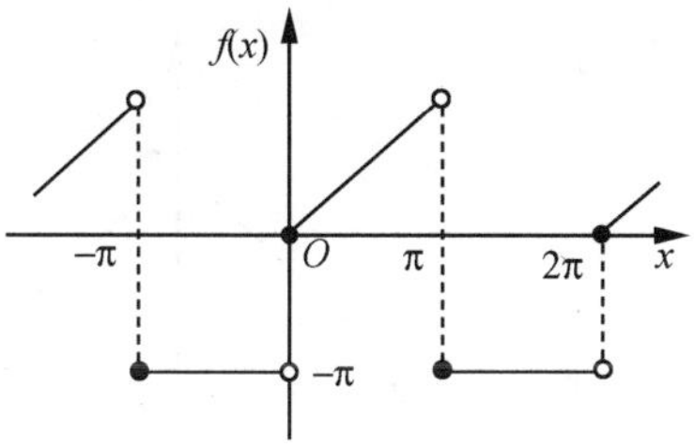

图 9-5

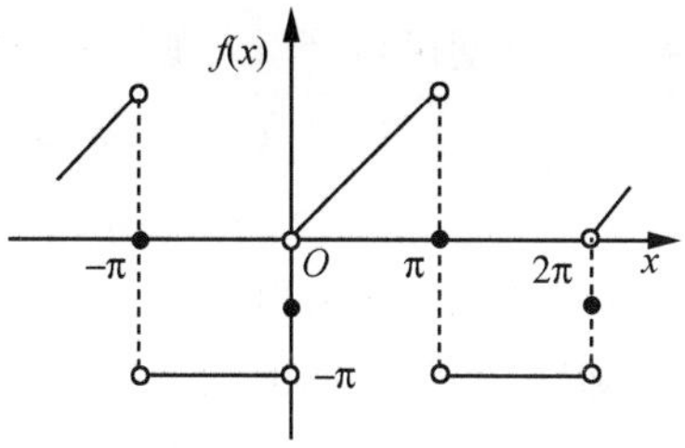

图 9-6

三、奇函数与偶函数的傅里叶级数

从例 2 和例 3 可以看出，一个函数展开成傅里叶级数的结果，可能既含有余弦项又含有正弦项(如例 3)，也可能仅含有正弦函数，即系数 $a_n=0(n=0,1,2,\cdots)$(如例 2). 我们还可以举出只含有余弦函数(包括常数)，即系数 $b_n=0(n=1,2,3,\cdots)$的例子.

展开式中只含有正弦函数的傅里叶级数，称为正弦级数，只含有余弦函数(包括常数项)的称为余弦级数.

假设以 2π 为周期的周期函数 $f(x)$在$(-\pi,\pi)$内是奇函数，那么傅里叶级数一定是正弦级数，即

$$\sum_{n=1}^{\infty} b_n \sin nx.$$

此时傅里叶系数

$$a_n = 0(n=0,1,2,\cdots),$$

$$b_n = \frac{2}{\pi}\int_0^{\pi} f(x)\sin nx\,dx\ (n=1,2,3,\cdots). \tag{9.16}$$

这是因为 $a_n=\frac{1}{\pi}\int_{-\pi}^{\pi} f(x)\cos nx\,dx$ 中 $\cos nx$ 是偶函数，于是在区间$(-\pi,\pi)$内 $f(x)\cos nx$ 为奇函数，而奇函数在对称区间上的积分为零，所以

$$a_n = \frac{1}{\pi}\int_{-\pi}^{\pi} f(x)\cos nx\,dx = 0\ (n=0,1,2,\cdots).$$

又因为 $f(x)\sin nx$ 在区间$(-\pi,\pi)$ 内为偶函数，故有

$$b_n = \frac{2}{\pi}\int_0^{\pi} f(x)\sin nx\,dx(n=1,2,3,\cdots).$$

同理可以推出，当函数 $f(x)$ 是偶函数时，其展开式为余弦级数，即

$$\frac{a_0}{2}+\sum_{n=1}^{\infty} a_n\cos nx,$$

此时傅里叶系数为

$$a_n = \frac{2}{\pi}\int_0^{\pi} f(x)\cos nx\,dx(n=0,1,2,\cdots),$$

$$b_n = 0(n = 1,2,3,\cdots). \tag{9.17}$$

根据以上结果,在将函数 $f(x)$ 展开成傅里叶级数时,应当首先判断 $f(x)$ 在 $(-\pi,\pi)$ 内的奇偶性,据此选择相应的公式计算傅里叶系数,使计算尽量简化.

例 4 设周期函数 $f(x)$ 在其一个周期上的表达式为

$$f(x) = \begin{cases} \pi + x, & -\pi \leqslant x < 0, \\ \pi - x, & 0 \leqslant x \leqslant \pi. \end{cases}$$

试将其展开成傅里叶级数.

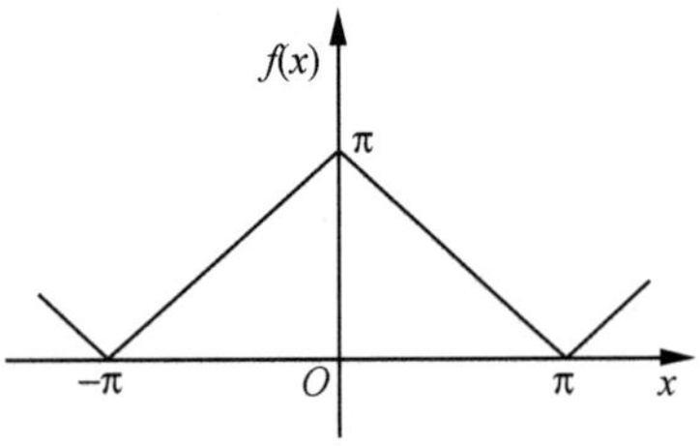

图 9-7

解 函数 $f(x)$ 的图形如图 9-7 所示,易知 $f(x)$ 是偶函数,因此我们应根据(9.17)式计算傅里叶系数.

$$\begin{aligned} a_n &= \frac{2}{\pi}\int_0^{\pi} f(x)\cos nx\,\mathrm{d}x \\ &= \frac{2}{\pi}\int_0^{\pi} (\pi - x)\cos nx\,\mathrm{d}x \\ &= \frac{2}{\pi}\left[\frac{\pi - x}{n}\sin nx\right]_0^{\pi} + \frac{2}{n\pi}\int_0^{\pi}\sin x\,\mathrm{d}x(n \neq 0) \\ &= \frac{2}{n^2\pi}[1 - (-1)^n] = \begin{cases} \dfrac{4}{n^2\pi}, & n = 1,3,5,\cdots, \\ 0, & n = 2,4,6,\cdots, \end{cases} \end{aligned}$$

$$a_0 = \frac{2}{\pi}\int_0^{\pi} f(x)\mathrm{d}x = \frac{2}{\pi}\int_0^{\pi}(\pi - x)\mathrm{d}x = \pi,$$

$$b_n = 0(n = 1,2,3,\cdots).$$

又因为 $f(x)$ 处处连续,故所求的傅里叶级数收敛于 $f(x)$,即

$$f(x) = \frac{\pi}{2} + \frac{4}{\pi}\left(\cos x + \frac{1}{3^2}\cos 3x + \frac{1}{5^2}\cos 5x + \cdots\right)(-\infty < x < +\infty).$$

四、函数 $f(x)$ 在 $[0,\pi]$ 上展开为正弦级数与余弦级数

以上我们研究了以 2π 为周期的函数展开成傅里叶级数的方法. 下面要介绍定义在 $[0,\pi]$ 上的函数展开为傅里叶级数的问题.

设函数 $f(x)$ 定义在 $[0,\pi]$ 上,我们设想有一个函数 $\varphi(x)$,它是定义在 $(-\infty,+\infty)$ 上且以 2π 为周期的函数,而在 $[0,\pi]$ 上,$\varphi(x) = f(x)$. 如果 $\varphi(x)$ 满足收敛定理的条件,那么 $\varphi(x)$ 在 $(-\infty,+\infty)$ 上就可展开为傅里叶级数,取其在 $[0,\pi]$ 上的一段,即为 $f(x)$ 在 $[0,\pi]$ 上的傅里叶级数,$\varphi(x)$ 称为 $f(x)$ 的周期延拓函数.

在理论上或实际工作中,下面的周期延拓最为常用:将 $f(x)$ 先延拓到 $(-\pi,0)$,使延拓后的函数成为奇函数,然后再延拓为以 2π 为周期的函数. 这种延拓称为周期奇延拓(图 9-8);将 $f(x)$ 先延拓到 $(-\pi,0)$,延拓后的函数为偶函数,然后再延拓为以 2π 为周期的函数,这种延拓称为周期偶延拓(图 9-9)

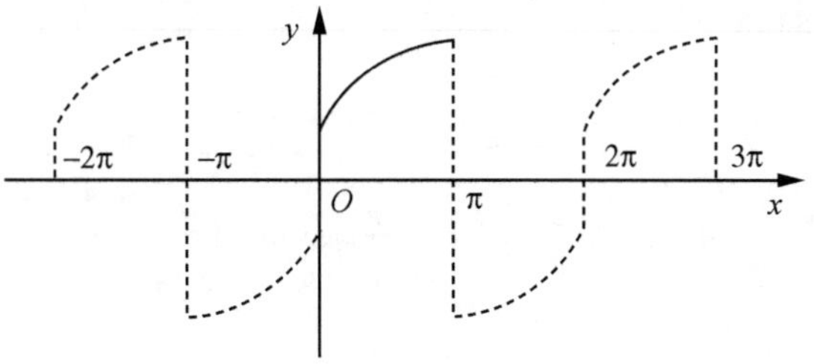

图 9-8

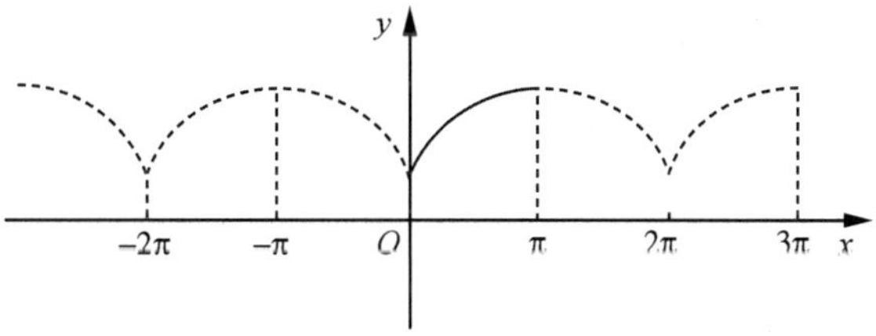

图 9-9

显然,周期奇延拓的结果为正弦级数,其傅里叶系数按公式(9.16)计算,即

$$\begin{cases} a_n = 0(n = 0,1,2,\cdots), \\ b_n = \dfrac{2}{\pi}\displaystyle\int_0^{\pi}\varphi(x)\sin nx\,\mathrm{d}x = \dfrac{2}{\pi}\displaystyle\int_0^{\pi}f(x)\sin nx\,\mathrm{d}x\ (n = 1,2,\cdots). \end{cases} \tag{9.18}$$

周期偶延拓的结果为余弦级数,其傅里叶系数公式为

$$\begin{cases} b_n = 0(n = 1,2,\cdots), \\ a_n = \dfrac{2}{\pi}\displaystyle\int_0^{\pi}\varphi(x)\cos nx\,\mathrm{d}x = \dfrac{2}{\pi}\displaystyle\int_0^{\pi}f(x)\cos nx\,\mathrm{d}x\ (n = 0,1,2,\cdots). \end{cases} \tag{9.19}$$

例 5 试将函数 $f(x) = \dfrac{x^2}{4} - \dfrac{\pi x}{2}$ 在区间$[0,\pi]$上展开成余弦级数.

解 按(9.19)式计算傅里叶级数.

$$\begin{aligned} a_n &= \frac{2}{\pi}\int_0^{\pi}\left(\frac{x^2}{4} - \frac{\pi x}{2}\right)\cos nx\,\mathrm{d}x \\ &= \frac{2}{n\pi}\left[\left(\frac{x^2}{4} - \frac{\pi x}{2}\right)\sin nx\right]_0^{\pi} + \frac{2}{n^2\pi}\left[\left(\frac{x}{2} - \frac{\pi}{2}\right)\cos nx\right]_0^{\pi} - \frac{1}{n^3\pi}\left[\sin nx\right]_0^{\pi} \\ &= \frac{1}{n^2}\ (n = 1,2,3,\cdots), \end{aligned}$$

$$a_0 = \frac{2}{\pi}\int_0^{\pi}\left(\frac{x^2}{4} - \frac{\pi x}{2}\right)\mathrm{d}x = -\frac{\pi^2}{3}.$$

由于 $f(x)$ 在$(0,\pi)$上连续,且延拓的函数在 $x = 0,\pi$ 处连续,因此

$$\frac{x^2}{4} - \frac{\pi x}{2} = -\frac{\pi^2}{6} + \cos x + \frac{1}{4}\cos 2x + \frac{1}{9}\cos 3x + \cdots (0 \leqslant x \leqslant \pi).$$

例 6 试将函数 $f(x) = \begin{cases} x, & 0 \leqslant x \leqslant \dfrac{\pi}{2}, \\ x - \dfrac{\pi}{2}, & \dfrac{\pi}{2} < x \leqslant \pi \end{cases}$ 展开成正弦级数.

解 按公式(9.18),

$$\begin{aligned} b_n &= \frac{2}{\pi}\int_0^{\pi} f(x)\sin nx\,dx = \frac{2}{\pi}\int_0^{\frac{\pi}{2}} f(x)\sin nx\,dx + \frac{2}{\pi}\int_{\frac{\pi}{2}}^{\pi} f(x)\sin nx\,dx \\ &= \frac{2}{\pi}\int_0^{\frac{\pi}{2}} x\sin nx\,dx + \frac{2}{\pi}\int_{\frac{\pi}{2}}^{\pi}\left(x-\frac{\pi}{2}\right)\sin nx\,dx \\ &= \frac{2}{\pi}\int_0^{\pi} x\sin nx\,dx - \frac{2}{\pi}\int_{\frac{\pi}{2}}^{\pi} \sin nx\,dx \\ &= \frac{2}{\pi}\left(-\frac{1}{n}x\cos nx\Big|_0^{\pi} + \frac{1}{n}\int_0^{\pi}\cos nx\,dx\right) + \frac{1}{n}\cos nx\Big|_{\frac{\pi}{2}}^{\pi} \\ &= \frac{1}{n}\left[(-1)^{n+1} - \cos\frac{n\pi}{2}\right],\ n=1,2,3,\cdots. \end{aligned}$$

所以

$$f(x)=\sin x+\frac{1}{3}\sin 3x-\frac{1}{2}\sin 4x+\cdots,$$

$x\in\left[0,\frac{\pi}{2}\right)\cup\left(\frac{\pi}{2},\pi\right)$,当 $x=\frac{\pi}{2}$时,收敛于$\frac{\pi}{4}$;当 $x=\pi$ 时,收敛于 0. 如图 9-10 所示.

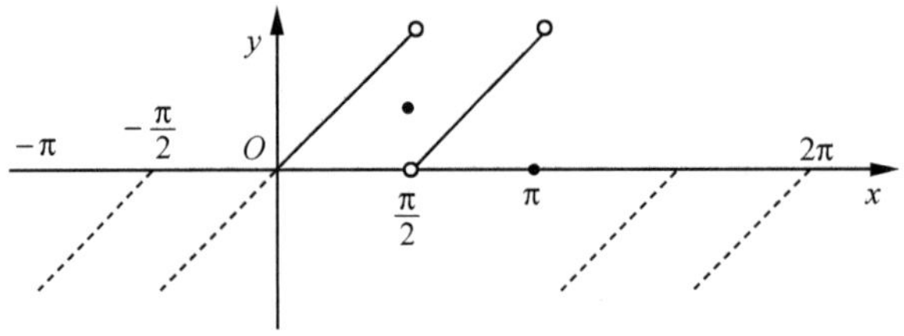

图 9-10

【拓展阅读】

陈建功——函数论领域的开拓先驱

在中国现代数学史上,有这样一位数学家,他以卓越的智慧和坚韧的毅力,在函数论领域开辟了新的天地,成为数学界一座不朽的丰碑. 他就是被誉为“中国函数论研究的开拓者之一”的陈建功.

陈建功,字业成,1893 年出生于浙江绍兴的一个普通家庭. 自幼家境贫寒,生活拮据,但他对数学展现出了浓厚兴趣与过人天赋. 在那个时代,数学研究条件简陋,主要依靠手工计算和逻辑推理,然而陈建功却能凭借着独特的思维和不懈的努力,运用巧妙的方法,解决许多复杂的数学问题.

有一次,村里的一位德高望重的老先生出了一道难题,要求用最简单的方法计算出一个复杂图形的面积. 这道题难倒了众多村民. 而陈建功凭借自己的智慧和毅力,日夜钻研,反复琢磨,最终找到巧妙的解法. 他巧妙地运用几何知识,将复杂图形分解成几个简单的部分,分别计算出各部分的面积,最后将各部分面积相加得到结果. 他的解法,不仅简单易懂,而且准确无误,让老先生和村民们惊叹不已,一致称赞他的聪明才智.

陈建功在函数论领域有着卓越的成就. 他毅然投身于三角级数论方面的研究工作,在这个充满挑战与机遇的领域里，他披荆斩棘，勇往直前．在三角级数的收敛、绝对收敛、求和、绝对求和等问题上，他进行了深入细致的研究，做出了许多具有开创性的重要贡献．他以严谨的治学态度和敏锐的洞察力，发现了许多新的定理和方法，为函数论的发展注入了新的活力．他的研究成果，不仅丰富和发展了函数论的内容，也为后来的数学研究提供了新的思路和方法．

除了函数论，陈建功在极限与导数领域也有着深入的研究．他以独特的视角和深刻的理解，对导数进行了深入剖析，将其应用于解决许多复杂的数学问题．他巧妙地运用极限的思想，将导数的概念与实际问题紧密结合，提出了一系列新颖的观点和方法．他的研究成果，不仅推动了微分几何学的发展，使其在理论上更加完善，也为其他数学分支提供了得力工具．

陈建功不仅在学术研究上取得了巨大成就，还十分注重数学人才的培养．他深知数学的发展离不开一代又一代数学家的努力，因此他积极投身于教育事业，培养了一大批优秀的数学人才．他以渊博的知识、严谨的治学态度和高尚的师德，赢得了学生们的尊敬和爱戴．他用自己的行动诠释了什么是真正的学者和教育家，为中国数学事业的发展奠定了坚实的人才基础．

第十章

Python 在高等数学中的应用

【导读】

Python 作为一门功能强大且易于学习的编程语言，已成为数学研究和解决计算问题的重要工具. 本章首先简要介绍 Python 的基础知识，随后通过若干实例，详细介绍本书所涉及的基本数学运算在 Python 中的具体实现方法.

【学习要求】

(1) 掌握 Spyder 交互式计算环境的使用方法.
(2) 掌握 Python 语言的基础语法和数据类型.
(3) 掌握 Python 中函数定义和调用的方法.
(4) 掌握 Python 的顺序、循环、分支语句的运用.
(5) 掌握使用 Python 进行符号和数值计算的方法.
(6) 掌握使用 Python 绘制函数图形的方法.
(7) 能用 Python 对本书中涉及的计算问题进行准确计算.

第一节　Python 基础

一、Python 概述

Python 是一种高级编程语言，具备诸多引人注目的特性，其语法简洁易懂，新手可以在较短时间内掌握基础编程知识. Python 有着丰富的第三方库，很多常规任务借助这些第三方库就能轻松完成，无需重新“造轮子”. Python 的应用领域十分广泛，在 Web 开发中，有 Django 和 Flask 等框架助力搭建网站；在数据分析领域，numpy 和 pandas 等基础库让数据分析变得游刃有余，是数据分析人员常用的工具；在人工智能方向，它拥有 scikit-learn、TensorFlow 和 Pytorch 等开发框架，在机器学习、深度学习等技术应用场景，如人脸识别、语音合成等方面都发挥着重要作用. 另外，Python 在网络爬虫、数据可视化、自动化办公、自动化运维、自动化测试等领域也都有着出色的表现，是众多开发者的得力工具. Python 内容丰富，本章只介绍与本教材相关的必备基础内容，更多详细内容请参阅专门的 Python 书籍.

二、Pyhon 的安装和使用

对于初学者，建议使用 Anaconda 集成环境，该环境下集成了 Python 程序和 Spyder、Jupyter 编辑器以及大量的第三方库. Anaconda 可以用搜索引擎搜索其官网下载，建议使用国内的镜像源，比如清华或者阿里镜像，下载速度比较快. 以清华镜像为例，按以下流程（图 10-1）找到安装文件，下载之后，运行安装即可——要注意选择与自己的计算机操作系统相适合的软件. 说明：本节所介绍网站下载软件方法对应于本书编写时，后续网站或有变化，请读者根据实际情况处理. 本章程序开发环境（IDE）使用 Spyder，该软件在程序菜单的 anaconda 文件夹下.

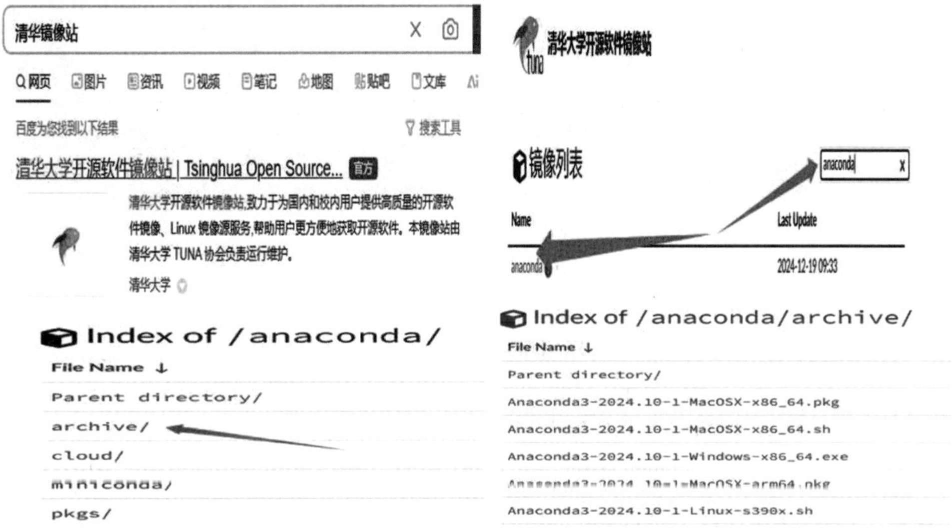

图 10-1

三、Spyder 的基础用法

1. 界面布局

打开 Spyder 后，可看到其主要分为几个区域，如图 10-2 所示.

代码编辑区：位于界面的中央部分，在这里可以新建、打开 Python 脚本文件，并进行代码的编写工作. 例如，输入简单的 Python 语句，像 print("Hello，World!")就可以在这个区域进行操作.

变量查看区：一般在界面的右上角，它能够实时显示在程序运行过程中所产生的变量及其对应的值，方便我们了解变量的变化情况.

控制台输出区：处于界面的右下方，代码运行后的结果，比如函数的返回值、print 语句输出的内容等都会在此处显示. 当运行 print("Hello，World!")时，就能在控制台输出区看到“Hello,World!”的字样.

资源管理区:通过它可以方便地管理项目中的文件,比如查看、打开、新建文件夹及文件等操作.

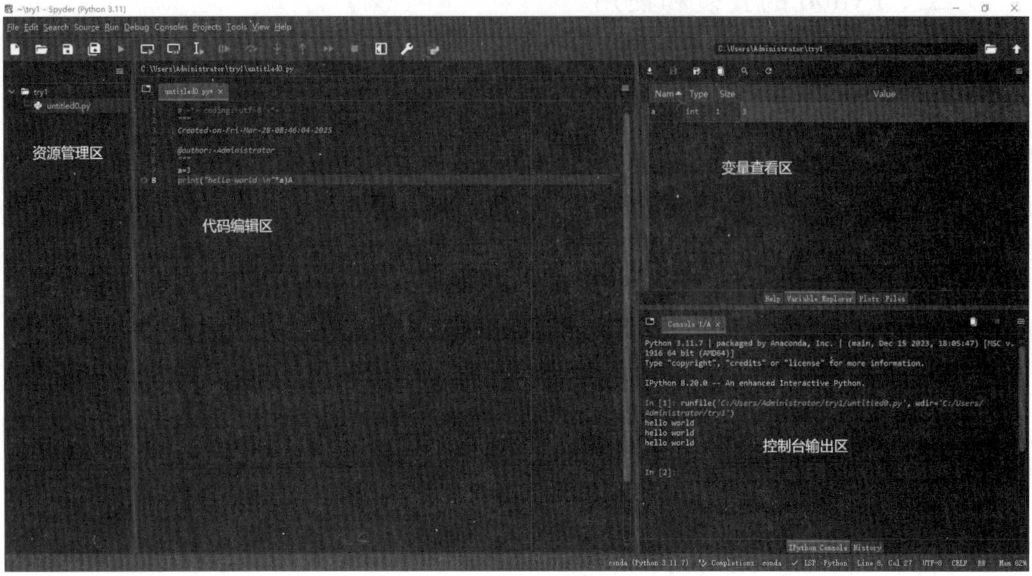

图 10-2

2. 基本操作

新建文件:单击菜单栏中的“File”,选择“Newfile”,或者使用快捷键(通常是【Ctrl】+【N】)即可新建一个空白的 Python 脚本文件,然后在代码编辑区开始编写代码.

保存文件:编写好代码后,单击“File”菜单下的“Save”或者“SaveAs”(另存为)选项,选择合适的保存路径及文件名进行保存,快捷键一般是【Ctrl】+【S】.

运行代码:有多种运行代码的方式,可以单击菜单栏中的“Run”选项,然后选择“Run”(运行当前文件),或者使用快捷键【F5】来运行代码,代码运行后的结果就会显示在控制台输出区.

总之,通过了解这些基础的界面区域和操作方法,就能开始利用 Spyder 进行简单的 Python 代码编写与运行了.

以上是关于较为简单的独立程序,较大的项目需要从“Projects”菜单栏开始.

四、Python 的数据类型

Python 中常见的数据类型丰富多样,以下介绍几种主要的数据类型及其特点与使用方式.

1. 整型(int)

整型数据就是我们平常所说的整数,包括正整数、负整数和零,比如 10、−5、0 等都是整型数据.它常用于表示如年龄、序号等数值信息.在 Python 中定义整型变量十分简单,例如,

“num=10”就定义了一个名为 num、值为 10 的整型变量.

2. 浮点型(float)

浮点型用于表示带有小数点的数值,像 3.14、-2.71 等.在进行浮点型数据运算时,需要注意可能会存在精度问题.例如,0.1+0.2 在计算机中实际结果并非精确的 0.3,而是接近 0.3 的一个数值(0.30000000000000004),若要更精确地处理浮点型运算,可以借助 decimal 库来解决精度问题.定义浮点型变量也很容易,如“price=3.14”就创建了一个浮点型变量 price.

3. 字符串型(str)

字符串是用来表示文本信息的,由一串字符组成,使用单引号、双引号或者三引号来表示。例如,'HelloWorld'、"Pythonisgreat"、''' 这是一段字符串.'''

4. 布尔型(bool)

布尔型只有两个值:True(真)和 False(假),通常用于表示逻辑判断的结果,比如判断某个条件是否成立.像“is_great=True”定义了一个布尔型变量,表示某个事物很棒的状态.在进行类型转换时,整数 0、空字符串、空列表、空元组、空字典等转换为布尔值时均为 False,其他情况转换后通常为 True.例如,“bool(0)”结果为 False,而“bool(10)”结果为 True.

此外,Python 还有列表(list)、元组(tuple)、集合(set)、字典(dict)等数据类型,用于应对不同的数据存储和处理需求.在实际编程中,常常会涉及变量类型的转换,Python 提供了相应的函数来实现,比如“int()”函数可以将符合整数规范的字符串或者浮点数转换为整型数据(如“int('5')”会得到整数 5),“float()”函数能把整数或者符合要求的字符串转换为浮点型数据(如“float('3.14')”得到浮点型 3.14),“str()”函数则可将其他类型的数据转换为字符串类型数据(如“str(10)”会返回字符串 '10').

五、Python 基本语句

与某些编程语言使用括号表示一些逻辑关系不同的是,Python 使用严格的缩进表示逻辑关系,缩进使用 4 个空格(也可以使用【Tab】键,但并不建议),Python 代码编辑器大多能够自动完成缩进功能.此外,Python 区分大小写.

1. 条件语句

Python 中的条件语句主要通过 if、elif、else 关键字来构建,用于根据不同的条件执行相应的代码块.

(1) if 语句:语法格式为“if 表达式:代码块”,当表达式的值为 True 时,就会执行后面缩进的代码块内容.例如:

```
#是否成年的代码
age=18
if age>=18:
    print("你已经成年了")
```

在上述代码中,#后面是注释语句,注释语句不对程序有任何影响.首先定义了变量 age 为 18,然后通过 if 语句判断,如果 age 大于等于 18,就会执行打印“你已经成年了”这条语句.

(2) if-else 语句:语法格式为“if 表达式:代码块 1　else:代码块 2”,当表达式的值为 True 时,执行代码块 1;当表达式的值为 False 时,执行代码块 2.例如:

```
num=10
if num%2==0:
    print("这个数是偶数")
else:
    print("这个数是奇数")
```

这里先定义变量 num 为 10,接着通过 if-else 语句判断 num 除以 2 的余数是否为 0,若是则输出“这个数是偶数”,否则输出“这个数是奇数”.

(3) if-elif-else 语句:适用于多个条件判断的情况,语法格式为“if 表达式 1:代码块 1 elif 表达式 2:代码块 2……else:代码块 n”,会按照顺序依次判断表达式的值,当某个表达式的值为 True 时,执行对应的代码块,若所有表达式的值都为 False,则执行 else 后面的代码块.例如,此代码根据成绩 score 的值所在的不同区间,输出相应的评价等级.

```
score=85
if score>=90:
    print("优秀")
elif score>=80:
    print("良好")
elif score>=60:
    print("及格")
else:
    print("不及格")
```

2. 循环语句

(1) for 循环:Python 的 for 循环用于遍历可迭代对象(如列表、元组、字符串等),基本语法格式为“for 变量 in 可迭代对象:代码块”.例如,要遍历一个列表并打印出其中的每个元素,代码如下:

```
fruits=["apple","banana","cherry"]
for fruit in fruits:
    print(fruit)
```

上述代码中,变量 fruit 会依次取列表 fruits 中的每个元素,然后执行打印操作,这样就逐个输出了列表中的水果名称.

(2) while 循环:while 循环的语法结构为“while 条件表达式:代码块”,只要条件表达式的值为 True,就会一直执行循环体中的代码块,直至条件表达式的值变为 False. 例如:

```
count=0
while count<5:
    print(count)
    count+=1
```

在这个例子中,首先定义了变量 count 为 0,然后在 while 循环中,只要 count 小于 5,就会不断打印 count 的值,并让 count 自增 1,最终会输出 0 到 4 这五个数字.

3. 函数

函数是一段可以被重复使用的代码片段,它能够提高代码的复用性和可读性.

(1) 函数的定义:使用“def”关键字来定义函数,语法格式为“def 函数名(参数列表):函数体 return 返回值”. 例如,定义一个计算两个数之和的函数如下:

```
def add(a,b):
    return a+b
```

这里定义了名为 add 的函数,它接受两个参数 a 和 b,在函数体中计算它们的和并通过 return 返回结果.

(2) 函数的调用:定义好函数后,就可以通过函数名加上相应的参数来调用它. 例如,“result=add(3,5)”,这里调用了之前定义的 add 函数,传入参数 3 和 5,函数执行后返回的结果 8 会赋值给变量 result.

(3) 有返回值函数:像上面的 add 函数就是有返回值的函数,它将计算结果返回给调用者,调用者可以根据需要使用这个返回值进行后续的操作,比如将返回值用于其他的计算或者赋值给变量等.

下面通过一个简单的练习示例来巩固对这些知识的理解. 假设有一个列表,里面存放了一些整数,要求编写代码,统计列表中偶数的个数并计算它们的总和. 示例代码如下:

```
nums=[1,2,3,4,5,6,7,8,9,10]
even_count=0
even_sum=0
def is_even(num):
    return num%2==0
for num in nums:
    if is_even(num):
        even_count+=1
        even_sum+=num
print("偶数的个数为:",even_count)
print("偶数的总和为:",even_sum)
```

在上述代码中，首先定义了列表 nums，以及用于记录偶数个数的变量 even_count 和偶数总和的变量 even_sum；接着定义了一个名为 is_even 的函数，用于判断一个数是否为偶数；然后通过 for 循环遍历列表 nums 中的每个元素，利用 if 语句，结合 is_even 函数判断是否为偶数，若是则相应地更新 even_count 和 even_sum 的值；最后打印出偶数的个数和总和.

4. 可视化

Python 有丰富的绘图库，以下示范使用常用的 Matplotlib 库绘制函数图像，结果如图 10-3 所示.

(1) 以下代码绘制一元函数 y=sin(x)的图像.

```
# import numpy as np 语句的含义是调用第三方库，
# as 的含义是给 numpy 起个较简单的别名 np
import numpy as np
import matplotlib.pyplot as plt
# np.arange 是建立一个类似列表的数据结构，此处
# 从 0 开始到 2π，步长 0.01
x=np.arange(0,2*np.pi,0.01)
y=np.sin(x)
plt.plot(x,y)
plt.title('y=sin(x)')
plt.xlabel('x')
plt.ylabel('y')
plt.show()
```

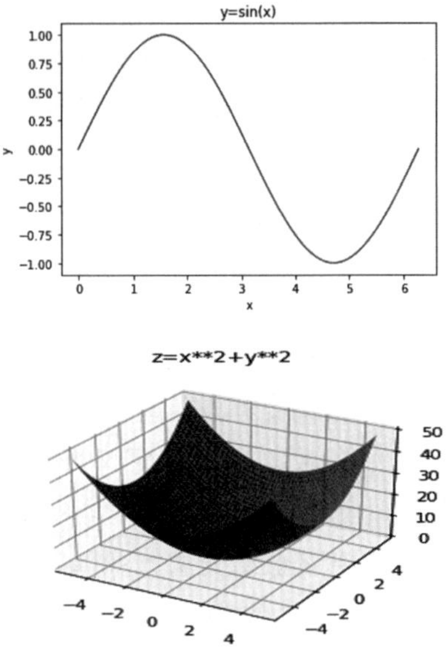

图 10-3

(2) 以下代码绘制二元函数 $z=x^2+y^2$ 的图像.

```
import numpy as np
import matplotlib.pyplot as plt
#以下语句构建了从−5 到 5，间隔 0.1 的两个一维数据结构
x=np.arange(-5,5,0.1)
y=np.arange(-5,5,0.1)
# meshgrid 建立了一个由 x,y 构成的横纵网格的二维数据结构
X,Y=np.meshgrid(x,y)
Z=X**2+Y**2
# 绘制图像
fig=plt.figure()
ax=fig.add_subplot(111,projection='3d')
ax.plot_surface(X,Y,Z)
plt.title('z=x**2+y**2')
plt.show()
```

第二节　Python代码示例

学习计算软件尤其注重实际操作，本节针对本书中的常见问题给出 Python 代码示例，以此介绍 Python 在解决高等数学问题时的基本用法. 对于更多更复杂的问题，建议读者通过相关书籍、网络资源、AI 工具等途径自学和研究.

对于初学者而言，建议手动输入基本代码，而非直接复制粘贴现成代码.

一、求函数的极限

(1) 以下代码计算两个重要极限$\lim\limits_{x\to 0}\frac{\sin x}{x}$和$\lim\limits_{n\to\infty}\left(1+\frac{1}{n}\right)^n$.

```
from sympy import symbols,limit,sin,oo
x=symbols('x')
f=sin(x)/x
result=limit(f,x,0)
print("极限结果:",result)
n=symbols('n')
#以下代码中**表示指数运算,两个小写字母oo表示无穷大
f2=(1+1/n)**n
result=limit(f2,n,oo)
print("极限结果:",result)
```

(2) 以下代码计算左右极限$\lim\limits_{x\to 0^+}\frac{1}{x}$和$\lim\limits_{x\to 0^-}\frac{1}{x}$.

```
from sympy import symbols,limit
x=symbols('x')
f=1/x
left_limit=limit(f,x,0,dir='-')
right_limit=limit(f,x,0,dir='+')
print("左极限:",left_limit)
print("右极限:",right_limit)
```

(3) 以下代码计算分段函数在分段点的极限.

```
from sympy import symbols,limit,Piecewise
x=symbols('x')
#定义分段函数,注意分段点要单独定义
```

```
f=Piecewise(
    (x+2,x<1),
    (x**2+1,x>1),
    (x**2+1,x==1)
)
#计算左极限
left_limit=limit(f,x,1,'-')
#计算右极限
right_limit=limit(f,x,1,'+')
print(f"左极限:{left_limit}")          # 输出:3
print(f"右极限:{right_limit}")          # 输出:0
if left_limit==right_limit:
    print("极限存在")
else:
    print("极限不存在")
```

二、求导

(1) 以下代码计算x^3的一、三阶导数.

```
from sympy import symbols,diff
x=symbols('x')
f=x**3
derivative=diff(f,x)
#输出导函数和导函数在 x=1 处的值,subs(x,1)的含义是代入 x=1
print("导函数:",derivative)
print("f'(1)的值:",derivative.subs(x,1))
third_derivative=diff(f,x,3)
#输出三阶导函数
print("三阶导数:",third_derivative)
```

(2) 以下代码求方程$x^2+y^2=1$确定的隐函数的导数.

```
from sympy import symbols,idiff
x,y=symbols('x y')
eq=x**2+y**2-1
derivative=idiff(eq,y,x)
print("隐函数导数:",derivative)
```

(3) 以下代码求参数方程 $x=\cos t, y=\sin t$ 定义的函数的导数.

```
from sympy import symbols,diff,cos,sin
t=symbols('t')
x=cos(t)
y=sin(t)
derivative=diff(y,t)/diff(x,t)
print("参数方程函数导数:",derivative)
```

(4) 以下代码求 $f=x^3+2xy+y^2$ 的偏导数和混合偏导.

```
from sympy import symbols,diff
x,y=symbols('x y')
f=x**3+2*x*y+y**2
partial_derivative_x=diff(f,x)
partial_derivative_y=diff(f,y)
partial_derivative_x_y=diff(f,x,y)
print("关于 x 的偏导数:",partial_derivative_x)
print("关于 y 的偏导数:",partial_derivative_y)
print("关于 x 和 y 的混合偏导数:",partial_derivative_x_y)
```

三、积分

(1) 以下代码求 $f=x^2$ 的不定积分和在区间[0,1]的定积分.

```
import sympy as sp
import scipy.integrate as spi
importnumpy as np
#1.1 计算不定积分
x=sp.symbol('x')
f=x**2
indefinite_integral=sp.integrate(f,x)
print(f"不定积分结果:{indefinite_integral}")
#1.2 使用 sympy 计算定积分
definite_integral_sympy=sp.integrate(f,(x,0,1))
print(f"使用 sympy 计算定积分结果:{definite_integral_sympy}")
#1.3 使用 scipy 计算定积分
def f_numpy(x):
    return np.power(x,2)
result,error=spi.quad(f_numpy,a,b)
#以下语句中,f"使用 scipy 计算定积分结果:{result}"是一种特定输出格式,花括号内为
#变量
print(f"使用 scipy 计算定积分结果:{result}")
```

(2) 以下代码求二重积分 $\int_0^1\int_{x^2}^{x}(x+y)dxdy$.

```
#2.1 用 scipy 做数值积分,数值积分都有误差
import scipy.integrate as spi
#定义被积函数
def integrand(y,x):
    return x+y
#定义积分下限函数和上限函数
def y_lower(x):
    return x**2
def y_upper(x):
    return x
#计算二重积分
result,error=spi.dblquad(integrand,0,1,y_lower,y_upper)
print(f"二重积分的结果是:{result}")
print(f"误差估计是:{error}")
#2.2 用 sympy 做符号积分,有些积分不能进行符号积分
import sympy as sp
#定义符号变量
x,y=sp.symbols('x y')
#定义被积函数
f=x+y
#计算二重积分
double_integral=sp.integrate(f,(y,x**2,x),(x,0,1))
#输出结果
print("二重积分的结果为:",double_integral)
```

四、求解微分方程

(1) 以下代码求微分方程 $y'(t)=-2y(t)$ 的通解以及在初始条件 $y(0)=1$ 的特解.

```
import sympy as sp
#定义符号变量
t=sp.symbols('t')
y=sp.Function('y')(t)
#求解一阶微分方程的通解
#定义一阶微分方程y'(t)=-2y(t)
first_order_eq=sp.Eq(sp.diff(y,t),-2*y)
#求通解,不传入初始条件
```

```
first_order_general_sol=sp.dsolve(first_order_eq,y)
print("一阶微分方程的通解:",first_order_general_sol)
#以下求解一阶微分方程的特解
#初始条件
ics_first={y.subs(t,0):1}
#求解特解,传入初始条件
first_order_particular_sol=sp.dsolve(first_order_eq,y,ics=ics_first)
print("一阶微分方程的特解:",first_order_particular_sol)
```

(2) 以下求解二阶微分方程$y''+2y'+2y=0$的通解和初始条件$y(0)=0,y'(0)=1$的特解.

```
#定义二阶微分方程
second_order_eq=sp.Eq(sp.diff(y,t,t)+2*sp.diff(y,t)+2*y,0)
#求解通解,不传入初始条件
second_order_general_sol=sp.dsolve(second_order_eq,y)
print("二阶微分方程的通解:",second_order_general_sol)
#求解二阶微分方程特解
#初始条件
ics_second={y.subs(t,0):0,sp.diff(y,t).subs(t,0):1}
#求解特解,传入初始条件
second_order_particular_sol=sp.dsolve(second_order_eq,y,ics=ics_second)
print("二阶微分方程的特解:",second_order_particular_sol)
```

五、向量运算

(1) 以下代码是求两个向量(1,2,3)和(4,5,6)之间的和差、数乘、数量积、向量积、模长、夹角.

```
import numpy as np
import sympy as sp
#1.1 向量的和差
vector1=np.array([1,2,3])
vector2=np.array([4,5,6])
addition=vector1+vector2
subtraction=vector1-vector2
print("向量和:",addition)
print("向量差:",subtraction)
#1.2 数字与向量乘法
scalar_multiplication=2*vector1
```

```
print("数字与向量乘法结果:",scalar_multiplication)
#1.3 数量积
dot_product=np.dot(vector1,vector2)
print("向量数量积:",dot_product)
#1.4 向量积
cross_product=np.cross(vector1,vector2)
print("向量向量积:",cross_product)
#1.5 模长
norm_vector1=np.linalg.norm(vector1)
norm_vector2=np.linalg.norm(vector2)
print("向量 1 的模长:",norm_vector1)
print("向量 2 的模长:",norm_vector2)
#1.6 两向量夹角的余弦值
cos_angle=dot_product/(norm_vector1 * norm_vector2)
#1.7 计算夹角(弧度制)
angle_rad=np.arccos(cos_angle)
#将弧度转换为角度
angle_deg=np.rad2deg(angle_rad)
print("两向量夹角(弧度制):",angle_rad)
print("两向量夹角(角度制):",angle_deg)
```

(2) 以下代码是求过点(1,2,3)且法向量为(4,5,6)的平面方程.

```
#平面上一点
point=sp.Matrix([1,2,3])
#平面的法向量
normal_vector=sp.Matrix([4,5,6])
x,y,z=sp.symbols('x y z')
general_point=sp.Matrix([x,y,z])
equation=normal_vector.dot(general_point - point)
print("平面方程:",sp.expand(equation))
```

(3) 以下代码是求过点(1,2,3)且方向向量为(4,5,6)的参数式直线方程.

```
#直线上一点
point_line=sp.Matrix([1,2,3])
#直线的方向向量
direction_vector=sp.Matrix([4,5,6])
t=sp.symbols('t')
x_line=point_line[0]+direction_vector[0] * t
y_line=point_line[1]+direction_vector[1] * t
```

```
z_line=point_line[2]+direction_vector[2]*t
print("直线的参数方程:")
print(f"x={x_line}")
print(f"y={y_line}")
print(f"z={z_line}")
```

六、级数运算

(1) 以下代码是求常数项级数的和与函数项级数的和.

```
import sympy as sp
#定义符号变量
x=sp.symbols('x')
n=sp.symbols('n',integer=True,positive=True)
#1 级数前 6 项和
series1=sp.Sum(0.5**n,(n,0,6))
series2=sp.Sum(x**n,(n,0,6))
#2 级数和
series3=sp.Sum(0.5**n,(n,0,sp.oo))
series4=sp.Sum(x**n,(n,0,sp.oo))
#计算级数和
sum_result1=series1.doit()
sum_result2=series2.doit()
sum_result3=series3.doit()
sum_result4=series4.doit()
print(f"常数项级数的前 6 项和:{sum_result1}")
print(f"函数项级数的前 6 项和:{sum_result2}")
print(f"常数项级数的和:{sum_result3}")
print(f"函数项级数的和:{sum_result4}")
```

(2) 以下代码是求幂级数展开式,以e^x在 $x=0$ 处展开 5 阶为例.

```
x_exp=sp.symbols('x')
expansion=sp.series(sp.exp(x_exp),x_exp,0,5)
print(f"e^x 在 x=0 处的 5 阶幂级数展开:{expansion}")
```

(3) 以下代码是傅里叶级数展开,以 $f(x)=x+1$ 在$[-\pi,\pi]$上展开 3 阶为例.

```
import sympy as sp
x,n=sp.symbols('x n',real=True,integer=True)
f=x+1
```

```
L=sp.pi
#以下计算傅里叶系数
a0=(1/L)*sp.integrate(f,(x,-L,L))
an=(1/L)*sp.integrate(f*sp.cos(n*x),(x,-L,L))
bn=(1/L)*sp.integrate(f*sp.sin(n*x),(x,-L,L))
#傅里叶级数展开式
s=a0/2+sp.Sum(an*sp.cos(n*x)+bn*sp.sin(n*x),(n,1,3))
print(s.doit())
```

附录　积分表

一、含有 a＋bx 的积分

1. $\int \frac{dx}{a+bx} = \frac{1}{b}\ln(a+bx)+C$

2. $\int (a+bx)^{\mu}dx = \frac{(a+bx)^{\mu+1}}{\mu+1}+C(\mu \neq -1)$

3. $\int \frac{xdx}{a+bx} = \frac{1}{b^2}[a+bx-a\ln(a+bx)]+C$

4. $\int \frac{x^2dx}{a+bx} = \frac{1}{b^3}\left[\frac{1}{2}(a+bx)^2-2a(a+bx)+a^2\ln(a+bx)\right]+C$

5. $\int \frac{dx}{x(a+bx)} = -\frac{1}{a}\ln\frac{a+bx}{x}+C$

6. $\int \frac{dx}{x^2(a+bx)} = -\frac{1}{ax}+\frac{b}{a^2}\ln\frac{a+bx}{x}+C$

7. $\int \frac{xdx}{(a+bx)^2} = \frac{1}{b^2}\left[\ln(a+bx)+\frac{a}{a+bx}\right]+C$

8. $\int \frac{x^2dx}{(a+bx)^2} = \frac{1}{b^3}\left[a+bx-2a\ln(a+bx)-\frac{a^2}{a+bx}\right]+C$

9. $\int \frac{dx}{x(a+bx)^2} = \frac{1}{a(a+bx)}-\frac{1}{a^2}\ln\frac{a+bx}{x}+C$

二、含有 $\sqrt{a+bx}$ 的积分

10. $\int \sqrt{a+bx}\,dx = \frac{2}{3b}\sqrt{(a+bx)^3}+C$

11. $\int x\sqrt{a+bx}\,dx = -\frac{2(2a-3bx)\sqrt{(a+bx)^3}}{15b^2}+C$

12. $\int x^2\sqrt{a+bx}\,dx = \frac{2(8a^2-12abx+15b^2x^2)\sqrt{(a+bx)^3}}{105b^3}+C$

13. $\int \frac{xdx}{\sqrt{a+bx}} = -\frac{2(2a-bx)}{3b^2}\sqrt{a+bx}+C$

14. $\int \frac{x^2 dx}{\sqrt{a+bx}} = \frac{2(8a^2 - 4abx + 3b^2x^2)}{15b^3}\sqrt{a+bx} + C$

15. $\int \frac{dx}{x\sqrt{a+bx}} = \begin{cases} \frac{1}{\sqrt{a}}\ln \frac{\sqrt{a+bx}-\sqrt{a}}{\sqrt{a+bx}+\sqrt{a}} + C & (a>0) \\ \frac{2}{\sqrt{-a}}\arctan\sqrt{\frac{a+bx}{-a}} + C & (a<0) \end{cases}$

16. $\int \frac{dx}{x^2\sqrt{a+bx}} = -\frac{\sqrt{a+bx}}{ax} - \frac{b}{2a}\int \frac{dx}{x\sqrt{a+bx}}$

17. $\int \frac{\sqrt{a+bx}\,dx}{x} = 2\sqrt{a+bx} + a\int \frac{dx}{x\sqrt{a+bx}}$

三、含有 $a^2 \pm x^2$ 的积分

18. $\int \frac{dx}{a^2+x^2} = \frac{1}{a}\arctan\frac{x}{a} + C$

19. $\int \frac{dx}{(x^2+a^2)^n} = \frac{x}{2(n-1)a^2(x^2+a^2)^{n-1}} + \frac{2n-3}{2(n-1)a^2}\int \frac{dx}{(x^2+a^2)^{n-1}}$

20. $\int \frac{dx}{a^2-x^2} = \frac{1}{2a}\ln\frac{a+x}{a-x} + C(|x|<a)$

21. $\int \frac{dx}{x^2-a^2} = \frac{1}{2a}\ln\frac{x-a}{x+a} + C(|x|>a)$

四、含有 $a \pm bx^2$ 的积分

22. $\int \frac{dx}{a+bx^2} = \frac{1}{\sqrt{ab}}\arctan\sqrt{\frac{b}{a}}x + C(a>0,b>0)$

23. $\int \frac{dx}{a-bx^2} = \frac{1}{2\sqrt{ab}}\ln\frac{\sqrt{a}+\sqrt{b}x}{\sqrt{a}-\sqrt{b}x} + C$

24. $\int \frac{x\,dx}{a+bx^2} = \frac{1}{2b}\ln(a+bx^2) + C$

25. $\int \frac{x^2 dx}{a+bx^2} = \frac{x}{b} - \frac{a}{b}\int \frac{dx}{a+bx^2}$

26. $\int \frac{dx}{x(a+bx^2)} = \frac{1}{2a}\ln\frac{x^2}{a+bx^2} + C$

27. $\int \frac{dx}{x^2(a+bx^2)} = -\frac{1}{ax} - \frac{b}{a}\int \frac{dx}{a+bx^2}$

28. $\int \frac{dx}{(a+bx^2)^2} = \frac{x}{2a(a+bx^2)} + \frac{1}{2a}\int \frac{dx}{a+bx^2}$

五、含有 $\sqrt{x^2+a^2}$ 的积分

29. $\int \sqrt{x^2+a^2}\,dx = \frac{x}{2}\sqrt{x^2+a^2} + \frac{a^2}{2}\ln(x+\sqrt{x^2+a^2}) + C$

30. $\int \sqrt{(x^2+a^2)^3}\,\mathrm{d}x = \frac{x}{8}(2x^2+5a^2)\sqrt{x^2+a^2} + \frac{3a^4}{8}\ln(x+\sqrt{x^2+a^2}) + C$

31. $\int x\sqrt{x^2+a^2}\,\mathrm{d}x = \frac{\sqrt{(x^2+a^2)^3}}{3} + C$

32. $\int x^2\sqrt{x^2+a^2}\,\mathrm{d}x = \frac{x}{8}(2x^2+a^2)\sqrt{x^2+a^2} - \frac{a^4}{8}\ln(x+\sqrt{x^2+a^2}) + C$

33. $\int \frac{\mathrm{d}x}{\sqrt{x^2+a^2}} = \ln(x+\sqrt{x^2+a^2}) + C$

34. $\int \frac{\mathrm{d}x}{\sqrt{(x^2+a^2)^3}} = \frac{x}{a^2\sqrt{x^2+a^2}} + C$

35. $\int \frac{x\mathrm{d}x}{\sqrt{x^2+a^2}} = \sqrt{x^2+a^2} + C$

36. $\int \frac{x^2\mathrm{d}x}{\sqrt{x^2+a^2}} = \frac{x}{a}\sqrt{x^2+a^2} - \frac{a^2}{2}\ln(x+\sqrt{x^2+a^2}) + C$

37. $\int \frac{x^2\mathrm{d}x}{\sqrt{(x^2+a^2)^3}} = -\frac{x}{\sqrt{x^2+a^2}} + \ln(x+\sqrt{x^2+a^2}) + C$

38. $\int \frac{\mathrm{d}x}{x\sqrt{x^2+a^2}} = \frac{1}{a}\ln\frac{x}{a+\sqrt{x^2+a^2}} + C$

39. $\int \frac{\mathrm{d}x}{x^2\sqrt{x^2+a^2}} = -\frac{\sqrt{x^2+a^2}}{a^2x} + C$

40. $\int \frac{\sqrt{x^2+a^2}\,\mathrm{d}x}{x} = \sqrt{x^2+a^2} - a\ln\frac{a+\sqrt{x^2+a^2}}{x} + C$

41. $\int \frac{\sqrt{x^2+a^2}\,\mathrm{d}x}{x^2} = -\frac{\sqrt{x^2+a^2}}{x} + \ln(x+\sqrt{x^2+a^2}) + C$

六、含有$\sqrt{x^2-a^2}$的积分

42. $\int \frac{\mathrm{d}x}{\sqrt{x^2-a^2}} = \ln(x+\sqrt{x^2-a^2}) + C$

43. $\int \frac{\mathrm{d}x}{\sqrt{(x^2-a^2)^3}} = -\frac{x}{a^2\sqrt{x^2-a^2}} + C$

44. $\int \frac{x\mathrm{d}x}{\sqrt{x^2-a^2}} = \sqrt{x^2-a^2} + C$

45. $\int \sqrt{x^2-a^2}\,\mathrm{d}x = \frac{x}{2}\sqrt{x^2-a^2} - \frac{a^2}{2}\ln(x+\sqrt{x^2-a^2}) + C$

46. $\int \sqrt{(x^2-a^2)^3}\,\mathrm{d}x = \frac{x}{8}(2x^2-5a^2)\sqrt{x^2-a^2} + \frac{3a^4}{8}\ln(x+\sqrt{x^2-a^2}) + C$

47. $\int x\sqrt{x^2-a^2}\,\mathrm{d}x = \frac{\sqrt{(x^2-a^2)^3}}{3} + C$

48. $\int x\sqrt{(x^2-a^2)^3}\mathrm{d}x=\frac{\sqrt{(x^2-a^2)^5}}{5}+C$

49. $\int x^2\sqrt{x^2-a^2}\mathrm{d}x=\frac{x}{8}(2x^2-a^2)\sqrt{x^2-a^2}-\frac{a^4}{8}\ln(x+\sqrt{x^2-a^2})+C$

50. $\int\frac{x^2\mathrm{d}x}{\sqrt{x^2-a^2}}=\frac{x}{2}\sqrt{x^2-a^2}+\frac{a^2}{2}\ln(x+\sqrt{x^2-a^2})+C$

51. $\int\frac{x^2\mathrm{d}x}{\sqrt{(x^2-a^2)^3}}=-\frac{x}{\sqrt{x^2-a^2}}+\ln(x+\sqrt{x^2-a^2})+C$

52. $\int\frac{\mathrm{d}x}{x\sqrt{x^2-a^2}}=\frac{1}{a}\arccos\frac{a}{x}+C$

53. $\int\frac{\mathrm{d}x}{x^2\sqrt{x^2-a^2}}=\frac{\sqrt{x^2-a^2}}{a^2x}+C$

54. $\int\frac{\sqrt{x^2-a^2}\mathrm{d}x}{x}=\sqrt{x^2-a^2}-a\arccos\frac{a}{x}+C$

55. $\int\frac{\sqrt{x^2-a^2}\mathrm{d}x}{x^2}=-\frac{\sqrt{x^2-a^2}}{x}+\ln(x+\sqrt{x^2-a^2})+C$

七、含有$\sqrt{a^2-x^2}$的积分

56. $\int\frac{\mathrm{d}x}{\sqrt{a^2-x^2}}=\arcsin\frac{x}{a}+C$

57. $\int\frac{\mathrm{d}x}{\sqrt{(a^2-x^2)^3}}=\frac{x}{a^2\sqrt{a^2-x^2}}+C$

58. $\int\frac{x\mathrm{d}x}{\sqrt{a^2-x^2}}=-\sqrt{a^2-x^2}+C$

59. $\int\frac{x\mathrm{d}x}{\sqrt{(a^2-x^2)^3}}=\frac{1}{\sqrt{a^2-x^2}}+C$

60. $\int\frac{x^2\mathrm{d}x}{\sqrt{a^2-x^2}}=-\frac{x}{2}\sqrt{a^2-x^2}+\frac{a^2}{2}\arcsin\frac{x}{a}+C$

61. $\int\sqrt{a^2-x^2}\mathrm{d}x=\frac{x}{2}\sqrt{a^2-x^2}+\frac{a^2}{2}\arcsin\frac{x}{a}+C$

62. $\int\sqrt{(a^2-x^2)^3}\mathrm{d}x=\frac{x}{8}(5a^2-2x^2)\sqrt{a^2-x^2}+\frac{3a^4}{8}\arcsin\frac{x}{a}+C$

63. $\int x\sqrt{a^2-x^2}\mathrm{d}x=-\frac{\sqrt{(a^2-x^2)^3}}{3}+C$

64. $\int x\sqrt{(a^2-x^2)^3}\mathrm{d}x=-\frac{\sqrt{(a^2-x^2)^5}}{5}+C$

65. $\int x^2\sqrt{a^2-x^2}\mathrm{d}x=\frac{x}{8}(2x^2-a^2)\sqrt{a^2-x^2}+\frac{a^4}{8}\arcsin\frac{x}{a}+C$

66. $\int \frac{x^2 dx}{\sqrt{(a^2-x^2)^3}} = \frac{x}{\sqrt{a^2-x^2}} - \arcsin\frac{x}{a} + C$

67. $\int \frac{dx}{x\sqrt{a^2-x^2}} = \frac{1}{a}\ln\frac{x}{a+\sqrt{a^2-x^2}} + C$

68. $\int \frac{dx}{x^2\sqrt{a^2-x^2}} = -\frac{\sqrt{a^2-x^2}}{a^2 x} + C$

69. $\int \frac{\sqrt{a^2-x^2}dx}{x} = \sqrt{a^2-x^2} - a\ln\frac{a+\sqrt{a^2-x^2}}{x} + C$

70. $\int \frac{\sqrt{a^2-x^2}dx}{x^2} = -\frac{\sqrt{a^2-x^2}}{x} - \arcsin\frac{x}{a} + C$

八、含有 $a+bx\pm cx^2(c>0)$ 的积分

71. $\int \frac{dx}{a+bx-cx^2} = \frac{1}{\sqrt{b^2+4ac}}\ln\frac{\sqrt{b^2+4ac}+2cx-b}{\sqrt{b^2+4ac}-2cx+b} + C$

72. $\int \frac{dx}{a+bx+cx^2} = \begin{cases} \frac{2}{\sqrt{4ac-b^2}}\arctan\frac{2cx+b}{\sqrt{4ac-b^2}} + C & (b^2<4ac) \\ \frac{1}{\sqrt{b^2-4ac}}\ln\frac{2cx+b-\sqrt{b^2-4ac}}{2cx+b+\sqrt{b^2+4ac}} + C & (b^2>4ac) \end{cases}$

九、含有 $\sqrt{a+bx\pm cx^2}(c>0)$ 的积分

73. $\int \frac{dx}{\sqrt{a+bx+cx^2}} = \frac{1}{\sqrt{c}}\ln(2cx+b+2\sqrt{c}\sqrt{a+bx+cx^2}) + C$

74. $\int \sqrt{a+bx+cx^2}dx = \frac{2cx+b}{4c}\ln(2cx+b+2\sqrt{c}\sqrt{a+bx+cx^2}) + C$

75. $\int \frac{xdx}{\sqrt{a+bx+cx^2}} = \frac{\sqrt{a+bx+cx^2}}{c} - \frac{b}{2\sqrt{c^3}}\ln(2cx+b+2\sqrt{c}\sqrt{a+bx+cx^2}) + C$

76. $\int \frac{dx}{\sqrt{a+bx-cx^2}} = \frac{1}{\sqrt{c}}\arcsin\frac{2cx-b}{\sqrt{b^2+4ac}} + C$

77. $\int \sqrt{a+bx-cx^2}dx = \frac{2cx-b}{4c}\sqrt{a+bx-cx^2} + \frac{b^2+4ac}{8\sqrt{c^3}}\arcsin\frac{2cx-b}{\sqrt{b^2+4ac}} + C$

78. $\int \frac{xdx}{\sqrt{a+bx-cx^2}} = -\frac{\sqrt{a+bx-cx^2}}{c} + \frac{b}{2\sqrt{c^3}}\arcsin\frac{2cx-b}{\sqrt{b^2+4ac}} + C$

十、含有 $\sqrt{\frac{a\pm x}{b\pm x}}$ 或 $\sqrt{(x-a)(b-x)}$ 的积分

79. $\int \sqrt{\frac{a+x}{b+x}}dx = \sqrt{(a+x)(b+x)} + (a-b)\ln(\sqrt{a+x}+\sqrt{b+x}) + C$

80. $\int\sqrt{\frac{a-x}{b+x}}\mathrm{d}x=\sqrt{(a-x)(b+x)}+(a+b)\arcsin\sqrt{\frac{x+b}{a+b}}+C$

81. $\int\sqrt{\frac{a+x}{b-x}}\mathrm{d}x=-\sqrt{(a+x)(b-x)}-(a+b)\arcsin\sqrt{\frac{b-x}{a+b}}+C$

82. $\int\frac{\mathrm{d}x}{\sqrt{(x-a)(b-x)}}=2\arcsin\sqrt{\frac{x-a}{b-a}}+C(a<b)$

十一、含有三角函数的积分

83. $\int\sin x\mathrm{d}x=-\cos x+C$

84. $\int\cos x\mathrm{d}x=\sin x+C$

85. $\int\tan x\mathrm{d}x=-\ln|\cos x|+C$

86. $\int\cot x\mathrm{d}x=\ln|\sin x|+C$

87. $\int\sec x\mathrm{d}x=\ln|\sec x+\tan x|+C=\ln\left|\tan\left(\frac{\pi}{4}+\frac{x}{2}\right)\right|+C$

88. $\int\csc x\mathrm{d}x=\ln|\csc x-\cot x|+C=\ln\left|\tan\frac{x}{2}\right|+C$

89. $\int\sec^2x\mathrm{d}x=\tan x+C$

90. $\int\csc^2x\mathrm{d}x=-\cot x+C$

91. $\int\sec x\tan x\mathrm{d}x=\sec x+C$

92. $\int\csc x\cot x\mathrm{d}x=-\csc x+C$

93. $\int\sin^2x\mathrm{d}x=\frac{x}{2}-\frac{1}{4}\sin2x+C$

94. $\int\cos^2x\mathrm{d}x=\frac{x}{2}+\frac{1}{4}\sin2x+C$

95. $\int\sin^nx\mathrm{d}x=-\frac{\sin^{n-1}x\cos x}{n}+\frac{n-1}{n}\int\sin^{n-2}x\mathrm{d}x$

96. $\int\cos^nx\mathrm{d}x=\frac{\cos^{n-1}x\sin x}{n}+\frac{n-1}{n}\int\cos^{n-2}x\mathrm{d}x$

97. $\int\frac{\mathrm{d}x}{\sin^nx}=-\frac{1}{n-1}\cdot\frac{\cos x}{\sin^{n-1}x}+\frac{n-2}{n-1}\int\frac{\mathrm{d}x}{\sin^{n-2}x}$

98. $\int\frac{\mathrm{d}x}{\cos^nx}=\frac{1}{n-1}\cdot\frac{\sin x}{\cos^{n-1}x}+\frac{n-2}{n-1}\int\frac{\mathrm{d}x}{\cos^{n-2}x}$

99. $\int\cos^mx\sin^nx\mathrm{d}x=\frac{\cos^{m-1}x\sin^{n+1}x}{m+n}+\frac{m-1}{m+n}\int\cos^{m-2}x\sin^nx\mathrm{d}x$

$$=-\frac{\sin^{n-1}x\cos^{m+1}x}{m+n}+\frac{n-1}{m+n}\int\cos^m x\sin^{n-2}x\mathrm{d}x$$

100. $\int\sin mx\cos nx\mathrm{d}x=-\frac{\cos(m+n)x}{2(m+n)}-\frac{\cos(m-n)x}{2(m-n)}+C(m\neq n)$

101. $\int\sin mx\sin nx\mathrm{d}x=-\frac{\sin(m+n)x}{2(m+n)}+\frac{\sin(m-n)x}{2(m-n)}+C(m\neq n)$

102. $\int\cos mx\cos nx\mathrm{d}x=\frac{\sin(m+n)x}{2(m+n)}+\frac{\sin(m-n)x}{2(m-n)}+C(m\neq n)$

103. $\int\frac{\mathrm{d}x}{a+b\sin x}=\frac{2}{\sqrt{a^2-b^2}}\arctan\frac{a\tan\frac{x}{2}+b}{\sqrt{a^2-b^2}}+C(a^2>b^2)$

104. $\int\frac{\mathrm{d}x}{a+b\sin x}=\frac{1}{\sqrt{b^2-a^2}}\ln\left|\frac{a\tan\frac{x}{2}+b-\sqrt{b^2-a^2}}{a\tan\frac{x}{2}+b+\sqrt{b^2-a^2}}\right|+C(a^2<b^2)$

105. $\int\frac{\mathrm{d}x}{a+b\cos x}=\frac{2}{a-b}\sqrt{\frac{a-b}{a+b}}\arctan\left(\sqrt{\frac{a-b}{a+b}}\tan\frac{x}{2}\right)+C(a^2>b^2)$

106. $\int\frac{\mathrm{d}x}{a+b\cos x}=\frac{1}{b-a}\sqrt{\frac{b-a}{b+a}}\ln\left|\frac{\tan\frac{x}{2}+\sqrt{\frac{b+a}{b-a}}}{\tan\frac{x}{2}-\sqrt{\frac{b+a}{b-a}}}\right|+C(a^2<b^2)$

107. $\int\frac{\mathrm{d}x}{a^2\cos^2x+b^2\sin^2x}=\frac{1}{ab}\arctan\left(\frac{b\tan x}{a}\right)+C$

108. $\int\frac{\mathrm{d}x}{a^2\cos^2x-b^2\sin^2x}=\frac{1}{2ab}\ln\left|\frac{b\tan x+a}{b\tan x-a}\right|+C$

109. $\int x\sin ax\mathrm{d}x=\frac{1}{a^2}\sin ax-\frac{1}{a}x\cos ax+C$

110. $\int x^2\sin ax\mathrm{d}x=-\frac{1}{a}x^2\cos ax+\frac{2}{a^2}x\sin ax+\frac{2}{a^3}\cos ax+C$

111. $\int x\cos ax\mathrm{d}x=\frac{1}{a^2}\cos ax+\frac{1}{a}x\sin ax+C$

112. $\int x^2\cos ax\mathrm{d}x=\frac{1}{a}x^2\sin ax+\frac{2}{a^2}x\cos ax-\frac{2}{a^3}\sin ax+C$

十二、含有反三角函数的积分

113. $\int\arcsin\frac{x}{a}\mathrm{d}x=x\arcsin\frac{x}{a}+\sqrt{a^2-x^2}+C$

114. $\int x\arcsin\frac{x}{a}\mathrm{d}x=\left(\frac{x^2}{2}-\frac{a^2}{4}\right)\arcsin\frac{x}{a}+\frac{x}{4}\sqrt{a^2-x^2}+C$

115. $\int x^2\arcsin\frac{x}{a}\mathrm{d}x=\frac{x^3}{3}\arcsin\frac{x}{a}+\frac{1}{9}(x^2+2a^2)\sqrt{a^2-x^2}+C$

116. $\int \arccos\frac{x}{a}dx = x\arccos\frac{x}{a} - \sqrt{a^2-x^2} + C$

117. $\int x\arccos\frac{x}{a}dx = \left(\frac{x^2}{2}-\frac{a^2}{4}\right)\arccos\frac{x}{a} - \frac{x}{4}\sqrt{a^2-x^2} + C$

118. $\int x^2\arccos\frac{x}{a}dx = \frac{x^3}{3}\arccos\frac{x}{a} - \frac{1}{9}(x^2+2a^2)\sqrt{a^2-x^2} + C$

119. $\int \arctan\frac{x}{a}dx = x\arctan\frac{x}{a} - \frac{a}{2}\ln(a^2+x^2) + C$

120. $\int x\arctan\frac{x}{a}dx = \frac{1}{2}(x^2+a^2)\arctan\frac{x}{a} - \frac{ax}{2} + C$

121. $\int x^2\arctan\frac{x}{a}dx = \frac{x^3}{3}\arctan\frac{x}{a} - \frac{ax^2}{6} + \frac{a^3}{6}\ln(x^2+a^2) + C$

十三、含有指数函数的积分

122. $\int a^x dx = \frac{a^x}{\ln a} + C$

123. $\int e^{ax} dx = \frac{e^{ax}}{a} + C$

124. $\int e^{ax}\sin bx\,dx = \frac{e^{ax}(a\sin bx - b\cos bx)}{a^2+b^2} + C$

125. $\int e^{ax}\cos bx\,dx = \frac{e^{ax}(b\sin bx + a\cos bx)}{a^2+b^2} + C$

126. $\int xe^{ax} dx = \frac{e^{ax}}{a^2}(ax-1) + C$

127. $\int x^n e^{ax} dx = \frac{x^n e^{ax}}{a} - \frac{n}{a}\int x^{n-1}e^{ax}dx$

128. $\int xa^{mx} dx = \frac{xa^{mx}}{m\ln a} - \frac{a^{mx}}{(m\ln a)^2} + C$

129. $\int x^n a^{mx} dx = \frac{a^{mx}x^n}{m\ln a} - \frac{n}{m\ln a}\int x^{n-1}a^{mx}dx$

130. $\int e^{ax}\sin^n bx\,dx = \frac{e^{ax}\sin^{n-1}bx}{a^2+b^2n^2}(a\sin bx - nb\cos bx) + \frac{n(n-1)}{a^2+b^2n^2}b^2\int e^{ax}\sin^{n-2}bx\,dx$

131. $\int e^{ax}\cos^n bx\,dx = \frac{e^{ax}\cos^{n-1}bx}{a^2+b^2n^2}(a\cos bx + nb\sin bx) + \frac{n(n-1)}{a^2+b^2n^2}b^2\int e^{ax}\cos^{n-2}bx\,dx$

十四、含有对数函数的积分

132. $\int \ln x\,dx = x\ln x - x + C$

133. $\int \frac{dx}{x\ln x} = \ln(\ln x) + C$

134. $\int x^n\ln x\,dx = x^{n+1}\left[\frac{\ln x}{n+1} - \frac{1}{(n+1)^2}\right] + C$

135. $\int \ln^n x\,dx = x\ln^n x - n\int \ln^{n-1} x\,dx$

136. $\int x^m \ln^n x\,dx = \frac{x^{m+1}}{m+1}\ln^n x - \frac{n}{m+1}\int x^m \ln^{n-1} x\,dx$

十五、含有双曲函数的积分

137. $\int \mathrm{sh}x\,dx = \mathrm{ch}x + C$

138. $\int \mathrm{ch}x\,dx = \mathrm{sh}x + C$

139. $\int \mathrm{th}x\,dx = \ln\mathrm{ch}x + C$

140. $\int \mathrm{sh}^2 x\,dx = -\frac{x}{2} + \frac{1}{4}\mathrm{sh}2x + C$

141. $\int \mathrm{ch}^2 x\,dx = \frac{x}{2} + \frac{1}{4}\mathrm{sh}2x + C$

十六、定积分

142. $\int_{-\pi}^{\pi} \cos nx\,dx = \int_{-\pi}^{\pi} \sin nx\,dx = 0$

143. $\int_{-\pi}^{\pi} \cos mx \sin nx\,dx = 0$

144. $\int_{-\pi}^{\pi} \cos mx \cos nx\,dx = \begin{cases} 0, & m \neq n, \\ \pi, & m = m \end{cases}$

145. $\int_{-\pi}^{\pi} \sin mx \sin nx\,dx = \begin{cases} 0, & m \neq n, \\ \pi, & m = m \end{cases}$

146. $\int_{0}^{\pi} \sin mx \sin nx\,dx = \int_{0}^{\pi} \cos mx \cos nx\,dx = \begin{cases} 0, & m \neq n, \\ \pi/2, & m - m \end{cases}$

147. $I_n = \int_{0}^{\frac{\pi}{2}} \sin^n x\,dx = \int_{0}^{\frac{\pi}{2}} \cos^n x\,dx = \begin{cases} \frac{n-1}{n} \cdot \frac{n-3}{n-2} \cdot \cdots \cdot \frac{3}{4} \cdot \frac{1}{2} \cdot \frac{\pi}{2}, & n\text{为正偶数}, \\ \frac{n-1}{n} \cdot \frac{n-3}{n-2} \cdot \cdots \cdot \frac{4}{5} \cdot \frac{2}{3}, & n\text{为大于1的正奇数} \end{cases}$